胶合木空间网格结构

刘红波　赵仕兴　陈志华　杨姝姮　赵敬贤　著

科学出版社

北　京

内 容 简 介

本书系统总结了作者近年来在胶合木空间网格结构领域开展的一系列研究工作，重点围绕其力学性能分析与设计方法展开深入探讨，首先梳理了胶合木空间结构的发展历程，然后系统分析了典型胶合木节点、平面胶合木结构、交叉胶合木结构、胶合木网壳及弦支胶合木穹顶的力学性能，提出了适用于胶合木节点及结构的设计计算方法，最后总结了胶合木在大跨工程应用中的典型案例。

本书可供土木工程及相关专业人员参考，也可作为土木工程专业研究生和高年级本科生的学习参考书。

图书在版编目（CIP）数据

胶合木空间网格结构 / 刘红波等著. -- 北京 : 科学出版社, 2025. 9. -- ISBN 978-7-03-081995-6

Ⅰ. TU366. 3

中国国家版本馆 CIP 数据核字第 2025UN9433 号

责任编辑：牛宇锋　乔丽维 / 责任校对：任苗苗

责任印制：肖　兴 / 封面设计：蓝正设计

科 学 出 版 社 出版

北京东黄城根北街 16 号

邮政编码：100717

http://www.sciencep.com

三河市骏杰印刷有限公司印刷

科学出版社发行　各地新华书店经销

*

2025 年 9 月第　一　版　开本：720×1000　1/16

2025 年 9 月第一次印刷　印张：20 1/4

字数：408 000

定价：180.00 元

（如有印装质量问题，我社负责调换）

前　言

当前，建筑能耗已成为与工业能耗、交通能耗并列的三大能耗之一，随着“双碳”目标的提出，木材这种绿色建材以其低碳价值得到了越来越多的关注。近年来，随着木材产业工业化程度的提高和制造技术的成熟，各类工程木产品的出现破除了木材尺寸的限制，为大跨度木结构的发展奠定了基础，其中，胶合木以其性能标准化、尺寸自由化等优势在实际工程中得到了广泛应用。本书以胶合木空间网格结构为研究主体，从节点到结构，从平面结构到空间结构，由点及面，有层次地对胶合木空间网格结构开展了系统研究，探究结构破坏机理，提出相关设计建议，为大跨度胶合木结构在实际工程中的应用奠定了基础。

本书系统地总结了作者近年来在胶合木空间网格结构力学性能及设计方法方面的研究成果，全书共 7 章，第 1 章基于历史发展视角，追溯空间结构从萌芽阶段到现代工业化建造的技术演进历程，介绍现代木结构的发展和木空间结构的工程应用；第 2 章聚焦节点力学特性研究，在深入解析传统胶合木螺栓连接节点、自攻螺钉拼接节点承载机理和设计方法的基础上，创新性地提出预应力钢带节点，为胶合木空间结构设计提供了新型连接解决方案；第 3 章针对平面胶合木结构体系，系统揭示胶合木拱、钢木组合拱、胶合木曲梁及张弦梁的受力机理，建立相应的设计方法；第 4 章延伸至交叉胶合木结构领域，探明交叉胶合木拱及交叉胶合木张弦梁的受力性能；第 5 章和第 6 章针对胶合木网壳和弦支胶合木穹顶这类胶合木空间结构开展一系列试验研究和数值模拟，构建相应的设计理论；第 7 章作为实践应用篇章，精选国内外代表性工程案例进行展示。

本书相关研究工作得到了河北工程大学、四川省建筑设计研究院有限公司、天津大学等单位的资助与支持，作者在此表示由衷的感谢。四川省建筑设计研究院有限公司何飞、天津大学博士研究生邱灿、赵建雄、赵子豪和硕士研究生徐钦楠、张凌波、郭芳菲、崔泽华、刘金员、卢俊婕等参与了有关章节的分析研究、素材整理、文字编辑和插图绘制等相关工作；各位前辈、老师和同仁的相关文献为我们的研究开阔了视野，提供了参考，在此一并感谢。

由于作者水平所限，书中难免存在不足之处，恳请读者批评指正。

前　言

目　　录

前言
第 1 章　胶合木空间结构 …… 1
1.1　空间结构的发展 …… 1
1.1.1　古代空间结构 …… 1
1.1.2　近代空间结构 …… 2
1.1.3　现代空间结构 …… 3
1.2　现代木结构的发展 …… 7
1.3　木空间结构的工程应用 …… 9
1.3.1　木空间网格结构 …… 9
1.3.2　木空间张拉结构 …… 13
第 2 章　胶合木节点力学性能与设计方法 …… 16
2.1　足尺胶合木螺栓连接节点 …… 16
2.1.1　足尺胶合木螺栓连接节点力学性能试验 …… 16
2.1.2　足尺胶合木螺栓连接节点数值模拟 …… 25
2.1.3　足尺胶合木螺栓连接节点计算模型与设计方法 …… 36
2.2　预应力钢带-胶合木螺栓连接节点 …… 46
2.2.1　预应力钢带-胶合木螺栓连接节点力学性能试验 …… 46
2.2.2　预应力钢带-胶合木螺栓连接节点数值模拟 …… 62
2.2.3　预应力钢带-胶合木螺栓连接节点计算模型与设计方法 …… 67
2.3　胶合木自攻螺钉拼接节点 …… 74
2.3.1　胶合木自攻螺钉拼接节点力学性能试验 …… 74
2.3.2　胶合木自攻螺钉拼接节点数值模拟 …… 90
2.3.3　胶合木自攻螺钉拼接节点计算模型与设计方法 …… 105
2.4　预应力钢带-胶合木自攻螺钉拼接节点 …… 108
2.4.1　预应力钢带-胶合木自攻螺钉拼接节点力学性能试验 …… 108
2.4.2　预应力钢带-胶合木自攻螺钉拼接节点数值模拟 …… 118
2.4.3　预应力钢带-胶合木自攻螺钉拼接节点计算模型与设计方法 …… 126
第 3 章　平面胶合木结构力学性能与设计方法 …… 129
3.1　胶合木拱及钢木组合拱 …… 129

3.1.1 胶合木拱及钢木组合拱力学性能试验 …… 129
3.1.2 胶合木拱及钢木组合拱数值模拟 …… 147
3.1.3 胶合木拱及钢木组合拱计算模型与设计方法 …… 154
3.2 胶合木曲梁及胶合木张弦梁 …… 158
3.2.1 胶合木曲梁及胶合木张弦梁力学性能试验 …… 158
3.2.2 胶合木曲梁及胶合木张弦梁数值模拟 …… 169
3.2.3 胶合木张弦梁计算模型与设计方法 …… 174
第 4 章 交叉胶合木结构力学性能与设计方法 …… 180
4.1 交叉胶合木拱 …… 180
4.1.1 交叉胶合木拱力学性能试验 …… 180
4.1.2 交叉胶合木拱数值模拟 …… 188
4.2 交叉胶合木张弦梁 …… 194
4.2.1 交叉胶合木张弦梁力学性能试验 …… 194
4.2.2 交叉胶合木张弦梁数值模拟 …… 200
4.2.3 交叉胶合木张弦梁计算模型与设计方法 …… 207
第 5 章 胶合木网壳结构力学性能与设计方法 …… 214
5.1 胶合木网壳装配式螺栓连接节点构成与组装 …… 214
5.2 胶合木网壳装配式螺栓连接节点力学性能研究 …… 215
5.2.1 材料性能试验 …… 215
5.2.2 试验设计 …… 215
5.2.3 试验结果及分析 …… 219
5.3 胶合木网壳结构试验 …… 223
5.3.1 试验模型设计 …… 223
5.3.2 支承系统设计 …… 226
5.3.3 加载系统设计 …… 226
5.3.4 测点布置 …… 227
5.3.5 试验结果 …… 227
5.4 预应力钢带节点胶合木网壳结构试验 …… 230
5.4.1 试验模型设计 …… 230
5.4.2 支承系统、加载系统设计及测点布置 …… 232
5.4.3 试验结果 …… 233
5.4.4 杆件失稳分析 …… 237
5.5 单层胶合木网壳结构杆件稳定分析及设计方法 …… 239
5.5.1 胶合木螺栓节点面内、面外刚度研究 …… 239
5.5.2 单层胶合木网壳杆件计算长度系数研究 …… 243

5.5.3 单层胶合木网壳杆件平面外计算长度系数的理论分析 …… 247
5.6 单层胶合木网壳结构整体稳定分析及设计方法 …… 252
5.6.1 建立研究对象 …… 253
5.6.2 单层胶合木半刚性节点单层球面网壳弹塑性分析 …… 254
5.6.3 稳定安全系数的推导及稳定承载力的近似计算公式 …… 260
第 6 章 弦支胶合木穹顶力学性能与设计方法 …… 263
6.1 弦支胶合木穹顶力学性能试验 …… 263
6.1.1 模型参数 …… 263
6.1.2 结构组装 …… 264
6.1.3 测点布置 …… 265
6.1.4 张拉方案 …… 267
6.1.5 加载工况 …… 267
6.1.6 杆件命名规则 …… 268
6.1.7 试验结果 …… 269
6.2 弦支胶合木穹顶力学性能数值模拟 …… 292
6.2.1 有限元模型基本信息 …… 292
6.2.2 模拟结果 …… 292
6.2.3 参数化分析 …… 293
第 7 章 胶合木空间网格结构工程案例 …… 300
7.1 国内典型胶合木空间网格结构工程实例 …… 300
7.2 国外典型胶合木空间网格结构工程实例 …… 307
参考文献 …… 313

第 1 章　胶合木空间结构

1.1　空间结构的发展

空间结构是指具备三维受力属性的建筑结构形态，与传统以二维受力为主的平面结构相比，能更有效地利用建筑材料的性能，在过去几十年中取得了迅猛的发展。空间结构不仅拥有优异的受力性能，而且其自由、美观的结构形态与建筑造型高度融合，因此备受建筑师和结构工程师的青睐。随着经济的快速发展和人民生活水平的提高，建筑结构的和谐之美越来越受到重视。进入 21 世纪以来，空间结构展现出了长盛不衰的活力，这主要归功于新型结构材料的应用和不断进步的设计理念。这些因素促使空间结构不断创新，涌现出让人叹为观止的作品。一个国家或地区的标志性建筑往往展现出空间结构的身影，可以说，大跨度和超大跨度建筑物及其核心的空间结构技术已经成为衡量一个国家建筑科技水平的重要指标之一。

根据年代划分，空间结构的发展历史可以分为古代、近代和现代三个阶段[1]。1925 年前后被视为古代空间结构阶段和近代空间结构阶段的分界点，这一判断基于 1925 年德国耶拿玻璃厂完成的历史上首座直径 40m 的钢筋混凝土薄壳结构以及 1924 年德国蔡司天文馆建成的世界首个直径 15m 的半球形单层钢网壳。从此时期至 1975 年前后则为近代空间结构阶段，这一时期的代表性结构形式包括薄壳结构、网架结构、网壳结构和一般悬索结构。1975 年美国建成的标志性巨型体育馆——庞蒂亚克体育馆，尺寸为 168m×220m，采用气承式充气膜结构，标志着现代空间结构的开始。此后，现代空间结构以轻质高强的膜材、钢索和钢棒为基础，应用新技术发展出轻盈高效的结构体系，其中标志性的结构形式包括索穹顶和弦支穹顶等。

1.1.1　古代空间结构

在古老的人类建筑中，空间结构早已存在，那时的建筑师主要使用土、树木等天然材料，而他们的设计灵感常常来自于大自然[2]。例如，北美印第安人的屋棚是用柳条搭成的穹顶(图 1-1)，与现代网壳结构相似。公元 118 至 125 年建成的罗马万神殿是古代穹顶建筑的典范之一(图 1-2)，其跨度达到 44m。随着中世纪的到来，建筑师开始广泛采用砖石结构来建造穹顶建筑，其中最著名的是 1506～1626 年建成的罗马圣彼得大教堂(图 1-3)。由于木材具有优良的抗拉和抗压性能，早期的建筑师也将其用于建造大跨度空间结构。世界上现存体量最大的古代木结构单体建筑是日本奈良东大寺(图 1-4)，其平面尺寸为 57m×50m，高达 47m。

图 1-1 印第安人屋棚[2]

图 1-2 罗马万神殿[3]

图 1-3 圣彼得大教堂[4]

图 1-4 奈良东大寺[5]

1.1.2 近代空间结构

1925 年前后，近代空间结构开始不断涌现。德国耶拿玻璃厂建成了历史上第一座直径 40m、壳面厚度仅 60mm 的钢筋混凝土球形壳体结构，这标志着真正意义上的薄壳结构的诞生。由于薄壳结构造型优美、传力路径直接、结构性能良好，各种形式的薄壳结构开始进入蓬勃发展的阶段。1957 年，由著名建筑师维泰洛齐和工程师奈尔维设计的罗马小体育宫(图 1-5)建成。该体育馆平面呈直径 60m 的圆形，球顶由 1620 块钢丝网水泥预制的菱形槽板拼装而成，板间布置钢筋现浇混凝土，外露的 Y 型斜柱支撑着巨大的装配整体式钢筋混凝土球壳，实现了结构力学与建筑美学的完美结合。而法国国家工业与技术中心(图 1-6)是目前世界上跨度最大的薄壳结构之一，采用双层波形薄壁拱壳，其平面呈三角形，跨度达 218m，矢高 48m，厚度仅为 6～12m。

图 1-5　罗马小体育宫[6]

图 1-6　法国国家工业与技术中心[7]

1.1.3　现代空间结构

1975 年后，随着建筑材料科学的长足发展及计算机技术的飞速进步，空间结构领域迎来了一场革命。钢材定位焊接技术的成熟和高强度钢材的出现，特别是高强度拉索和高性能膜材料的问世以及预应力技术的应用，使得现代空间结构的形式变得更加丰富多样。

1. 空间网格结构

空间网格结构是一种突出的高性能结构形式。网格结构由许多形状和尺寸标准化的杆件和节点组成，它们按照一定规律相互连接而形成网格状结构。外观呈现平板状的通常称为网架结构，而外观呈现曲面状的称为网壳结构，但二者的本质区别在于传力机制而非仅仅是外形差异。

网架结构是一种铰接杆系结构，具有受力合理、计算简便、刚度大、材料节省、制作安装方便等优点，适用于大、中、小跨度的场合，因此应用范围广泛。例如，1970 年日本大阪世界博览会展览馆的六柱支撑网架结构(图 1-7)，平面尺寸为 108m×292m；瑞士苏黎世克洛滕机场机库的三层网架结构，平面尺寸为 125m×128m；中国沈阳博览中心室内足球场(图 1-8)，平面尺寸为 144m×204m。

图 1-7　日本大阪世界博览会展览馆

图 1-8　中国沈阳博览中心室内足球场[8]

网壳结构是一种曲面型网格结构，具有杆系结构构造简单和薄壳结构受力合理的特点，被认为是一类具有大跨度和特大跨度、刚度优良、材料节省、杆件结构单一、制作安装方便、应用广泛且发展前景广阔的空间结构。例如，1976 年建成的美国新奥尔良超级穹顶钢网壳(图 1-9)，直径为 207m，矢高为 83m；1995 年建成的中国黑龙江省速滑馆的屋盖结构(图 1-10)，它由中央圆柱面面壳和两端半球面穹顶组成，覆盖面积为 86.2m×191.2m。

图 1-9　美国新奥尔良超级穹顶[9]

图 1-10　中国黑龙江省速滑馆[10]

随着材料科学的不断进步,越来越多的高性能新材料被引入空间网格结构中。例如，美国塔科马穹顶体育馆采用了胶合木网壳结构(图 1-11)，直径达到 162m；中国上海辰山植物园温室(图 1-12)，采用单层铝合金网壳，并采用盘式节点。

图 1-11　美国塔科马穹顶体育馆[11]

图 1-12　中国上海辰山植物园[12]

2. 空间预应力结构

随着高强度钢索(钢棒)材料及预应力技术的引入，弦支结构和索穹顶结构等空间预应力结构成为近年来空间结构发展的主流，其主要特点是轻盈高效。

根据组成要素、受力机理和传力机制的不同，可以将弦支结构分为平面型弦支结构、可分解的空间型弦支结构(平面组合型弦支结构)、不可分解的空间型弦支结构。

单向弦支结构是典型的平面型弦支结构，其组成要素通常包括张弦梁。张弦梁结构由下弦索、上弦梁和竖杆三种单元组成，构成刚柔性组合空间结构。这种结构在 20 世纪 90 年代从日本引进，当时被称为 BSS(beam string structure)体系。张弦梁通过张拉下弦索形成，并可形成自平衡体系。由于本身为平面结构，需要采用屋面支撑体系来保证其在平面外的稳定性。我国上海浦东机场 T2 航站楼采用了三跨连续张弦梁结构(图 1-13)，间距为 9m，并巧妙设置了空间双层 Y 型支承，柱间距为 18m，既增加了张弦梁支承点，减小了梁的有效跨度，又降低了张弦梁的间距，起到托架的作用。河北迁安文化会展中心采用了大跨度直梁式平面张弦梁结构(图 1-14)，其最大跨度为 48m，纵向长度约为 137m。

图 1-13　上海浦东机场 T2 航站楼[13]

图 1-14　河北迁安文化会展中心[14]

可分解的空间型弦支结构，又称为平面组合型弦支结构，是由平面型弦支结构组合形成的一种空间弦支结构，其受力机理具有空间特性，包括双向张弦梁结构、多向张弦结构和辐射张弦结构等。北京安福大厦中庭的屋顶采用了双向张弦梁结构(图 1-15)，基本尺寸为 50.4m×16.8m，上弦直梁为 400mm×250mm×12mm×20mm 的箱形梁。国家体育馆采用了双向张弦立体桁架拱结构(图 1-16)，基本尺寸为 114m×144.5m，横向有 14 榀，纵向有 8 榀。这一建筑的建成代表着我国在双向张弦结构的设计与施工水平上取得了重要进展。

图 1-15　北京安福大厦[15]

图 1-16　国家体育馆[16]

不可分解的空间型弦支结构不能分解为单榀平面弦支结构，其撑杆通过斜索和环索连接上部结构，形成整体空间受力体系，其受力性能更佳、刚度更大。弦支穹顶是典型的不可分解的空间型弦支结构，除此之外，还有几种其他新型的不可分解的空间型弦支结构体系，如弦支网架结构、弦支混凝土楼盖结构、弦支筒壳结构和弦支拱壳结构等。例如，日本在 1994 年和 1997 年相继建成了 35m 跨度的光丘穹顶(图 1-17)和 46m 跨度的聚会穹顶。而我国在 2008 年建成的济南奥林匹克体育中心体育馆(图 1-18)，采用了直径 122m、矢高 12.2m 的弦支穹顶，其上弦单层网壳网格采用了 Kiewitt 型和 Levy 型内外混合布置形式，而下部索撑体系采用了肋环型布置，设有 3 道，局部采用了构造钢棒布置。

图 1-17　光丘穹顶[17]

图 1-18　济南奥林匹克体育中心[18]

索穹顶结构是近几十年发展起来的一种结构形式，它由钢索、膜、压杆组成(图 1-19)。荷载从中心拉环经过径向脊索、环向拉索以及斜拉索传向周圈受压环梁。屋面膜材由钢索施加的预应力张紧成形，固定在拉索节点和环梁上。索穹顶结构的出现最初是为了实现富勒所提出的张拉整体的理念，因此这种结构体系也是最接近张拉整体概念的空间结构之一。

1988 年汉城奥运会击剑馆(图 1-20)首次采用了索穹顶结构，其直径为 90m，每两根脊索之间加设了谷索。1996 年亚特兰大奥运会主场馆佐治亚穹顶的跨度达到 240m×192m(图 1-21)。而我国在 2010 年建成了国内第一个索穹顶结构——内

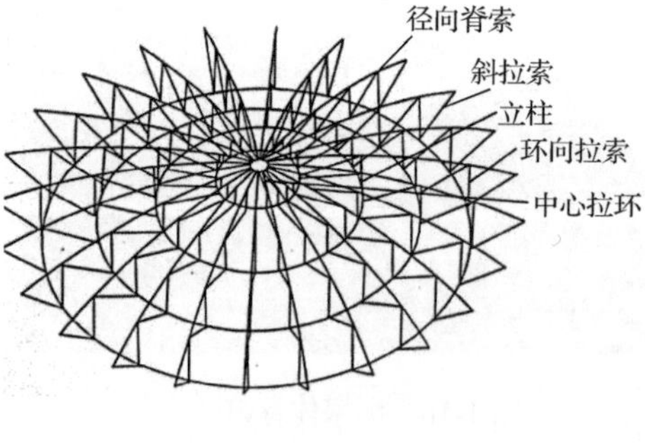

图 1-19　索穹顶组成示意图

图 1-20　汉城奥运会击剑馆[19]

蒙古伊金霍洛旗全民健身体育活动中心，该穹顶直径为 71.2m。另外，天津理工大学体育馆的屋盖平面为椭圆形(图 1-22)，长轴长为 102m，短轴长为 82m，是国内首个跨度超过 100m 的长短轴马鞍形索穹顶结构。该体育馆也是目前全国最大的索穹顶结构之一，采用了最外圈为 Levy 型、内圈为 Geiger 型的结构体系，最外圈的撑杆上下节点与环梁间连接两根脊索和两根斜索，而内圈的撑杆上下节点间只连接一根脊索和一根斜索。

图 1-21　佐治亚穹顶[19]

图 1-22　天津理工大学体育馆[20]

1.2　现代木结构的发展

低碳科技创新在我国新时期发展战略中日益成为重要着力点，木结构建筑正符合这一发展趋势。在我国，木结构建筑已有上千年历史，是古代建筑结构的重要形式之一，常用于建造房屋、寺庙、宫殿等。古人根据实践经验采用梁、柱式的木构件，充分发挥木材的受压和受弯性能，并采用了斗拱、榫卯连接等独特的构造方式，建造了许多宏伟壮观、造型独特的木结构建筑。

其中，建于公元 782 年的山西南禅寺(图 1-23)是目前为止我国发现的最早的唐代木结构古建筑，距今已有 1200 多年的历史。南禅寺主殿大佛殿结构简练，形体稳健，庄严大方，体现了我国唐代时期大型木结构建筑的显著特色。而建于辽清宁二年(公元 1056 年)的应县木塔(图 1-24)则是我国现存最高最古老的一座木结构塔式建筑，全塔采用纯木结构，无钉无铆，完全依靠木构件之间相互搭接和穿插方式建造，耗材红松木材 3000m^3，重达 2600t。

新中国成立后，砖木结构因为便于取材和加工等特点成为主流建筑形式。然而，到了 20 世纪 70 年代后期，由于盲目建设和滥砍滥伐，我国森林资源几乎消耗殆尽，砖木结构逐渐被混凝土结构替代，导致我国木结构建筑发展几乎停滞不前。然而，混凝土和钢材作为资源消耗型建材，其高能耗、高排放的特点严重制约了我国社会经济的可持续发展。相比之下，木材作为可再生资源，具有绿色节能、力学性能优良的特点，在满足节能减排、绿色低碳发展目标方面更为理想。

2000年之后，木结构建筑重新成为人们关注的焦点。然而，对于现代高层、大跨度及复杂建筑结构，传统实木锯材的局限性显而易见，其截面尺寸和长度受到树木原材料本身尺寸的限制，难以满足设计要求。摆脱这种应用局限，提高木材工业化制造水平显得尤为重要。因此，我国传统木结构建筑逐渐向现代木结构发展。

图 1-23　山西南禅寺[21]

图 1-24　应县木塔[22]

相对于传统木结构，现代木结构的特点主要体现在三个方面：材料的现代化、结构形式的现代化和连接形式的现代化。在材料的现代化方面，胶合木材料的制造与应用是关键。胶合木是一种根据木材强度分级的工程木产品，具有不受原木尺寸限制、可剔除缺陷提高强度、整体刚度好、便于工业化生产等优点。在19世纪90年代，德国颁发了世界上最早的胶合木生产专利，随后出现了一系列胶合木构件，如层板胶合木(glued laminated timber，GLT)、单板层积材胶合木(laminated veneer lumber, LVL)、平行木片胶合木(parallel-strand lumber，PSL)和正交层板胶合木(cross-laminated timber，CLT)等(图 1-25)。这些胶合木构件在现代木结构建筑中得到了广泛应用，为木结构的现代化发展提供了重要支撑。

(a) 层板胶合木　(b) 单板层积材胶合木　(c) 平行木片胶合木　(d) 正交层板胶合木

图 1-25　胶合木类型

胶合木的出现极大地提高了木材资源的利用率，并推动了现代木结构建筑的发展，从而实现了结构形式的现代化。现代木结构建筑受益于工厂化制造和装配式建造的优势，实现了结构体系的多样化。现代木结构体系主要包括轻型木结构、梁柱-剪力墙结构、梁柱支撑木结构、CLT 剪力墙结构、核心筒木结构、网架木结构、张弦木结构、木拱结构、木桁架结构等类型。这些结构体系使得现代木结构摆脱了传统木结构发展的限制，并成功应用于大跨度、高层结构中。

例如，不列颠哥伦比亚大学的著名宿舍楼 Brock Commons 是一个 18 层的木结构建筑(图 1-26)，高度达 53m，可容纳 404 名学生。挪威的 Mjøstårnet 大楼(图 1-27)主要采用正交胶合木材料，是目前世界上最高的高层木结构建筑，高度达 85.4m。这些建筑的出现标志着现代木结构已经成为可行的选择，不仅能够满足建筑设计的需求，还能够兼顾可持续性和环保性。

图 1-26　Brock Commons

图 1-27　Mjøstårnet 大楼

1.3　木空间结构的工程应用

与钢空间结构的定义类似，木空间结构的主要形式包括木网架结构、木网壳结构、自由曲面木结构等木空间网格结构体系，以及木弦支结构、木张拉整体结构等木空间张拉结构体系。

1.3.1　木空间网格结构

木空间网格结构是由杆件、构件按照一定规律布置并通过节点连接而成的一种空间结构，其截面形式通常包括矩形、圆形和方管等形状。

1. 木网架结构

木网架结构是木空间网格结构中的一种重要形式，其定义与钢网架结构相似，即由按照一定规律布置的杆件通过节点连接形成的平板型或微曲面型空间杆系结构，主要用于承受整体弯曲内力。节点处通常采用钢连接件，常见的连接方式有螺栓连接和植筋连接等。木网架结构具有空间刚度大、构件规格统一、施工方便快捷等特点，因此在公共建筑中应用较为广泛。

1985 年，日本首次出台了将木材作为结构材料的法案。1988 年，小国民町体育馆(图 1-28(a))采用原木(雪松)拱形网架结构建成，其跨度为 66m×50m。该结构主要支撑在三边的混凝土结构上，入口侧为空腹钢桁架，通过小尺度的构件格构而成，主要结构网架的节点采用螺栓球连接，并通过钢插板与木结构连接，结构师还通过试验研究成功地控制了横纹受拉后的下陷和受压后的上凸。

西班牙拉科鲁尼亚大学的体育馆(图 1-28(b))也采用了木网架结构作为屋顶，其跨度超过 17m。该结构中杆件采用中空胶合木(云杉)方管截面，胶合木的强度等级为 GL28h，宽度为 125mm，厚度为 25mm，连接方式为螺栓与球状钢节点连接。

(a) 小国民町体育馆[23]

(b) 拉科鲁尼亚大学体育馆[24]

图 1-28　木网架结构

2. 木网壳结构

木网壳结构是一种曲面状空间杆系或梁系结构，由按一定规律布置的杆件通过节点连接而形成，主要用于承受整体薄膜内力。其杆件可以为直线型或曲线型，主要承受整体薄膜内力。木网壳结构造型美观、受力合理，是大跨度木结构的理想形式。

1980 年，美国建成了直径 162m 的塔科马穹顶体育馆(图 1-11)，采用了 Kiewitt 型单层球面网壳(K6)结构。其主要受力构件为 414 根曲线型胶合木，各构件组成三角形网格，与 1568 根环向檩条相结合，起到支承和传递荷载的作用。为了解决木构件连接节点的弯矩传递问题，通过特制钢毂将各个方向的木梁连接成会交节点，能够传递多种力学作用。

太原植物园展览温室(图 1-29)采用了抛物线穹顶结构，跨度在 43~89.5m，是世界上跨度最大的该型复杂结构。该温室单体采用双向交叉木梁和不锈钢拉索形成复杂的结构体系。在 1 号温室中，采用了双向交叉上、下叠放木梁形成网壳，为了增强结构的整体性和刚度，1 号温室网壳下部还增设了双向交叉索网。木梁的拼接采用 Z 形拼接节点，采用高强螺钉连接，保持了木结构建筑独特的外观及连续性。

图 1-29　太原植物园展览温室[25]

3. 自由曲面木网壳结构

自由曲面木网壳结构由德国建筑师弗雷奥托于 1962 年提出。该结构由二维平面双向交叉网格通过弹性弯曲变形形成无抗剪刚度的双曲率壳体空间结构，并通过第三方向杆件约束或固定连接节点的方式使结构固定。它的基本单元不是相邻两个节点之间的短直线段，而是贯通整体跨度的长板条，这些板条通常在工厂采用指接方式拼接成一定长度，再在现场使用胶合工艺达到需要的长度。板条的刚度较小，容易变形，变形后会在长板条中产生预应力，所以国内也有学者称其为可延展预应力网格结构。自由曲面木网壳结构的施工过程一般分为三步：首先在平面上将长板条按一定方式交叉搭接，在节点处初步连接，可允许板条有小幅滑移；然后用顶升或者提拉的方法使平面结构变成具有特定形态的三维空间结构；最后固定节点和支座，形成空间网壳。该结构的特点是造型轻盈多变、富有动感，且施工速度快、工艺简单、节点形式单一、材料利用率高，一般应用于建筑小品、展馆等小型公共建筑中。

1974 年，弗雷奥托在德国的曼海姆设计了一座自由曲面木网壳结构，作为一个多功能空间使用，如图 1-30(a)所示，其覆盖范围约 3600m^2，最大跨度达 35m，是当时世界上最大的自立式自由曲面木网壳结构。该结构由两层木条构成，木条截面为 50mm×50mm，网格边长为 500mm，最大跨度为 85m，宽度为 35m，网壳顶距离地面高度为 15.5m。该结构共有 33000 个节点，节点在地面上进行组装，杆件通过螺栓贯穿，且在节点处可以转动。节点螺栓两头使用垫片，起到防止木材收缩而导致螺栓预应力减小的作用。

英国第一个双曲率木质可延展预应力网壳结构是 Downland 博物馆，形似 3 个沙漏状的壳体连在一起，占地面积约为 1800m^2，如图 1-30(b)所示。该结构同样由两层木条构成。Downland 博物馆结构的节点相对曼海姆多功能厅有所改进，由 3 块上、下并列放置的金属板组成，并用 4 颗螺栓固定四角。中间的金属板中心伸出一根金属棒，可以贯穿中间两根木条，并固定其相对位置，使其只能绕棒旋转。外围的两根木条可以自由滑动和转动，但会受节点螺栓的限制。该节点的优点是不需要在木条上开洞，不会降低木条的截面性，而且可以方便地与第三方向杆件相连。

(a) 曼海姆多功能厅[26]　　(b) Downland 博物馆[26]

图 1-30　自由曲面木网壳结构

4. 树形木空间网格结构

树形木空间网格结构的主要特点是网格结构支承于木柱上，木柱并非单根线型构件，而是呈树形。树形柱下部与地面连接的部分只有一个支点，而在柱中部产生分叉，致使上部与网格连接的部分有多个支点。这种结构形式可以减小柱距、营造下部大空间、减少基础数量、减少材料用量，而且构造出亲近自然的建筑效果，可以应用于各式木结构建筑中。

树形木空间结构的典型代表之一是芬兰的西贝柳斯音乐厅入口大厅，如图 1-31(a)所示，其上部为平面网架结构，网架下弦支承于树形柱的“树梢”，使空间更加开敞，也贴近自然，被人们称为“森林厅”。它的面积达到 1000m^2，室内空间高达 13.5m，跨度达到 22m。“森林厅”中的承重结构由一个搭在 9 根木柱上的大型框架构成，让人联想到树木树枝的三维空间结构由层板胶合木建造，支撑着木屋顶部分。其中，大型胶合木柱由云杉制成，支撑着 11.2m×11.2m 的结构，空间结构的元件间由暗榫接缝相连接。而大厅里的实际承重结构由支撑屋顶的胶合木拱架和支撑天花板的胶合木桁架组成，这个框架还支撑着建筑的倾斜外墙。

美国比弗顿市立图书馆使用 16 根由层板胶合木构成的树状结构柱，如图 1-31(b) 所示，节点处采用钢节点。胶合木柱子既是对图书馆前那棵美国大梧桐的一个回应，也是比弗顿市的口号“树木之城”的写照。用螺栓固定在底部的 4 个分支部分形成一组 7.92m 的乔木树状柱子，所有的 64 个分支都由花旗松叠层结构构成，其厚度大约是普通胶合板的一半，从而允许更大的弯曲半径。这些柱子之上是两层格子结构，最上层较轻的格子结构是由正交平面旋转 45°形成的，其下是呈正交布置的主体格子结构。其结构传力路径是屋面荷载经由较轻的格子结构传递至主体格子结构，分散至树状结构的各分枝，然后汇总至各树状结构的主干，最后传入基础。

(a) 西贝柳斯音乐厅入口大厅[26]

(b) 比弗顿市立图书馆[26]

图 1-31　树形木空间网格结构

1.3.2　木空间张拉结构

木空间张拉结构是指木构件与施加预拉力的钢拉杆配合所形成的结构体系。这种结构体系充分利用了木材抗压性能好和钢材抗拉性能好的优点，使结构材料更省、跨度更大、造型更丰富。

1. 木张弦结构

木张弦结构由刚度较大的刚性木构件、柔性拉索及钢撑杆或木撑杆组成。其中拉索参与工作使张弦构件刚度大于单纯刚性构件刚度，同时调整木构件的内力分布，可以使木材强度得到充分发挥。木张弦结构形成自平衡的受力体系，需要拉索在木构件端部可靠锚固。该结构通常应用于大跨度的体育场馆、会议厅、展馆等建筑中。

苏格兰议会大厅屋顶采用了木张弦结构，4 根拉索与 4 根木撑杆汇交于一个钢制节点，来支承上部相邻两根刚性木梁，如图 1-32(a)所示，跨度达到 30m。辩论大厅的张弦梁结构采用层压橡木材料作为梁、杆的材料，发挥了木材的受压性能和受弯性能，并为辩论大厅塑造了集地域性、本真性、亲和性、生态性、美观性于一体的形态特征；采用钢材作为拉索与节点的材料，发挥了钢材的抗拉性与可塑性，强化了节点性能；屋顶结构节点主要为外露的铰接节点，承担力的集合与转换作用，强化木结构的力学性能。

美国马萨诸塞大学阿默斯特设计大楼于 2017 年建成，建筑面积为 8129m^2，如图 1-32(b)所示，是美国第一个采用正交层板胶合木建造的教学楼。

(a) 苏格兰议会大厅

(b) 马萨诸塞大学阿默斯特设计大楼

图 1-32　木张弦结构

2. 木悬索结构

木悬索结构以木结构作为钢悬索的支承结构，一般为大截面胶合木制成的木拱。外荷载通过索的轴向拉伸传递到木拱上，再由木拱传递到基础。合理的悬索结构有较好的抗风和抗震能力，对木拱可能发生的变形也有很好的适应性。

日本白龙穹顶是组合悬索结构体系的典型实例，如图 1-33 所示。该建筑为举行正式的篮球、排球和柔道、剑道等赛事而建，是日本首次采用现场胶合的大型梳齿状对接接头的杰作。体育馆内借助层板胶合木与膜材料的相互配合，旨在营造一个融于温暖柔和的大自然中的室内空间。比赛馆的平面为 50m×47m，最高处达 19.5m，出于满足建筑功能和建筑造型的需要，通过设置中央支撑结构——刚性较大的格构式胶合木拱，适当地提高比赛场地上方的净空高度，两侧的钢索网由从拱券向外框延伸的 10 根悬索(承重索)和与其呈正交方式布置的单侧共 7 根压顶钢索(稳定索)构成，索网网格大小约 50cm，其下垂形式与看台升起坡度一致，这样所形成的内部空间体积最小。

图 1-33　白龙穹顶[24]

3. 木张拉整体结构

木张拉整体结构中，木材作为体系中的压杆，配合施加了预应力的钢索形成结构刚度。该体系初始预应力大小对结构的外形和刚度起决定性作用。木张拉整体结构充分发挥木材的抗压强度，使木杆成为“拉力海洋中的孤岛”，是十分高效的受力体系。

日本天城穹顶采用的木杆索穹顶结构是木张拉整体结构的一种，如图 1-34 所示，其外观看起来像是飘浮在空中的蜘蛛网，穹顶外表面的膜材是白色的特氟龙膜，撑杆采用木杆，通过钢节点与拉索连接，有轻盈精致之感。其跨度达 54m，矢高达 9.3m。

图 1-34　天城穹顶[24]

第 2 章　胶合木节点力学性能与设计方法

2.1　足尺胶合木螺栓连接节点

现有胶合木螺栓连接节点的研究局限于小尺寸试件(截面高度小于 600mm)，而实际工程中由于强度和刚度要求，胶合木构件截面尺寸通常大于 600mm，因此亟需开展对足尺胶合木螺栓节点的研究，分析其承载力、延性和刚度等力学性能，进一步探究其破坏模式和失效机理。

2.1.1　足尺胶合木螺栓连接节点力学性能试验

木材具有正交各向异性，可以分为三个方向：纵向 L、径向 R 和弦向 T。胶合木是木材沿纵向胶合而成的，通常可以假设为横观各向同性，即认为径向和弦向的材料属性接近，统称为横纹方向，纵向也被称为顺纹方向。

1. 材料性能试验

根据《木材顺纹抗压弹性模量测定方法》(GB/T 15777—2017)[27]和《木材横纹抗压弹性模量测定方法》(GB/T 1943—2009)*[28]进行试件设计，试件尺寸为 60mm×20mm× 20mm，在加工时分别取胶合木纵向、径向、弦向、与纵向成 45°方向、与径向成 45°方向、与弦向成 45°方向为试件的长度方向，每种试件数量为 6 个。在试件各相对面的中心位置用游标卡尺测得每个试件的弦向、径向和纵向尺寸，然后将试件放在试验机支座中心，以均匀速度加载，如图 2-1 所示，根据弹性常数试验得到各方向的弹性模量、泊松比、剪切模量等数据。

根据《木材顺纹抗压强度试验方法》(GB/T 1935—2009)[29]，按顺纹方向截取试件，尺寸为 30mm×20mm×20mm(长度为顺纹方向)，共 6 个试件，如图 2-2 和图 2-3 所示。在材性试验中，荷载-位移曲线中的荷载和位移通过万能试验机读取得到，并未使用引伸计，所以仅可以读取强度数据。

---

* 该标准以及后面涉及的 GB/T 1931—2009、GB/T 1933—2009、GB/T 1935—2009、GB/T 1937—2009、GB/T 1939—2009 已废止，现已被《无疵小试样木材物理力学性质试验方法》(GB/T 1927—2022)系列标准代替，读者可阅读相关标准。

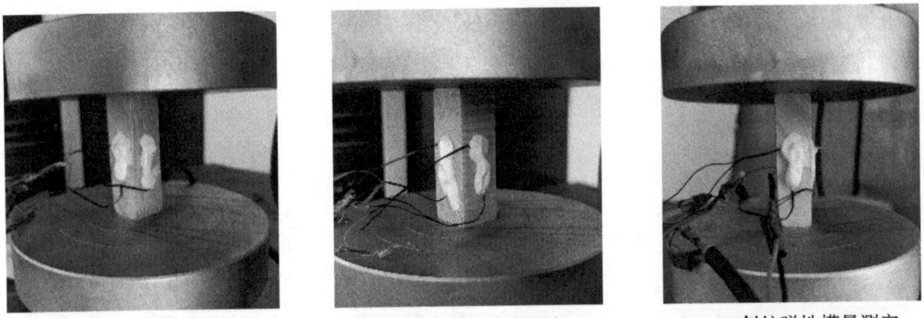

(a) 顺纹弹性模量测定　(b) 横纹弹性模量测定　(c) 45°斜纹弹性模量测定

图 2-1　木材弹性常数试验

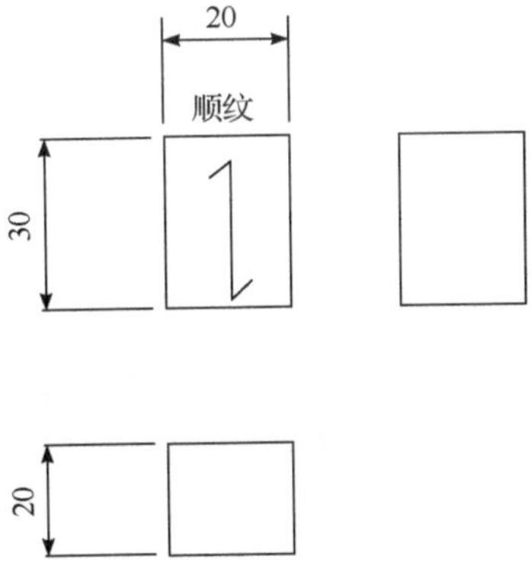

图 2-2　顺纹抗压试件示意图(单位：mm)

图 2-3　顺纹抗压试件

依据《木材顺纹抗剪强度试验方法》(GB/T 1937—2009)[30]加工试件，试件剪切面为弦面，长度为顺纹方向。顺纹抗剪试件示意图如图 2-4 所示，顺纹抗剪试验装置如图 2-5 所示。

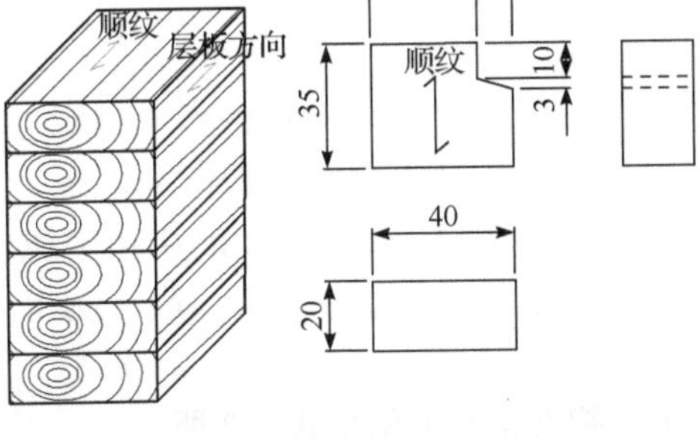

图 2-4　顺纹抗剪试件示意图(单位：mm)

图 2-5　顺纹抗剪试验装置

根据《木材横纹抗压试验方法》(GB/T 1939—2009)[31]，按顺纹方向截取试件，尺寸为 30mm×20mm×20mm(长度为顺纹方向)，共 12 个试件，其中径向横纹全部抗压试验及弦向横纹全部抗压试验各 6 个试件，如图 2-6 所示。

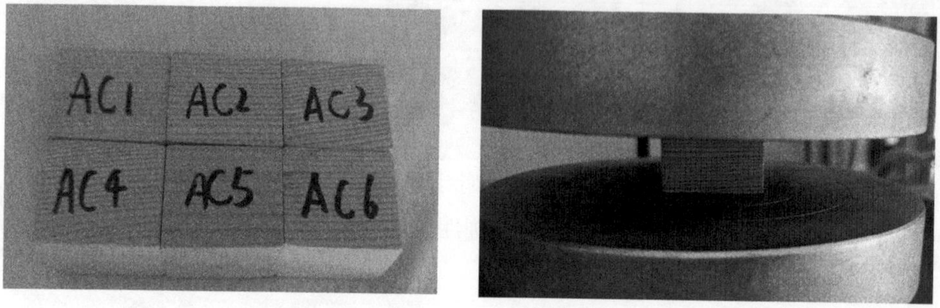

图 2-6　木材横纹全部抗压试验

根据《木材横纹抗压试验方法》[31]，按顺纹方向截取试件，尺寸为 60mm×20mm×20mm(长度为顺纹方向)，共 12 个试件，其中径向横纹局部抗压试验及弦向横纹局部抗压试验各 6 个试件，如图 2-7 所示。

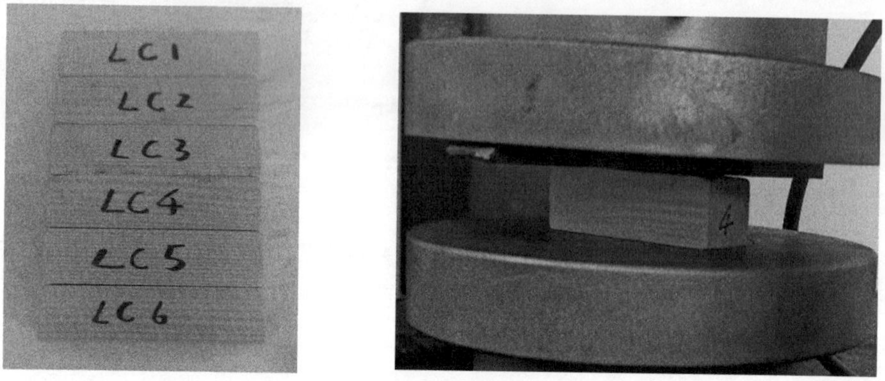

图 2-7　木材横纹局部抗压试验

根据《木材密度测定方法》(GB/T 1933—2009)[32]和《木材含水率测定方法》(GB/T 1931—2009)[33]的要求及测试流程进行胶合木含水率试验和密度试验，所用试件尺寸为 20mm×20mm×20mm。将试件放入温度为 103℃±2℃的烘箱中烘干，从烘箱中取出后放入装有干燥剂的称量瓶中，冷却至室温后称量。最终测得含水率为 10.92%，密度为 0.58g/cm^3。

胶合木材料强度试验结果如表 2-1 所示，弹性常数取值如表 2-2 所示。

表 2-1　胶合木材料强度试验结果

试验内容	试件编号						平均值
	1	2	3	4	5	6	
顺纹抗压强度/MPa	66.8	62.5	61.3	71.2	66.9	63.1	65.3
顺纹抗剪强度/MPa	10.5	8.9	9.8	10.0	12.1	9.9	10.2
横纹全部抗压强度/MPa	5.8	5.8	5.1	5.4	5.4	6.0	5.6
横纹局部抗压强度/MPa	36.9	40.3	36.9	35.6	33.7	41.0	37.4

表 2-2　胶合木弹性常数取值

顺纹弹性模量 E_L /MPa	横纹弹性模量/MPa		泊松比			顺纹剪切模量/MPa		横纹剪切模量 G_{RT} /MPa
	E_R	E_T	ν_{LR}	ν_{LT}	ν_{RT}	G_{LR}	G_{LT}	
12434	814	814	0.49	0.49	0.65	1376	1376	242

2. 试验概况

1) 试件设计

胶合木螺栓连接节点试件由螺栓、胶合木构件和钢填板三部分组成，示意图如图 2-8 所示。螺栓直径为 22mm，采用 8.8 级普通螺栓[34]，钢填板厚度为 16mm，选用 Q235B 钢材[35]，胶合木强度为 TC_T24[36]。考虑梁高和螺栓列数，同时参考工程实际，设计了 6 个胶合木梁钢填板螺栓连接节点试件。胶合木构件的横截面尺寸为 250mm×h，高度 h 设计为 600mm、800mm 和 1000mm，跨度与高度之比为 10，即试件跨度分别为 6000mm、8000mm、10000mm。

试件几何参数取值如表 2-3 所示，以 J6-4S1-6R1 为例介绍试件命名规则，J6 指截面高度为 600mm，4S1 指螺栓行数为 4 行，行距为 S1 (s_1 =100mm，s_2=200mm)，6R1 指螺栓列数为 6 列，列距为 R1 (r=120mm)。为了研究螺栓排列的影响，将螺栓行距设置为 S1 (s_1 =100mm，s_2=200 mm)和 S2 (s_1=150mm，s_2=100mm)，而螺栓列距设置为 R1 (r=120mm)和 R2 (r=150mm)。

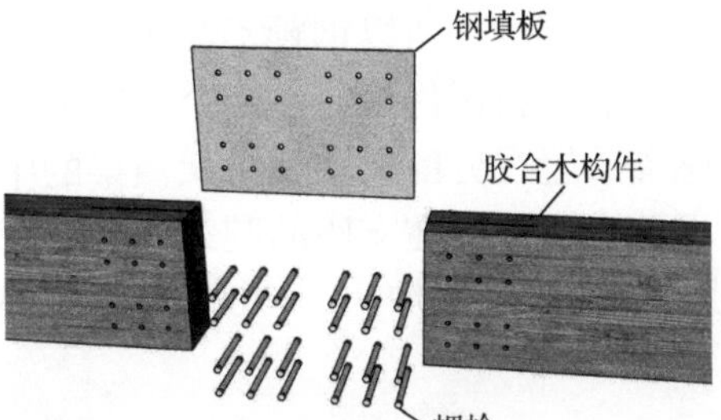

(a) 试件装配图

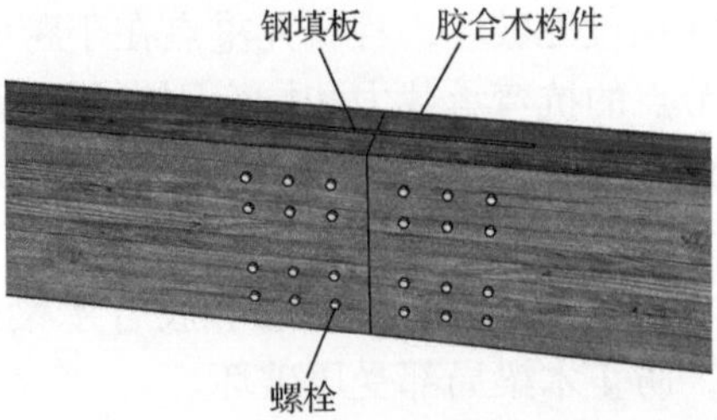

(b) 试件三维模型

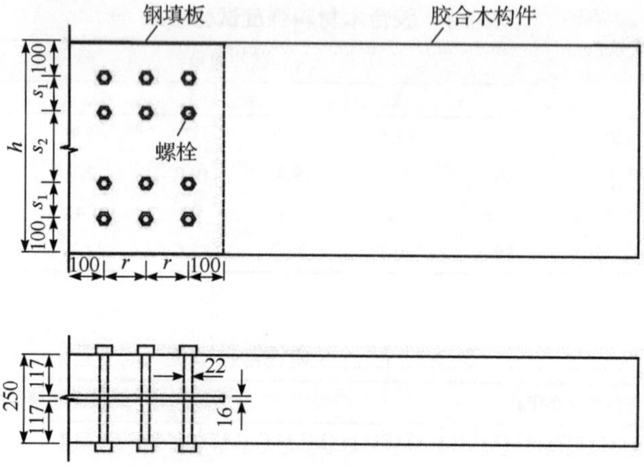

(c) 试件几何参数(单位：mm)

图 2-8　试件示意图

表 2-3　试件几何参数取值

节点编号	h/mm	螺栓排数	s_1/mm	s_2/mm	螺栓列数	r/mm
J6-4S1-6R1	600	4	100	200	6	120
J6-4S2-6R1	600	4	150	100	6	120
J6-4S1-6R2	600	4	100	200	6	150
J6-4S1-8R1	600	4	100	200	8	120
J8-6S1-8R1	800	6	100	200	8	120
J10-8S1-8R1	1000	8	100	200	8	120

2) 试验装置及加载制度

试验装置示意图如图 2-9(a)所示，试件左右两侧分别使用普通螺栓连接钢靴和胶合木梁，中间则使用普通螺栓和钢填板连接左右两侧的胶合木梁。由于钢靴连接部分不是试验的主要考察部分，设计偏安全考虑，在试验过程中均未出现木梁在钢靴处破坏，且研究重点在于跨中连接节点部位，所以钢靴不影响试验过程中节点的抗弯承载力和抗弯刚度。放置好支座后，将试件平放在两个支座上，分配梁放置在试件跨中上方，千斤顶和力传感器放置在分配梁和反力架横梁的中间部分。需要注意的是，根据相关规范，对于胶合木梁，在支座的圆毂或者分配梁左右两侧加载点处的圆毂和胶合木梁接触的部位需要添加一个 30mm 厚的钢填板，防止木梁局部受压破坏。

(a) 试验装置

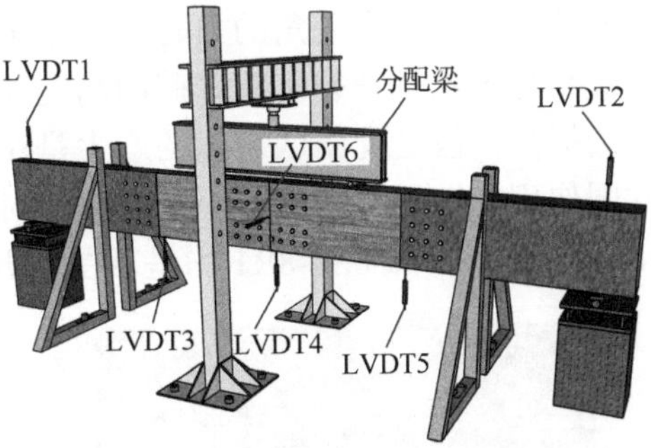

(b) 位移计布置

图 2-9　试验装置及测量装置示意图

根据《木结构试验方法标准》(GB/T 50329—2012)[37]，试验应采取无冲击影响的加载方式。试验的加载程序分为预加载和正式加载两个阶段。预加载阶段先施加极限荷载的 10%，持荷 5min，然后卸载至零，保证试件与加载装置接触良好，检查测量仪器工作状态是否完好。正式加载阶段按破坏荷载的 1/10 分级加载，达到极限荷载后继续增大位移，直至荷载低于极限荷载的 80%或试件变形过大不适于继续加载时停止加载。

值得注意的是，在试验过程中，由于破坏形式是横纹劈裂，属于脆性破坏，在产生第一条因横纹抗拉产生的裂缝时会发生较大的声响。当裂缝延展至贯穿梁长的时刻，极限荷载增加缓慢或者不再增加，但跨中位移持续增大，这意味着抗弯刚度迅速下降，为保证试验安全，停止加载，认定此时节点已破坏。

3) 测点布置

试验中需要测量试件在加载过程中的位移，共用到 6 个顶针式位移计(LVDT1～LVDT6)，如图 2-9(b)所示，LVDT1～LVDT5 用于测量支座沉降、节点跨中挠度和加载点位移，LVDT6 用于测量试件平面外位移，后续测量证明平面外位移可以忽略不计。

3. 试验结果与分析

各组试件的裂缝扩展及破坏模式如图 2-10 所示。可以看出，所有试件均出现沿最下排螺栓的劈裂破坏，此时荷载达到峰值并开始下降，表明节点失效。根据裂缝的起裂位置，将试件的裂缝扩展模式分为受拉开裂和受压开裂两种。以 J6-4S1-6R1 为例，如图 2-10(a)所示，随着荷载的增加，最下排受拉螺栓首先出现开裂，随后跨中受压区也出现轻微开裂，此为受拉开裂模式，即受拉裂缝先于受压裂缝出现。而对于 J8 组和 J10 组试件，上部受压区先出现裂缝，随后最下排受拉螺栓出现劈裂，此为受压开裂模式，即受压裂缝先于受拉裂缝出现。当螺栓受到与顺纹方向成一个夹角的力时，由于木材横纹抗拉强度较小，该力的横纹方向分量极易导致木材开裂。随着截面高度和螺栓数量的增加，受拉开裂模式对应的荷载会提高，但是受压区裂缝的产生是左右胶合木构件之间的摩擦和受压区压应力共同作用的结果，因此受压开裂模式对应的荷载变化不大，这也是 J6-4S1-8R1、J8-6S1-8R1、J10-8S1-8R1 均呈现受压开裂模式的原因。

(a) J6-4S1-6R1

(b) J6-4S2-6R1

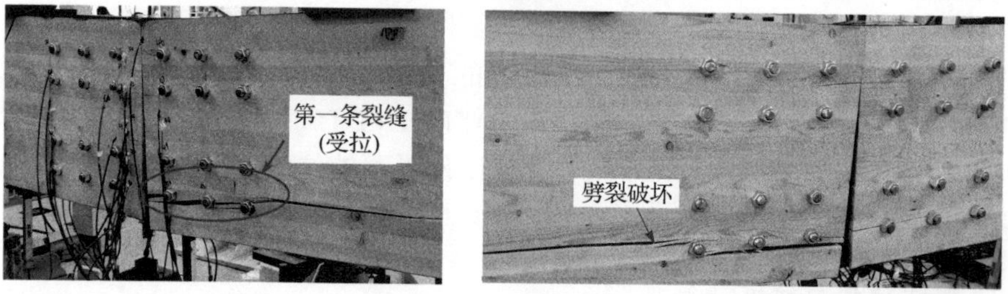

(c) J6-4S1-6R2

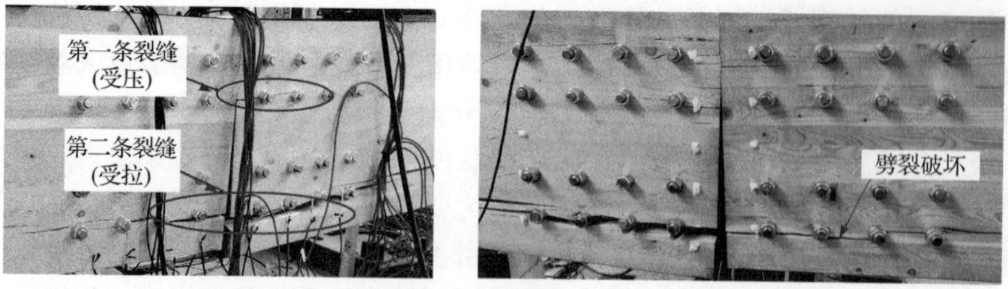

(d) J6-4S1-8R1

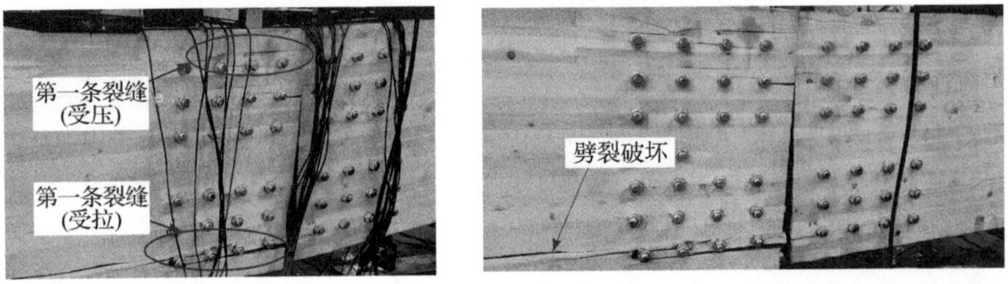

(e) J8-6S1-8R1

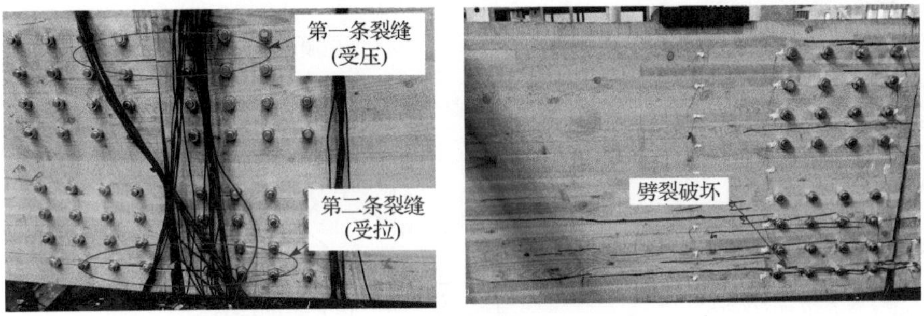

(f) J10-8S1-8R1

图 2-10　各组试件的裂缝扩展及破坏模式

4. 弯矩-转角曲线及力学性能参数计算分析

各组试件的弯矩-转角曲线如图 2-11 所示。以 J6-4S1-6R1 为例，当弯矩增加到 $0.66M_u$ 时，最底排螺栓出现第一条裂缝，随着弯矩的增大，受压区出现裂缝。对于 J10-8S1-8R1，当弯矩增加到 $0.42M_u$ 时，受压区出现第一条裂缝，当弯矩增加到 $0.82M_u$ 时，最底排螺栓出现裂缝。

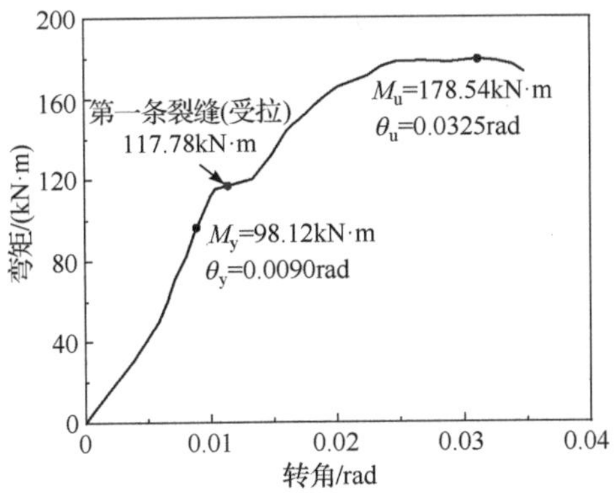

(a) J6-4S1-6R1

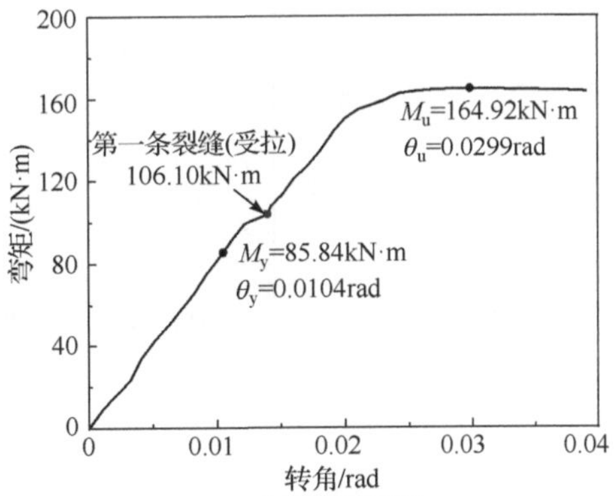

(b) J6-4S2-6R1

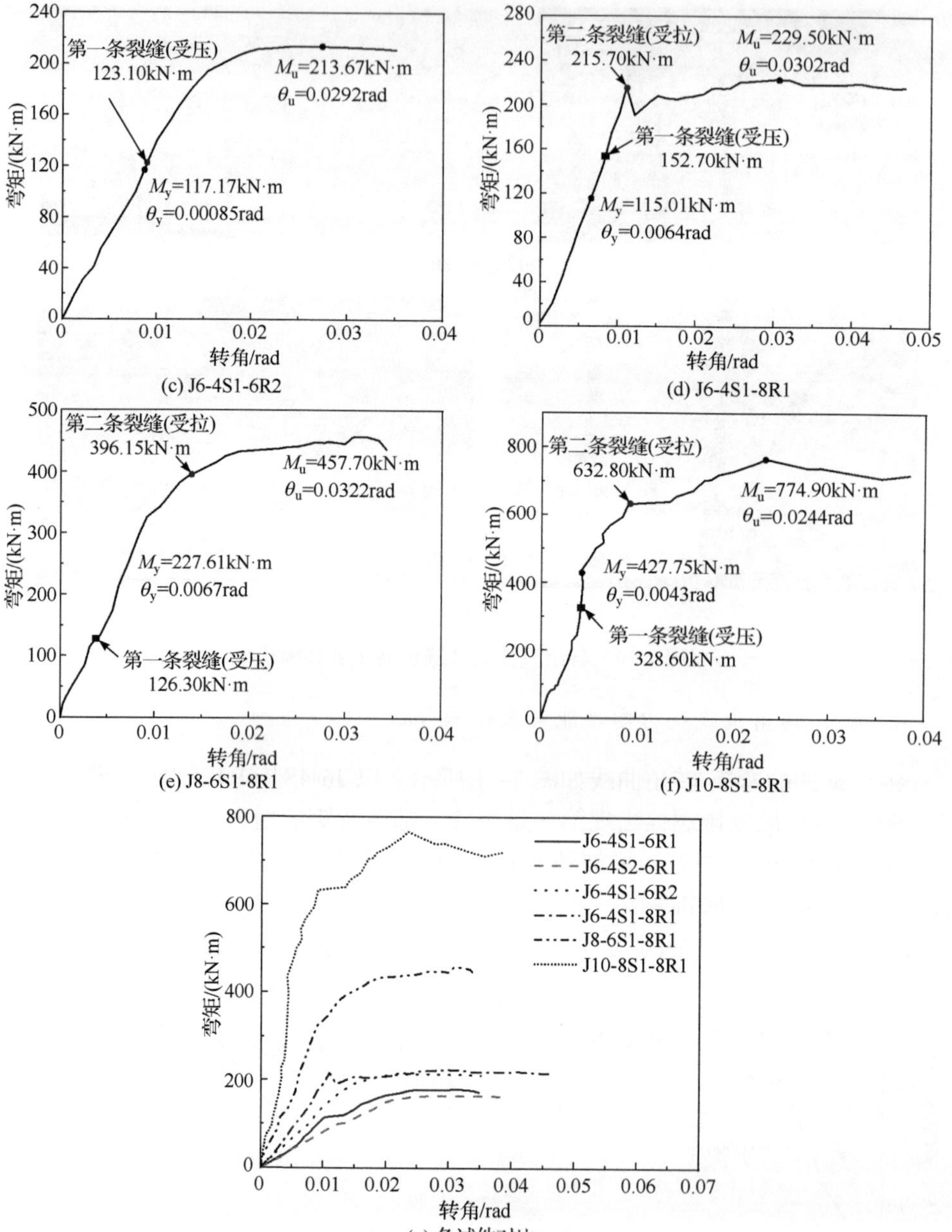

(c) J6-4S1-6R2　(d) J6-4S1-8R1　(e) J8-6S1-8R1　(f) J10-8S1-8R1　(g) 各试件对比

图 2-11　各组试件的弯矩-转角曲线

弯矩-转角曲线力学性能参数计算结果如表 2-4 所示。根据 Yasumura 等[38]的相关研究，抗弯刚度被认为是 40%的抗弯承载力与其对应转角的比值。采用澳大利亚联邦科学与工业研究组织建议的方法来确定屈服点[39]，将 40% 峰值弯矩处的转角值($\theta_{0.4P_{\max}}$)乘以 1.25，就可以确定屈服点，即新转角值与弯矩-转角曲线的投影线的交点。

表 2-4 弯矩-转角曲线力学性能参数计算结果

试件编号	抗弯刚度/(kN·m/rad)	屈服弯矩/(kN·m)	屈服转角/rad	极限弯矩/(kN·m)	极限转角/rad
J6-4S1-6R1	10018	98.12	0.0090	178.54	0.0325
J6-4S2-6R1	8020	85.84	0.0104	164.92	0.0299
J6-4S1-6R2	12972	117.17	0.0085	213.67	0.0292
J6-4S1-8R1	18007	115.01	0.0064	229.50	0.0302
J8-6S1-8R1	31959	227.61	0.0067	457.70	0.0322
J10-8S1-8R1	75198	427.75	0.0043	774.90	0.0244

J6-4S2-6R1 在转角和极限弯矩低于 J6-4S1-6R1 时出现破坏，说明在满足相关设计规范的前提下，螺栓应尽量靠近边缘布置。螺栓列距越大，节点抗弯刚度和极限弯矩越大。与 J6-4S1-6R1 相比，J6-4S1-6R2 的抗弯刚度和极限弯矩分别提高了 29.49%和 19.68%，这主要是由于旋转中心与螺栓之间的距离增加。 此外，螺栓列距的增大也延缓了木材的顺纹劈裂。与 J6-4S1-6R1 相比，J6-4S1-8R1 的抗弯刚度和极限弯矩分别提高了 79.75%和 28.54%。因此，在截面尺寸不变的情况下，增加螺栓列数来提高节点的抗弯刚度和极限弯矩是一种有效的方法。截面较高的胶合木构件在极限弯矩和抗弯刚度方面表现出较好的受力性能，但峰值转角较低，说明延性随截面高度的增加而降低，螺栓列数和截面高度对胶合木螺栓节点的受力性能具有显著影响。

2.1.2 足尺胶合木螺栓连接节点数值模拟

1. 木材本构模型

作为抗弯连接部件时，木材处于复合应力状态，其材料失效由多轴应力状态下的屈服准则判定。木材作为各向异性材料，其复合屈服应力有多种判定准则。1948 年，Hill 基于 von-Mises 理论提出了各向异性屈服准则[40]，当材料所受应力状态满足式(2-1)时，进入塑性屈服状态：

$$\sqrt{F\left(\sigma_{22}-\sigma_{33}\right)^{2}+G\left(\sigma_{33}-\sigma_{11}\right)^{2}+H\left(\sigma_{11}-\sigma_{22}\right)^{2}+2L\sigma_{23}^{2}+2M\sigma_{31}^{2}+2N\sigma_{12}^{2}}=1 \quad (2\text{-}1)$$

式中，F、G、H、L、M、N 分别表示不同方向材料测试中得到的常数。

在 ABAQUS 中，运用 Hill 屈服准则时引入了各向屈服应力比 R_{11}、R_{22}、R_{33}、R_{12}、R_{13} 和 R_{23}，其定义分别为

$$\frac{\bar{\sigma}_{11}}{\sigma^0},\ \frac{\bar{\sigma}_{22}}{\sigma^0},\ \frac{\bar{\sigma}_{33}}{\sigma^0},\ \frac{\bar{\sigma}_{12}}{\tau^0},\ \frac{\bar{\sigma}_{13}}{\tau^0},\ \frac{\bar{\sigma}_{23}}{\tau^0},\quad \tau^0=\sigma^0/\sqrt{3}$$

式中，σ^0 为参考屈服应力；$\bar{\sigma}_{11}$、$\bar{\sigma}_{22}$、$\bar{\sigma}_{33}$ 分别为主轴方向的抗拉强度；$\bar{\sigma}_{12}$、$\bar{\sigma}_{13}$、$\bar{\sigma}_{23}$ 分别为相对于主轴的抗剪强度，则有

$$\begin{cases} F=\dfrac{(\sigma^0)^2}{2}\left(\dfrac{1}{\bar{\sigma}_{22}^2}+\dfrac{1}{\bar{\sigma}_{33}^2}-\dfrac{1}{\bar{\sigma}_{11}^2}\right)=\dfrac{1}{2}\left(\dfrac{1}{R_{22}^2}+\dfrac{1}{R_{33}^2}-\dfrac{1}{R_{11}^2}\right) \\ G=\dfrac{(\sigma^0)^2}{2}\left(\dfrac{1}{\bar{\sigma}_{33}^2}+\dfrac{1}{\bar{\sigma}_{11}^2}-\dfrac{1}{\bar{\sigma}_{22}^2}\right)=\dfrac{1}{2}\left(\dfrac{1}{R_{33}^2}+\dfrac{1}{R_{11}^2}-\dfrac{1}{R_{22}^2}\right) \\ H=\dfrac{(\sigma^0)^2}{2}\left(\dfrac{1}{\bar{\sigma}_{11}^2}+\dfrac{1}{\bar{\sigma}_{22}^2}-\dfrac{1}{\bar{\sigma}_{33}^2}\right)=\dfrac{1}{2}\left(\dfrac{1}{R_{11}^2}+\dfrac{1}{R_{22}^2}-\dfrac{1}{R_{33}^2}\right) \\ L=\dfrac{3}{2}\left(\dfrac{\tau^0}{\bar{\sigma}_{23}}\right)^2=\dfrac{3}{2R_{23}^2} \\ M=\dfrac{3}{2}\left(\dfrac{\tau^0}{\bar{\sigma}_{13}}\right)^2=\dfrac{3}{2R_{13}^2} \\ N=\dfrac{3}{2}\left(\dfrac{\tau^0}{\bar{\sigma}_{12}}\right)^2=\dfrac{3}{2R_{12}^2} \end{cases} \tag{2-2}$$

各向屈服应力比可以通过平面内的各向异性系数 r 求得，r 值的概念最早由 Lankford 等[41]提出，多用于各向异性的金属板材中。r 值与指定方向有关，对于金属板材，一般在出厂时会提供 0°、90°、45°三个方向的数值。若在层板平面内沿 x 方向进行单轴拉伸试验，得出的 r 值则定义为宽度方向的应变与厚度方向的应变之比。视经过简化的胶合木为横观各向同性材料，其沿板材顺纹方向的强度较大，而横纹方向的径向和弦向强度相同，因此顺纹方向可以看成金属板材的厚度方向，横纹截面可类比为金属板材的层板平面，如图 2-12 所示。

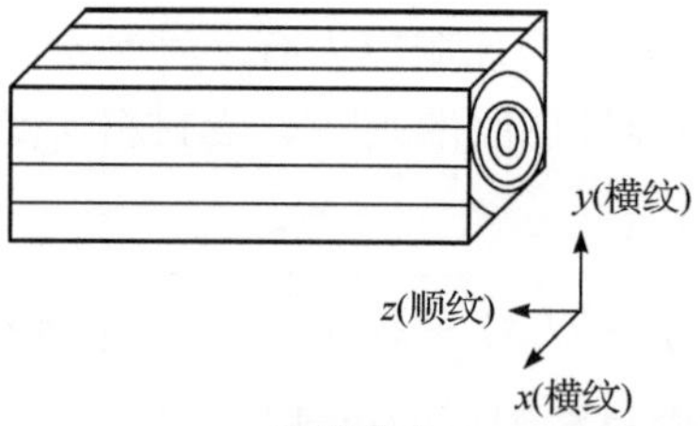

(a) 胶合木

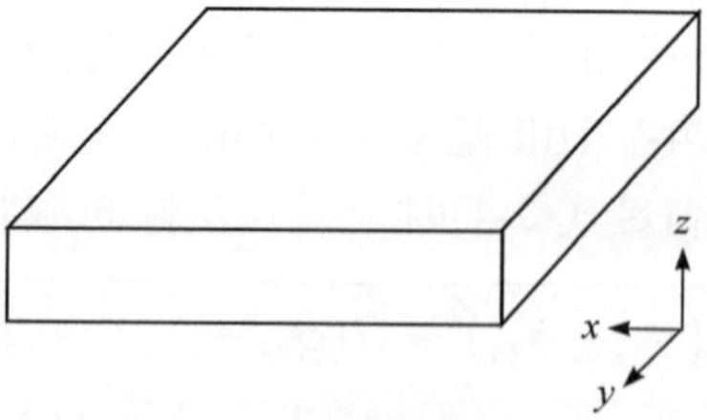

(b) 金属板材

图 2-12　不同材料运用 Hill 屈服准则的方向指定

于是，对于胶合木，有

$$r_y = r_x = \frac{\mathrm{d}\varepsilon_{22}}{\mathrm{d}\varepsilon_{33}} = \frac{H}{G} \tag{2-3}$$

在 Hill 屈服准则中，当材料相对于 z 轴对称时，有

$$F = G, \quad N = G + 2H \tag{2-4}$$

因此，如果在木材塑性模型中定义 $\sigma^0 = \bar{\sigma}_{11}$，则有

$$R_{11} = R_{22} = 1, \quad R_{33} = \sqrt{\frac{r_x + 1}{2}} \tag{2-5}$$

以上为材料沿坐标轴方向加载时其各向屈服应力比和各向异性系数的定义与计算方法，对于平面内任意方向，其 r 值相同。为得到更具有普遍意义的各向异性模型，需要用到与 x 轴成 45°方向的 r 值 r_{45}，可得

$$r_{45} = \frac{2N - (F + G)}{2(F + G)} \quad 或 \quad \frac{N}{G} = \left(r_{45} + \frac{1}{2}\right)\left(1 + \frac{r_x}{r_y}\right) \tag{2-6}$$

$$R_{12} = \sqrt{\frac{3(r_x + 1)r_y}{(2r_{45} + 1)(r_x + r_y)}} \tag{2-7}$$

剪切系数 $L=M=N$，所以得出

$$R_{23} = R_{13} = R_{12} = \sqrt{\frac{3(r_x + 1)}{4r_x + 2}} \tag{2-8}$$

2. 断裂模拟

为了考虑结构的界面完整性及材料的断裂情况，基于断裂力学和损伤力学，ABAQUS 提供了一种 Cohesive 单元来对其进行分析，其主要几何特征如图 2-13 所示。当满足损伤准则时，其上表面和下表面会分离、裂缝发展，单元刚度下降，在结构中可能出现裂缝的区域用 Cohesive 单元进行模拟，裂缝只能沿 Cohesive 单元层数方向扩展，且不会传递到周围的材料中。Cohesive 单元在开裂前的本构关系是线弹性的，在 ABAQUS 中用刚度退化的牵引分离-损伤演化准则模拟裂缝的开裂和扩展。

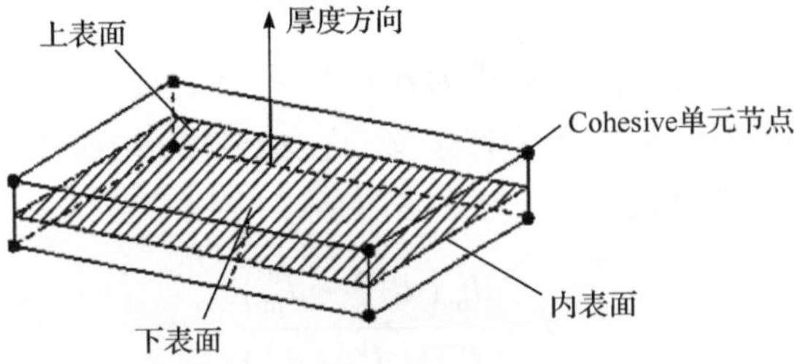

图 2-13　Cohesive 单元的主要几何特征

Cohesive 单元的本构关系是准确模拟裂缝起裂和扩展的关键，采用图 2-14 所示的双折线模型作为 Cohesive 单元的本构模型，包含单元损伤前的线弹性阶段和单元损伤后的刚度线性降低软化阶段，图中纵坐标表示应力，横坐标表示应变，线弹性阶段的斜率代表 Cohesive 单元的刚度，曲线下的面积即为材料断裂时的能量释放率，也称为临界断裂能。ABAQUS 中，Cohesive 单元损伤起始判断准则主要包括最大应力准则、二次应力准则、最大应变准则、二次应变准则，如表 2-5 所示。

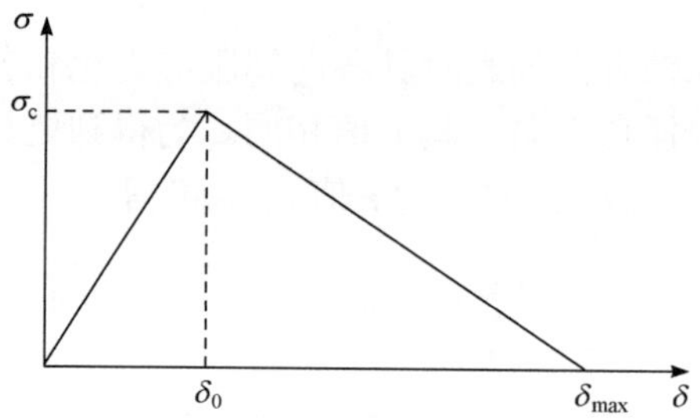

图 2-14　Cohesive 单元双折线本构模型

表 2-5　Cohesive 单元损伤起始判断准则

准则名称	公式	含义
最大应力准则 (MAXS)	$\mathrm{MAX}\left\{\dfrac{\langle\sigma_n\rangle}{N_{\max}},\dfrac{\sigma_s}{S_{\max}},\dfrac{\sigma_t}{T_{\max}}\right\}=1$	任一方向所受应力达到其临界应力时，单元开始出现损伤
二次应力准则 (QUADS)	$\left(\dfrac{\langle\sigma_n\rangle}{N_{\max}}\right)^2+\left(\dfrac{\sigma_s}{S_{\max}}\right)^2+\left(\dfrac{\sigma_t}{T_{\max}}\right)^2=1$	三个方向所受应力与其临界应力比值的平方和为 1 时，单元开始出现损伤
最大应变准则 (MAXE)	$\mathrm{MAX}\left\{\dfrac{\langle\varepsilon_n\rangle}{\varepsilon_n^{\max}},\dfrac{\varepsilon_s}{\varepsilon_s^{\max}},\dfrac{\varepsilon_t}{\varepsilon_t^{\max}}\right\}=1$	任一方向产生的应变达到其临界应变时，单元开始出现损伤
二次应变准则 (QUADE)	$\left(\dfrac{\langle\varepsilon_n\rangle}{\varepsilon_n^{\max}}\right)^2+\left(\dfrac{\varepsilon_s}{\varepsilon_s^{\max}}\right)^2+\left(\dfrac{\varepsilon_t}{\varepsilon_t^{\max}}\right)^2=1$	三个方向产生应变与其临界应变比值的平方和为 1 时，单元开始出现损伤

注：σ_n、σ_s、σ_t 分别为法向、第一剪切方向、第二剪切方向应力；ε_n、ε_s、ε_t 分别为法向、第一剪切方向、第二剪切方向应变；〈 〉表示当该变量为负数时，取值为 0，即单元不会出现受压损伤。

当损伤开始后，损伤演化关系式为 $\sigma=(1-d)\bar{\sigma}$，其中 d 为损伤系数，它单调递增。损伤演化由断裂能量或者位移定义，在本节模型中运用的是线性位移扩展准则，其损伤系数计算公式为

$$d=\frac{d_{\mathrm{m}}^{\mathrm{f}}\left(d_{\mathrm{m}}^{\max}-d_{\mathrm{m}}^{0}\right)}{d_{\mathrm{m}}^{\max}\left(d_{\mathrm{m}}^{\mathrm{f}}-d_{\mathrm{m}}^{0}\right)} \tag{2-9}$$

式中，$d_{\mathrm{m}}^{\mathrm{f}}$ 为单元完全破坏时的位移幅值；$d_{\mathrm{m}}^{\max}$ 为变形过程中单元的最大位移幅值；d_{m}^{0} 为单元开始产生损伤时的位移幅值。

由于使用内聚力单元方法，需要对 Cohesive 单元选择合理的本构模型。根据上述理论基础，采用双折线模型，即在达到最大应力后，Cohesive 单元刚度发生线性下降，直到为 0 时发生破坏，与 Cohesive 单元相连的两个单元随之分开。内聚力单元方法采用最大应力准则和能量定义损伤演化。编写子程序设置网格节点编号，并插入 0 厚度的 Cohesive 单元，Cohesive 单元需要考虑法向的正应力和切向的剪应力。Cohesive 单元属性如表 2-6 所示。

表 2-6　Cohesive 单元属性

单元刚度 E/(N/mm³)	Ⅰ型临界应变能释放率 G_1/(N/mm)	Ⅱ型临界应变能释放率 G_2/(N/mm)
814	1376	242

注：Ⅰ型临界应变能释放率对应木材Ⅰ型断裂，即法向正应力引起的张开型断裂，Ⅱ型临界应变能释放率对应木材Ⅱ型断裂，即切向剪应力引起的滑开型断裂。

3. 数值模型

各试件的建模方法基本一致，这里以试件 J6-4S1-8R1 为例描述模型的建立过程。试件 J6-4S1-8R1 的跨度为 6000mm，高度为 600mm，宽度为 250mm，其模型如图 2-15 所示。在胶合木梁上钻孔并开槽，在跨中相应位置插入钢填板。在实际试验中，为防止胶合木梁发生局部承压破坏，根据相关规范，需要在距梁端 250mm 的胶合木梁下表面处布置钢填板。在加载点处同样需要布置钢填板，以防止发生局部承压破坏，钢填板几何中心距跨中 875mm。为保证数值模拟的准确性，模型设置基本与试验设置相同。支座和加载点处钢填板长和宽均为 250mm，高 20mm。值得注意的是，数值模拟研究的重点和难点在于胶合木梁、钢填板、螺栓的相互作用，所以在跨中附近需要加密网格。而使用内聚力单元方法，除合理选用损伤稳定参数可以帮助收敛外，合理划分网格同样可以帮助收敛。在模型建立过程中做了预处理，首先，在胶合木梁的钻孔处和钢填板的开孔附近预切割直径 44mm 的同心圆，切割后再划分网格可以保证网格的一致性，方便收敛；其次，插入 Cohesive 单元的网格最好保持一致，这需要对单元类型和网格划分方法有具体的要求，单元类型主要有 C3D8R、COH3D8 和 C3D6；最后，可以采用对称的方法进行计算缩减，为了能完整显示左右两部分胶合木梁等的变形情况，本节均采用建立全模型的方法。

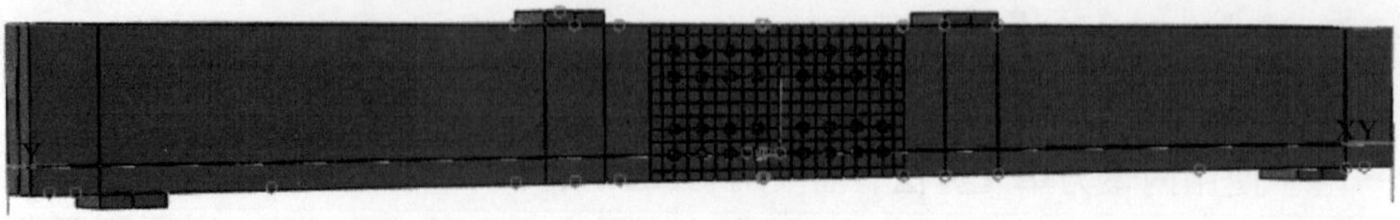

图 2-15　试件模型

钢填板沿梁长方向的长度为 880mm，沿梁高方向的长度为 600mm，厚度默认为 16mm，如图 2-16(a)所示。螺栓的直径为 22mm，总长为 290mm，螺帽直径为 35mm，厚度为 20mm，如图 2-16(b)所示，将螺栓部件切割，以便于划分网格。

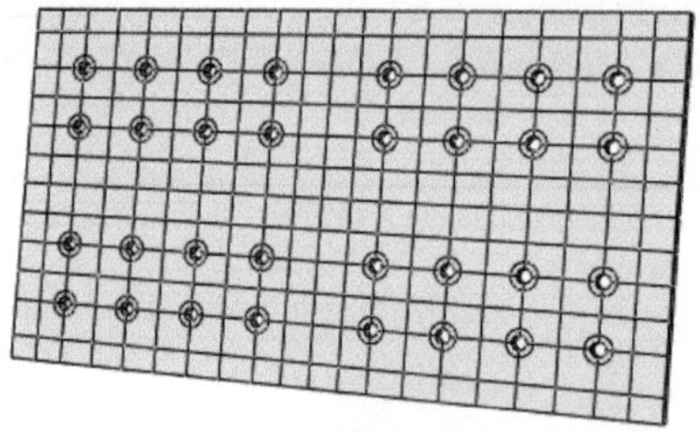

(a) 钢填板

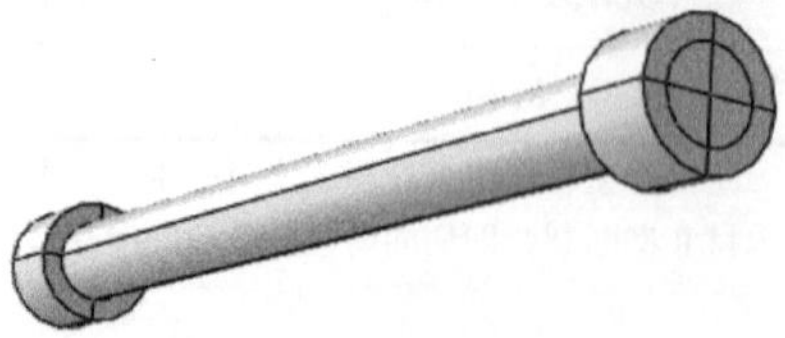

(b) 螺栓

图 2-16　试件部件模型

模型中接触关系设置如表 2-7 所示。其中，值得注意的是，木梁和螺栓帽的接触中，木梁表面可以选取在模型中预切割好的直径为 44mm 的部件；木梁和钢填板的接触中同样采用面面接触方式，设置切向和法向行为。由于在模型中表面与表面接触的相互作用已达到 100 多对，对模型收敛性提出了很大的要求。为得到节点左右两侧变形情况的直观示意图，本节采用全模型建模方法，如果需要缩减总计算量，可以建立对称模型，此时对称面可以设置为刚性表面，限制钢填板沿梁长方向的位移，设置好对称面的接触关系。

表 2-7　接触关系设置

接触对	主面	从面	接触关系	摩擦系数
木梁左-木梁右	左侧木梁端面	右侧木梁端面	面面接触	0.4
木梁-螺栓帽	螺栓帽	木梁	面面接触	0.3
木梁-钢填板	钢填板	木梁	面面接触	0.3
木梁孔-螺栓杆	螺栓杆	木梁孔壁	面面接触	0.3
木梁槽-钢填板	钢填板	木梁槽	面面接触	0.3
钢填板-螺栓杆	钢填板孔壁	螺栓杆	面面接触	0.3

由于跨中部位是应力变化较大区域且是研究重点，对跨中网格进行加密。螺栓和钢填板网格尺寸约为 10mm，跨中附近木梁和钢填板网格尺寸约为 10mm，支座附近木梁网格尺寸约为 50mm。试件网格划分如图 2-17 所示。

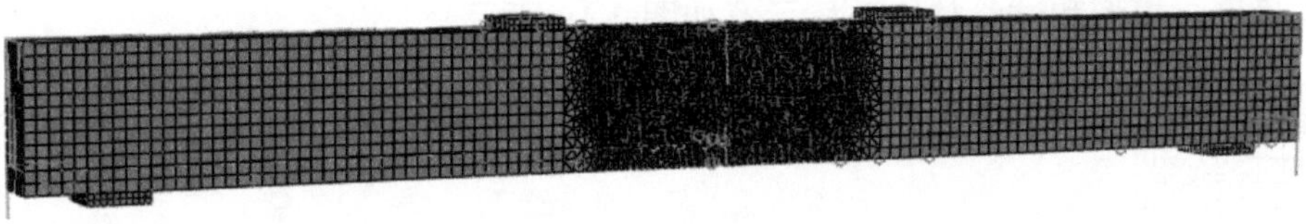

图 2-17　试件网格划分

试件各构件网格划分如图 2-18 所示。试件单元基本采用 C3D8R 单元(8 节点六面体线性缩减积分单元)，该类型网格的优点在于弯曲荷载下不易发生剪切自锁现象，而且在扭曲变形时分析精度不受太大影响，对位移的求解结果较为精确。由于跨中网格尺寸为 10mm，而梁端网格尺寸为 50mm，中间利用 C3D6 单元(楔形单元)过渡，Cohesive 单元采用 COH3D8 单元，这样可以缩减单元数量，方便收敛。除缩减单元数量外，还采用了以下方法来帮助模型实现收敛：在分析步中将时间增量步数调大，默认为 5 步，即连续发生 5 次不收敛迭代，停止计算，对于相互作用对较多且使用 Cohesive 单元的模型，需要调大至 25 步；分析步中需要输出 Status 场边量用来查看 Cohesive 单元的失效情况，且需要将增量步的起始值和最小值调整至合适的数值。

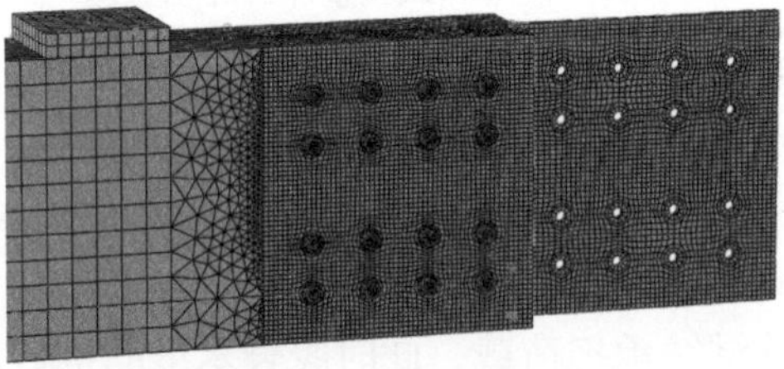

(a) 试件局部网格

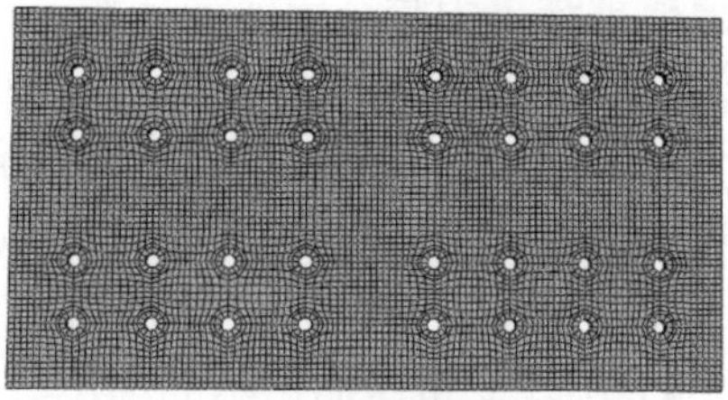

(b) 钢填板网格

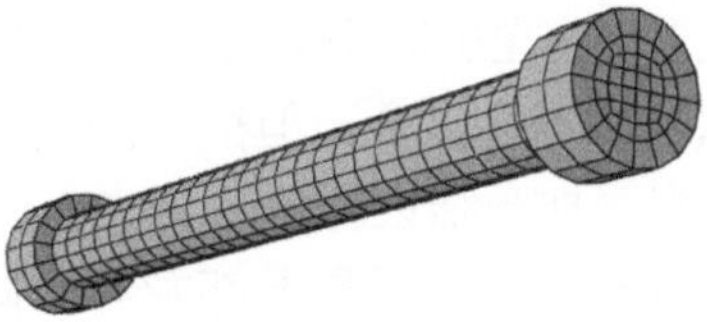

(c) 螺栓网格

图 2-18　试件各构件网格划分

4. 数值模拟结果分析

通过对比发现，数值模拟结果与试验结果拟合较好，并且均是沿梁长方向发生劈裂破坏。因此，这里以典型试件 J6-4S1-8R1 为例，验证数值模拟方法的优势和准确度。模型和试验整体破坏示意如图 2-19 所示。

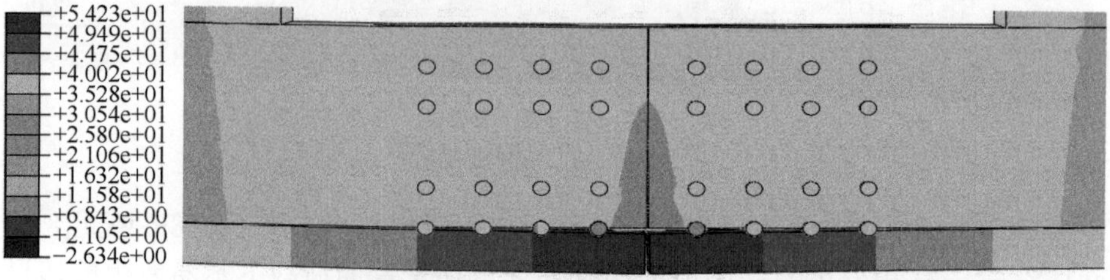

(a) 模型J6-4S1-8R1整体破坏时位移云图(单位：mm)

(b) 试件J6-4S1-8R1整体破坏示意图

图 2-19　模型和试验整体破坏示意图

模型各部分位移及应力云图如图 2-20 所示。从图 2-20(a)可以看到，胶合木梁的破坏模式是在最下排螺栓处产生一条贯穿梁长方向的裂缝。从图 2-20(b)可以看到，在最下排螺栓以下的胶合木梁刚退出工作后，该部分胶合木梁应力为 0，由于钢填板和螺栓的协同工作性能，胶合木梁的应力完成重分布，仅剩下梁截面高度约为 500mm 的部分继续承担荷载，此时胶合木梁的抗弯承载力基本不变而抗弯刚度会迅速下降，而在试验中抗弯承载力会突然下降，继续加载，抗弯承载力会恢复到原来水平；当裂缝贯穿梁长后，数值模拟结果中胶合木梁的抗弯承载力不再上升，而在试验中大部分试件的抗弯承载力与数值模拟结果相同，继续加载，抗弯承载力不再提升，但抗弯刚度会迅速下降。由于胶合木钢填板螺栓节点破坏严重，视为加载结束。从图 2-20(b)中胶合木梁开槽顶部可以看到，该部位出现应力集中的现象，原因是上部左右两侧胶合木梁相互挤压，钢填板同样挤压胶合木梁开槽处，在试验中，部分试件在胶合木梁上部会出现受挤压而产生的细小裂缝，在继续加载的过程中，这些裂缝并不会继续延展，对抗弯承载力影响较小。由于受到钢填板挤压，部分试件在应力集中处会出现受挤压的局部破坏，但与劈裂破坏相比不是决定因素。

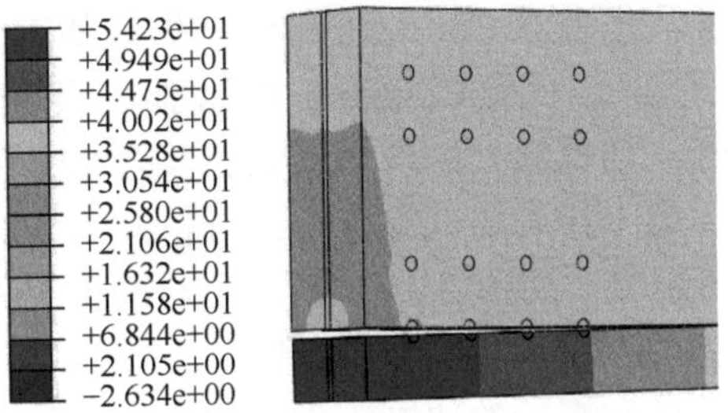

(a) 胶合木梁开裂处位移(单位：mm)

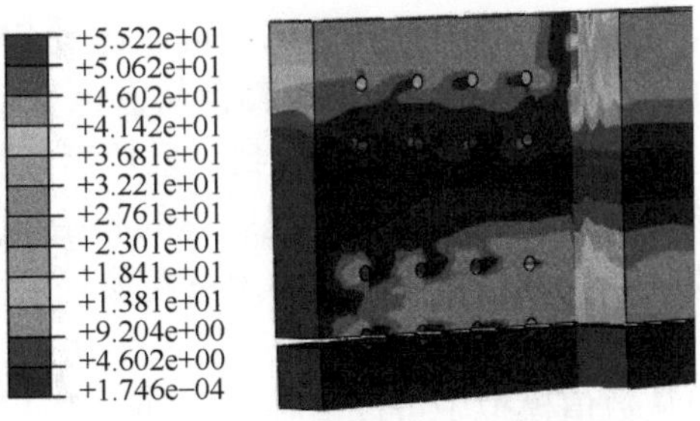

(b) 胶合木梁开槽处应力(单位：MPa)

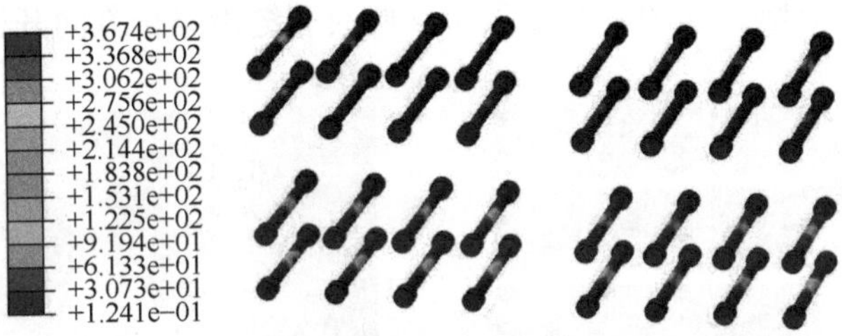

(c) 螺栓应力(单位：MPa)

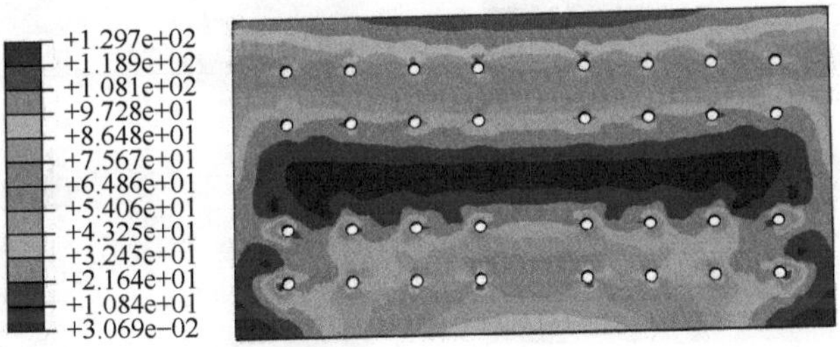

(d) 钢填板应力(单位：MPa)

图 2-20　模型各部分位移及应力云图

从图 2-20(c)和(d)可以看到，在发生劈裂破坏时，螺栓和钢填板均处于弹性阶段，此时二者的变形较小，与试验现象相同，在试验中螺栓和钢填板未出现较大的变形和破坏。从螺栓应力云图中可以看到螺栓群中受力最大的是左下角和右下角处螺栓。综合钢填板应力云图可以分析得出第 2 排和第 3 排螺栓受力较小，主要由第 1 排和第 4 排螺栓受力，这与理论计算中的螺栓群部分是相同的。从图 2-20(c)可以看到，左下角螺栓的应力是最大的，但从试验中得知，实际上裂缝是从第 1 列第 4 排螺栓附近产生的。值得注意的是，在试验过程中，由于难以在胶合木梁内部布置观测设备，仅能从胶合木梁节点外表面观察破坏现象，而内部的协同作用和破坏起始情况难以得知；试验中出现肉眼可见的裂缝之前，可以听到木材部分发出脆响，分析该脆响产生的原因，可能是木材内部受挤压或横纹受拉产生裂缝，这就需要通过数值模拟对胶合木梁的应力和应变进行分析。

使用内聚力单元方法，可以通过 Status 状态查看 Cohesive 单元的失效状态，如图 2-21 所示，当单元颜色从蓝色变到白色时，表示 Cohesive 单元刚度下降至 0。从图 2-21(a)可以观察到，虽然第 4 排第 4 列螺栓处的应力最大，胶合木梁在该处所受反力也较大，但裂缝的起始位置在第 1 排第 4 列螺栓处。分析原因，主要是在受荷过程中，跨中木梁在该处的变形最大。如图 2-21(b)所示，与试验现象相符，都是在第 1 排第 4 列处发生初始裂缝，在试验中无法观测到内部变形情况，但从数值模拟中可以清晰地看到，由于钢填板和螺栓的协同工作，胶合木梁从靠近钢填板一侧产生裂缝，然后向两侧延展，当裂缝延展至胶合木梁外表面时，胶合木梁节点再次发生巨响，如图 2-21(c)所示，此时裂缝沿梁长方向开始延展。

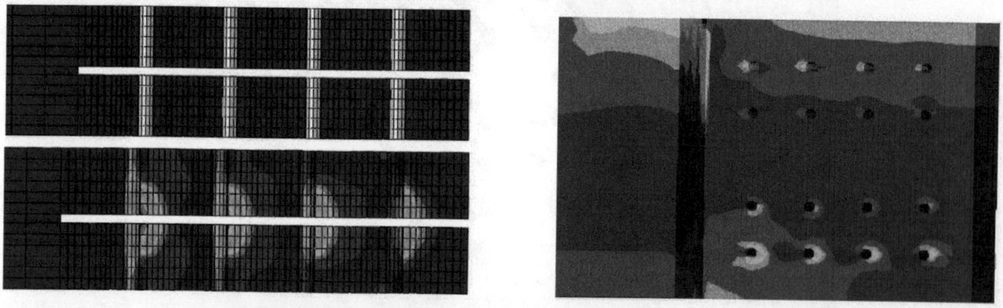

(a) 即将开裂前

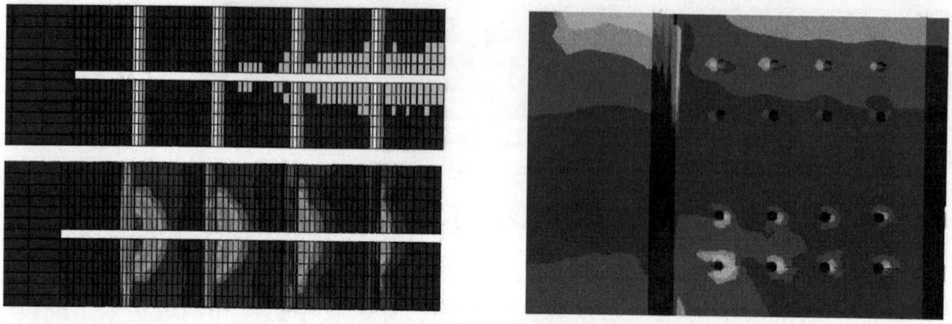

(b) 开始开裂

(c) 开裂过程

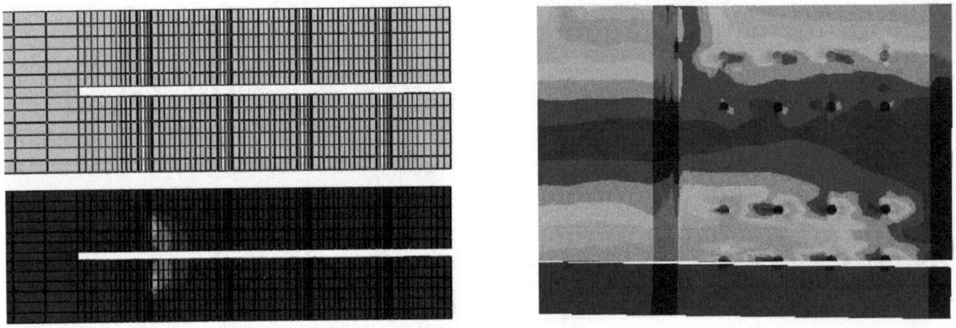

(d) 加载至极限承载力

图 2-21　胶合层失效过程对比

各组试件的弯矩-转角曲线对比如图 2-22 所示。表 2-8 为抗弯刚度和极限弯矩模拟结果与试验结果对比。可以看出，模拟结果与试验结果基本接近。而高度超过 600mm 的试件抗弯刚度有较大偏差，这是不同的裂缝衍生模式造成的，这些试件在压缩区出现了明显的裂缝。考虑到计算效率和收敛速度，简化的数值模型

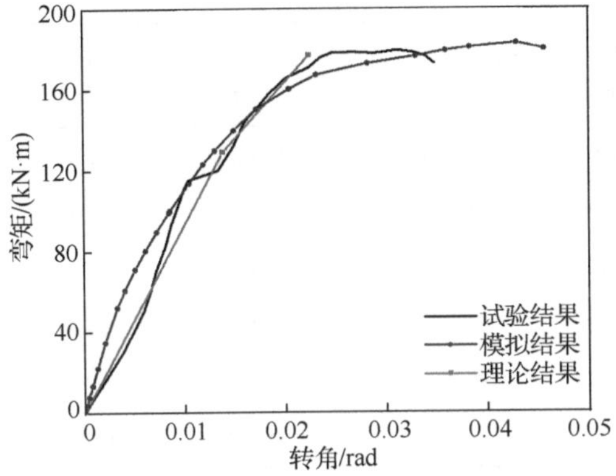

(a) J6-4S1-6R1

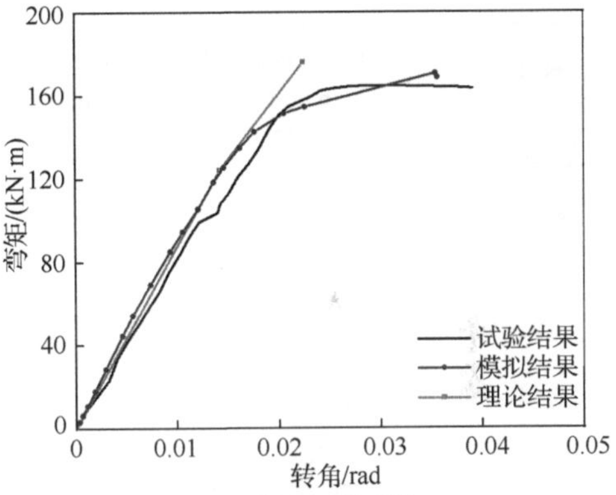

(b) J6-4S2-6R1

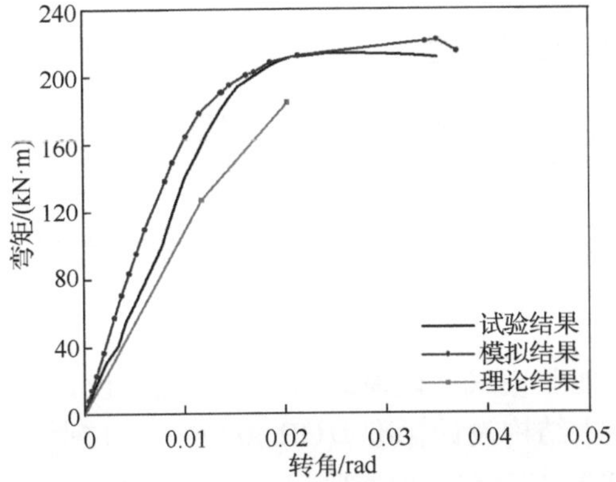

(c) J6-4S1-6R2

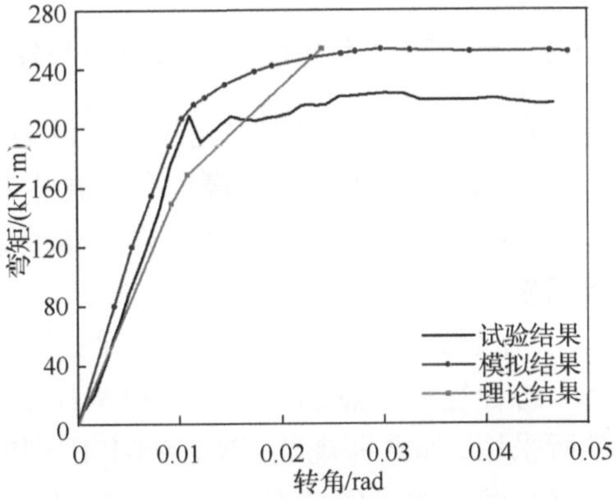

(d) J6-4S1-8R1

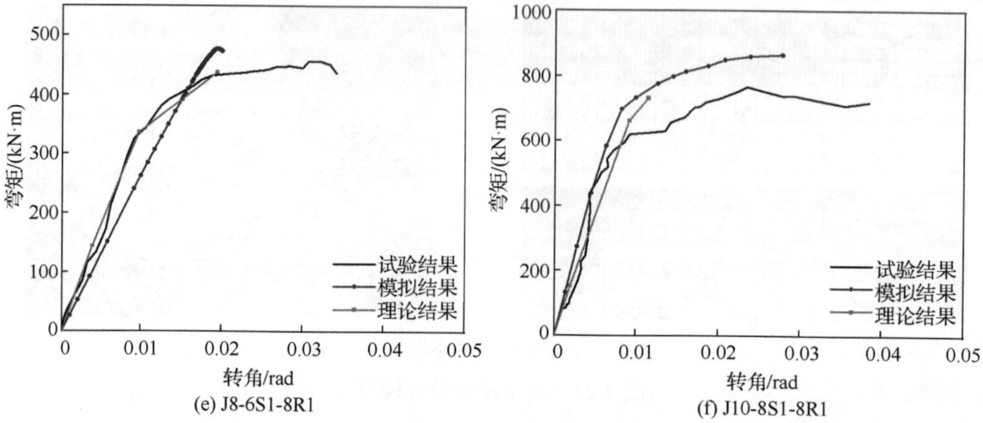

图 2-22　各组试件弯矩-转角曲线对比

可以在保证精度的前提下快速捕捉螺栓连接的破坏模式和试件弯矩-转角曲线的变化趋势。

表 2-8　抗弯刚度和极限弯矩模拟结果与试验结果对比

试件编号	抗弯刚度(试验)/(kN·m/rad)	抗弯刚度(模拟)/(kN·m/rad)	相对误差/%	极限弯矩(试验)/(kN·m)	极限弯矩(模拟)/(kN·m)	相对误差/%
J6-4S1-6R1	10018	10324	3.05	178.54	183.26	2.64
J6-4S2-6R1	8020	9196	14.66	164.92	170.38	3.31
J6-4S1-6R2	12972	12049	−7.12	213.67	225.06	5.33
J6-4S1-8R1	18007	21086	17.10	229.50	252.31	9.94
J8-6S1-8R1	31959	39401	23.29	457.70	486.05	6.19
J10-8S1-8R1	75198	102460	36.25	774.90	884.68	14.17

2.1.3　足尺胶合木螺栓连接节点计算模型与设计方法

在对足尺胶合木螺栓连接节点的力学性能进行理论推导时，假设如下：

(1) 在受压状态下，螺栓和胶合木共同抵抗弯矩。

(2) 压缩区的长度是从截面边缘到最上排螺栓的距离，这一点也可以通过试验结果进行验证。

(3) 压缩区的应力分布服从弹塑性假设。

螺栓连接节点的受力性能可采用欧洲屈服模式，该模式已被许多国家设计标准所采用，如欧洲规范 EN 1995-1-1[42]和《木结构设计标准》(GB 50005—2017)[43]。在满足间距要求的情况下，单剪钢-木连接节点存在三种屈服模式(图 2-23)，I_s为木材失效，Ⅲs 和Ⅳ分别为螺栓单塑性铰破坏和双塑性铰破坏。

(a) Is　(b) Ⅲs　(c) Ⅳ

图 2-23　开槽钢填板双剪节点的欧洲屈服模式

根据《木结构设计标准》(GB 50005—2017)[43]的规定，单根螺栓每个剪切面的设计承载力 Z_d 计算公式为

$$Z_d = C_m C_n C_t k_g Z \tag{2-10}$$

式中，C_m、C_n 和 C_t 分别为含水率、设计使用寿命和温度的调整系数；k_g 为螺栓的组合系数；Z 为参考设计承载力，其计算公式为

$$Z = k_{\min} t_s d f_{es} \tag{2-11}$$

式中，$k_{\min}$ 为最小有效长度因子；t_s 为胶合木构件的厚度；d 为螺栓直径；f_{es} 为胶合木的嵌入强度。

$$k_{\min} = \min\left[k_{\mathrm{I}}, k_{\mathrm{III}}, k_{\mathrm{IV}}\right] \tag{2-12}$$

$$k_{\mathrm{I}} = \frac{R_e R_t}{2\gamma_{\mathrm{I}}} \tag{2-13}$$

$$k_{\mathrm{III}} = \frac{R_e}{\gamma_{\mathrm{III}}(2+R_e)}\left(\sqrt{\frac{2(1+R_e)}{R_e} + \frac{1.647(1+2R_e)k_{ep} f_{yk} d^2}{3R_e f_{es} t_s^2}} - 1\right) \tag{2-14}$$

$$k_{\mathrm{IV}} = \frac{d}{\gamma_{\mathrm{IV}} t_s}\sqrt{\frac{1.647 R_e k_{ep} f_{yk}}{3(1+R_e) f_{es}}} \tag{2-15}$$

式中，k_{I}、k_{III}、k_{IV} 分别为破坏模式 Is、Ⅲs、Ⅳ对应的有效长度因子；γ_{I}、γ_{III}、γ_{IV} 为相应的抗力系数，分别取 4.38、2.22、1.88；$R_e=f_{em}/f_{es}$，f_{em} 为钢的销槽承压强度，取 445.50MPa(Q235 级钢设计强度的 1.1 倍)；$R_t=t_m/t_s$，t_m 为钢填板厚度；k_{ep} 为弹塑性强化系数，取 1.00；f_{yk} 为螺栓弯曲屈服强度。

胶合木的嵌入强度 f_{es} 取决于施加荷载方向与顺纹方向的夹角，当螺栓承担与顺纹方向成 α 角度的荷载时，嵌入强度 $f_{es,\alpha}$ 采用 Hankinson 方程确定，即

$$f_{es,0} = 77G \tag{2-16}$$

$$f_{es,90} = \frac{212G^{1.45}}{\sqrt{d}} \tag{2-17}$$

$$f_{es,\alpha} = \frac{f_{es,0} f_{es,90}}{f_{es,0}\sin^2\alpha + f_{es,90}\cos^2\alpha} \tag{2-18}$$

式中，G 为木材的平均相对密度；$f_{es,0}$ 为木材顺纹嵌入强度；$f_{es,90}$ 为木材横纹嵌入强度。

1. 螺栓节点屈服弯矩和极限弯矩计算模型

J6-4S1-6R1 节点受力分布示意图如图 2-24 所示。假设旋转中心始终为最上排螺栓连线与胶合木构件接触面的交点，当最大压应力小于木材顺纹抗压强度 f_c 时，压缩区应力分布呈线性。随着荷载的增加，部分压缩区进入塑性状态，将这部分进入塑性的压缩区高度定义为 βe_2(总压缩长度)。

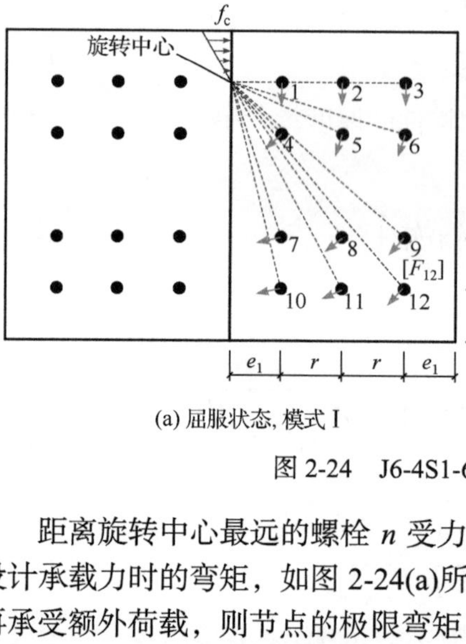

(a) 屈服状态, 模式Ⅰ

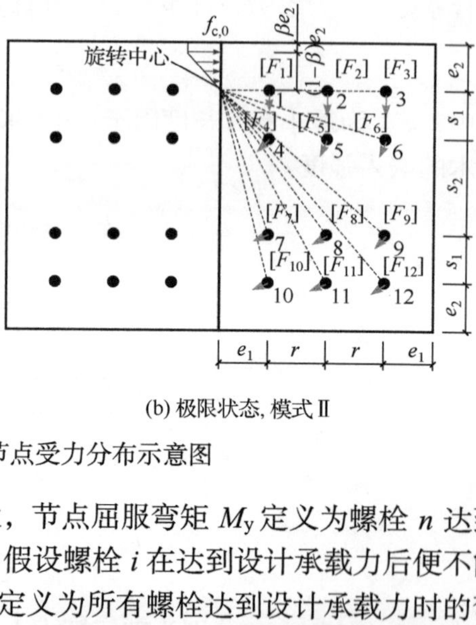

(b) 极限状态, 模式Ⅱ

图 2-24　J6-4S1-6R1 节点受力分布示意图

距离旋转中心最远的螺栓 n 受力最大，节点屈服弯矩 M_y 定义为螺栓 n 达到设计承载力时的弯矩，如图 2-24(a)所示。假设螺栓 i 在达到设计承载力后便不能再承受额外荷载，则节点的极限弯矩 M_u 定义为所有螺栓达到设计承载力时的弯矩，如图 2-24(b)所示。受压区应力分布可分为三种模式：理想弹性模式(Ⅰ)、弹塑性模式(Ⅱ)和理想塑性模式(Ⅲ)。

节点总弯矩由螺栓群所抵抗的弯矩和受压区木材所抵抗的弯矩两部分组成，根据受压区应力分布规律，屈服弯矩 M_y 和极限弯矩 M_u 的计算公式如表 2-9 所示。

表 2-9　屈服弯矩和极限弯矩的计算公式

模式	准则	公式
Ⅰ	$\sum_{i=1}^{n} F_i \cos\theta_i < \frac{1}{2} f_{c,0} t_s e_2$	$\sum_{i=1}^{n} F_i \cos\theta_i = \frac{1}{2} f_c t_s e_2$ $M_{\text{I}} = \sum_{i=1}^{n} F_i r_i + \frac{1}{3} f_c t_s e_2^2$
Ⅱ	$\frac{1}{2} f_{c,0} t_s e_2 < \sum_{i=1}^{n} F_i \cos\theta_i < f_{c,0} t_s e_2$	$\sum_{i=1}^{n} F_i \cos\theta_i = f_{c,0} t_s \beta e_2 + \frac{1}{2} f_{c,0} t_s (1-\beta) e_2$ $M_{\text{II}} = \sum_{i=1}^{n} F_i r_i + f_{c,0} t_s \beta \left(1 - \frac{1}{2}\beta\right) e_2^2 + \frac{1}{3} f_{c,0} t_s (1-\beta)^2 e_2^2$
Ⅲ	$\sum_{i=1}^{n} F_i \cos\theta_i > f_{c,0} t_s e_2$	$M_{\text{III}} = \sum_{i=1}^{n} F_i r_i + \frac{1}{2} f_{c,0} t_s e_2^2$

注：F_i 为螺栓 i 的受力；θ_i 为螺栓 i 受力方向与木材顺纹方向的夹角；r_i 为螺栓 i 到旋转中心的距离。

对于屈服状态，可以假设螺栓 i 的受力 F_i 与 r_i 呈线性关系，即

$$F_i = \frac{r_i}{r_n}[F_n] = \frac{r_i}{r_n} 2Z_{dn} \tag{2-19}$$

式中，$[F_n]$为螺栓 n 的承载力；Z_{dn} 为螺栓 n 每个剪切面的设计承载力。

对于极限状态，可以假设螺栓 i 的受力 F_i 达到其极限承载力，即

$$F_i = \left[F_i\right] = 2Z_{di} \tag{2-20}$$

如图 2-24 所示，对于高度为 600mm 的试件，在屈服状态下，受压区应力仍为线性分布(模式Ⅰ)，而在极限状态下，部分受压区进入塑性状态(模式Ⅱ)。为了便于工程应用，f_c 和 β 的值可以通过拟合来确定。

$$f_c = 11.6399 - 0.0081r + 0.7063n \tag{2-21}$$

$$\beta = -0.3187 + 0.001s_1 - 0.0021r + 0.2338n \tag{2-22}$$

式中，r 为螺栓之间的间距；n 为螺栓个数。

以上回归公式仅适用于高度为 600mm 的钢填板螺栓连接节点。

如图 2-25 所示，对于高度为 800mm 的试件，在屈服状态下，部分压缩区进入塑性状态(模式Ⅱ)，而整个压缩区在极限状态下进入塑性状态(模式Ⅲ)，其中 β 按照式(2-23)计算：

$$\beta = -0.3298 + 0.0035s_1 - 0.0025r + 0.195n \tag{2-23}$$

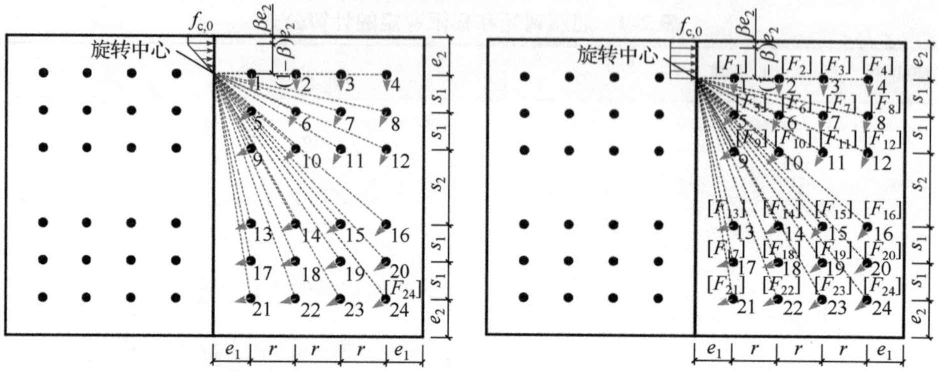

(a) 屈服状态，模式Ⅱ　　(b) 极限状态，模式Ⅲ

图 2-25　J8-6S1-8R1 节点受力分布示意图

如图 2-26 所示，对于高度为 1000mm 的试件，整个压缩区在屈服状态下即进入塑性状态(模式Ⅲ)。

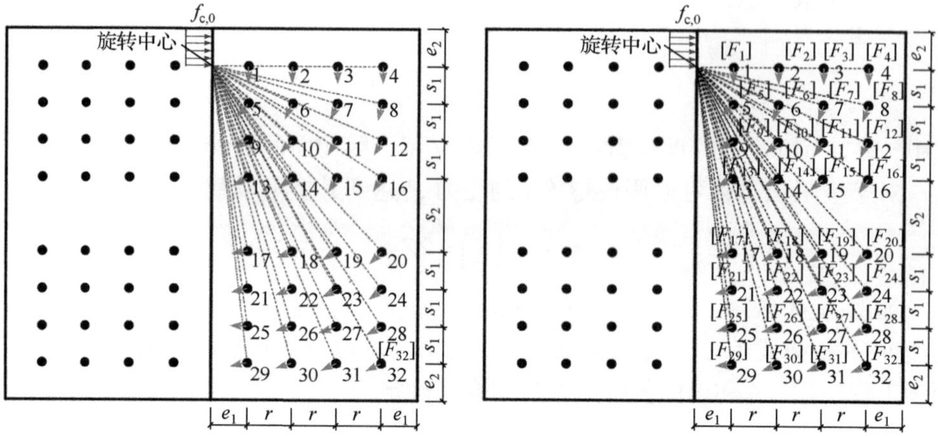

(a) 屈服状态，模式Ⅲ　　(b) 极限状态，模式Ⅲ

图 2-26　J10-8S1-8R1 节点受力分布示意图

表 2-10 给出了基于表 2-9 中公式计算的屈服弯矩和极限弯矩与试验值的对比。对于高度为 600mm 的试件，屈服弯矩理论计算值偏大，最大相对误差为 19.89%，这种差异可以归因于旋转中心的实际位置可能低于假设位置。对于高度大于 600mm 的试件，计算的屈服弯矩相对保守，但相对误差小于 15%，这表明简化公式能准确地估算屈服弯矩。但计算得到的极限弯矩与试验结果相比偏于保守，这对工程实际设计有益，但对弯矩-转角曲线的预测是不准确的，这可能是螺栓屈服和开裂导致旋转中心移动所致。根据试验结果与计算结果的比较，采用基于回归分析的简化公式计算结果，建议调整系数为 1.3(对于高度小于等于 600mm

的试件)和 1.4(对于高度大于 600mm 的试件)，根据修正公式预测的极限弯矩与试验结果一致。

表 2-10　屈服弯矩和极限弯矩理论计算结果与试验结果对比

试件编号	$M_{y,\mathrm{I}}$ /(kN·m)	$M_{y,\mathrm{II}}$ /(kN·m)	$M_{y,\mathrm{III}}$ /(kN·m)	$M_{y,\mathrm{simplified}}$ /(kN·m)	试验值 /(kN·m)	相对误差/%	$M_{u,\mathrm{I}}$ /(kN·m)	$M_{u,\mathrm{II}}$ /(kN·m)	$M_{u,\mathrm{III}}$ /(kN·m)	$M_{u,\mathrm{simplified}}$ /(kN·m)	试验值 /(kN·m)	相对误差/%
J6-4S1-6R1	101.96			101.96	98.12	3.91		136.27		177.15	178.54	−0.78
J6-4S2-6R1	99.15			99.15	85.84	15.51		135.42		176.05	164.92	6.75
J6-4S1-6R2	114.06			114.06	117.17	−2.65		141.94		184.52	213.67	−13.64
J6-4S1-8R1	137.89			137.89	115.01	19.89		195.21		253.77	229.50	10.58
J8-6S1-8R1		218.9		218.92	227.61	−3.82			313.2	438.48	457.70	−4.20
J10-8S1-8R1			367.74	367.74	427.75	−14.03			522.54	731.56	774.90	−5.59

2. 螺栓连接开裂弯矩的计算模型

当螺栓承担与顺纹方向成一定夹角的力时，垂直于木纹方向的力的分量可能导致木材开裂，从而发生脆性破坏，如图 2-27 所示。

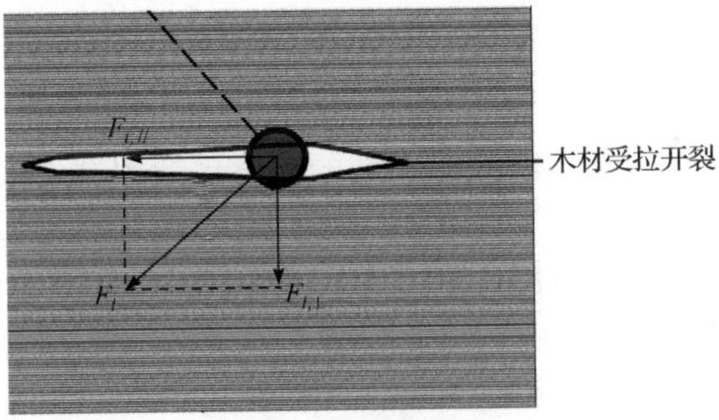

图 2-27　螺栓处木材开裂

在欧洲规范 EN 1995-1-1[42]中，开裂荷载 $F_{90,\mathrm{Rk}}$ 计算公式为

$$F_{90,\mathrm{Rk}} = 14bw\sqrt{\frac{h_e}{1-h_e/h}} \tag{2-24}$$

式中，w 为紧固件修正系数，取 1；h_e 为螺栓到受力边缘的最远距离；h 为胶合木构件的高度。

试验结果表明，试件呈现出不同的开裂模式，J6-4S1-6R1、J6-4S2-6R1、J6-4S1-6R2 为受拉开裂模式，J6-4S1-8R1、J8-6S1-8R1、J10-8S1-8R1 为受压开裂模式。前者表示受拉区螺栓首先出现开裂，后者则表示受压区木材首先出现开裂。

实际工程中，胶合木外表面涂层可能无法在开裂时起到抗腐蚀和防潮的作用。因此，在实际工程设计中应尽量避免出现任何类型的裂缝。

距离旋转中心最远的螺栓 n 的开裂荷载可由式(2-24)计算，开裂弯矩计算结果与试验结果对比如表 2-11 所示。可以看出，式(2-24)高估了受拉开裂弯矩 M_t，因此建议在弯矩-转角曲线预测中采用 1/1.2 的折减系数，以准确预测螺栓连接的力学性能。受压开裂弯矩 M_c 的试验结果与式(2-24)计算结果的相对误差较大，最大值为 219.49%，因此应提出公式预测与受压开裂模式有关的弯矩 M_c。

表 2-11　开裂弯矩理论计算结果与试验结果对比

试件编号	计算值/(kN·m)	M_c 试验值/(kN·m)	相对误差/%	M_t 试验值/(kN·m)	相对误差/%
J6-4S1-6R1	155.23			117.78	31.80
J6-4S2-6R1	149.22			106.10	40.64
J6-4S1-6R2	152.79			123.10	24.12
J6-4S1-8R1	202.70	152.70	32.74	215.70	–6.03
J8-6S1-8R1	403.51	126.30	219.49	396.15	1.86
J10-8S1-8R1	793.67	328.60	141.53	632.80	25.42

注：M_c 为受压区发生开裂时对应的弯矩，M_t 为受拉区沿螺栓轴线发生开裂时对应的弯矩。

在计算开裂弯矩 M_c 时，应考虑左右胶合木构件之间的摩擦力 f_f，如图 2-28(a)所示，f_f 可以根据如下公式计算：

$$f_f = \frac{\mu f_c}{2} \tag{2-25}$$

式中，μ 为摩擦系数。影响木材摩擦系数的因素包括木材含水率、密度、表面粗糙度和纹理方向。

最大正应力准则表明，当最大正应力达到材料的极限强度时，就会发生裂纹。因此，将起裂标准表示为

$$\max\left\{\frac{f_c}{f_{c,0}}, \frac{f_f}{f_{t,90}}\right\} = 1 \tag{2-26}$$

式中，$f_{t,90}$ 为木材横纹抗拉强度。

$$\sum_{i=1}^{n} F_i \cos\theta_i = \frac{1}{2} f_c t_s e_2 \tag{2-27}$$

$$M_c = \sum_{i=1}^{n} F_i r_i + \frac{1}{3} f_c t_s e_2^2 \tag{2-28}$$

开裂弯矩 M_c 随摩擦系数的增大而减小，如图 2-28(b)所示。将摩擦系数取为 0.1，从表 2-12 可以看出，本节提出的公式计算得到的 J6-4S1-8R1 和 J8-6S1-8R1

的开裂弯矩 M_c 与试验结果吻合较好。

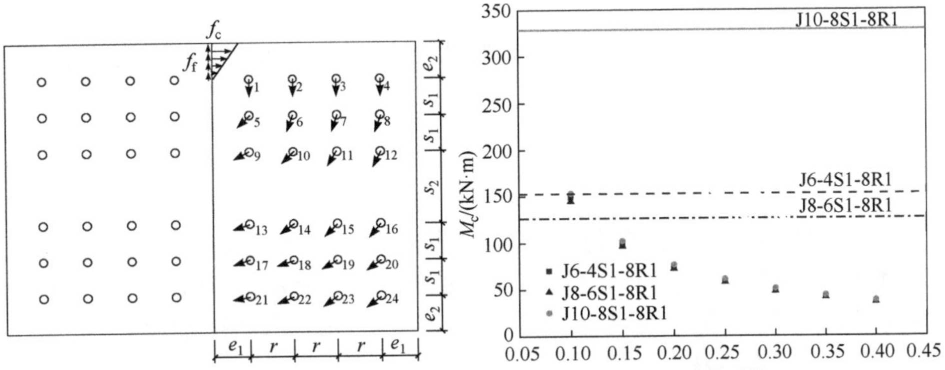

(a) 受力分布示意图　　(b) 开裂弯矩与摩擦系数的关系

图 2-28　开裂荷载 M_c 计算

表 2-12　开裂弯矩 M_c 理论计算结果与试验结果对比

试件编号	试验结果/(kN·m)	计算结果/(kN·m)	相对误差/%
J6-4S1-8R1	152.70	149.24	−2.27
J8-6S1-8R1	126.30	144.87	14.70
J10-8S1-8R1	328.60	152.91	−53.47

3. 抗弯刚度计算模型

节点的滑移模量 k_{ser} 在欧洲规范 EN 1995-1-1[42]中被定义为产生单位滑移所需的力，计算公式为

$$k_{ser} = \rho_m^{1.5} d/23 \tag{2-29}$$

式中，ρ_m 为木材密度。

式(2-29)为木-木连接节点试验得到的经验公式，对于钢-木连接节点，考虑到钢材的刚度，滑移模量应增加 1 倍。

假设节点发生转动，转角为 θ，每个螺栓的滑移量与螺栓距旋转中心的距离 r_i 成正比，即

$$\Delta = \theta r_i \tag{2-30}$$

作用在螺栓上的力 F_i 表示为

$$F_i = k_{ser} \theta r_i \tag{2-31}$$

由力矩平衡得

$$M = k_{ser}\theta\sum_{i=1}^{n} r_i^2 \tag{2-32}$$

将式(2-32)除以转角 θ 即可得到抗弯刚度 k_e，并考虑含水率的影响，引入系数 k_{def}。

$$k_e = \frac{k_{ser}}{1+k_{def}}\sum_{i=1}^{n} r_i^2 \tag{2-33}$$

由式(2-33)可知，k_e 与 r_i^2 呈正相关。假设旋转中心为最上排螺栓连线与木材接触面的交点，则抗弯刚度可能会被高估，如图 2-29(a)所示，但假设旋转中心为螺栓群的形心，则抗弯刚度可能会被低估，如图 2-29(b)所示。考虑旋转中心坐标的影响，提出组合系数法以计算抗弯刚度：

$$k_e = \gamma_1 k_{e1} + \gamma_2 k_{e2} \tag{2-34}$$

式中，k_{e1} 和 k_{e2} 分别为基于图 2-29(a)和图 2-29(b)计算的抗弯刚度，可通过式(2-33)计算；γ_1 和 γ_2 分别为 k_{e1} 和 k_{e2} 对应的组合系数。

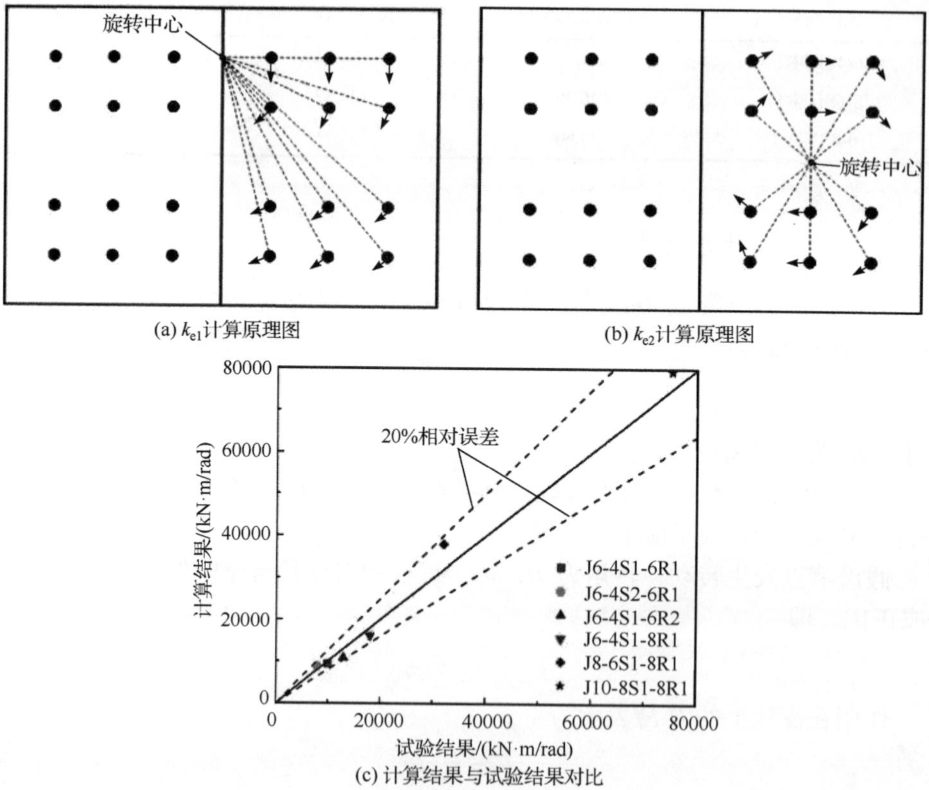

图 2-29　抗弯刚度计算

基于计算结果与试验结果的对比，J6 组试件γ_1和γ_2值分别为 0.25、0.75，J8 组试件γ_1和γ_2值分别为 0.3、0.7，J10 组试件γ_1和γ_2值分别为 0.35、0.65。抗弯刚度试验值与预测值之间有很好的相关性，如图 2-29(c)所示。

4. 弯矩-转角曲线预测模型

基于试验中观察到的开裂现象，提出双折线模型来计算与拉伸开裂模式相关的试件的弯矩-转角曲线，并提出三折线模型来计算与压缩开裂模式相关的试件的弯矩-转角曲线，如图 2-30 所示。前者对应的试件即使在破坏时，受压区的裂缝也不明显，因此假定压缩裂缝对承载力和刚度的影响可以忽略不计，而沿着最下排螺栓发展的裂缝对试件力学性能有显著影响。

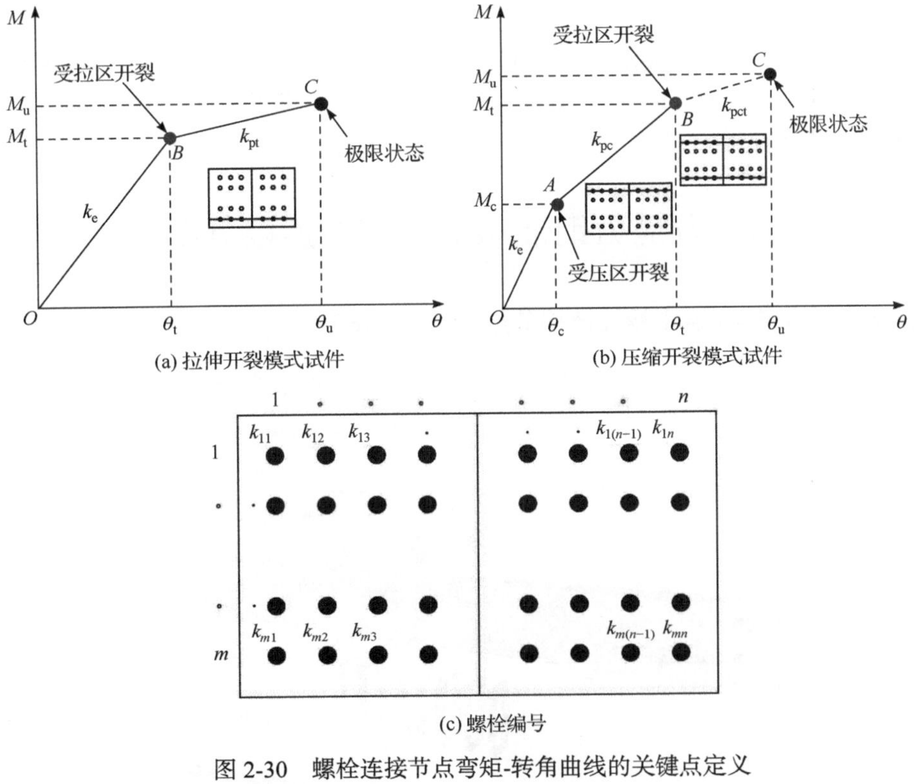

图 2-30　螺栓连接节点弯矩-转角曲线的关键点定义

假设试件在裂缝萌生前保持弹性，基于此假设，将图 2-30(a)中 O 点与 B 点之间的刚度和图 2-30(b)中 O 点与 A 点之间的刚度取值为 k_e，利用表 2-13 所列公式，可以计算图 2-30 中关键点的坐标，计算公式中螺栓编号如图 2-30(c)所示。

表 2-13　弯矩-转角曲线中关键参数的计算公式

开裂模式	参数	计算公式		
拉伸	抗弯刚度	$k_e = k_{ser}\sum_{i=1}^{m}\sum_{j=1}^{n} r_{ij}^2$		$k_{pt} = k_e - k_{ser}\sum_{j=1}^{n} r_{mj}^2$
	转角	$\theta_B = \dfrac{M_t}{k_e}$		$\theta_C = \theta_B + \dfrac{M_u - M_t}{k_{pt}}$
压缩	抗弯刚度	$k_e = k_{ser}\sum_{i=1}^{m}\sum_{j=1}^{n} r_{ij}^2$	$k_{pc} = k_e - k_{ser}\sum_{j=1}^{n} r_{1j}^2$	$k_{pct} = k_e - k_{ser}\left(\sum_{j=1}^{n} r_{1j}^2 + \sum_{j=1}^{n} r_{mj}^2\right)$
	转角	$\theta_A = \dfrac{M_c}{k_e}$	$\theta_B = \theta_A + \dfrac{M_t - M_c}{k_{pc}}$	$\theta_C = \theta_B + \dfrac{M_u - M_c}{k_{pct}}$

注：m 为螺栓行数，n 为螺栓列数。

图 2-22 给出了本节提出的分析模型生成的弯矩-转角曲线，所提出的公式的计算结果与试验结果较为一致。值得注意的是，虽然所提出的模型能够捕捉到非线性的弯矩-转角行为，但是并不能考虑峰值后曲线的下降段。

2.2　预应力钢带-胶合木螺栓连接节点

2.2.1　预应力钢带-胶合木螺栓连接节点力学性能试验

为了改进胶合木螺栓连接节点的承载力和延性，本节提出采用预应力高强钢带进行加固，如图 2-31 所示，该节点由胶合木构件、钢填板、高强钢带、螺栓、

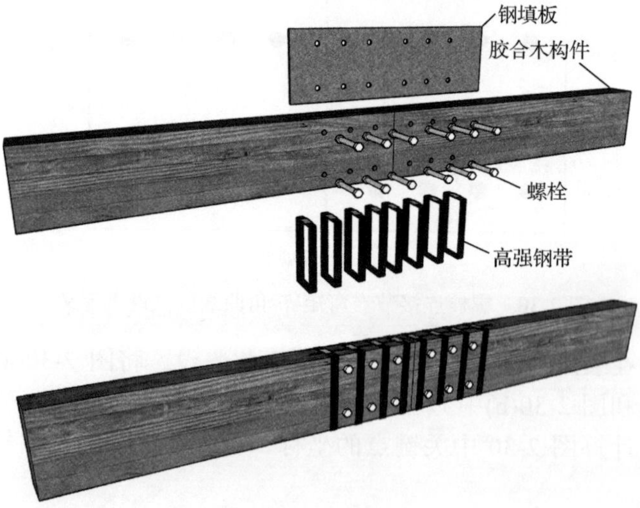

图 2-31　预应力钢带-胶合木螺栓连接节点示意图

螺母和垫片组成，其中钢带通过钢带打包机缠绕在两列螺栓之间，通过气泵对钢带施加预拉力，通过锁扣机夹紧闭式锁扣将钢带固定。

钢带的作用如下：

(1) 预应力的施加使得钢带可以有效约束木材，预先使其处于受压状态，延缓横纹受拉裂缝的出现。

(2) 钢带的合理布置可以有效限制裂缝的开展，延缓其向两侧延伸形成贯通裂缝。

(3) 钢带所形成的外加封闭箍可以有效约束钢填板和木梁，阻止钢填板和木梁的相对错动，加强钢填板和木梁的协同工作性能。

1. 材料性能试验

本节参照美国规范 ASTM D143-2014[44]中的相关规定，进行木材顺纹抗压及横纹抗压试验，采用 WFW-100D 微机控制电子式万能试验机(图 2-32)进行加载，以得到木材的弹性模量和抗压强度。每批次木材样本包含 16 个试件。

顺纹抗压试验所用试件的截面尺寸为 25mm×25mm，长度为 100mm。在试验开始前，每个试件都被编号，并使用电子数显卡尺测量试件长度中央的宽度和厚度，精确至 0.1mm。在实际试验中，采用位移控制加载的方式，加载速率为 0.3mm/min，采用引伸计来测量试件的压缩变形，在试件中间选取 50mm 作为引伸计标距，加载装置如图 2-32(b)所示。

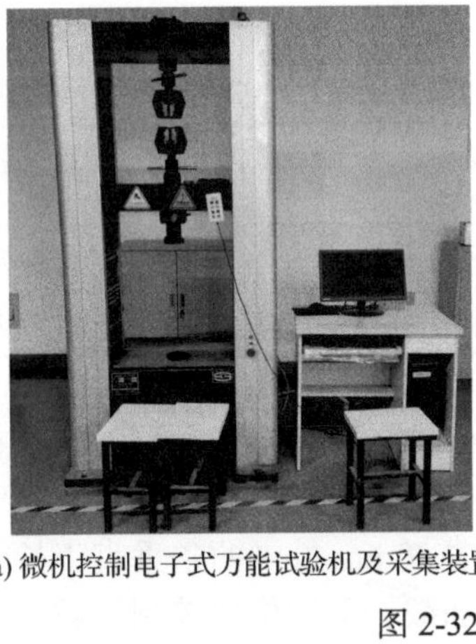

(a) 微机控制电子式万能试验机及采集装置

(b) 顺纹抗压加载装置

图 2-32 材料性能试验装置

取应力-应变曲线顶点对应的应力为每个试件的抗压强度，记为 σ_p；通过曲线上 10%和 40%抗压强度点的直线的斜率为每根试件的抗压弹性模量，记为 E。顺纹抗压试验结果如图 2-33 所示。

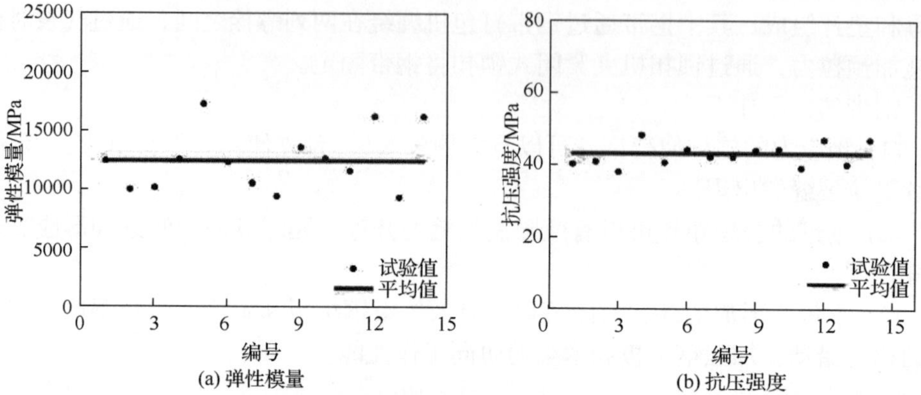

图 2-33 顺纹抗压试验结果

对试验结果进行处理，得到各组顺纹抗压试验的统计参数，如表 2-14 所示，包括平均值 $\bar{X}$ 、标准差 S 、标准误差 S_t 、变异系数 v 和准确指数 p 。各参数计算公式为

$$\bar{X}=\frac{\sum X_i}{n}, \quad S=\sqrt{\frac{\sum (X_i-\bar{X})^2}{n-1}}, \quad S_t=\pm\frac{S}{\sqrt{n}}$$

$$v=\frac{S}{\bar{X}}\times 100\%, \quad p=\frac{2S_t}{\bar{X}}\times 100\%$$

表 2-14 顺纹抗压试验弹性模量和抗压强度统计结果

材料性能	平均值 $\bar{X}$ /MPa	标准差 S /MPa	标准误差 S_t /MPa	变异系数 v /%	准确指数 p /%
弹性模量	12535	2571	687	20.51	10.96
抗压强度	42.45	3.12	0.83	7.35	3.91

横纹抗压试验所用试件的截面尺寸为 50mm×50mm，长度为 150mm。在试验开始前，每个试件都被编号，并使用电子数显卡尺测量试件长度中央的宽度和厚度，精确至 0.1mm。在试件的受压面上，距两端 50mm 处画两条垂直于长轴的平行线，通过宽度为 50mm 的钢垫块对试件进行加载，采用位移控制加载，加载速率恒定为 0.3mm/min，加载装置如图 2-34 所示，通过与试验机相连的计算机自动记录力和位移数据，变形达到 2.5mm 后停止加载。

图 2-34　横纹抗压加载装置

取荷载-位移曲线上开始偏离直线的一点为比例极限强度，并通过计算得到弹性模量。横纹抗压试验结果如图 2-35 所示。对试验结果进行处理，得到各组横纹抗压试验的统计参数，如表 2-15 所示。

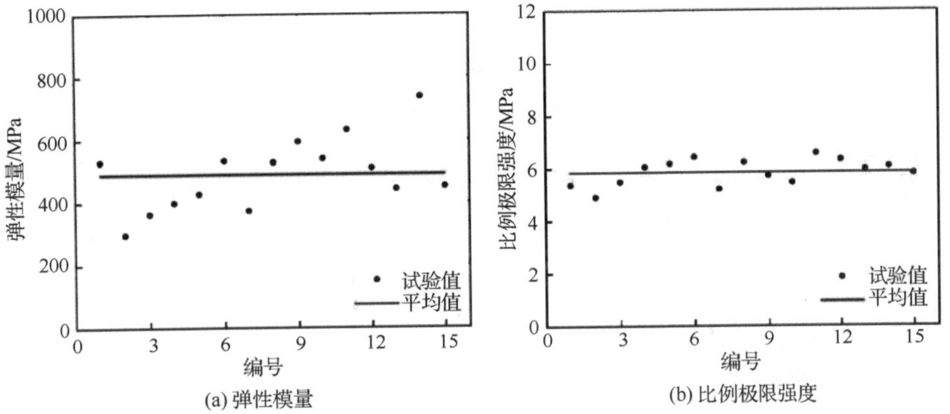

图 2-35　横纹抗压试验结果

表 2-15　横纹抗压试验弹性模量和比例极限强度统计结果

材料性能	平均值 $\bar{X}$ /MPa	标准差 S /MPa	标准误差 S_t /MPa	变异系数 v /%	准确指数 p /%
弹性模量	490.48	114.03	29.44	23.25	12.00
比例极限强度	5.85	0.48	0.12	12.46	4.10

顺纹抗剪试验所用试件的截面尺寸为 50mm×50mm×63mm，试件长度方向为顺纹方向。在试验开始前，每个试件都被编号，并使用电子数显卡尺测量试件长度中央的宽度和厚度，精确至 0.1mm。采用位移控制加载，加载速率恒定为 0.6mm/min，加载装置如图 2-36(a)所示，通过与试验机相连的计算机自动记录力

和位移数据，试件的破坏模式如图 2-36(b)所示。

(a) 顺纹抗剪加载装置　　(b) 顺纹抗剪破坏模式

图 2-36　顺纹抗剪试验装置及破坏模式

试件顺纹抗剪的应力-应变曲线如图 2-37(a)所示，可以看出，试件在达到极限强度之前基本处于弹性阶段，达到峰值后应力-应变曲线出现陡降，试验机自动停止加载。取应力-应变曲线顶点对应的应力为每个试件的抗剪强度，记为 σ_v，计算得到顺纹抗剪强度的试验值和平均值，如图 2-37(b)所示。对试验结果进行处理，得到各组顺纹抗剪试验的统计参数，如表 2-16 所示。

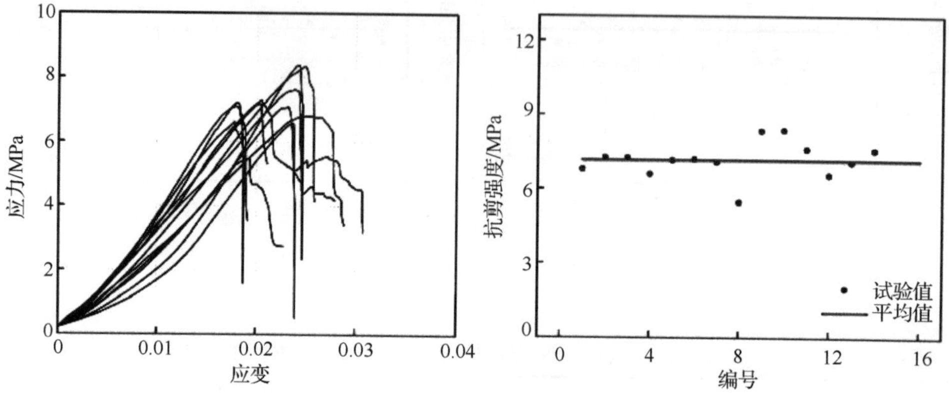

(a) 应力-应变曲线　　(b) 抗剪强度

图 2-37　顺纹抗剪试验结果

表 2-16　各组顺纹抗剪试验抗剪强度统计结果

材料性能	平均值 $\bar{X}$/MPa	标准差 S/MPa	标准误差 S_t/MPa	变异系数 ν/%	准确指数 p/%
抗剪强度	7.18	0.73	0.19	10.17	5.29

木材的顺纹和横纹销槽承压试验主要参照美国规范 ASTM D5764[45]，采用半

孔承压并进行了相应改进，加载速率恒定为 1mm/min，采用 WFW-100D 微机控制电子式万能试验机进行加载，得到荷载-位移曲线。

试件尺寸如图 2-38(a)和表 2-17 所示，每组试件的螺栓孔尺寸与试验中所采用的螺栓孔尺寸一致，试验加载装置如图 2-38(b)所示，为了防止位移过大时加载头与木构件表面接触，采用端部为半圆形的钢制加载头进行加载。

销槽承压试验应力-变形曲线如图 2-39 所示。可以看出，顺纹方向的应力-变形曲线表现为理想的弹塑性，横纹方向的应力-变形曲线则表现为硬化的弹塑性。而且，与顺纹方向不同，螺栓直径对横纹方向的应力-应变硬化刚度和最大相对滑移有着明显的影响。因此，木结构螺栓连接横纹方向的受力更为复杂。

(a) 试件尺寸示意图　　(b) 销槽承压加载装置

图 2-38　销槽承压试验

表 2-17　销槽承压试验试件尺寸

组别	螺栓直径 d/mm	木孔直径 d_0/mm	宽 w/mm	高 h/mm	厚 t/mm
顺纹销槽承压	16	18	96	112	35
横纹销槽承压	16	18	224	64	35

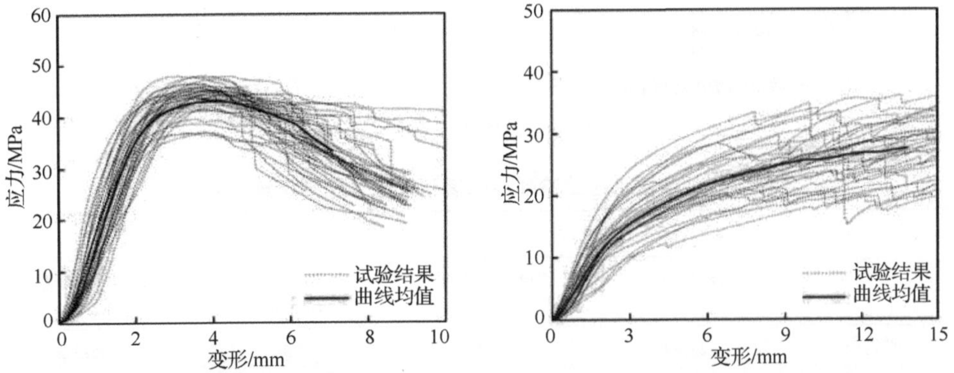

(a) M16 顺纹销槽承压试验曲线　　(b) M16 横纹销槽承压试验曲线

图 2-39　销槽承压试验应力-变形曲线

对于各组顺纹承压试验，取销槽承压试验应力-应变曲线上顶点对应的应力为销槽承压强度；对于各组横纹承压试验，由于曲线随木材的压密而保持上升趋势，难以确定极值点，采用第一次承载力突变时对应的应力为销槽承压强度。弹性刚度为曲线上应力达到极限强度的10%和40%的两点连线的斜率。销槽承压试验结果如图 2-40 所示，对试验结果进行处理，得到各组销槽承压试验的统计参数，如表 2-18 所示。

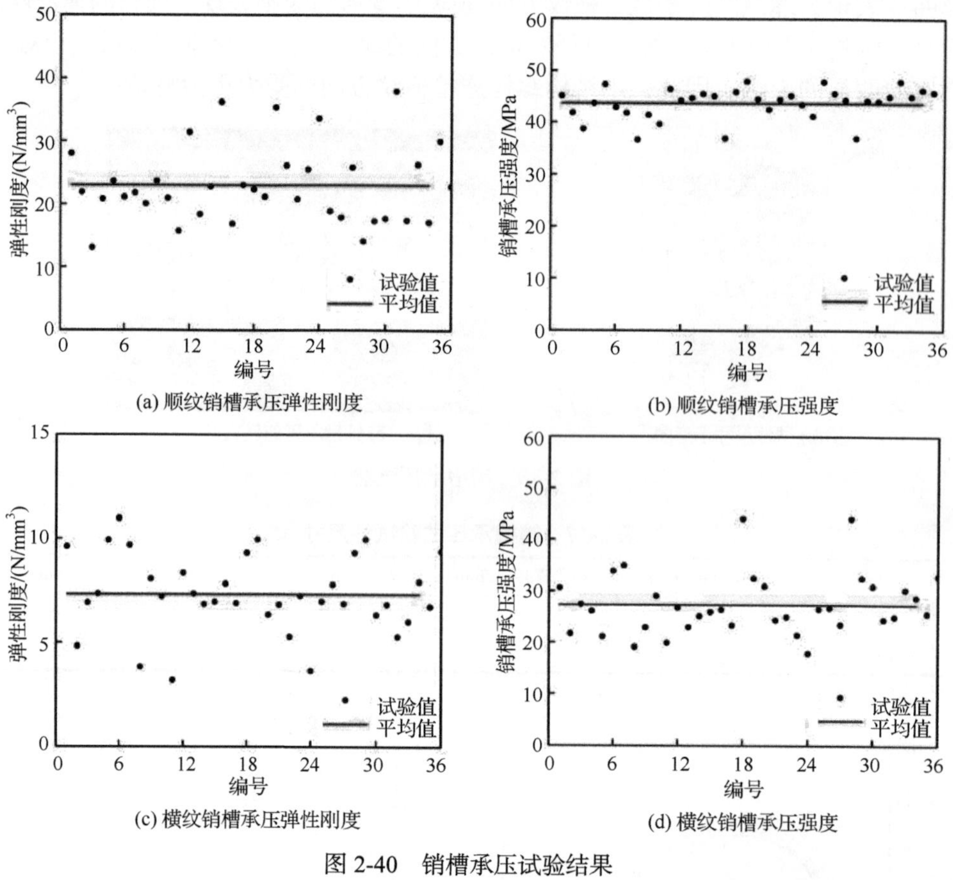

(a) 顺纹销槽承压弹性刚度　　(b) 顺纹销槽承压强度

(c) 横纹销槽承压弹性刚度　　(d) 横纹销槽承压强度

图 2-40　销槽承压试验结果

表 2-18　销槽承压试验弹性刚度和销槽承压强度统计结果

参数	顺纹		横纹	
	弹性刚度/(N/mm³)	销槽承压强度/MPa	弹性刚度/(N/mm³)	销槽承压强度/MPa
平均值	22.99	43.76	7.33	27.33
标准差	6.17	3.04	1.87	5.89
变异系数/%	26.84	6.95	25.51	21.56

根据《金属材料　拉伸试验　第 1 部分：室温试验方法》(GB/T 228.1—2021)[46]，进行钢带抗拉试验，加载装置如图 2-41(a)所示，试验得到应力-应变曲线如图 2-41(b)所示，表 2-19 总结了钢带物理力学性能指标。

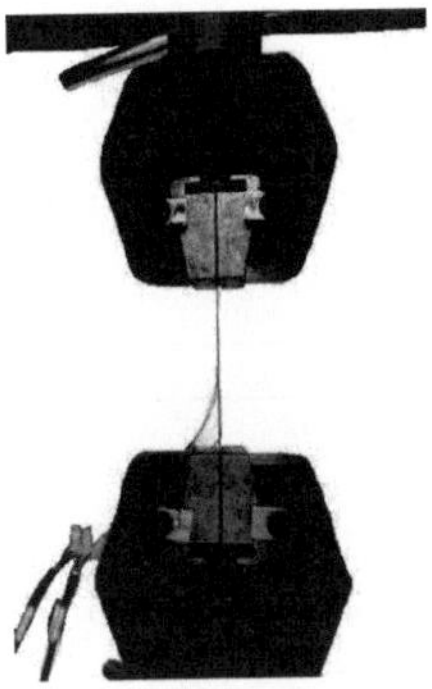

(a) 加载装置

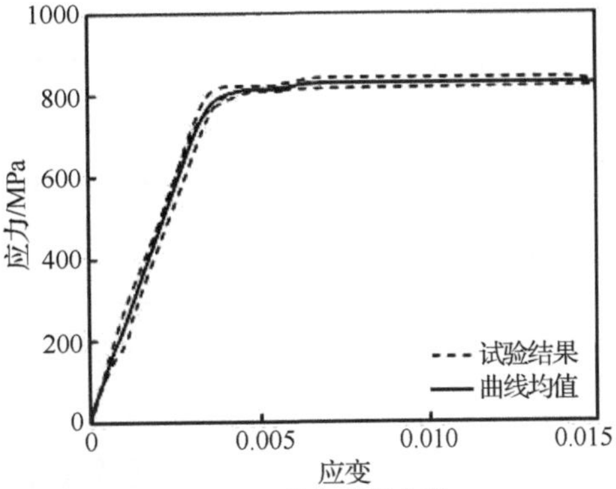

(b) 应力-应变曲线

图 2-41　钢带抗拉试验结果

表 2-19　钢带物理力学性能指标

材料性能	平均值/MPa	变异系数/%
弹性模量	186000	12.64
抗拉屈服强度	781	5.96
抗拉极限强度	832	1.15

2. 试验概况

为了研究预应力高强钢带对节点抗弯承载力和延性等力学性能的改进，进行了未加固胶合木-钢填板螺栓连接节点和不同预应力下高强钢带加固胶合木-钢填板螺栓连接节点的试验。

1) 试件参数

本研究采用的木材是花旗松同等组合胶合木，强度等级为 TC_T24[36]，所用钢填板强度等级为 Q355[35]，螺栓材质为 8.8 级[34]。

节点试件尺寸如图 2-42 所示，其中，两根胶合木梁对称布置，截面尺寸为 130mm×300mm，跨中留有 8mm 间隙，以避免空气湿度变化引起的木材次应力，试件长度为 3400mm，跨度为 3300mm，高跨比为 1/11。用于连接胶合木梁与钢填板的螺栓直径设计为 16mm，螺栓端距为 120mm，边距为 50mm，间距为 120mm，行距为 200mm。钢填板的厚度为 10mm，几何尺寸为 968mm×300mm。用于安装钢填板的梁槽宽度为 12mm，钢填板与梁槽左右两端各留 5mm 间隙。胶合木构件和钢填板上螺栓孔直径为 18mm，以保证螺栓的顺利组装。

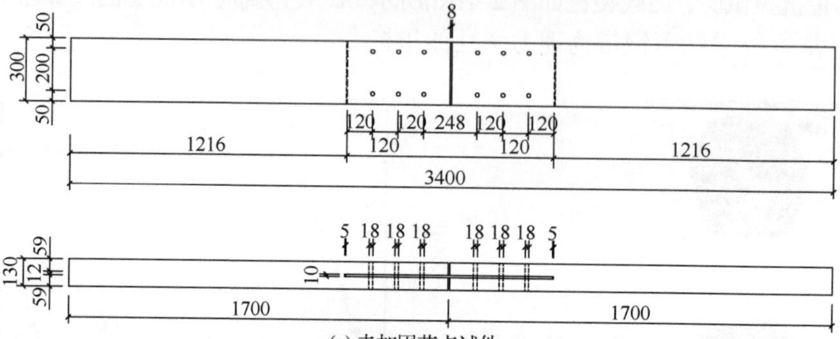

(a) 未加固节点试件

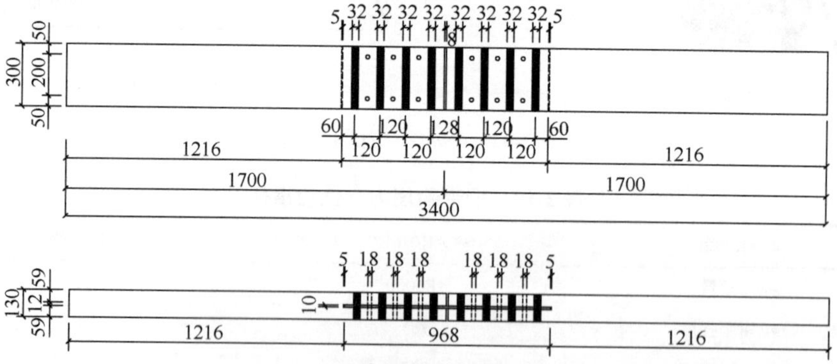

(b) 加固节点试件

图 2-42　节点试件尺寸(单位：mm)

钢带采用上海宝钢包装钢带有限公司生产的黑漆捆带-ULT980-带式-捆带包装钢带，钢带宽度 32mm，厚度 1mm，抗拉强度最小值为 980MPa，断后伸长率不小于 12%，采用上海信耐包装器材有限公司生产的气动分离式钢带打包机对钢带施加预应力。

试件参数设置如表 2-20 所示，J-0-0 为未经过打包加固的试件，是基准试件，其余是经过钢带打包加固的试件，以 J-0-G1.4 为例，代表 1 层钢带加固、张拉钢带时气泵拉力为 0.4MPa 的试件。每个试件均设置一个平行试件，试验时通过在钢带上粘贴电阻应变片测量钢带应变。

表 2-20　试件参数设置

试件编号	加固方式	轴压力/kN	钢带层数	气泵压力/MPa
J-0-0	—	0	—	—
J-0-G1.4	钢带	0	1	0.4

续表

试件编号	加固方式	轴压力/kN	钢带层数	气泵压力/MPa
J-0-G1.5	钢带	0	1	0.5
J-0-G1.6	钢带	0	1	0.6

2) 试验装置

节点纯弯试验加载示意图如图 2-43 所示，试件两端采用滚动支座，保证梁端自由转动，通过液压千斤顶作用于钢制分配梁对试件施加大小相同的集中荷载，实现三分点加载，加载点间的水平距离为 1100mm，其中分配梁符合《木结构试验方法标准》(GB/T 50329—2012)[37]的规定，即直接安放在试件上的传力装置自重不宜大于所施加最大荷载的 10%。液压千斤顶行程为 500mm，能够施加的最大荷载为 500kN，荷载通过与液压千斤顶连接的力传感器测量。为避免试件发生平面外失稳，共设置 3 对带滚筒的侧向支撑，保证试件在加载平面内的自由变形而产生尽可能小的摩擦作用，且能有效避免侧向位移。

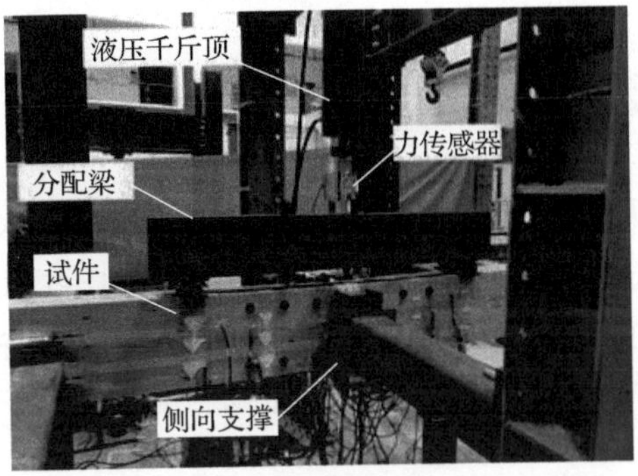

(a) 节点试验照片

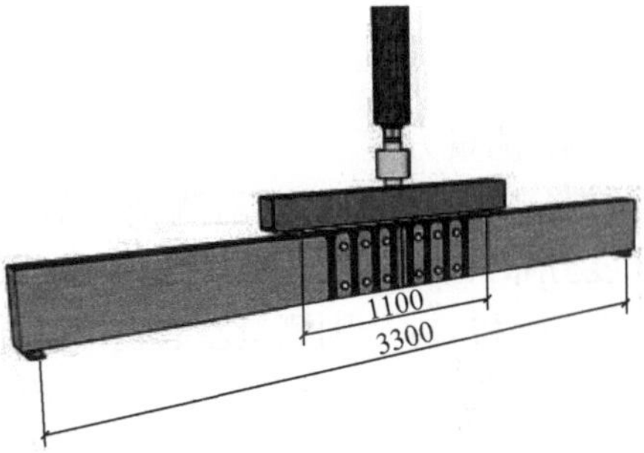

(b) 节点试验加载示意图(单位：mm)

图 2-43　节点纯弯试验加载示意图

3) 加固方案

钢带加固过程如图 2-44 所示，在采用预应力钢带对试件进行加固之前，首先对各试件与预应力钢带接触的部位进行画线定位，以便于预应力钢带的加固；其次利用打磨机对试件待加固部位表面凸起棱角进行打磨，并去除表面杂质，使试件表面与预应力钢带接触部位平整光滑，以保证钢带和试件表面可以充分接触，从而提高加固效果；最后按照试件待加固部位截面尺寸对钢带进行裁剪，将裁剪好的钢带按照加固方案沿试件待加固区域进行缠绕，将钢带穿过闭式锁扣并拉出一段长度，然后利用拉紧器张拉钢带直至拉紧，同时利用锁扣机咬紧闭式锁扣对钢带进行锚固。不断重复以上步骤，直至完成对整个试件的加固。

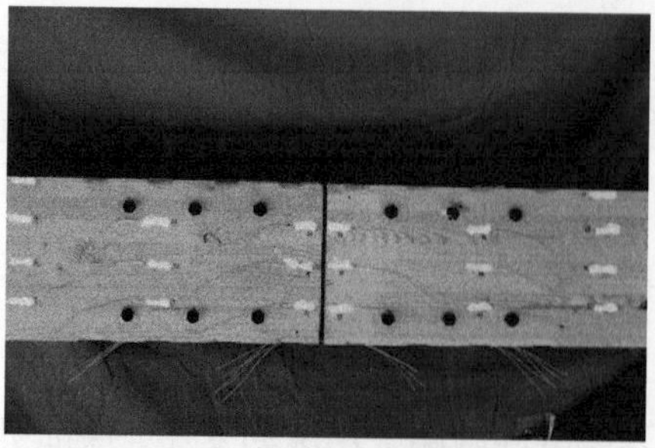

(a) 节点加固处打磨

(b) 缠绕钢带

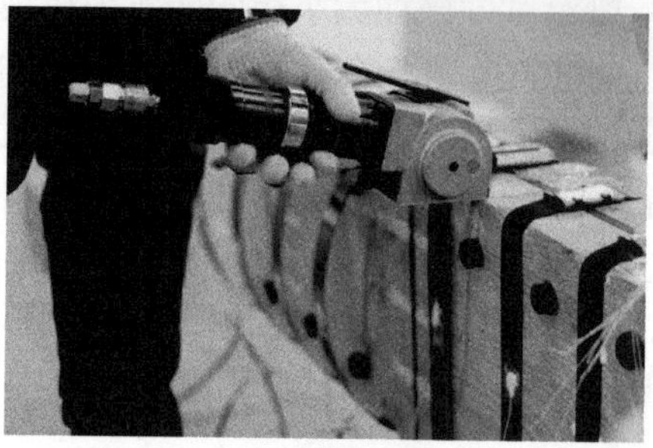

(c) 拉紧钢带

(d) 固定锁扣

图 2-44　钢带加固过程

4) 测量方案

竖向荷载由力传感器测量，梁的转角根据加载过程中测得的梁沿水平方向的挠度分布计算得到。位移计布置如图 2-45(a)所示，自左向右分别命名为 D1～D6，其中 D1 和 D6 分别测量左右支座处试件的竖向位移，为了得到节点的转角，在左侧木构件加载点下方和跨中分别布置 D2 和 D3，在右侧木构件加载点下方和跨中分别布置 D5 和 D4，设节点左侧转角为 θ_1，右侧转角为 θ_2，则节点转角计算如下：

$$\theta_1 = \frac{u_{D3} - u_{D2}}{l_{23}} \tag{2-35}$$

$$\theta_2 = \frac{u_{D5} - u_{D4}}{l_{45}} \tag{2-36}$$

式中，l_{23} 和 l_{45} 分别为 D2 和 D3 的水平距离、D4 和 D5 的水平距离。

应变片布置如图 2-45(b)和(c)所示。对于未加固节点，在胶合木梁跨中、加载点处和纯弯段加固处沿高度分别等间距布置 5 个应变片，规格为 BX120-30AA，并在相应位置的钢填板处上下表面粘贴应变片，规格为 BX120-3AA；对于钢带加固节点，除胶合木和钢填板上的应变片外，所有钢带均在截面中部布置 1 个竖向应变片，规格为 BX120-3AA。

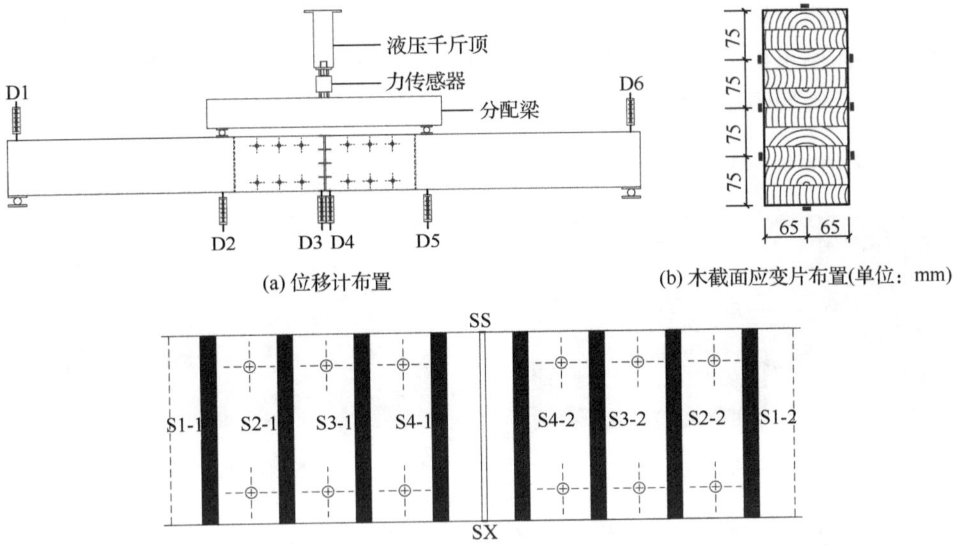

(a) 位移计布置 (b) 木截面应变片布置(单位：mm)

(c) 钢带应变片布置

图 2-45 位移计及应变片布置示意图

5) 加载方案

参照美国规范 ASTM D1761[47]，单调加载采用位移控制，整个加载过程共分为两个阶段。

(1) 预加载：加载至预估极限承载力的 10%，持荷 2min，然后卸载至 0，完全卸载 2min 后，待所有仪表值清零后进入正式加载阶段。预加载可以检查测量仪器工作是否正常和试验装置的可靠性，确保各测量仪器处于良好的工作状态。

(2) 正式加载：加载速率为 5mm/min，试验荷载下降至极限承载力的 80%或者试件出现严重破坏时停止试验。

3. 试验现象

1) J-0-0 组

J-0-0 组节点破坏情况如图 2-46 所示。试验开始后，随着荷载的增加，逐渐出现由螺栓错动和木材挤压造成的响声，由于螺栓受力方向与木材顺纹方向存在夹角，螺栓孔附近木材受到横纹方向的拉力和顺纹方向的剪力，当弯矩达到 35.87kN·m 时，横纹拉应力超过木材的横纹抗拉强度，首先在受拉区螺栓孔附近开裂，随着荷载的增加，裂缝沿着木材顺纹方向向两端扩展，受压区也出现裂缝，试件最终破坏模式为由横纹受拉和顺纹受剪共同作用导致的受拉区螺栓顺纹劈裂。

将节点拆分后可以发现，有部分螺栓在与钢填板的接触处出现了一个塑性铰，螺栓孔周围的木材出现承压破坏。需要注意的是，受拉区和受压区的螺栓弯曲程度与木材承压破坏程度并不相同，受拉区变形更明显，受压侧由于两侧木梁接触后的承压作用承担了一部分荷载，但是从图 2-46(c)可以看出，由于木梁变形较小，受压区并未出现明显的压溃现象。

(a) 破坏形态

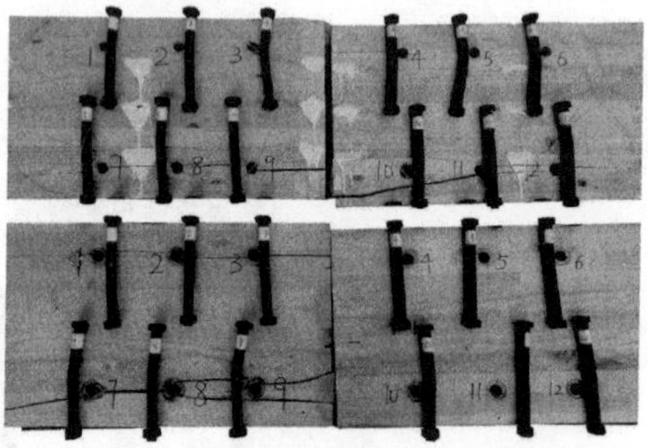
(b) 螺栓变形情况

(c) 受压区木材变形情况

图 2-46　J-0-0 组节点破坏情况

2) J-0-G1.4/1.5/1.6 组

对于 J-0-G1.4 组，当弯矩达到 43.22kN·m 时，受压区螺栓孔附近出现劈裂裂缝，当弯矩达到 46.75kN·m 时，受拉区螺栓孔附近出现劈裂裂缝，这是由于受压区木材除承担螺栓承压力外，还受到顺纹方向的局部挤压作用，高强钢带的主要作用是通过传递木材的横纹拉应力来减轻和延缓木材开裂，而对顺纹剪应力的影响不大，与 J-0-0 组节点相比，J-0-G1.4 组裂缝宽度减小，发展也非常缓慢，明显改善了胶合木钢填板螺栓连接节点容易开裂的缺点，最终破坏形态如图 2-47 所示。

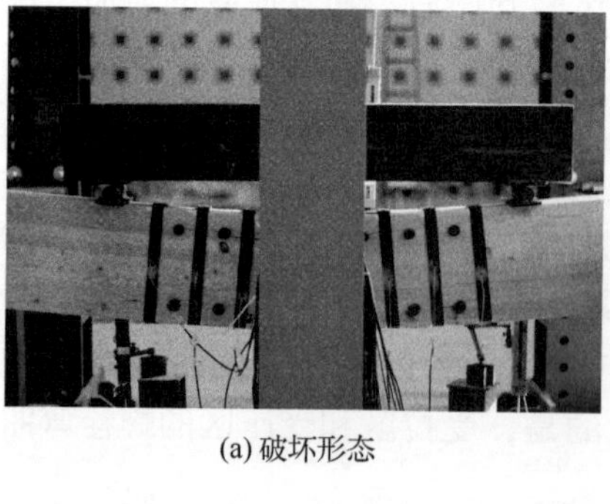
(a) 破坏形态

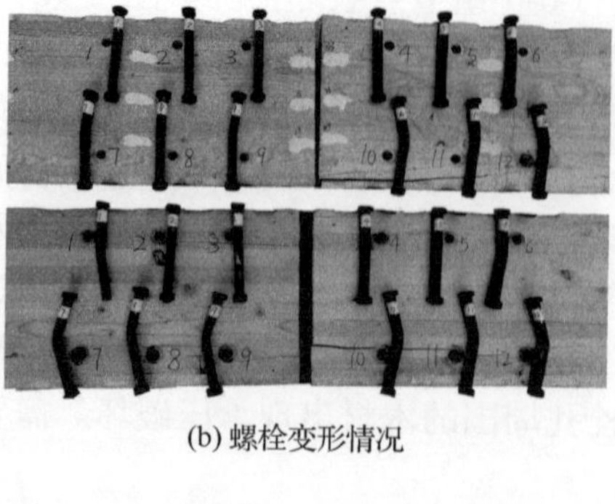
(b) 螺栓变形情况

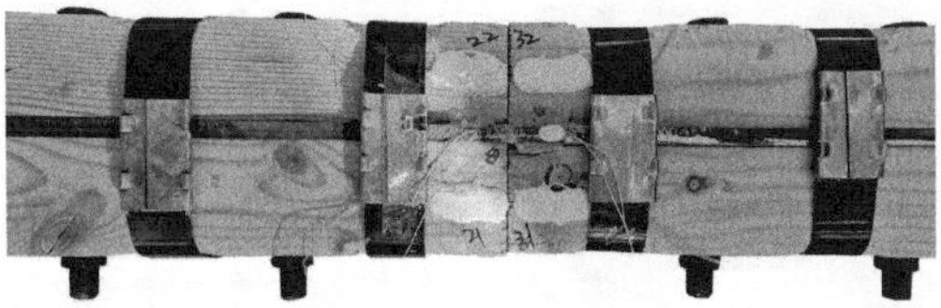

(c) 受压区木材变形情况

图 2-47　J-0-G1.4 组节点破坏情况

将节点拆分后可以发现，J-0-G1.4 组的螺栓变形整体大于 J-0-0 组，且螺栓孔附近木材承压破坏现象也更明显，受拉区和受压区的螺栓弯曲程度和木材承压破坏程度也不相同，受拉区变形更明显，从图 2-47(c)可以看出，受压区出现了局部压溃现象，可以证明，通过预应力钢带加固后，螺栓和木材强度都得到了更为充分的发挥。

图 2-48 和图 2-49 分别为 J-0-G1.5 组和 J-0-G1.6 组节点破坏情况。可以看出，随着钢带预拉力的增大，试件的极限变形增大，延性明显增强，由组件拆分图可以看出，螺栓弯曲变形和孔壁承压变形程度随着钢带预拉力的增大而增大，说明螺栓和木材强度得到了更为充分的发挥。从图 2-48(d)可以看出，当钢带预拉力较大时，对木材的约束作用过强可能导致约束处木材的压溃，钢带有明显的嵌入木材的趋势，而 J-0-G1.6 组出现了最外侧钢带的拉断现象，最外排螺栓出现了横纹受压裂缝。

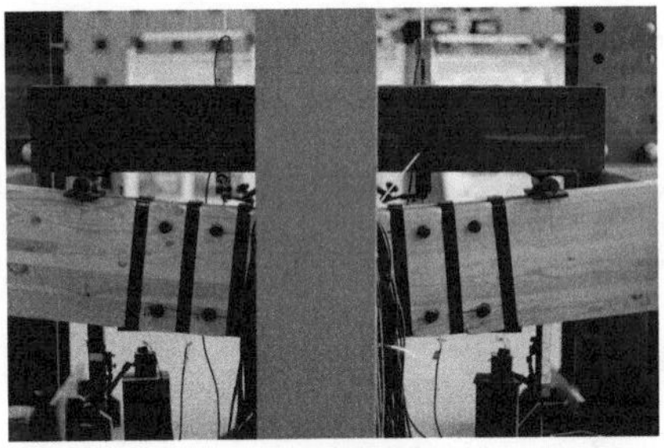

(a) 破坏形态

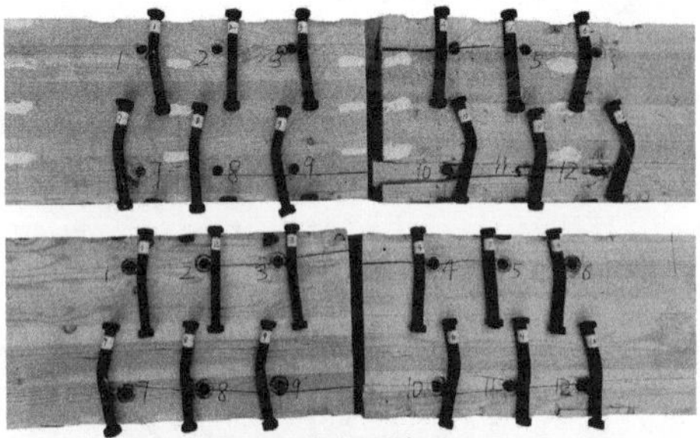

(b) 螺栓变形情况

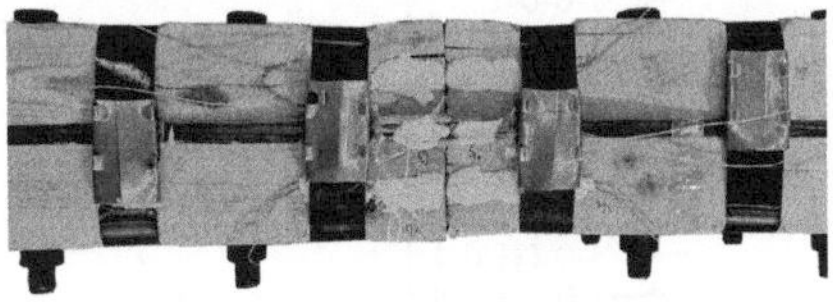

(c) 受压区木材变形情况

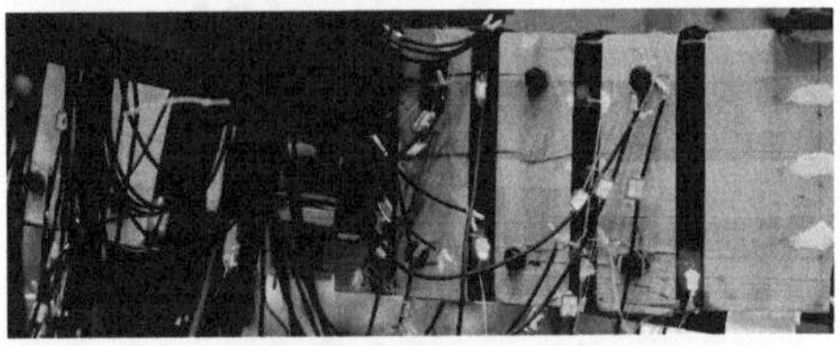

(d) 钢带约束处木材压溃现象

图 2-48　J-0-G1.5 组节点破坏情况

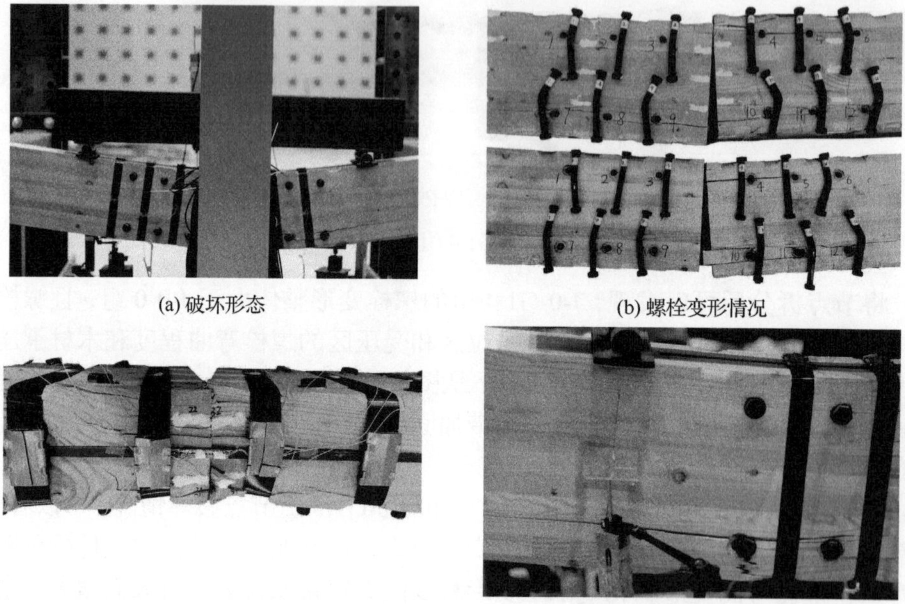

(a) 破坏形态　(b) 螺栓变形情况

(c) 受压区木材变形情况　(d) 钢带断裂处螺栓孔木材挤裂现象

图 2-49　J-0-G1.6 组节点破坏情况

4. 试验结果及分析

1) 弯矩-转角曲线

只有经过初始滑移，当螺栓和螺栓孔充分接触后，节点才能有效传力。由于初始滑移导致的不确定性，节点的弯矩-转角曲线在受力初期比较粗糙，有较大波动。无轴压力组节点弯矩-转角曲线如图 2-50 所示。从图中可以看出，各组试验

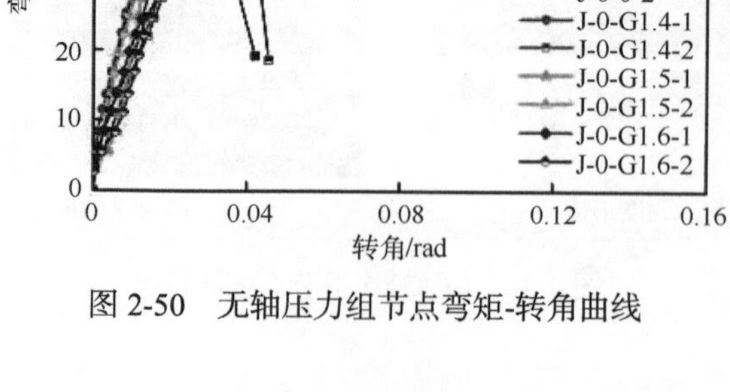

图 2-50　无轴压力组节点弯矩-转角曲线

结果误差小于 10%，具有足够的可信度。木材本身存在较大的变异性，且螺栓与木孔的承压作用分布在局部范围内，因此虽然节点整体抗弯性能相对稳定，但是木材开裂后，其承载力的差异就会明显显现。从图 2-50 还可以看出：

(1) 当转角较小时，钢带的加强作用不太明显，节点刚度稍有提升，但是随着变形增大，有钢带加固的节点开裂现象减轻，承载力不会因为裂缝出现而明显下降，甚至呈现缓慢增长的态势，节点延性明显提升。

(2) 施加的预应力太小，加固效果不够显著，施加的预应力太大，可能会导致钢带过早失效或加固区域发生局部破坏，材料性能不能得到充分发挥，因此必须将预应力值控制在恰当范围内。

2) 数据分析

将弯矩-转角曲线上峰值点对应的弯矩定义为极限弯矩 M_u，相应转角记为 θ_u，将承载力下降到极限承载力的 80%或裂缝再次出现贯通的时刻对应的弯矩定义为破坏弯矩 M_f，相应转角记为 θ_f。如图 2-51 所示，定义节点的弹性抗弯刚度 k_e 为弯矩-转角曲线上 10%和 40%极限弯矩的两点连线的斜率，定义塑性抗弯刚度 k_p 为与 40%和 90%极限弯矩的两点连线平行且与弯矩-转角曲线相切的直线斜率。过弹性刚度与塑性刚度直线的交点作水平线，其与弯矩-转角曲线的交点即为屈服点，屈服点对应的弯矩为屈服弯矩 M_y，相应转角记为 θ_y。

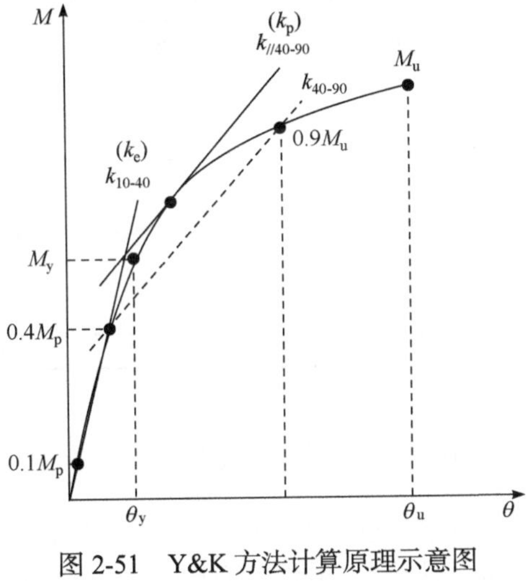

图 2-51　Y&K 方法计算原理示意图

各参数的计算公式如下：

$$k_e = \frac{M_{40\%} - M_{10\%}}{\theta_{40\%} - \theta_{10\%}} \tag{2-37}$$

$$k_{\mathrm{p}}=\frac{M_{90\%}-M_{40\%}}{\theta_{90\%}-\theta_{40\%}} \tag{2-38}$$

$$\mu=\frac{\theta_{\mathrm{f}}}{\theta_{\mathrm{y}}} \tag{2-39}$$

预应力钢带-胶合木螺栓连接节点纯弯性能试验结果如表 2-21 所示，数据均为每组试验中 2 个试件结果的平均值。可以看出：

(1) 加固后节点的受力性能比未加固节点出现了明显提升，尤其是承载力方面，J-0-G1.4/1.5/1.6 组的屈服弯矩比未加固节点分别提高了 41.43%、51.74%和 56.66%，极限弯矩分别提高了 41.15%、52.01%和 53.34%。这是因为高强钢带有效限制和延缓了木材的开裂，增强了木材和钢填板的协同工作性能。

(2) 随着钢带预拉力的增大，节点加固后极限弯矩略有增大，延性则出现了较为明显的增强，J-0-G1.4/1.5/1.6 组的延性系数比未加固节点分别提高了 28.44%、52.61%和 91%。这是因为钢带预拉力越大，对木材开裂的限制作用越强，在承载力没有显著下降的情况下节点可以继续承受较大的变形。

(3) 高强钢带加固对刚度的提升作用有限，且随着钢带预拉力的增大，这种提升作用减小，这是由于过大的预拉力可能会导致木材损伤。

表 2-21 预应力钢带-胶合木螺栓连接节点纯弯性能试验结果

试件编号	屈服		极限		破坏		抗弯刚度		延性系数
	M_y /(kN·m)	θ_y /rad	M_u /(kN·m)	θ_u /rad	M_f /(kN·m)	θ_f /rad	k_e /(kN·m/rad)	k_p /(kN·m/rad)	μ
J-0-0	29.28	0.018	38.49	0.032	30.77	0.0384	1519	1149	2.11
J-0-G1.4	41.41	0.016	54.33	0.035	43.41	0.0433	2695	1565	2.71
J-0-G1.5	44.43	0.019	58.51	0.050	36.90	0.0588	2396	1100	3.22
J-0-G1.6	45.87	0.032	59.02	0.097	50.66	0.1275	1591	772	4.03

2.2.2 预应力钢带-胶合木螺栓连接节点数值模拟

螺栓连接的受力特性受多个参数控制，并且不同参数之间也会相互影响，难以通过纯粹的理论分析进行研究。因此，有必要通过数值模拟的方法更加深入地理解节点的受力特性，同时可以节省大量的人力和物力。

最初对于木结构销栓节点的模拟多数局限于二维平面模型，且集中于单个或多个螺栓的拉伸试验模拟，主要研究的是孔洞间隙和摩擦以及材料非线性的影响；近十年开始研究三维实体模拟，但仍以顺纹或横纹拉伸模拟为主，关于梁柱节点抗弯的三维实体有限元模拟不多。现有模型也存在各自的局限性：二维模型不能考虑木材厚度方向应力分布的不均匀性和螺栓弯曲的影响，只有在木构件厚度非常薄或者非常厚的情况下才能得到合理的结果；三维模型由于目前的商用有限元软件对于木材材料性能的设置还不完善，尤其是对于这种本身存在各种缺陷的各向异性材料，还无法真实模拟木材开裂。对于劈裂破坏的模拟，有少数学者对单个螺栓的拉伸做过模拟，但也只是考虑了横纹拉应力引起的开裂，无法建立起三维应力场，因此无法全面考虑由各种应力综合作用引起的开裂，对于本书这样一个大型的节点还不适用。目前还没有完善的理论模型能够很好地模拟木结构中多销栓连接节点的受力-变形关系以及节点的极限承载力。

综合以上因素，由于节点抗弯试验中螺栓拧紧力的存在及螺栓的弯曲变形，沿木材厚度方向的应力、应变分布也是不均匀的，节点区处于三维应力场。本章将建立对应试验中节点的三维实体模型进行抗弯受力分析，同时考虑材料非线性、几何非线性和边界(接触)非线性，模拟木材的真实开裂。由于该模型的受力属于高度非线性问题的求解，本节采用在高度非线性问题求解和接触分析方面见长的通用有限元软件 ABAQUS 进行模拟，通过模拟结果与试验结果的对比，对数值模型的可靠性进行校准和验证。

1. 建模过程

节点数值模型如图 2-52 所示。模型建立过程中采用以下简化与假定：

(1) 根据对称性，采用 1/2 模型，可减小计算代价、消除刚体位移等。

(2) 忽略几何尺寸上的细节，建模时不考虑螺纹，螺栓与螺母均为光圆表面；所有构件尺寸均为设计值，不考虑实际尺寸的细微偏差及材料上的缺陷。

(3) 螺母对整体受力几乎没有影响，并且垫片与螺母的相对变形很小，其接触状态对整体模型影响不大，因此将垫片和螺母合并建立模型。

(4) 钢填板边缘与木槽均留有 5mm 间隙，考虑加工误差造成的影响；钢填板侧面与木材紧密接触，因为需要通过两者间的摩擦(设置较小的摩擦系数，对实际受力影响甚微)来消除部分刚体位移。

由于螺栓与木孔通过接触传力，接触问题是木结构销栓类连接节点模拟的另一个关键，因此接近实际的接触模拟对分析结果的准确性至关重要。最终确定各接触对的属性主要基于以下考虑：

(1) 选择刚度大、网格划分粗的面为主面。本模型中因为已确保所有接触对的网格一一对应，所以均选择刚度大的面为主面。

(2) 定义接触时采用面对面离散，可以防止发生主面与从面的穿透现象，提高分析的精度与准确性。

(3) 本模型中各接触对之间都存在较大的相对位移，因此采用有限滑移。

(4) 木梁柱间的接触以及钢填板边缘与木槽的接触采用软接触(采用最简单的

线性模型：接触压力与穿透位移呈线性关系，只需定义接触刚度，即接触压力对应接触面穿透位移的比例)，以此来考虑木材局部压溃，否则会导致刚度和承载力过大。

(5) 螺母和螺栓整个分析过程始终紧密接触，不会发生相对滑动，因此定义为绑定约束(Tie)，可以减少接触的设置，降低收敛难度。

(6) 摩擦的计算会增大接触问题的收敛难度，通常摩擦系数越大，收敛越困难；但是在本模型中，需要通过摩擦来限制某些刚体位移，过小的摩擦系数也会造成收敛困难。而且由于摩擦系数很难真实测定，对于难以确定的摩擦系数，在合理的取值范围内，通过反复调试，选用使模型收敛性更好的数值。

(7) 为了方便安装，考虑到加工误差，木槽的宽度通常会略大于钢填板厚度，因此实际中两者间的摩擦对受力不会产生影响。本模型中由于需要通过两者间的摩擦消除部分刚体位移，建模时两者紧密接触，并设定了较小的摩擦系数。

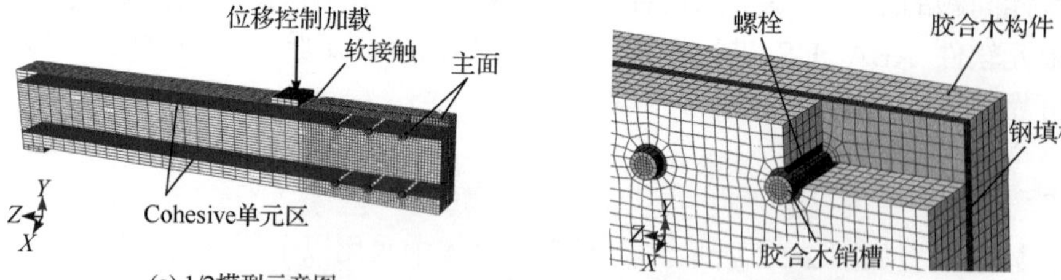

(a) 1/2模型示意图　　(b) 模型组成

图 2-52　节点数值模型

内聚力单元方法的建模思路是在单元之间插入 0 厚度的 Cohesive 单元，当 Cohesive 单元失效时，与之相连的两个单元表面将不再受应力作用，即发生开裂。该方法同样有不足的地方，如果要准确预测裂纹的开裂位置，需要在该模型中每个单元之间都建立 Cohesive 单元，但同时也会导致计算量增加。劈裂破坏的特点是形成一条贯穿木梁纵向的裂缝，所以在将要发生劈裂破坏附近的单元之间插入 Cohesive 单元，观察 Cohesive 单元的失效情况，就可以得到劈裂破坏的延展情况。

2. 模拟结果

J-0-0 组受压区和受拉区裂缝扩展情况如图 2-53 所示。可以看出，名义应力损伤起裂准则(MAXSCRT)最大值在压拉黏性单元区增长。除胶合木构件间的受压区外，其损伤主要集中在螺栓周围区域，且发展方向与顺纹方向一致。裂缝扩展开始于这些内聚力单元的删除，其刚度降低到零。从图 2-53 可以看出，受压区裂缝主要由胶合木构件间的压应力和摩擦应力主导。在受拉区螺栓间区域，可以看出局部应力是损伤演化的主要原因。

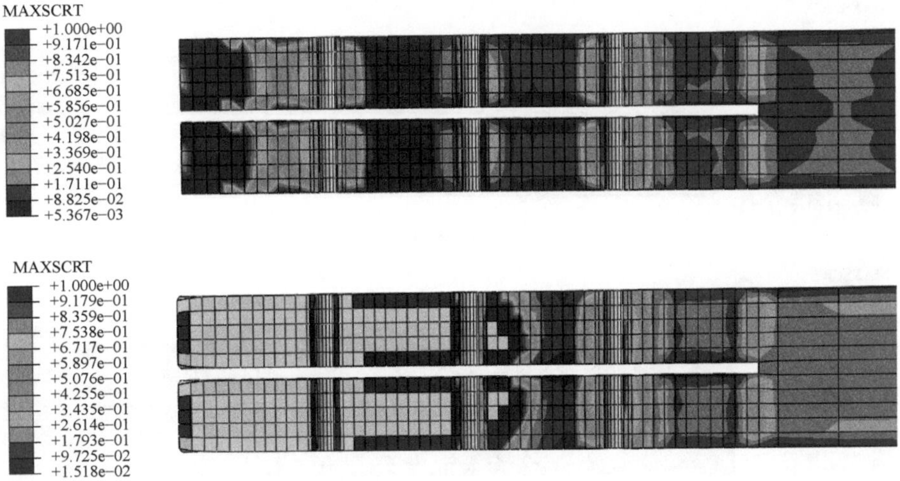

(a) 受压区

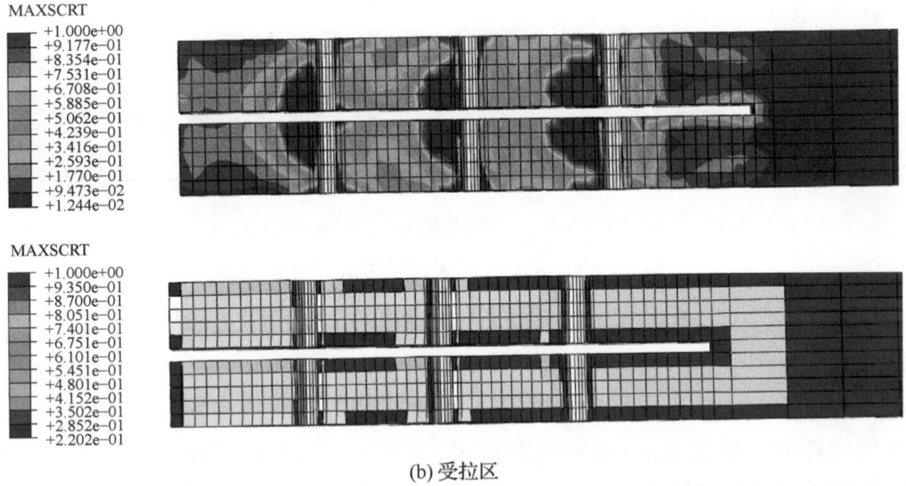

(b) 受拉区

图 2-53　J-0-0 组受压区和受拉区裂缝扩展情况

试验和模拟结果表明，预应力钢带是一种较好的胶合木螺栓连接加固方法。J-0-G1.6 组受压区和受拉区裂缝扩展情况如图 2-54 所示。从图中可以看出，损伤的发展基本上局限于损伤开始的区域。

(a) 受压区

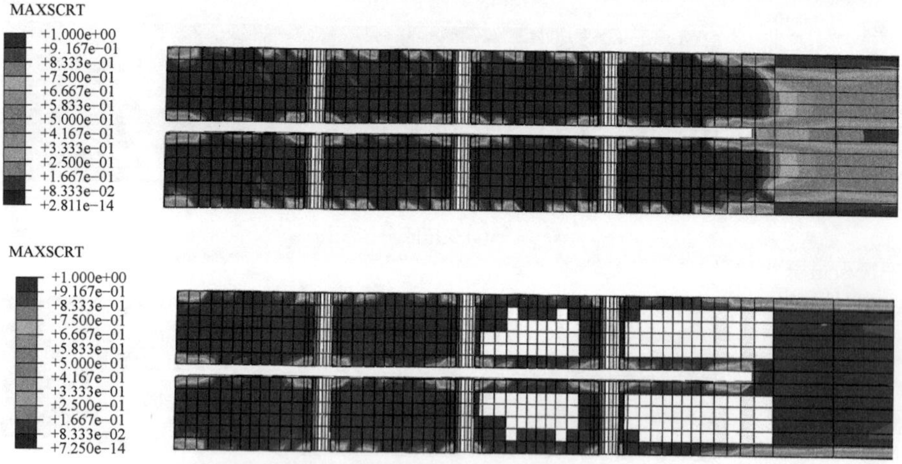

(b) 受拉区

图 2-54　J-0-G1.6 组受压区和受拉区裂纹扩展情况

J-0-0、J-0-G1.6 组螺栓变形与试验结果对比如图 2-55 所示。可以看出，最大应力出现在螺栓中部，即螺栓与钢填板接触的位置。受压区螺栓的弯曲变形远小于受拉区螺栓，这是由于螺栓和胶合木在受压过程中共同抵抗施加的弯矩。J-0-G1.6 组螺栓的变形比 J-0-0 组要显著得多，说明与 J-0-0 组相比，J-0-G1.6 组构件的强度得到了充分利用。

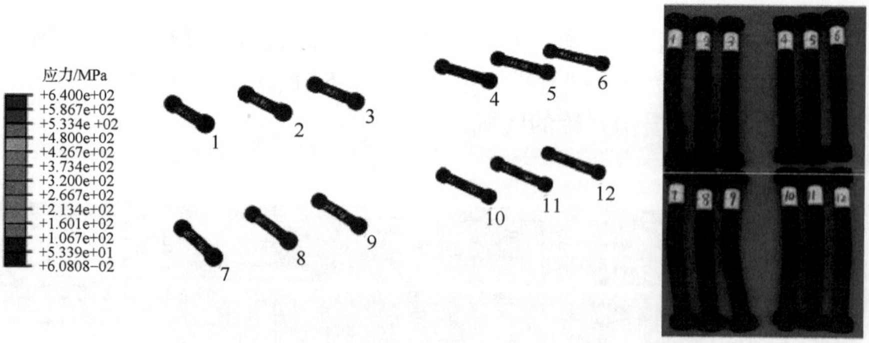

(a) J-0-0

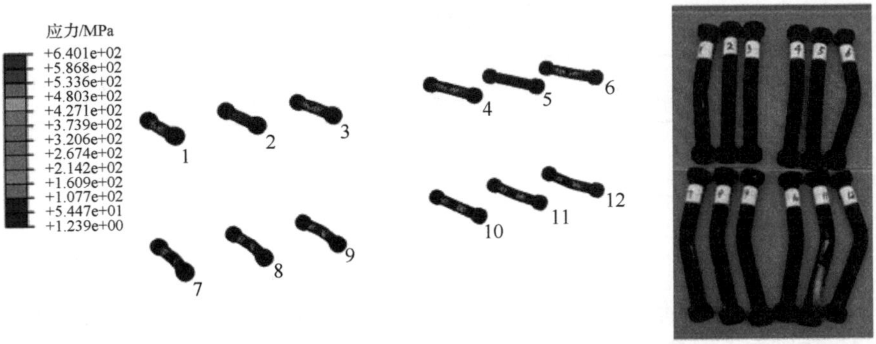

(b) J-0-G1.6

图 2-55　J-0-0、J-0-G1.6 组螺栓变形与试验结果对比

将模拟得到的弯矩-转角曲线与试验结果进行对比，如图 2-56 所示。可以看出，该有限元模型能够准确地估计胶合木螺栓连接的力学性能。试验结果与模拟结果的差异可以认为是因为有限元模型中 Cohesive 单元的刚度定义不够精确。

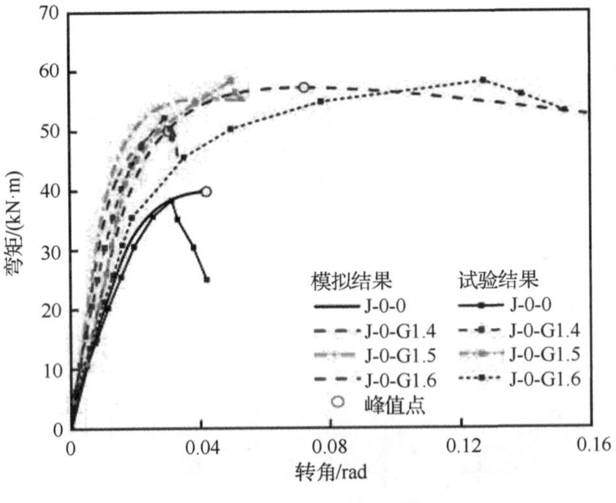

图 2-56　弯矩-转角曲线对比

2.2.3　预应力钢带-胶合木螺栓连接节点计算模型与设计方法

Jensen 等[48-50]提出了基于弹性地基梁理论的铁摩辛柯(Timoshenko)梁准非线性断裂力学模型，并通过基础的本构关系引入断裂力学中。单螺栓简支梁示意图如图 2-57 所示，梁存在长度为 $2a$ 的对称裂缝，截面尺寸为 $b\times h$，跨度为 $2l$，跨中施加的荷载为 P。

假设沿潜在裂缝发展方向存在无限薄的虚拟断裂层，将断裂层以下的部分视为弹性地基上深度为 h_e 的梁，断裂层以上的梁$(h-h_e)$则假定为无限刚性。

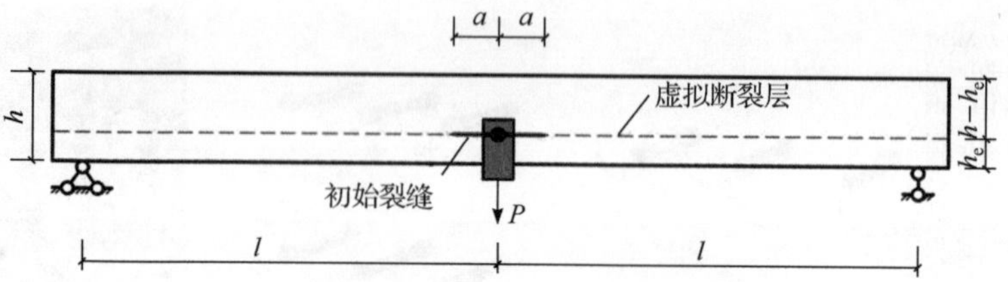

图 2-57　单螺栓简支梁示意图

假定断裂层为线弹性和理想脆性，用于模拟木材的性能，考虑木材横纹抗拉强度 $f_{t,90}$ 和模态 I 对应的临界应变能释放率 G_f，刚度为

$$K = f_{t,90}^2 / (2G_f) \tag{2-40}$$

其中，G_f 按照式(2-41)计算：

$$G_f = \frac{P_u^2}{2b} \frac{dC(a)}{da} \tag{2-41}$$

式中，$C(a)$为柔度(N/mm)；P_u 为开裂荷载(N)。

由式(2-41)可得

$$P_u = \sqrt{\frac{2bG_f}{\frac{dC(a)}{da}}} \tag{2-42}$$

1. 弹性地基梁法

图 2-57 中结构的对称部分如图 2-58 所示，其中 $P=2P_0$。

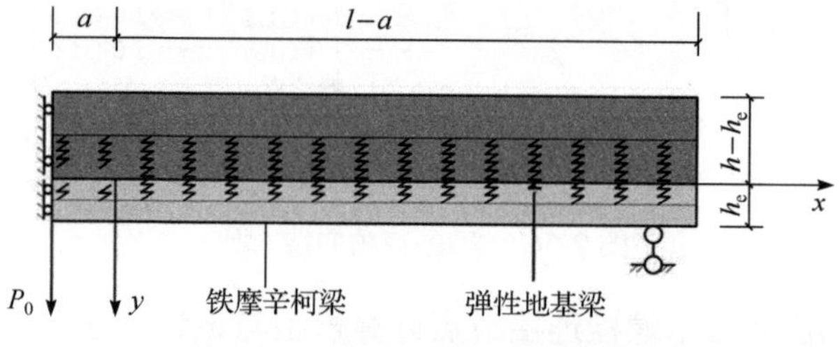

图 2-58　弹性地基梁法计算模型

变形 $y(x)$按照式(2-43)计算：

$$y(x) = \frac{\sigma(x)}{K} \tag{2-43}$$

式中，$\sigma(x)$为地基应力(MPa)；K 为地基刚度(N/mm^3)。

根据弹性地基梁理论，微分方程为

$$EI\frac{d^4y}{dx^4}=q(x)-Ky(x) \tag{2-44}$$

式中，E 为木材顺纹弹性模量(MPa)；I 为截面惯性矩(mm^4)；$q(x)$为均布荷载(N/mm)。

式(2-44)的通解为

$$y=e^{\alpha x}[A_1\cos(\alpha x)+A_2\sin(\alpha x)]+e^{-\alpha x}[A_3\cos(\alpha x)+A_4\sin(\alpha x)] \tag{2-45}$$

式中，A_1、A_2、A_3 和 A_4 为常系数，根据边界条件确定；参数α定义为

$$\alpha=\sqrt[4]{\frac{Kb}{4EI}} \tag{2-46}$$

基于 $y|_{x\to\infty}=0$ 哨 $\theta|_{x=0}=\left.\frac{dy}{dx}\right|_{x=0}=0$ 的边界条件，可以计算得出 $A_1=0$，$A_2=0$，$A_3=A_4=\upsilon$ (常数)。

考虑外部荷载和地基反力之间的平衡，静力平衡方程可表示为

$$2Kb\upsilon\int_0^{\infty}e^{-\alpha x}[\cos(\alpha x)+\sin(\alpha x)]dx=P \tag{2-47}$$

由式(2-47)得到常数υ 的计算式为

$$\upsilon=\frac{P\alpha}{2Kb} \tag{2-48}$$

则梁的变形 y、转角 θ、弯矩 M、剪力 V 分别为

$$y=\frac{P\alpha}{2bK}e^{-\alpha x}[\cos(\alpha x)+\sin(\alpha x)] \tag{2-49}$$

$$\theta=\frac{dy}{dx}=\frac{-P\alpha^2}{bK}e^{-\alpha x}\sin(\alpha x) \tag{2-50}$$

$$M=\frac{-d^2y}{dx^2}=\frac{-P}{4\alpha}e^{-\alpha x}[\cos(\alpha x)-\sin(\alpha x)] \tag{2-51}$$

$$V=\frac{-d^3y}{dx^3}=\frac{-P}{2}e^{-\alpha x}\cos(\alpha x) \tag{2-52}$$

定义参数 λ 和 k 为

$$\lambda=\alpha\sqrt{1+\frac{6EI}{5GA}\alpha^2}\text{，}\quad k=\frac{\alpha^2a^2+2\lambda a+1}{2\alpha^2a^2+2\lambda a} \tag{2-53}$$

式中，G 为剪切模量(MPa)；A 为梁的截面积(mm^2)；a 为裂缝长度(mm)。

加载点的变形 δ_p 为

$$\delta_{\mathrm{p}} = \delta_{\mathrm{p}a} + \delta_{\mathrm{p}y_0} + \delta_{\mathrm{p}\theta_0} \tag{2-54}$$

式中

$$\delta_{\mathrm{p}a} = P_0\left[\frac{a^3}{EI}\left(\frac{1}{3}-\frac{1}{2}k\right)+\frac{6a}{5GA}\right] \tag{2-55}$$

$$\delta_{\mathrm{p}y_0} = y_0 = \frac{P_0}{2EI\alpha^2}\left[\frac{\lambda^2}{\alpha^2}+(1-k)a\right] \tag{2-56}$$

$$\delta_{\mathrm{p}\theta_0} = -a\theta_0 = \frac{P_0}{2EI\alpha^2}\left[1+2\lambda(1-k)a\right] \tag{2-57}$$

柔度 $C=\delta_{\mathrm{p}}/P$，则有

$$\frac{\mathrm{d}C}{\mathrm{d}a} = \frac{\mathrm{d}\left(\dfrac{\delta_{\mathrm{p}}}{P_0}\right)}{\mathrm{d}a} = \frac{1}{2(\alpha^2 a+\lambda)^2}\left\{\frac{1}{2EI}\left[\alpha^4a^4+4\frac{\alpha^4}{\lambda}a^3+2\left(4\alpha^2-\lambda^2\right)a^2+4\lambda a+2\frac{\lambda^2}{\alpha^2}-1\right]\right.$$
$$\left.+\frac{6}{5GA}\left(2\frac{\alpha^6}{\lambda}a^3+5\alpha^4a^2+4\lambda\alpha^2a-\alpha^2+2\lambda^2\right)\right\} \tag{2-58}$$

对于 $a\to 0$，有

$$\frac{\mathrm{d}C}{\mathrm{d}a} = \frac{1}{2\lambda^2}\left[\frac{1}{2EI}\left(2\frac{\lambda^2}{\alpha^2}-1\right)+\frac{6}{5GA}\left(-\alpha^2+2\lambda^2\right)\right] \tag{2-59}$$

将式(2-59)代入式(2-42)，可得

$$P_{\mathrm{u}} = \sqrt{\frac{2bG_{\mathrm{f}}}{\dfrac{\mathrm{d}C}{\mathrm{d}a}}} = 2b\gamma\sqrt{\frac{5GG_{\mathrm{f}}h_{\mathrm{e}}}{3}} \tag{2-60}$$

式中

$$\gamma = \frac{\sqrt{2\zeta+1}}{\zeta+1},\quad \zeta = \frac{5G}{f_{\mathrm{t},90}}\sqrt{\frac{2G_{\mathrm{f}}}{3Eh_{\mathrm{e}}}} \tag{2-61}$$

为了更准确、合理地计算开裂荷载 P_{u}，已有研究[49,50]考虑加载端距 l_{e} 和梁高 h，提出如下公式：

$$P_{\mathrm{u}} = \min\left\{\frac{1}{2\sqrt{2\zeta+1}}2b\sqrt{\frac{5GG_{\mathrm{f}}h_{\mathrm{e}}}{3\left(1-\dfrac{h_{\mathrm{e}}}{h}\right)}}+bf_{\mathrm{t},90}l_{\mathrm{e}},\ \frac{\sqrt{2\zeta+1}}{\zeta+1}2b\sqrt{\frac{5GG_{\mathrm{f}}h_{\mathrm{e}}}{3\left(1-\dfrac{h_{\mathrm{e}}}{h}\right)}}\right\} \tag{2-62}$$

2. 考虑虚拟桩的弹性地基梁法

本节在上述理论的基础上，对模型进行了扩展，考虑了预应力钢带的影响。假设在钢带位置上有一虚拟桩，如图 2-59 所示，K_s 表示由于预应力钢带的约束对基础刚度的额外贡献。

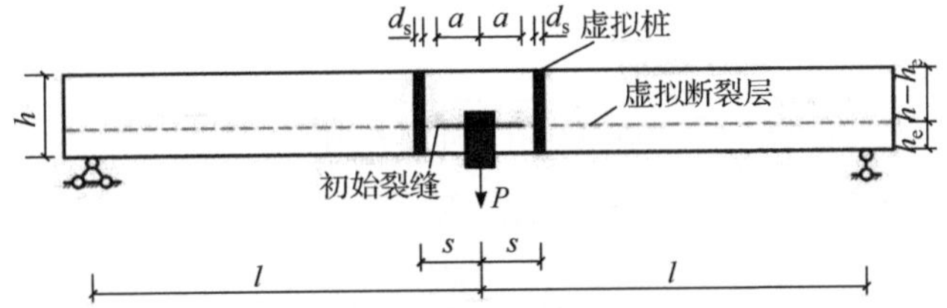

图 2-59　考虑虚拟桩的弹性地基梁法计算模型

考虑钢带预应力约束，胶合木中存在预压力 $\sigma_{\perp,c}$ 和 $\sigma_{//,c}$，其可以根据受力平衡计算得到，如图 2-60 所示。

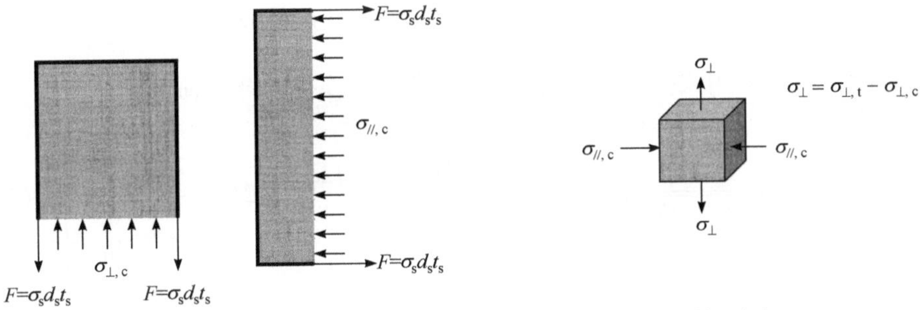

(a) 截面受力平衡示意图　(b) 单元应力

图 2-60　应力分布

根据 Hoffman 准则[51]，有

$$c_1\left(\sigma_{//,c}+\sigma_{\perp,t}\right)^2+c_2\sigma_{//,c}^2+c_3\sigma_{\perp,t}^2+c_5\sigma_{//,c}-c_6\sigma_{\perp,t}=1 \tag{2-63}$$

其中

$$c_1=\frac{1}{f_{t,90}f_{c,90}}-\frac{1}{2f_{t,0}f_{c,0}},\quad c_2=c_3=\frac{1}{2f_{t,0}f_{c,0}},\quad c_5=c_6=\frac{1}{f_{t,90}}-\frac{1}{f_{c,90}}$$

假设 K_s 为

$$K_s=\frac{\left(\sigma_{\perp,c}+\sigma_{\perp,t}\right)^2}{2G_f} \tag{2-64}$$

考虑到力的平衡，静力平衡方程可以表示为

$$2Kb\upsilon_r\int_0^\infty e^{-\alpha x}[\cos(\alpha x)+\sin(\alpha x)]dx+2K_sbd_s\left.y\right|_{x=s}=P \tag{2-65}$$

式中

$$\upsilon_{\mathrm{r}}=\frac{P\alpha}{2Kb+2K_{\mathrm{s}}bd_{\mathrm{s}}\alpha\mathrm{e}^{-\alpha s}[\cos(\alpha x)+\sin(\alpha x)]} \tag{2-66}$$

式中，s 为钢带到螺栓的距离；d_s 为钢带宽度。

变形 y_r 为

$$y_{\mathrm{r}}=\frac{P\alpha}{2\{Kb+K_{\mathrm{s}}bd_{\mathrm{s}}\alpha\mathrm{e}^{-\alpha s}[\cos(\alpha x)+\sin(\alpha x)]\}}\mathrm{e}^{-\alpha x}[\cos(\alpha x)+\sin(\alpha x)] \tag{2-67}$$

与无钢带螺栓连接的计算公式相比，定义 ξ 为

$$\xi=\frac{Kb}{Kb+K_{\mathrm{s}}bd_{\mathrm{s}}\alpha\mathrm{e}^{-\alpha s}[\cos(\alpha x)+\sin(\alpha x)]} \tag{2-68}$$

然后推导出预应力钢带螺栓连接节点的位移函数 $y_r(x)$ 与普通螺栓连接节点的位移函数 $y(x)$ 的关系为

$$y_{\mathrm{r}}(x)=\xi y(x)=\frac{\xi P\alpha}{2bK}\mathrm{e}^{-\alpha x}[\cos(\alpha x)+\sin(\alpha x)] \tag{2-69}$$

因此，可以采用式(2-70)计算预应力钢带螺栓连接的开裂荷载：

$$P_{\mathrm{ur}}=\min\left\{\frac{1}{2\sqrt{\xi(2\zeta+1)}}2b\sqrt{\frac{5GG_{\mathrm{f}}h_{\mathrm{e}}}{3\left(1-\frac{h_{\mathrm{e}}}{h}\right)}}+\frac{bf_{\mathrm{t,90}}l_{\mathrm{e}}}{\sqrt{\xi}},\ \frac{\sqrt{2\zeta+1}}{\zeta+1}2b\sqrt{\frac{5GG_{\mathrm{f}}h_{\mathrm{e}}}{3\xi\left(1-\frac{h_{\mathrm{e}}}{h}\right)}}\right\} \tag{2-70}$$

3. 理论计算结果和试验结果对比

J-0-0 节点受力示意图如图 2-61 所示，假设旋转中心始终是最上排螺栓与两胶合木构件接触面的交点。两个胶合木构件之间的压缩力有利于节点的承载，但是与螺栓提供的力矩相比，其作用可以忽略。

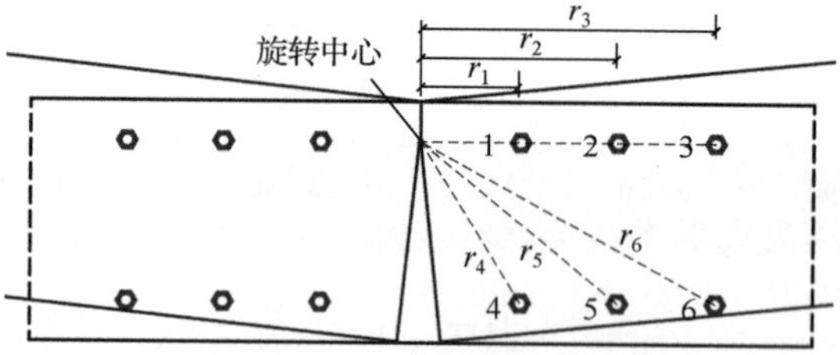

图 2-61　J-0-0 节点受力示意图

在所有螺栓中，距离旋转中心最远的螺栓受力最大，螺栓 n 的最大荷载为

$$F_{n,\max}=P_{\mathrm{u}}/\cos\alpha \tag{2-71}$$

式中，α 为螺栓 n 荷载与木材顺纹方向之间的夹角。

定义有 n 个螺栓的节点的极限弯矩为螺栓 n 达到设计承载力时的荷载，即

$$M_{\mathrm{u}}=F_{n,\max}\frac{\sum_{i=1}^{n}r_i^2}{r_n} \tag{2-72}$$

式中，r_i 为螺栓 i 到旋转中心的距离。

式(2-72)计算的极限弯矩与试验结果对比如表 2-22 所示。可以看出，计算值与试验值并无显著差异。

表 2-22　极限弯矩计算结果与试验结果对比

试件编号	试验结果/(kN·m)	计算结果/(kN·m)	相对误差/%
J-0-0	38.49	35.05	−8.94
J-0-G1.4	54.33	49.70	−8.52
J-0-G1.5	58.51	51.23	−12.44
J-0-G1.6	59.02	52.59	−10.89

4. 参数化分析

为节约试验成本，考虑了 4 个影响参数：①钢带预拉应变；②钢带厚度 t_{s}；③钢带宽度 d_{s}；④钢带间距 s。由于所建立的计算方法已被证明能准确预测预应力钢带-胶合木螺栓连接节点的极限弯矩，基于以上公式对极限弯矩提高系数 $\sqrt{1/\xi}$ 进行分析。

不同因素对节点极限弯矩的影响如图 2-62 所示。由图可知，随着预拉应变的增大，节点的极限弯矩提高系数也相应增大。但当预拉应变超过一定值后，极限弯矩提高系数开始趋于平稳，甚至出现下降，即存在一个最优预拉应变，该值受

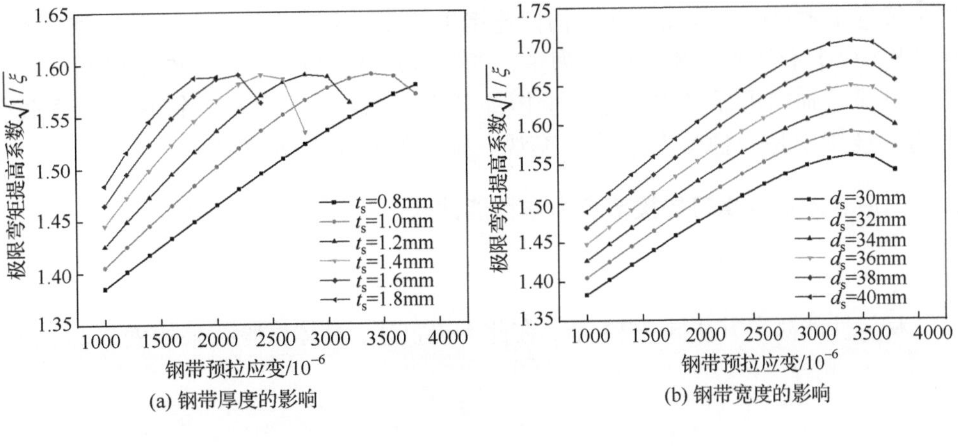

(a) 钢带厚度的影响　(b) 钢带宽度的影响

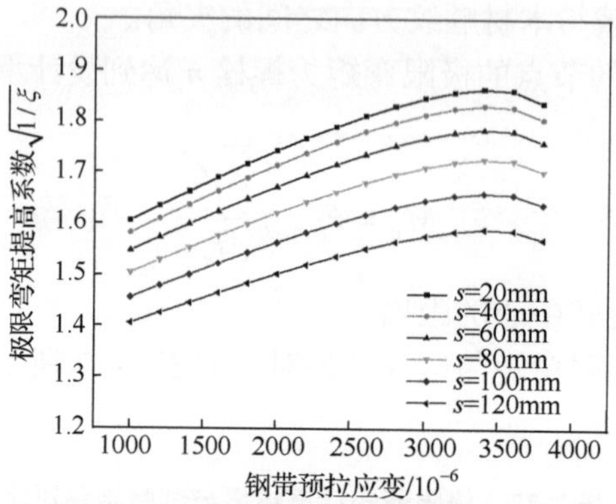

(c) 钢带间距的影响

图 2-62 不同因素对节点极限弯矩的影响

钢带厚度的影响，与钢带宽度和钢带间距无关。结果表明，1.8mm 厚度的钢带最优预拉应变为 0.0018，1.0mm 厚度的钢带最优预拉应变为 0.0034。在设计过程中，该最优预拉应变的取值必须考虑到装置限制和钢带厚度等各种因素。

随着钢带宽度的增加，节点的极限弯矩也相应增加。但是，钢带宽度受到设备限制，不应超过 40mm。钢带间距对节点极限弯矩的影响最为显著，随着钢带间距的减小，极限弯矩提高系数增大，但增大速度减慢。从经济和美观两方面考虑，建议将钢带间距设为螺栓列间距。

2.3 胶合木自攻螺钉拼接节点

近些年来，由于自攻螺钉紧固件的发展，其直径可达 14mm，长度可达 1000mm，这使得自攻螺钉连接大型木构件并传递高荷载成为可能。自攻螺钉在木-木连接中利用其出色的抗拔性能将构件紧密连接在一起，且无需预制孔，并可将钉头埋置于木材中，从而保证了构件连接中的美观性。例如，在大跨度胶合木网壳结构中，杆件主要以轴向受力为主，弯矩和剪力较小，使用自攻螺钉对杆件拼长，可保证轴向可靠受力，也可承担部分弯矩和剪力。自攻螺钉在大跨度胶合木构件连接中是一种受力合理、美观、施工便利的连接形式。

2.3.1 胶合木自攻螺钉拼接节点力学性能试验

1. 材料性能试验

材料性能测定方法同 2.2.1 节，在此不再赘述，具体试验结果如表 2-23 所示。

表 2-23　木材物理力学特性取值

材料性能	取值	变异系数/%
顺纹弹性模量 E_1/MPa	12434	11.76
横纹弹性模量 E_2 (E_3)/MPa	758	13.90
顺纹抗剪模量 G_{12} (G_{13})/MPa	1406	—
横纹抗剪模量 G_{23}/MPa	274	—
顺纹抗压强度 $f_{c,1}$/MPa	42.8	7.74
横纹抗压强度 $f_{c,2}$/MPa	5.6	12.94
顺纹抗剪强度 f_v/MPa	7.8	—
顺纹泊松比 ν_{12} (ν_{13})	0.371	—
横纹泊松比 ν_{23}	0.382	—

2. 试验概况

1) 试件参数

本研究采用的木材是花旗松同等组合胶合木，强度等级为 TC_T24[36]。自攻螺钉采用德国进口全螺纹镀锌沉头自攻螺钉(图 2-63)，考虑自攻螺钉布置角度和梁截面尺寸的影响，选用两种长度的自攻螺钉，其规格分别为ϕ8mm×250mm 和ϕ8mm×300mm，具体技术参数如表 2-24 所示。

图 2-63　全螺纹镀锌沉头自攻螺钉

表 2-24　全螺纹镀锌沉头自攻螺钉物理力学性能

外径 d_0 /mm	内径 d_r /mm	螺距 p /mm	钉头直径 d_h /mm	屈服强度 /MPa	抗拉强度 /MPa
8	5	4	14	1000	1273

通过设计具有拼接接头形式的胶合木拼接节点梁进行试验，在胶合木梁跨中区域设置搭接半梁接头，为了在拼接段布置足够数量的自攻螺钉，拼接区域长度设计为 450mm，并在搭接面设置 5%的坡度。拼接节点梁整体截面尺寸为 130mm×300mm，长度为 3400mm，具体尺寸如图 2-64 所示。共设置 5 组试件，

如表 2-25 所示，每组试件含有 1 个平行试件，共计加工 10 个胶合木拼接节点梁试件。在试验前对每个试件不同部位进行多次含水率测量，测得含水率平均值为 10.8%，变异系数为 1.1%。

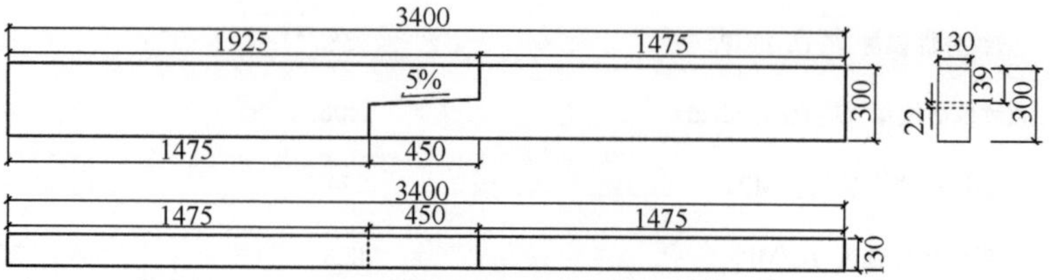

图 2-64　胶合木拼接节点梁示意图(单位：mm)

表 2-25　自攻螺钉胶合木拼接节点梁参数设置

试件编号	试件数量	螺钉数量(钉入角度)	试件尺寸/(mm×mm×mm)	加强螺钉数量(钉入角度)	轴向荷载/kN
J-60	2	12(60°)			
J-60X	2	6(−60°)+6(60°)			
J-90	2	12(90°)	130×300×3400	2(90°)	50
J-90+60	2	8(60°)+4(90°)			
J-90+60+25	2	8(60°)+4(90°)+2(25°)			

2) 自攻螺钉布置形式

本节通过试验研究拼接区域内不同自攻螺钉布置形式下胶合木拼接节点梁在轴向荷载下的抗弯性能，考虑到轴向荷载作用及搭接面设置 5%的坡度，在一定程度上可以提高搭接半梁截面的抗弯能力，自攻螺钉主要布置在搭接面区域，用于对上下搭接半梁进行有效锚固。由于不同钉入角度的自攻螺钉在用于木-木构件连接中表现出不同的轴向抗拔性能和抗剪切性能，考虑到拼接节点梁在弯矩荷载下拼接节点区域复杂的应力情况对自攻螺钉连接性能的影响，从而影响整个构件的力学性能，本次试验共考虑采用 5 种自攻螺钉布置形式，分别为自攻螺钉按全 60° 钉入、按交叉 60° 钉入、按全 90° 钉入、按 90° 和 60° 组合钉入，以及在 90° 和 60° 组合钉入的基础上增加两根水平斜向 25° 连接下方竖向间隙的布置形式。每种布置形式在拼接区域两侧各增加一根垂直钉入的自攻螺钉，用于加强该区域木材的横纹方向受力。自攻螺钉在胶合木拼接节点梁中的布置间距、与木材的端距和边距均按照欧洲规范 EN 1995-1-1[42]的要求进行设计。自攻螺钉布置形式如图 2-65 所示。

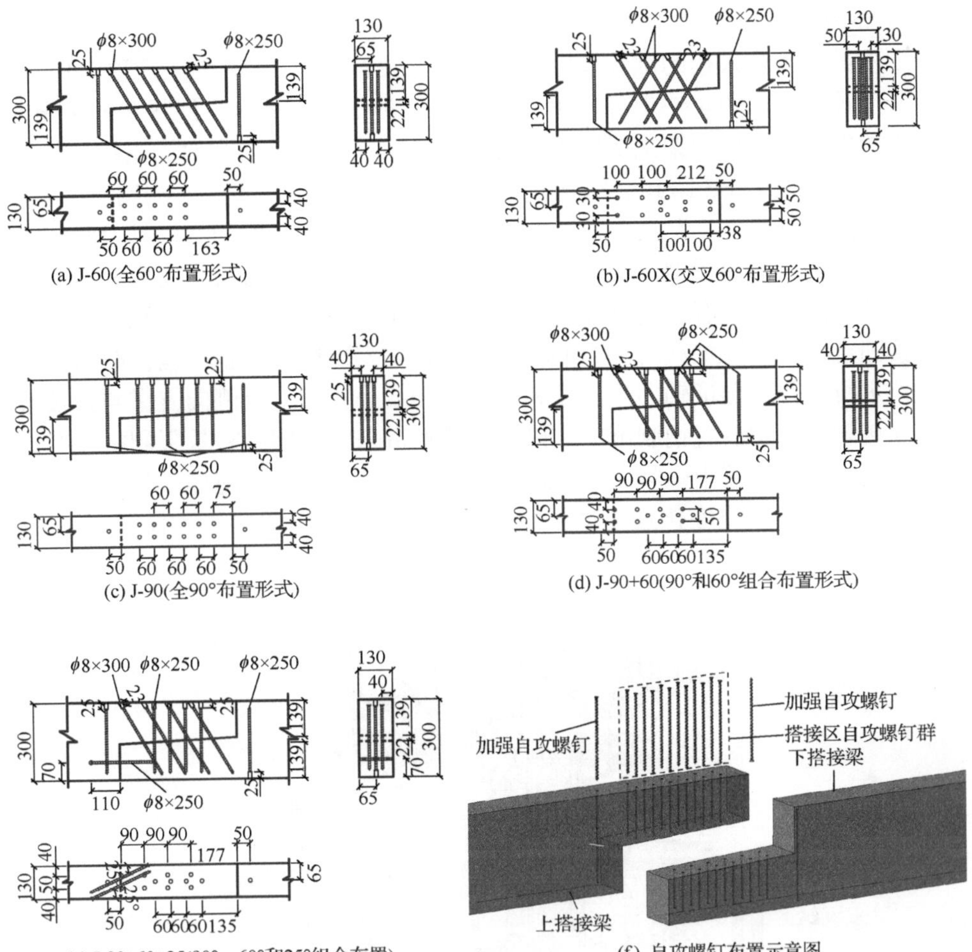

(a) J-60(全60°布置形式)

(b) J-60X(交叉60°布置形式)

(c) J-90(全90°布置形式)

(d) J-90+60(90°和60°组合布置形式)

(e) J-90+60+25(90°、60°和25°组合布置)

(f) 自攻螺钉布置示意图

图 2-65　自攻螺钉布置形式(单位：mm)

本次试验所有胶合木拼接节点梁中垂直布置的自攻螺钉均采用ϕ8mm×250mm 规格，斜向 60° 布置的自攻螺钉采用ϕ8mm×300mm 规格，水平斜向 25° 布置的自攻螺钉采用ϕ8mm×250mm 规格。为保证自攻螺钉准确钉入拼接区域内，提前将两部分胶合木梁拼合并用夹具固定，在自攻螺钉钻入位置做好标记，配合使用自制角度控制器和手电钻将自攻螺钉打入胶合木拼接区域内部，其中为保证自攻螺钉对上下搭接半梁锚固长度相同，斜向 60° 布置的自攻螺钉钻入木材的深度为 23mm，垂直布置的自攻螺钉钻入木材的深度为 25mm，水平斜向布置的自攻螺钉不做埋置。因自攻螺钉直径不大于 8mm，钉入前无需预钻孔。

3) 试验装置

本次试验主要采用的试验装置有 3 组反力架、1 个 50t 液压千斤顶、1 个 30t 液压千斤顶、3 组侧向支撑、2 个反力支座、其他加载辅助件，如图 2-66 所示。3 组反力架中，跨中反力架主要用于竖向安装 50t 液压千斤顶和侧向支撑，另外 2 组反力架分别位于 1/3 跨和 2/3 跨处，用于安装侧向支撑。试验时，拼接节点梁梁端放置于滚轴支座上，跨度为 3300mm，为了使拼接节点梁受弯转动过程尽可能不受约束，在梁端设置刀口支座，一端通过刀口支座直接与反力支座相连，另一端通过刀口支座与装有力传感器的轴向 30t 液压千斤顶相连，千斤顶再与反力支座连接固定，为保证加载时轴力的轴心加载，在安装试验装置与构件时采用激光水准仪进行定位，保证轴向千斤顶和构件中轴线平齐。3 组侧向支撑与拼接节点梁侧面接触位置均设置钢制滚轮，以减少接触带来的摩擦并有效限制拼接节点梁在平面内转动。试验中，竖向荷载通过跨中 50t 液压千斤顶施加于分配梁上，再由分配梁通过滚轴支座传递至试件的三分点处。具体试验装置和仪器如图 2-67 所示。

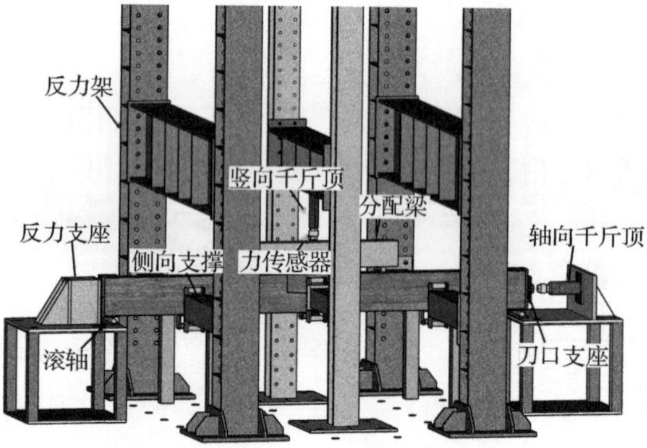

图 2-66　试验装置示意图

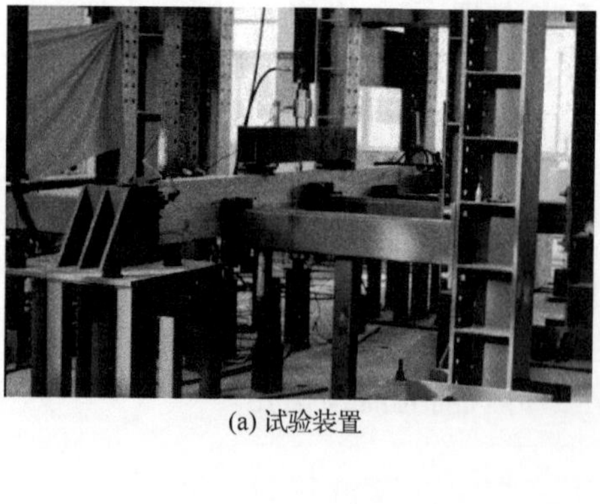

(a) 试验装置

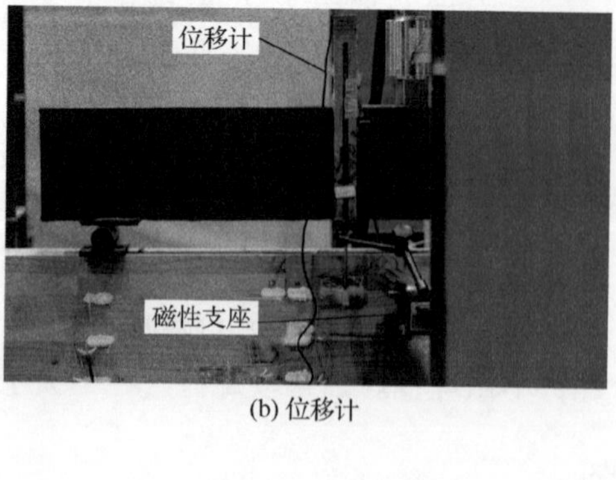

(b) 位移计

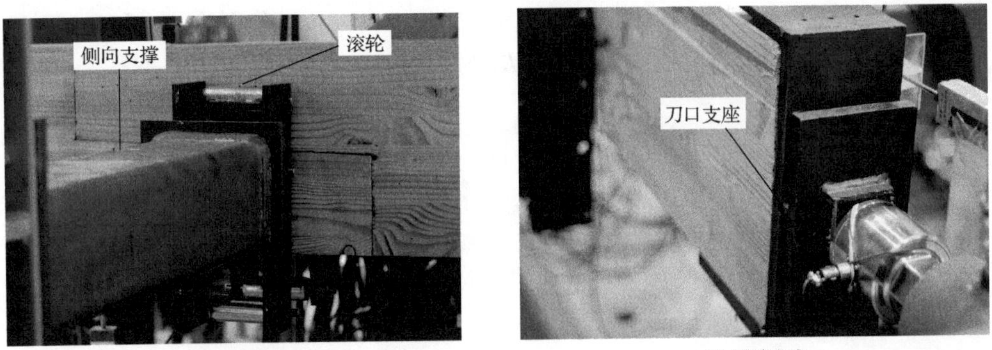

(c) 限位装置　　(d) 梁端支座

图 2-67　试验装置和仪器

4) 测点布置及加载制度

自攻螺钉胶合木拼接节点梁均在加载点、拼接节点区域截面处共布置 5 个应变测点，具体位置如图 2-68 所示。

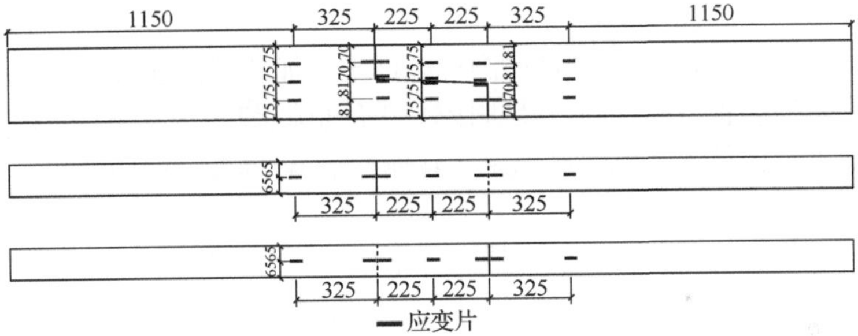

图 2-68　应变测点布置(单位：mm)

试验中，轴向荷载及竖向荷载由压力传感器测量，木梁转角根据位移计测量并通过计算得出，位移计编号自左往右依次为 D1～D7(图 2-69)，D1 测量左侧支座处试件的竖向位移，D6 和 D7 分别测量右侧支座处试件的竖向位移和轴向位移，D2 和 D4 测量左拼接梁搭接处的竖向位移，D3 和 D5 测量右拼接梁搭接处的竖向位移。设节点左侧转角为 θ_1，右侧转角为 θ_2，节点转角 θ 取 θ_1 和 θ_2 的平均值，计算公式如下：

$$\theta_1 = \frac{u_{\mathrm{D3}} - u_{\mathrm{D4}}}{l_{34}} \tag{2-73}$$

$$\theta_2 = \frac{u_{\mathrm{D5}} - u_{\mathrm{D2}}}{l_{52}} \tag{2-74}$$

$$\theta = \frac{\theta_1 + \theta_2}{2} \tag{2-75}$$

式中，u_{D3}、u_{D4}分别为 D3 和 D4 测量的位移；u_{D5}、u_{D2}分别为 D5 和 D2 测量的位移；l_{34}为 D3 和 D4 的水平距离；l_{52}为 D5 和 D2 的水平距离。

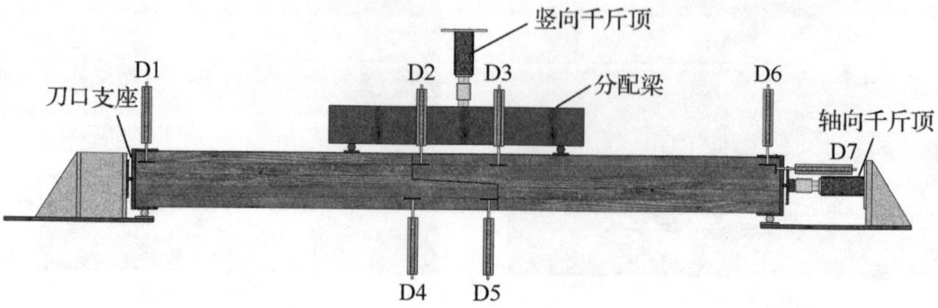

图 2-69　位移计布置示意图

3. 试验结果及分析

1) 试验现象

(1) J-60 组节点。

对拼接节点梁施加 50kN 轴向荷载，此过程中半搭接处木材、刀口支座与拼接节点梁端部紧密贴合，D7 位移计测得试件平均加载端位移为 23mm，此位移主要由构件安装后装置与构件间以及拼接处初始间隙引起的，未对试件跨度造成明显影响。此外，构件无其他明显现象。其他各组试件此过程现象类似，下面不再赘述。

竖向荷载施加初期，拼接处木材在弯矩作用下相互挤压发出嘶嘶响声，但无明显裂缝产生，构件整体无明显变形，此时拼接处上部竖向间隙木材全截面相互挤压，自攻螺钉依然承受轴向荷载带来的压-剪复合应力。随竖向荷载的增加，拼接节点梁受弯变形，拼接区域上下搭接半梁也发生相对转动，但由于自攻螺钉锚固作用，拼接区域整体性较好，此时自攻螺钉由承受压剪复合应力作用变为承受拉剪复合应力作用，搭接面未产生滑移现象，拼接处上部间隙贴合紧密。在竖向荷载达到 26kN 左右时，上搭接半梁肩角处木材横纹拉应力达到其抗拉强度，开始出现初始裂缝。随着拼接节点梁整体变形进一步增大，拼接处下部竖向间隙扩大明显，此时上搭接半梁肩角处附近受拉区木材由于达到顺纹抗拉强度，出现木材纤维断裂，裂缝斜向上向梁顶发展，达到峰值荷载时，木梁两侧裂缝相互贯通，拼接节点梁承载力下降。最终，在上搭接半梁发生木材弯曲破坏。J-60 组节点裂缝开展及分布情况如图 2-70(a)所示。

试验结束后，将所有自攻螺钉取出，发现均无明显塑性变形，基本保持平直，如图 2-70(b)所示。

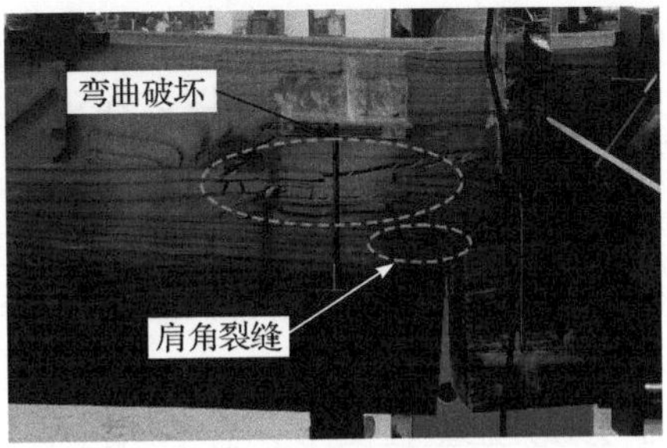

(a) 破坏模式(J-60-2)

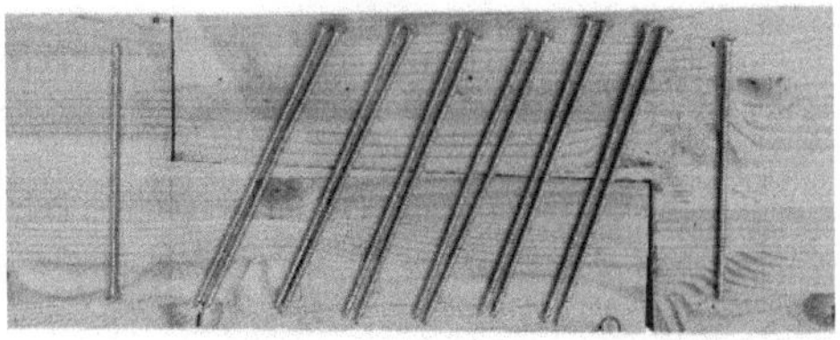

(b) 自攻螺钉变形情况(J-60-2)

图 2-70　J-60 组节点破坏模式与自攻螺钉变形

(2) J-60X 组节点。

当竖向荷载达到 23kN 左右时，同样在上搭接半梁肩角处出现顺纹初始裂缝，但主要裂缝与 J-60 组节点相似，出现在上搭接半梁底部，由于木材顺纹拉应力达到其抗拉强度造成木材断裂引起斜向梁顶扩展的裂缝，但其出现位置相较于 J-60 组节点更靠近跨中，原因是自攻螺钉按交叉 60° 布置，搭接面最外侧自攻螺钉距上搭接半梁肩角较远，此段搭接面无自攻螺钉锚固，导致上搭接半梁底部木材在此区域内受弯剪复合应力作用，且裂缝沿半梁薄弱界面(无自攻螺钉锚固且面积较小的截面)扩展。最终，上搭接半梁木材发生受弯破坏，向梁顶扩展的裂缝在木梁两侧相互贯通，破坏时受压区木材出现明显压溃现象。J-60X 组节点裂缝开展及分布情况如图 2-71(a)所示。

试验结束后，将所有自攻螺钉取出，发现均无明显塑性变形，基本保持平直，如图 2-71(b)所示。

(a) 破坏模式(J-60X-1)

(b) 自攻螺钉变形情况(J-60X-2)

图 2-71　J-60X 组节点破坏模式与自攻螺钉变形

(3) J-90 组节点。

当竖向荷载达到 25kN 左右时，上搭接半梁肩角处出现顺纹初始裂缝，其裂缝开展及分布情况如图 2-72(a)所示。与 J-60 组和 J-60X 组节点相比，J-90 组节点发生的是木材顺纹劈裂裂缝扩展并在木梁两侧贯穿导致的破坏，破坏时构件整体变形较大，裂缝开展更为严重。出现此现象的原因主要是垂直自攻螺钉在承受拉剪复合应力时易发生倾斜，造成上下搭接面产生小滑移，但在轴向荷载作用下，表现为上搭接半梁端部截面受压区上移，下部出现间隙，如图 2-72(b)所示。因此，在上搭接半梁底部及肩角处出现木材受弯剪作用导致裂缝充分扩展，随肩角处垂直加强自攻螺钉从裂缝下部木材中脱离，试件破坏。

试验结束后，将所有自攻螺钉取出，发现均无明显塑性变形，基本保持平直，如图 2-72(c)所示。

(a) 破坏模式(J-90-2)

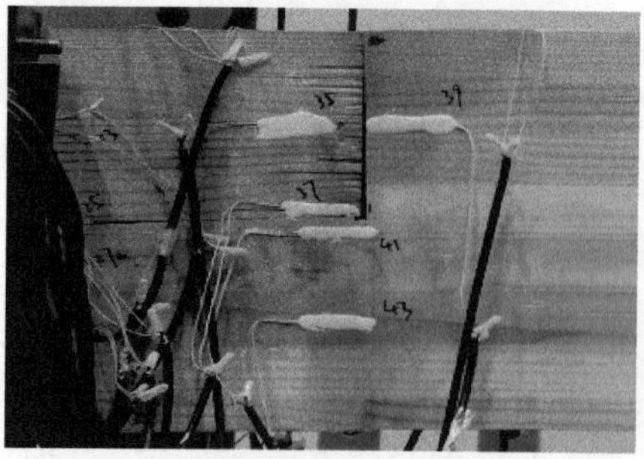

(b) 上部竖向间隙(J-90-1)

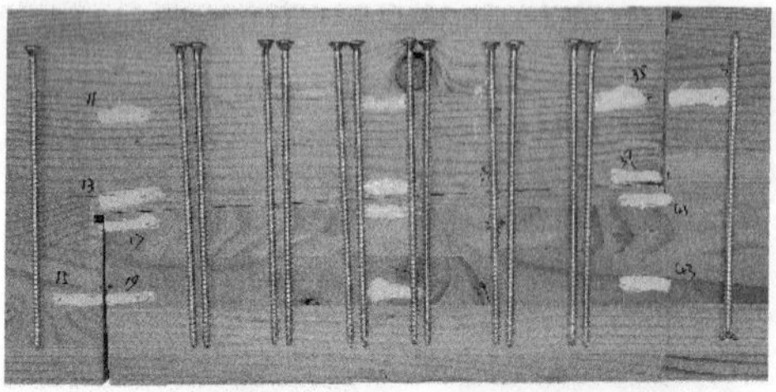

(c) 自攻螺钉变形情况(J-90-1)

图 2-72　J-90 组节点破坏模式与自攻螺钉变形

(4) J-90+60 组节点。

当竖向荷载达到 24kN 左右时，上搭接半梁肩角处开始出现顺纹初始裂缝，其裂缝开展及分布情况如图 2-73(a)所示。与 J-90 组节点相比，J-90+60 组节点裂缝出现位置基本相同，但由于自攻螺钉在搭接半梁中按 90°和 60°组合布置，搭接面产生小滑移现象(图 2-73(b))，裂缝整体与木材顺纹方向成一定角度扩展。其余现象与 J-90 组节点类似，不再赘述。

试验结束后，将所有自攻螺钉取出，发现均无明显塑性变形，基本保持平直，如图 2-73(c)所示。

(a) 破坏模式(J-90+60-1)

(b) 上部竖向间隙(J-90+60-1)

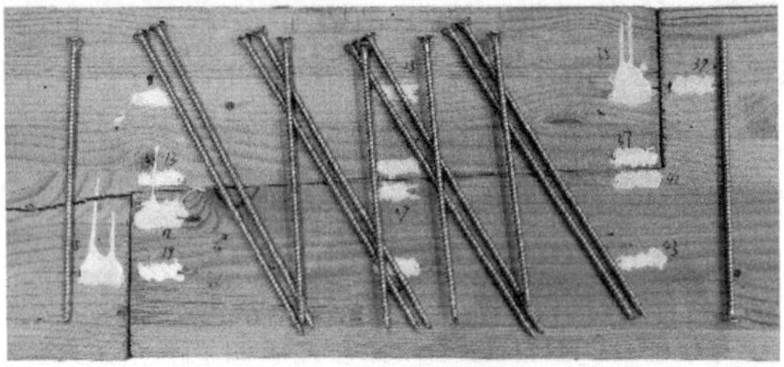
(c) 自攻螺钉变形情况(J-90+60-1)

图 2-73　J-90+60 组节点破坏模式与自攻螺钉变形

(5) J-90+60+25 组节点。

当竖向荷载达到 30kN 左右时，上搭接半梁肩角处出现顺纹初始裂缝，由于水平斜向自攻螺钉对下部竖向间隙的锚固作用，构件整体变形较小，且搭接面并未出现类似 J-90 组节点的小滑移现象，上部竖向间隙贴合紧密。达到峰值荷载时，下部水平布置的自攻螺钉出现拔出现象，此时上搭接半梁底部木材出现弯剪斜裂缝并随后沿木材顺纹方向进一步扩展。最终，拼接节点梁出现水平斜向自攻螺钉拔出破坏，上搭接半梁木材发生顺纹劈裂裂缝并在木梁两侧贯穿，破坏时较为突然，承载力急剧下降。J-90+60+25 组节点裂缝开展和分布情况如图 2-74(a)所示。

试验结束后，将所有自攻螺钉取出，发现除两根水平布置的自攻螺钉由于拔出后受弯剪作用发生轻度变形外，其余自攻螺钉均无明显变形，如图 2-74(b)和(c)所示。

(a) 破坏模式(J-90+60+25-1)

(b) 自攻螺钉变形情况(J-90+60+25-1)

(c) 水平斜向25°自攻螺钉变形情况

图 2-74　J-90+60+25 组节点破坏模式与自攻螺钉变形

2) 弯矩-转角曲线及力学性能参数

各组试件弯矩-转角曲线如图 2-75 所示。可以看出，在各试件承载力出现明显下降前误差小于 10%，因此试验结果具有足够的可靠度。对各组试验 2 根试件的弯矩-转角曲线取平均值，将弯矩-转角曲线上峰值点对应的弯矩定义为极限弯矩 M_u，相应转角记为 θ_u，将出现贯通裂缝时刻或承载力下降到极限承载力的 80%时对应的弯矩定义为破坏弯矩 M_f，相应转角记为 θ_f，并在平均弯矩-转角曲线中标注出初始裂缝和第二条裂缝出现位置，如图 2-76(a)～(e)所示。另外，给出 5 种布置形式下自攻螺钉胶合木拼接节点梁的平均弯矩-转角曲线对比，如图 2-76(f)所示。

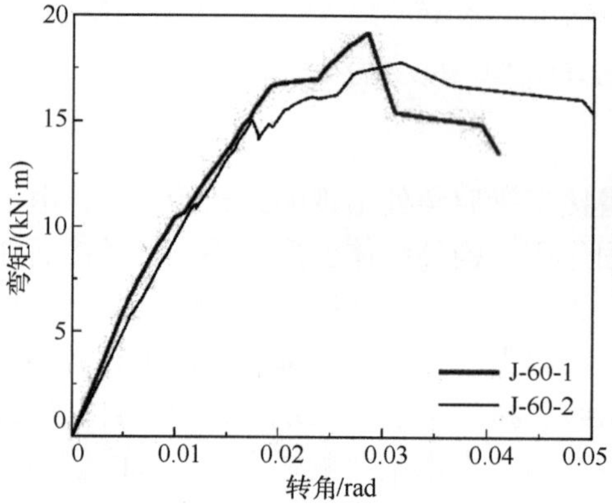

(a) J-60组

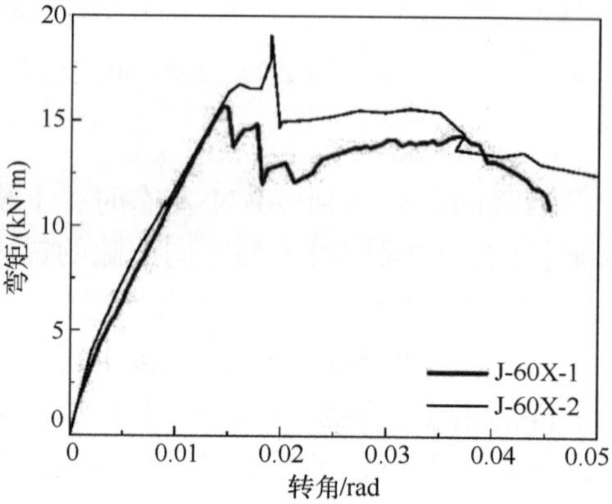

(b) J-60X组

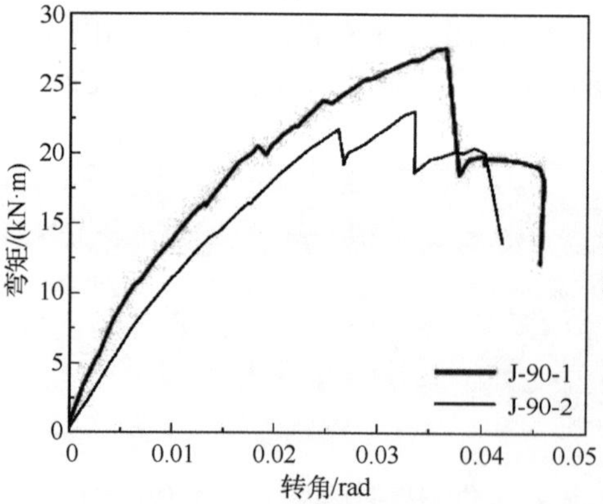

(c) J-90组

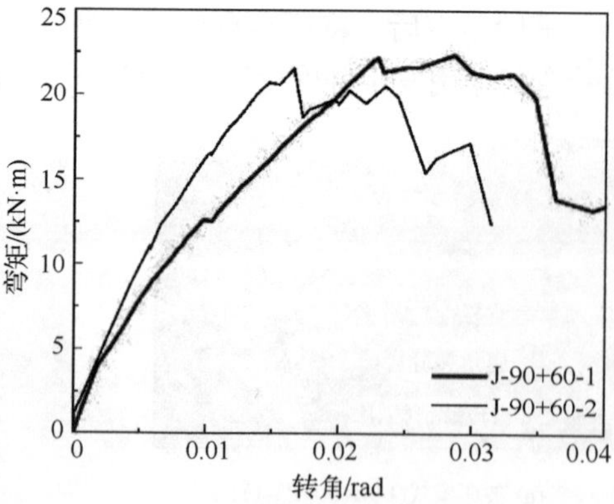

(d) J-90+60组

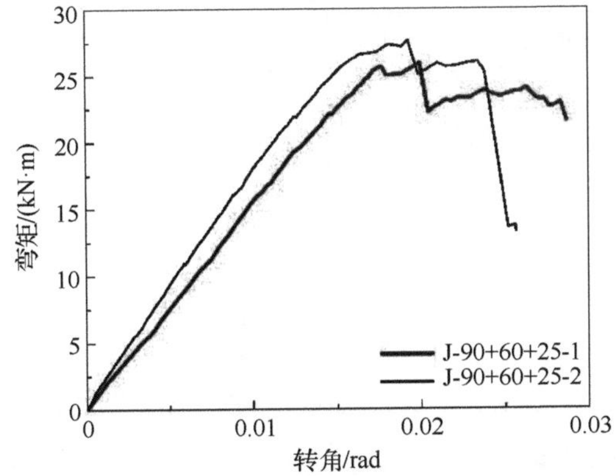

(e) J-90+60+25组

图 2-75　各组试件弯矩-转角曲线

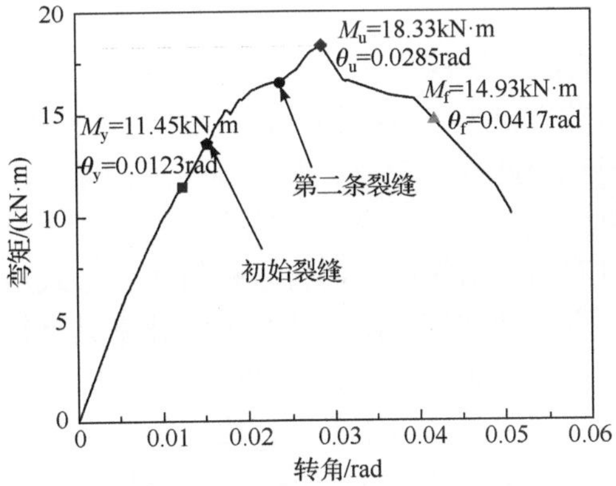

(a) J-60组节点

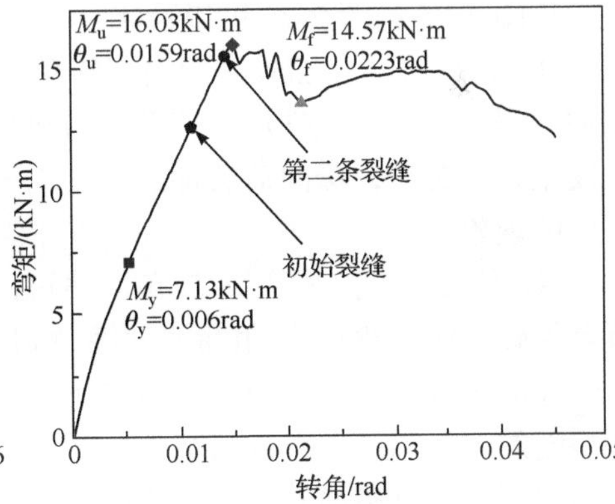

(b) J-60X组节点

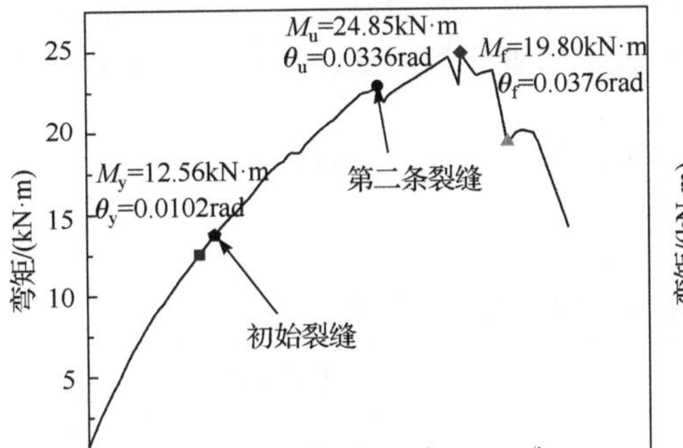

(c) J-90组节点

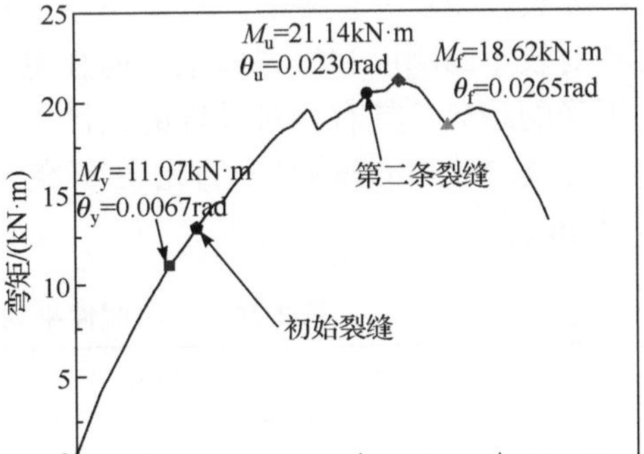

(d) J-90+60组节点

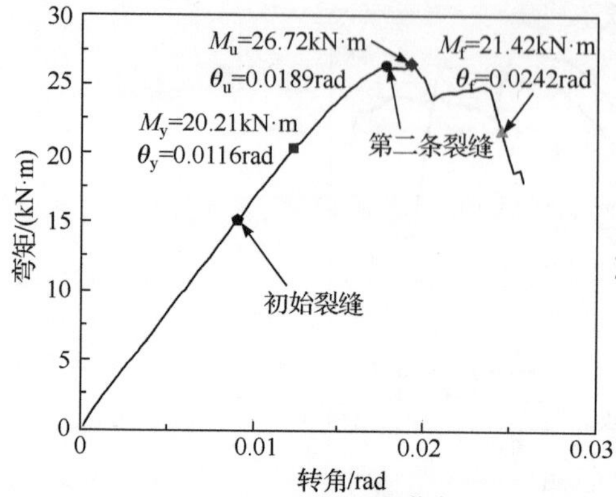

(e) J-90+60+25组节点

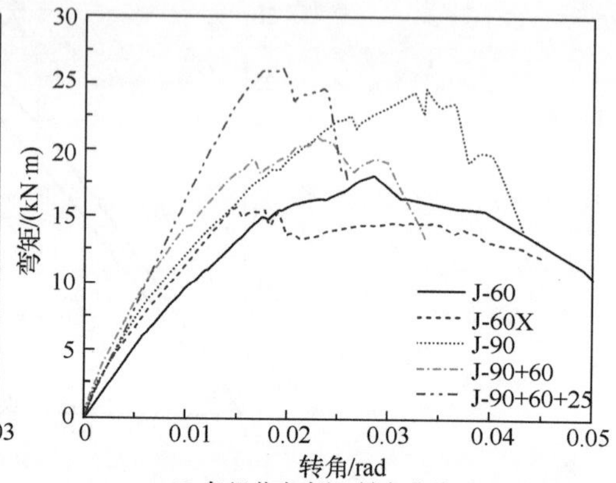

(f) 各组节点弯矩-转角曲线对比

图 2-76　各组节点平均弯矩-转角曲线及其对比

从图 2-75 和图 2-76 可以看出：

(1) 各组试件在加载初期出现转角滞后的非线性特性，这是因为在轴向荷载施加过程中，由于试件加工偏差导致拼接节点梁上下搭接构件以接触点为旋转中心发生轻微旋转，竖向荷载加载初期需要克服此部分变形，所以会出现初始斜率较大的现象。

(2) 从各组节点梁弯矩-转角曲线可以看出，搭接区域内自攻螺钉布置形式对节点梁弹性阶段弯矩-转角曲线斜率、峰值弯矩及破坏阶段承载力下降速率具有较为明显的影响，对应表现为对节点梁试件极限弯矩、刚度和延性的影响。随着初始裂缝的产生和扩展，各组节点曲线出现波动并伴随斜率下降，由于不同自攻螺钉布置形式对搭接面处荷载传递能力不同，各组试件裂缝扩展方式也不尽相同，可以看出以沿顺纹劈裂裂缝为主的拼接节点梁拥有相对较大的刚度和极限弯矩，在主要裂缝出现并扩展后，弯矩急剧下降；以顺纹断裂裂缝为主的拼接节点梁拥有相对较小的刚度和极限弯矩，但在主要裂缝出现并扩展后，弯矩没有表现出急剧下降的趋势，具有相对较好的延性。

根据 Yasumura 等[38]的相关研究，计算各组节点力学性能参数，结果如表 2-26 所示。

表 2-26　各组试件平均力学性能参数计算结果

试件编号	屈服		极限		破坏		抗弯刚度		延性系数
	M_y /(kN·m)	θ_y /rad	M_u /(kN·m)	θ_u /rad	M_f /(kN·m)	θ_f /rad	k_e /(kN·m/rad)	k_p /(kN·m/rad)	μ
J-60	11.45	0.0123	18.33	0.0285	14.93	0.042	1000	599	3.39
J-60X	7.13	0.0061	16.03	0.0159	13.57	0.022	1175	955	3.66

续表

试件编号	屈服		极限		破坏		抗弯刚度		延性系数 μ
	M_y /(kN·m)	θ_y /rad	M_u /(kN·m)	θ_u /rad	M_f /(kN·m)	θ_f /rad	k_e /(kN·m/rad)	k_p /(kN·m/rad)	
J-90	12.56	0.0102	24.85	0.0336	19.80	0.038	1223	715	3.69
J-90+60	11.07	0.0067	21.14	0.0230	18.62	0.027	1632	946	3.96
J-90+60+25	20.21	0.0116	26.72	0.0189	21.42	0.024	1825	1532	2.09

各组试件力学性能参数对比如图 2-77 所示，由图可知：

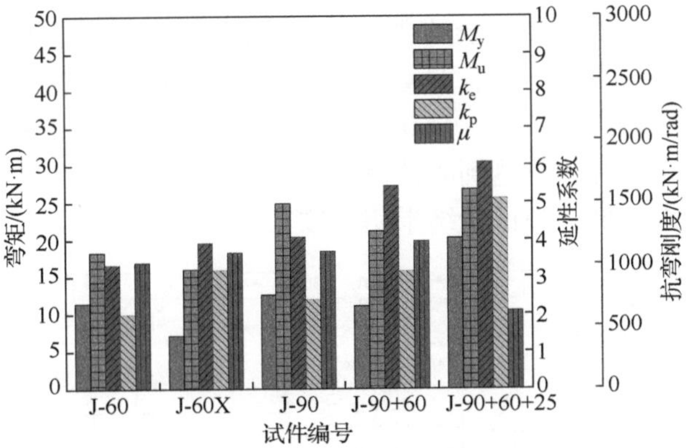

图 2-77 各组试件力学性能参数对比

(1) J-90 与 J-60、J-60X 和 J-90+60 组节点的自攻螺钉数量相同，但 J-90 组节点的极限弯矩分别比后者提高 35.6%、55.0%和 17.5%，说明自攻螺钉垂直布置于搭接区内相比自攻螺钉斜向 60°、交叉 60°及组合布置具有更高的极限弯矩。J-90+60 组节点的极限弯矩比 J-60 组节点提高了 15.3%，这是因为单个自攻螺钉的抗拔承载力和自攻螺钉与木材顺纹方向之间的夹角有关，当夹角为 90°时，抗拔承载力最大。为评估上述自攻螺钉连接的胶合木拼接节点的极限弯矩，根据《胶合木结构技术规范》(GB/T 50708—2012)[36]中的计算方法，取完整梁的极限弯矩为 40.2kN·m，本章试验中试件的极限弯矩为完整梁的 39.9%～66.5%。

(2) J-60X 组节点的弹性抗弯刚度和塑性抗弯刚度分别比 J-60 组节点高 17.5%和 59.4%，J-90+60 组节点的弹性抗弯刚度分别比 J-90 组和 J-60 组节点高 33.4%和 63.2%，可以看出自攻螺钉混合角度布置的节点梁抗弯刚度大于单角度布置的节点梁，这也是因为自攻螺钉按角度混合布置比单角度布置在加载开始时提供了更好的锚固作用。与 J-90+60 组节点相比，J-90+60+25 组节点的弹性抗弯刚度提高了 11.8%，这是由于两个水平布置的自攻螺钉在加载初期依靠自身抗拔能力为下部竖向间隙提供了良好的锚固作用，减小了初始裂缝的开展速度及构件整体变形。

(3) 自攻螺钉按角度组合布置提高了节点的延性，这是因为当自攻螺钉按不同角度布置时，其转动轨迹是交错的，与单角度布置相比，这具有更好的锚固效果并提供了更高的旋转阻力。J-90+60 组节点的延性系数分别为 J-90 组和 J-60 组节点的 107.3%和 116.8%，节点破坏模式为低延性破坏。J-90+60+25 组节点的延性系数仅为 2.09，其原因是水平布置的自攻螺钉的拔出为脆性破坏，当水平布置的自攻螺钉拔出时，它们提供的抗拔力分量迅速减小，同时迅速降低了节点的抗弯能力。

3) 应变分析

竖向荷载施加过程中上搭接半梁下部竖向间隙截面顺纹应变变化如图 2-78 所示。可以看到，随着竖向荷载的增加，下部竖向间隙逐渐变大，周围木材几乎没有应变变化。在相同荷载下，J-60 组和 J-60X 组节点梁上部具有较大的顺纹应变，且应变发展迅速并较早达到顺纹极限压应变，因此两组节点的极限抗弯承载力相比其他组节点较低，与试验结果相一致。

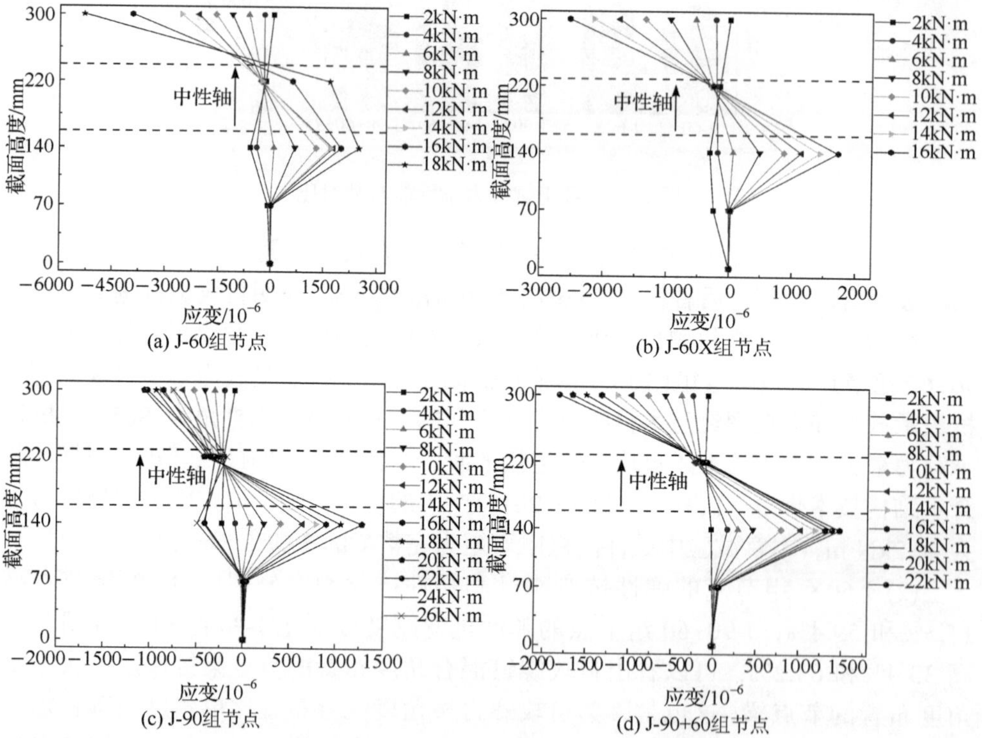

(a) J-60组节点　(b) J-60X组节点

(c) J-90组节点　(d) J-90+60组节点

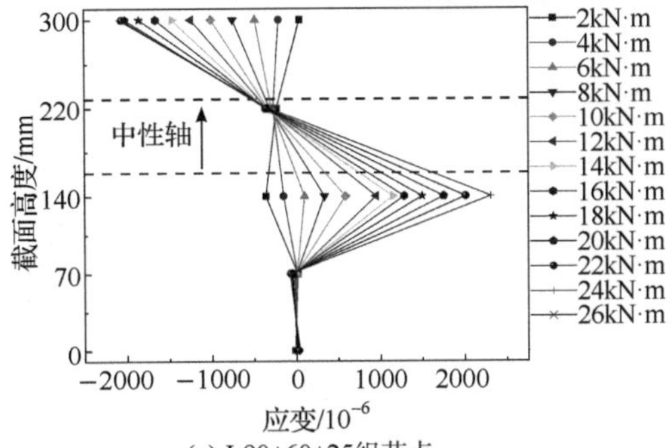

(e) J-90+60+25组节点

图 2-78　上搭接半梁下部竖向间隙截面顺纹应变变化

上、下搭接半梁跨中截面应变分布如图 2-79 所示，可以观察到上搭接半梁在竖向荷载作用下应力较大，其梁底和梁顶应变变化较大。相比较而言，下搭接半梁应力较小，在竖向荷载施加过程中应变缓慢增大，对下搭接木材性能影响较小。对于 J-60 组和 J-60X 组节点，在相同条件下，上搭接半梁梁底和梁顶应变较大，说明这两种自攻螺钉布置形式并不能很好地传递竖向弯矩。此外，J-60X 组节点自攻螺钉在搭接面处锚固面积较小，导致应力较大，从而降低了节点的抗弯承载力。

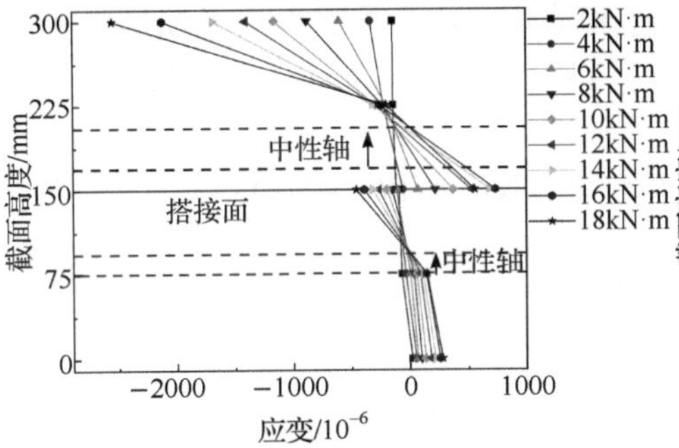

(a) J-60组节点

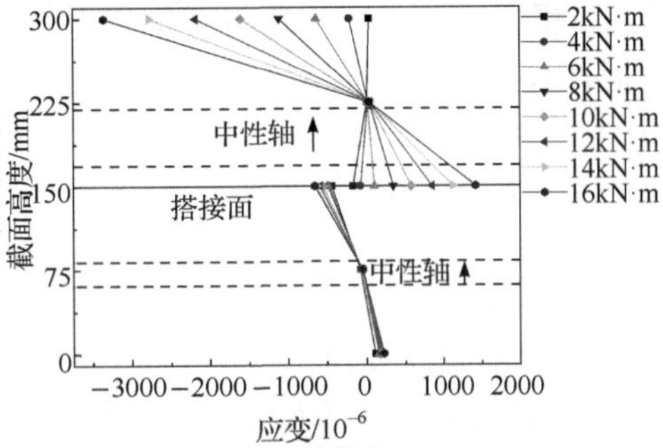

(b) J-60X组节点

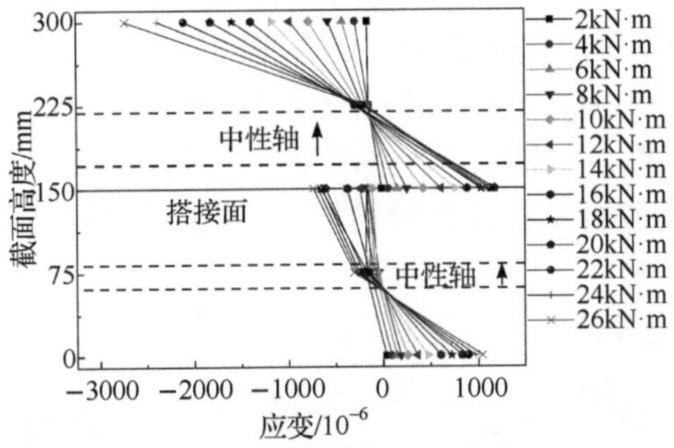

(c) J-90组节点

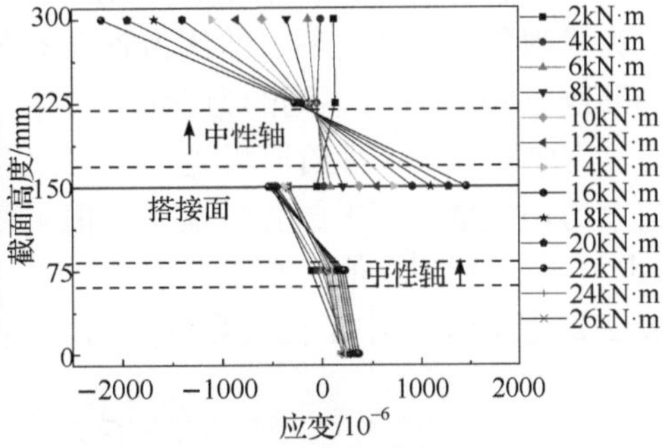

(d) J-90+60组节点

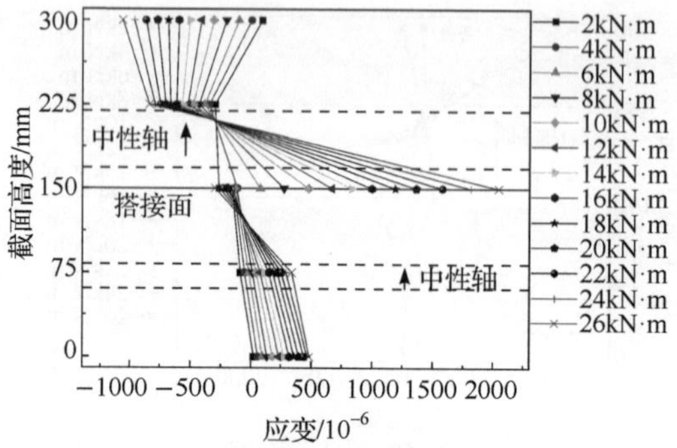

(e) J-90+60+25组节点

图 2-79 上、下搭接半梁跨中截面应变分布

2.3.2 胶合木自攻螺钉拼接节点数值模拟

1. 木材断裂模拟

木材断裂模拟的基本原理同 2.1.2 节。在 ABAQUS 中采用牵引-分离线性黏性行为模型，通过设置损伤稳定系数，利用黏性正则化生成黏滞阻尼，保证切向转动刚度矩阵为正常数。在本章数值模拟研究中，损伤稳定系数取为 10^{-4}，设置初始预制裂纹，以最大主应力准则(MAXPS)作为裂纹起始准则，设置了三个变量输出。相场损伤变量 PHILSM 描述损伤分布和演化，取值通常为 0(无损伤)～1(完全损伤)，用于平衡相场中的能量耗散与材料刚度退化，确保数值的稳定性。STATUSXFEM 表示单元失效状态，0 为未失效，1 为已失效。标量损伤演化变量 SDEG 用于描述材料因损伤导致的刚度退化程度，取值为 0(无损伤)～1(完全失效)。

2. 建模过程

1) 材料属性设置

(1) 胶合木材料本构关系。

参考已有研究，在采用有限元对胶合木结构进行宏观分析时，通常假定胶合木为横观各向同性材料，即认为胶合木在径向(R)和弦向(T)具有相同的力学特性，在顺纹方向(L)具有不同的力学特性。在 ABAQUS 中对胶合木材料属性参数设置时，需要对其线弹性阶段设置 9 个独立参数，分别为 3 个弹性模量、3 个泊松比、3 个剪切模量，其中，弹性模量取值采用胶合木材性试验结果，泊松比根据美国《木材手册》[52]取值，剪切模量按式(2-76)和式(2-77)计算，具体各参数设置如表 2-27 所示，其中 1 代表顺纹方向，2 代表径向，3 代表弦向。

$$G_{\mathrm{TL}} = G_{\mathrm{LT}} = \frac{\sqrt{E_{\mathrm{L}} E_{\mathrm{T}}}}{2\left(1+\sqrt{\nu_{\mathrm{TL}} \nu_{\mathrm{LT}}}\right)} \tag{2-76}$$

$$G_{\mathrm{TR}}=\frac{E_{\mathrm{T}}}{2\left(1+\nu_{\mathrm{TR}}\right)} \tag{2-77}$$

表 2-27　线弹性阶段胶合木材料属性参数设置

弹性模量/MPa			泊松比			剪切模量/MPa		
E_1	E_2	E_3	ν_{12}	ν_{13}	ν_{23}	G_{12}	G_{13}	G_{23}
12434	758	758	0.371	0.371	0.382	1406	1406	274

定义 $\sigma^0=\bar{\sigma}_{11}$，$\bar{\sigma}_{11}$、$\bar{\sigma}_{22}$、$\bar{\sigma}_{33}$、$\bar{\sigma}_{12}$、$\bar{\sigma}_{13}$、$\bar{\sigma}_{23}$ 分别采用花旗松胶合木顺纹和横纹抗压强度及抗剪强度，通过计算得出各向屈服应力比，如表 2-28 所示。

表 2-28　各向屈服应力比

R_{11}	R_{22}	R_{33}	R_{12}	R_{13}	R_{23}
1	0.182	0.182	0.315	0.315	0.093

由于所研究的胶合木拼接节点采用自攻螺钉作为单一连接件，为了真实反映节点受力过程中木材的实际状态，参考现有销钉式连接数值模拟研究[53]，在本章自攻螺钉连接的胶合木拼接节点有限元分析中对螺钉孔周围 2.5d 内的木材力学性能进行折减，以模拟加载过程中自攻螺钉周围木材力学性能的削弱，综合考虑，折减区域木材弹性模量取原来的 1/10。

采用扩展有限元法模拟木材裂纹扩展，除设置损伤稳定系数外，还需在木材属性设置中增加木材断裂能参数。

依据线弹性断裂力学，应力强度因子 K_i 和应变能释放率 G_i 的关系为

$$G_i=\eta_i K_i^2 \quad (i=\mathrm{I},\mathrm{II}) \tag{2-78}$$

式中，η_i 为比例系数。

正交各向异性材料的弹性常数与柔度系数的关系为

$$S=\begin{bmatrix} S_{11} & S_{12} & S_{16} \\ S_{21} & S_{22} & S_{26} \\ S_{61} & S_{62} & S_{66} \end{bmatrix}=\begin{bmatrix} \dfrac{1}{E_{\mathrm{L}}}-\dfrac{\nu_{\mathrm{TL}}^2}{E_{\mathrm{T}}} & -\dfrac{\nu_{\mathrm{RL}}}{E_{\mathrm{R}}}-\dfrac{\nu_{\mathrm{TL}}\nu_{\mathrm{TR}}}{E_{\mathrm{T}}} & 0 \\ -\dfrac{\nu_{\mathrm{LR}}}{E_{\mathrm{L}}}-\dfrac{\nu_{\mathrm{TR}}\nu_{\mathrm{TL}}}{E_{\mathrm{T}}} & \dfrac{1}{E_{\mathrm{R}}}-\dfrac{\nu_{\mathrm{TR}}^2}{E_{\mathrm{T}}} & 0 \\ 0 & 0 & \dfrac{1}{G_{\mathrm{LR}}} \end{bmatrix} \tag{2-79}$$

对于Ⅰ型(张开型)断裂，比例系数 η_{I} 为

$$\eta_{\mathrm{I}}=\sqrt{\frac{S_{11}S_{22}}{2}}\left(\sqrt{\frac{S_{22}}{S_{11}}}+\frac{2S_{12}+S_{66}}{2S_{11}}\right)^{\frac{1}{2}} \tag{2-80}$$

对于Ⅱ型(滑开型)断裂，比例系数 η_{II} 为

$$\eta_{\mathrm{II}}=\frac{S_{11}}{\sqrt{2}}\left(\sqrt{\frac{S_{22}}{S_{11}}}+\frac{2S_{12}+S_{66}}{2S_{11}}\right)^{\frac{1}{2}} \tag{2-81}$$

将试验测得的胶合木弹性常数及美国《木材手册》[52]应力强度因子 $K_{\mathrm{I}}=10.75\mathrm{MPa\cdot mm^{1/2}}$、$K_{\mathrm{II}}=70.52\mathrm{MPa\cdot mm^{1/2}}$ 代入以上公式求得Ⅰ、Ⅱ型临界应变能释放率为 $G_{\mathrm{I}}=0.067\mathrm{N/mm}$、$G_{\mathrm{II}}=0.763\mathrm{N/mm}$。

(2) 自攻螺钉本构关系。

节点模型中使用的钢材构件包括自攻螺钉和垫块，其中垫块采用 Q235 钢材力学性能参数取值。本章有限元模型中自攻螺钉和垫块的本构关系均采用理想弹塑性模型，即不考虑钢材的塑性强化阶段，在钢材屈服前，应力-应变关系呈线性，钢材达到屈服强度后，应力保持不变，应变持续增加，呈理想塑性变形，如图 2-80 所示。

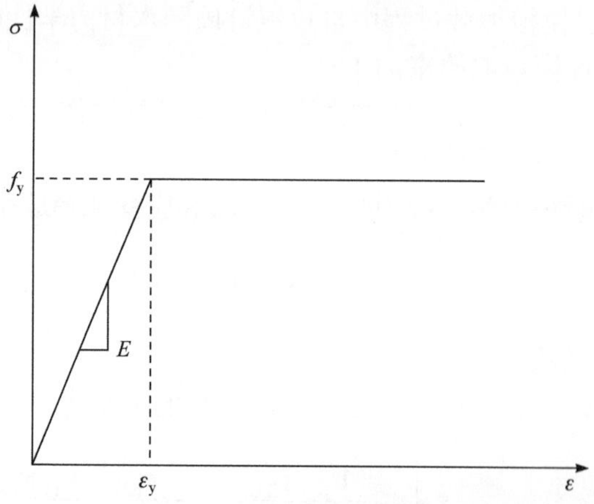

图 2-80　理想弹塑性模型

2) 部件几何建模及网格划分

(1) 部件几何建模。

胶合木拼接梁模型尺寸与试验中试件尺寸一致，对拼接梁两部分进行独立创建，由于自攻螺钉在搭接半梁处的布置形式不同，考虑到方便后续进行网格划分，

对不同布置形式的拼接节点梁部件采用不同的创建方法。对于自攻螺钉全 90°和全 60°布置形式，采用整体直接创建胶合木拼接梁部件，对于自攻螺钉交叉 60°、90°+60°组合布置、90°+60°+25°组合布置形式，采用分片创建胶合木拼接梁部件，全 90°和 90°+60°组合布置形式拼接梁部件如图 2-81 和图 2-82 所示。胶合木拼接梁采用直径为 8mm 的自攻螺钉连接，故对胶合木拼接梁部件进行开孔，开孔直径为 8mm，开孔位置和开孔深度与本章试验中各拼接节点梁设计尺寸保持一致，为方便后续步骤进行网格划分，对每一开孔位置切割截面为 20mm×20mm 的矩形区域，另外对加载点垫块以下区域进行部件切割，以及对梁端区域进行切割，用于后续局部网格加密。

图 2-81　全 90°布置形式拼接梁部件(整体创建)

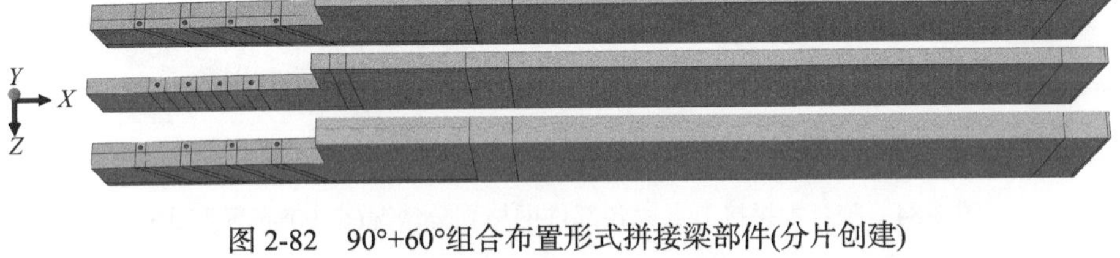

图 2-82　90°+60°组合布置形式拼接梁部件(分片创建)

自攻螺钉部件创建时采取适当的简化，不考虑自攻螺钉螺纹及钉头，对拼接节点梁中采用的两种规格自攻螺钉分别采用 ϕ8mm × 250mm 和 ϕ8mm × 300mm 的圆杆代替，为方便网格划分，对圆杆进行十字对称切割，如图 2-83 所示。对于

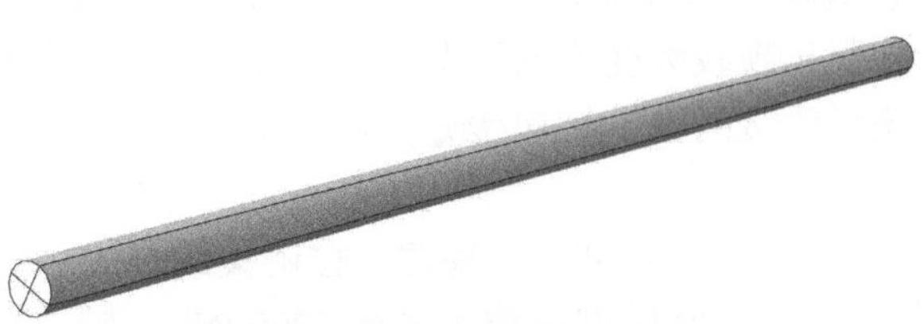

图 2-83　自攻螺钉部件

J-90+60+25 组节点，存在水平斜向布置自攻螺钉，自攻螺钉在搭接处数目更多，布置更为复杂，水平自攻螺钉实体建模将导致模型计算难以收敛，因此对两根水平自攻螺钉采用连接器单元进行简化建模。

(2) 网格划分。

模型部件创建均采用三维可变性实体，ABAQUS 中定义了多种单元类型，综合考虑，胶合木拼接梁、自攻螺钉部件均采用 C3D8R 单元，在胶合木拼接梁模型中对自攻螺钉孔洞周围及加载点、梁端木材划分较细网格，从而克服可能引起的“沙漏”问题，采用扫掠和结构化网格划分技术可优化计算成本并提高求解精度，其中自攻螺钉区域的网格尺寸为 2～5mm，其余区域的网格尺寸为 10～50mm。各部件网格划分情况如图 2-84 所示，以自攻螺钉全 90°布置形式胶合木拼接梁模型为例。

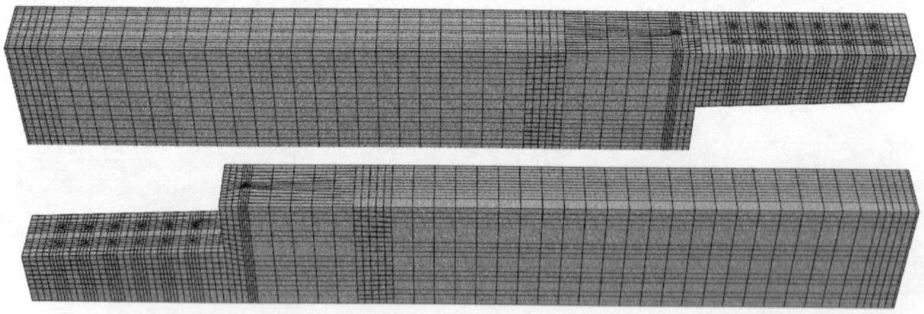

(a) 胶合木拼接梁

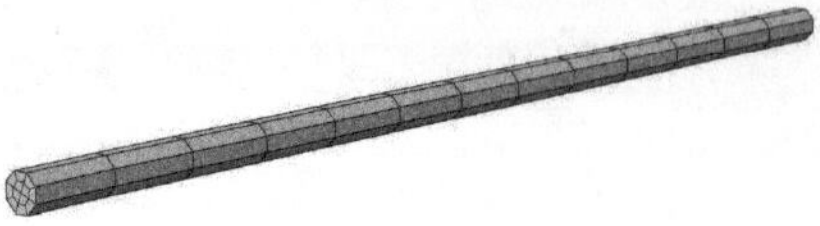

(b) 自攻螺钉

(c) 垫块

图 2-84　胶合木拼接节点梁各部件网格划分情况(全 90°布置形式)

3) 分析步、相互作用、边界条件及荷载设置

考虑到模型中各部件间存在较多的相互作用，为保证模型的收敛性，在模型正式加载前设置额外分析步施加一个较小荷载使模型中各部件间平稳建立接触关系，从而降低模型收敛难度并提高求解效率。拼接节点梁试验中，胶合木构件产生较大转角，部分木材出现较大变形的情况，因此在分析步设置中打开几何非线性开关，同时考虑模型收敛问题，从初始分析步开始均打开几何非线性开关。具体分析步设置如下：

(1) 施加轴向荷载 10N，使各部件平稳建立接触关系。

(2) 正式施加轴向荷载，将轴向荷载增加至 50000N。

(3) 激活垫块与木梁接触关系，设置梁端底部边界条件，施加竖向荷载。

其中，在第(3)个分析步中才激活垫块与木梁的接触关系以及梁端底部边界条件，有利于减少模型中复杂接触问题的计算时间。

对创建的各部件按试验中实际的位置关系进行装配，并在相互作用中定义接触属性。对于各部件间相互作用关系的设置，主要出于以下几方面考虑：

(1) 拼接节点梁试验过程中，自攻螺钉群和木材在整个受力过程中始终保持紧密接触，未发生明显的相对滑动，竖向布置的自攻螺钉均未发生明显变形，因此对自攻螺钉和木材之间的相互作用采用绑定约束(Tie)，从而减少接触设置，增加模型的收敛性。

(2) 对于垫块与木材、搭接处木材与木材之间相互作用采用接触对模拟，接触对由主面和从面构成，模型中选择刚度大、网格划分粗的面为主面，定义接触时采用面对面离散，可防止发生主面与从面的穿透现象，并提高分析的精确性与准确性。其中接触算法采用有限滑移，即允许接触面间出现任意相对滑动或转动。接触定义中分别设置法向接触属性和切向接触属性，法向作用采用“硬接触”，切向作用中设置摩擦系数，具体参数设置如表 2-29 所示。

表 2-29　部件相互作用设置

相互作用位置	相互作用类型	主面	从面	摩擦系数	法向作用
自攻螺钉-木孔	绑定约束	自攻螺钉	木孔壁	—	—
木材-木材	摩擦接触	木材	木材	0.4	硬接触
垫块-木材	摩擦接触	垫块	木材	0.3	

模型边界条件设置如图 2-85 所示，图示以 J-G-90 模型为例。在梁端及梁端底部创建参考点并耦合梁端断面及梁端底部支撑面，实现梁端及其底部位置边界

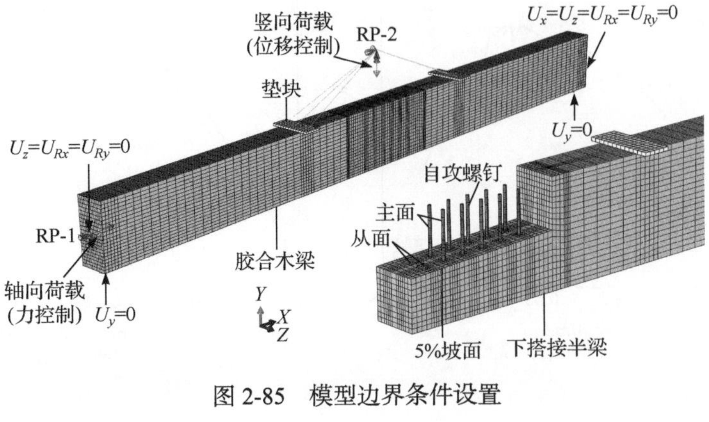

图 2-85　模型边界条件设置

条件设置和荷载施加。同时在拼接梁跨中位置上方创建参考点并和垫块表面进行耦合，在参考点添加竖向位移实现两点同时加载。

3. 分析结果

试验与数值模拟的弯矩-转角曲线对比如图 2-86 所示。总体而言，在竖向加载初期，数值模拟结果与试验结果较为吻合，初始抗弯刚度接近。试验中，在试件达到极限弯矩前，由于木材的局部脆性开裂和仪器测量精度的影响，承载力出现波动和突变，数值模拟的弯矩-转角曲线较为平滑，但整体趋势与试验结果一致，极限弯矩相近。各组节点梁力学性能参数数值模拟结果与试验结果对比如表 2-30 所示。各组节点极限弯矩相对误差分别为 9.1%、9.0%、0.9%、10.4%和 13.2%，弹性抗弯刚度相对误差为 1.8%～11.9%，塑性抗弯刚度相对误差为 4.7%～18.4%，数值模拟结果与试验结果接近。

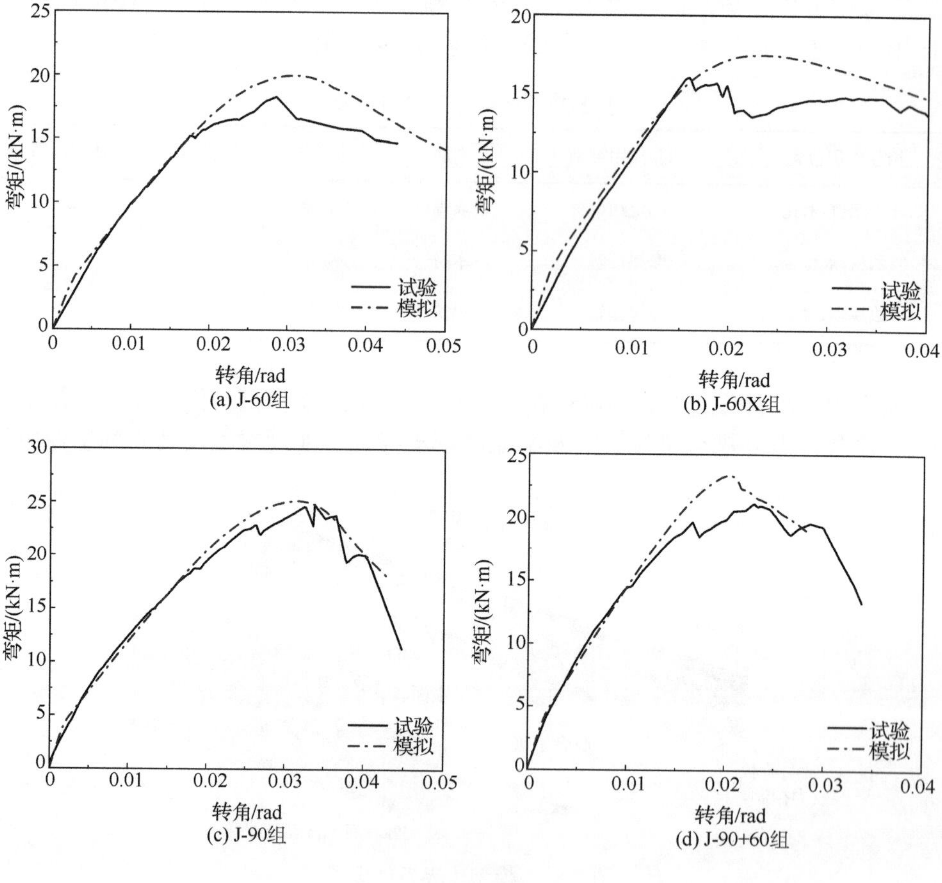

(a) J-60组　(b) J-60X组

(c) J-90组　(d) J-90+60组

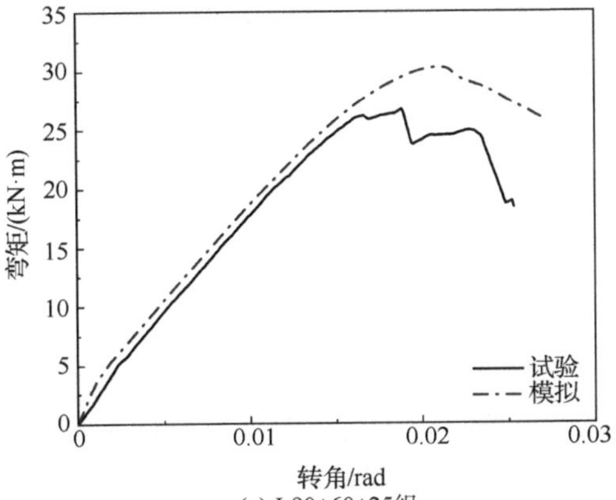

(e) J-90+60+25组

图 2-86　试验与数值模拟的弯矩-转角曲线对比

表 2-30　各组节点梁力学性能参数数值模拟结果与试验结果对比

节点编号		屈服弯矩 M_y /(kN·m)	极限弯矩 M_u /(kN·m)	弹性抗弯刚度 k_e /(kN·m/rad)	塑性抗弯刚度 k_p /(kN·m/rad)
J-60	试验	11.45	18.33	1000	599
	模拟	9.97	20.00	939	681
J-60X	试验	7.13	16.03	1175	955
	模拟	8.52	17.47	1220	818
J-90	试验	12.56	24.85	1223	715
	模拟	13.11	25.08	1077	815
J-90+60	试验	11.07	21.14	1632	946
	模拟	11.43	23.34	1437	1120
J-90+60+25	试验	20.21	26.72	1825	1532
	模拟	15.99	30.26	1793	1460

由于不同自攻螺钉布置形式的拼接节点梁初始裂缝均出现在上搭接半梁肩角处，本节以 J-90 组节点为例，给出了典型的节点应力分布和局部开裂情况，如图 2-87 所示。结合 J-90 组节点的试验现象及应变分布情况，数值模拟结果与试验结果相互吻合，应力云图显示出上搭接半梁梁底和梁顶应力较为集中，肩角处裂缝开展，下搭接半梁和竖向处木材应力较小。

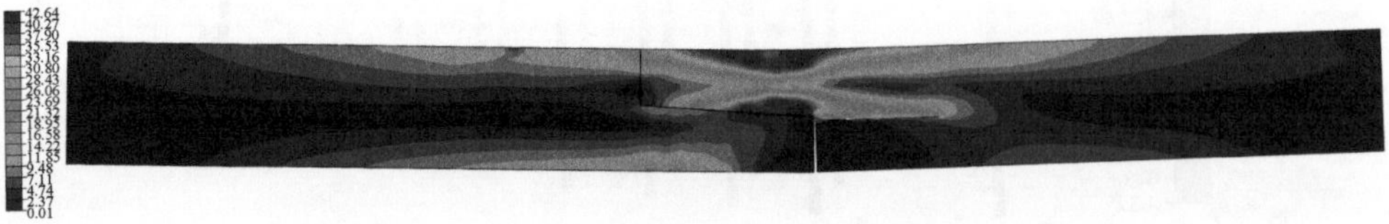

图 2-87　J-90 组节点应力云图与裂缝开展(单位：MPa)

不同布置形式的搭接区域自攻螺钉群应力云图如图 2-88 所示。在不同布置形式下，自攻螺钉群最大应力不同，但其位置是一致的，都出现在靠近上搭接半梁肩角附近的自攻螺钉处。对于单个自攻螺钉，最大应力出现在搭接面，这表明拼接节点通过自攻螺钉传递拉应力和剪应力。

4. 参数化分析

1) 轴向荷载的影响

(1) 模型概况。

试验中对自攻螺钉连接的胶合木拼接节点梁轴向荷载下的抗弯性能进行了研

(a) J-60组节点

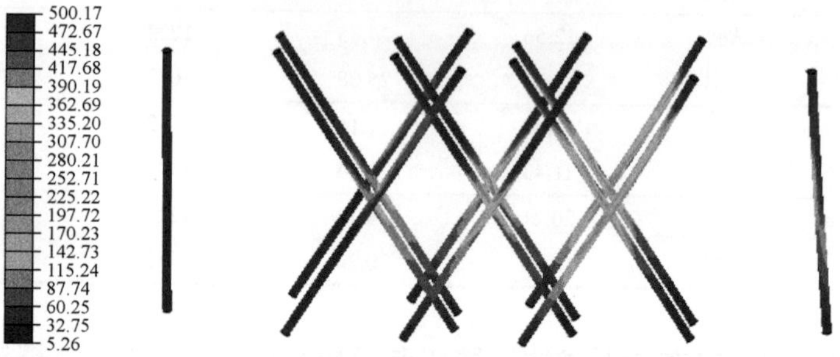

(b) J-60X组节点

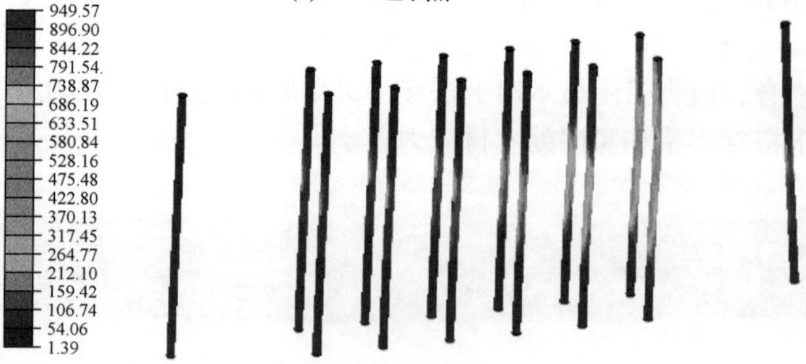

(c) J-90组节点

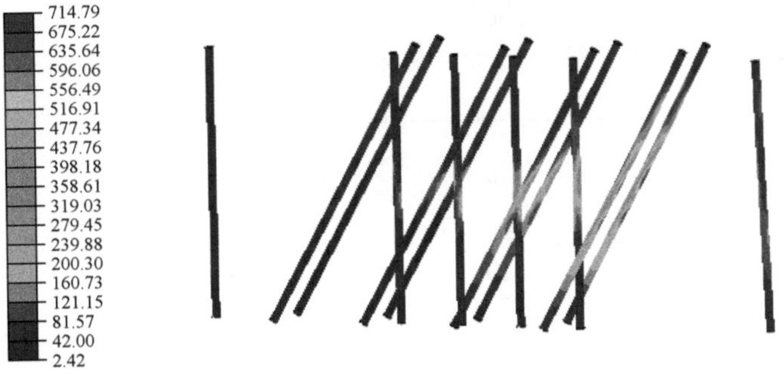

(d) J-90+60组节点

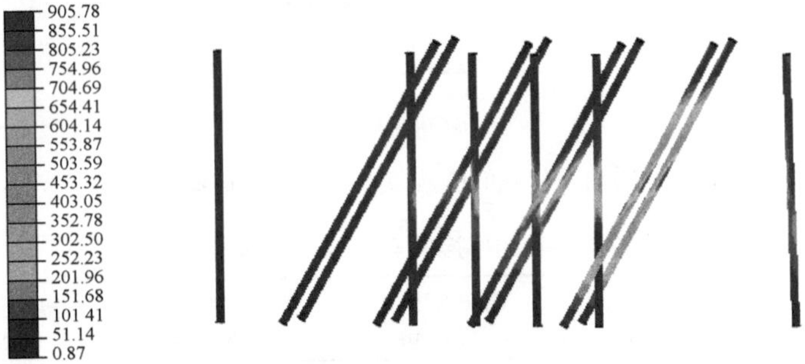

(e) J-90+60+25组节点

图 2-88　自攻螺钉群应力云图(单位：MPa)

究，对各拼接节点梁试件统一设置了 50kN 的初始轴向荷载，并在弯矩作用时限制其轴向位移。为进一步研究轴向荷载和端部约束对自攻螺钉连接的胶合木拼接节点梁抗弯性能的影响，以试验中自攻螺钉按全 90°布置形式的拼接节点梁试件为基础模型，考虑轴向荷载 0kN、50kN、100kN、200kN、300kN，其中轴向荷载为 0kN 时考虑简支支撑和轴向限位两种情况，共计 6 组工况。

(2) 结果分析。

不同轴向荷载的拼接节点梁模型弯矩-转角曲线如图 2-89 所示，相关力学性能参数如表 2-31 所示。可以看出，在轴向荷载为 0kN 时，简支支撑和轴向限位对自攻螺钉连接的胶合木拼接节点梁抗弯性能具有较为明显的影响，相比简支支撑，轴向限位对拼接节点梁的弹性抗弯刚度和极限弯矩分别提高了 27.2%和 10.3%。当轴向荷载从 50kN 增加至 300kN 时，从弯矩-转角曲线可以看出，随着轴向荷载增加，拼接节点梁弯矩初始较快增长阶段变形过程增大，此过程应为竖向荷载抵抗二阶效应产生的附加弯矩，随后曲线变得更加平缓，当达到极限弯矩后，轴向荷载越大，节点弯矩下降越快，相比 50kN 的轴向荷载，100kN、200kN 和 300kN 轴向荷载下拼接节点梁弹性抗弯刚度分别提高了 52.3%、

132.8%和 121.0%，极限弯矩分别提高了 3.1%、7.0%和 8.9%，因此，增加轴向荷载对拼接节点梁抗弯刚度影响较大，对极限弯矩影响相对较小。

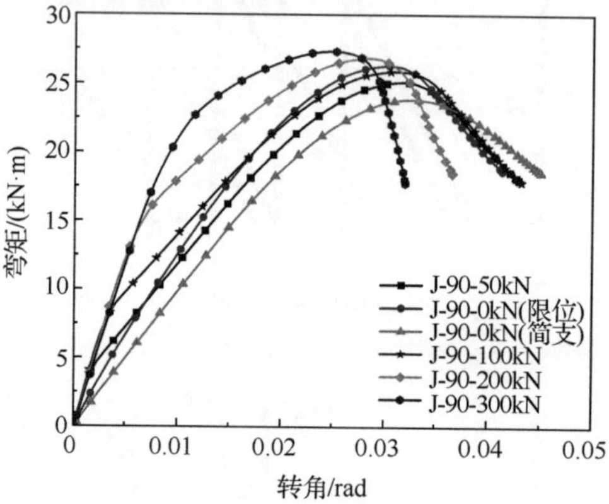

图 2-89　不同轴向荷载的拼接节点梁模型弯矩-转角曲线

表 2-31　不同轴向荷载的拼接节点梁模型力学性能参数对比

模型编号	屈服弯矩 M_y /(kN·m)	极限弯矩 M_u /(kN·m)	弹性抗弯刚度 k_e /(kN·m/rad)	塑性抗弯刚度 k_p /(kN·m/rad)
J-90-0kN(限位)	14.37	26.27	1252	940
J-90-0kN(简支)	14.43	23.82	984	815
J-90-50kN	13.11	25.09	1081	815
J-90-100kN	11.53	25.87	1646	781
J-90-200kN	14.57	26.84	2517	885
J-90-300kN	17.66	27.32	2389	1346

2) 搭接长度的影响

(1) 模型概况。

搭接长度是拼接节点中的重要参数之一，为了在搭接区域内布置更多的自攻螺钉保证节点的有效连接，本章试验中各组节点梁试件的搭接区域长度为 450mm，对于自攻螺钉全部按 90°布置的试件，搭接区域内可以布置两排共 12 根自攻螺钉，结合试验和数值模拟发现自攻螺钉并未产生较为明显的塑性变形，远离下部竖向间隙的自攻螺钉应力较小。因此，考虑减小搭接长度，在不改变自攻螺钉布置形式的情况下减少自攻螺钉数量。分别创建搭接长度为 450mm、390mm、330mm、270mm 和 210mm 的拼接节点梁模型，对应自攻螺钉数量分别为 12 根、10 根、8 根、6 根和 4 根，如图 2-90 所示。

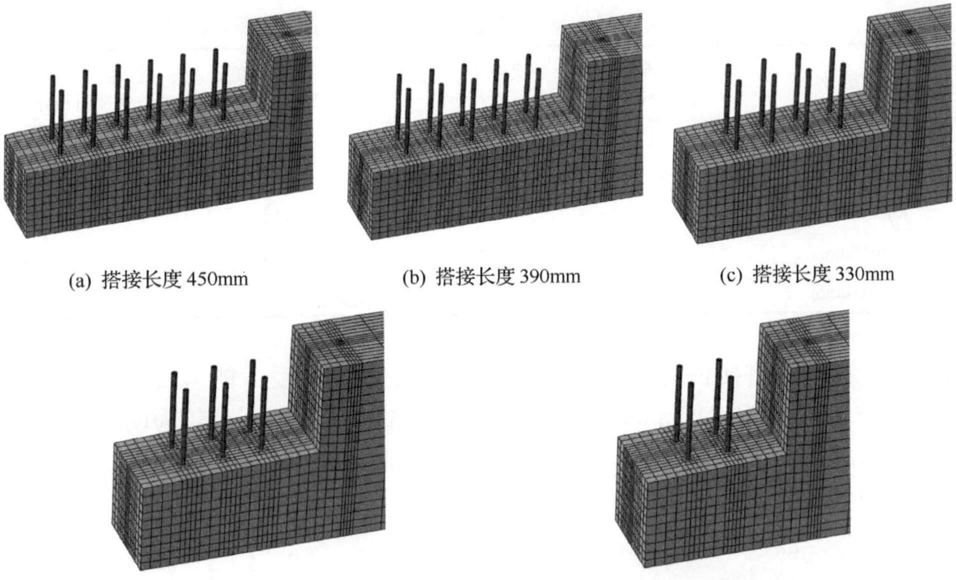

(a) 搭接长度 450mm　(b) 搭接长度 390mm　(c) 搭接长度 330mm

(d) 搭接长度 270mm　(e) 搭接长度 210mm

图 2-90　不同搭接长度有限元模型

(2) 结果分析。

不同搭接长度的拼接节点梁模型弯矩-转角曲线如图 2-91 所示，相关力学性能参数对比如表 2-32 所示。可以看出，随着搭接长度的减小，拼接节点梁的极限弯矩整体上呈现减小的趋势，当搭接长度从 450mm 减小至 330mm 时，极限弯矩仅下降 3.3%，弹性抗弯刚度提高了 27.5%，通过对比各模型木材及自攻螺钉应力分布(图 2-92)可以发现，当搭接长度为 330mm 时，应力在上搭接半梁沿长度方向分布更加均匀，且在 4 排自攻螺钉间有效传递，并未造成自攻螺钉发生明显塑

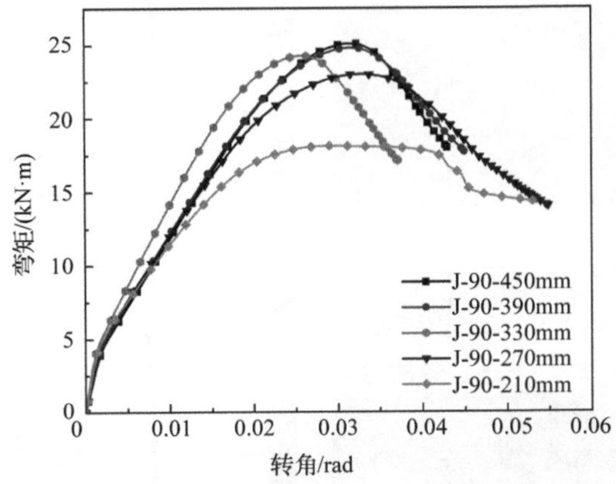

图 2-91　不同搭接长度的拼接节点梁模型弯矩-转角曲线

表 2-32　不同搭接长度的拼接节点梁模型力学性能参数对比

模型编号	屈服弯矩 M_y /(kN·m)	极限弯矩 M_u /(kN·m)	弹性抗弯刚度 k_e /(kN·m/rad)	塑性抗弯刚度 k_p /(kN·m/rad)
J-90-450mm	13.11	25.09	1081	815
J-90-390mm	12.89	24.81	1107	806
J-90-330mm	12.41	24.25	1378	962
J-90-270mm	11.57	23.02	1154	735
J-90-210mm	8.53	18.12	1372	664

性变形，说明该搭接长度下，自攻螺钉和木材之间协同受力能力较好。当搭接长度减小至 270mm 和 210mm 时，拼接节点梁模型极限弯矩下降较为明显，分别下降了 8.3%和 27.8%，由于自攻螺钉数量减少，拼接节点梁抗弯能力下降，自攻螺钉产生较为明显的变形。

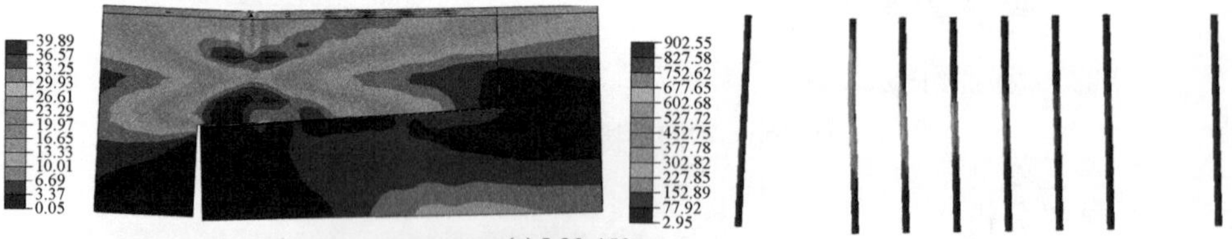

(a) J-90-450mm

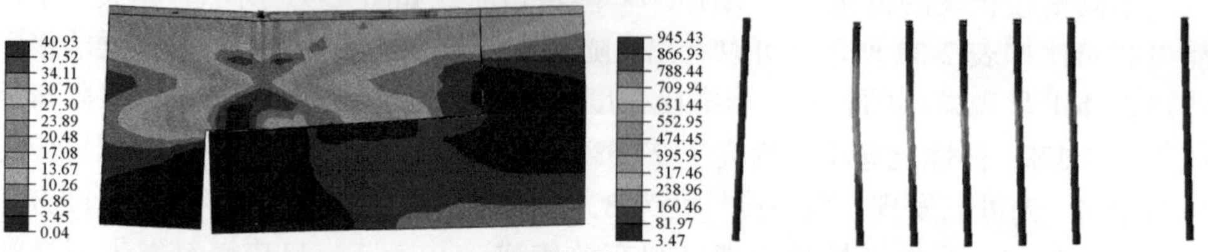

(b) J-90-390mm

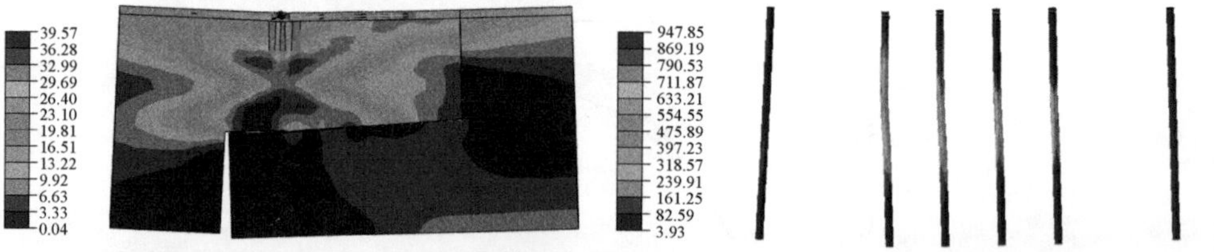

(c) J-90-330mm

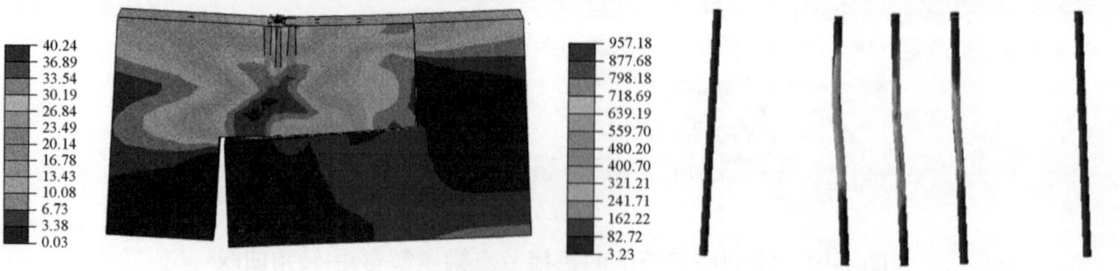

(d) J-90-270mm

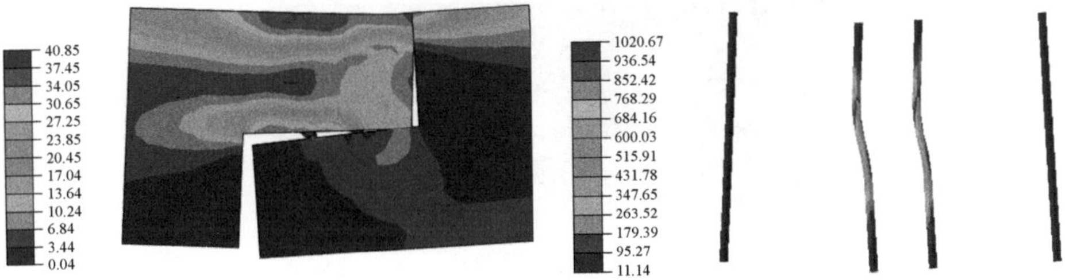

(e) J-90-210mm

图 2-92　各模型木材与自攻螺钉应力云图(单位：MPa)

3) 搭接面坡度的影响

(1) 模型概况。

通过拼接节点梁试验可以观察到，随着竖向弯矩的施加，在上搭接半梁肩角处或靠近肩角处半梁底部易产生裂缝并进一步扩展，由于搭接半梁有效截面面积的限制，拼接节点梁随着裂缝向上的进一步扩展达到极限弯矩，肩角区域附近搭接半梁有效截面面积受搭接面坡度设置影响，增大搭接面坡度，可增大该区域木材有效截面面积。为进一步探究搭接面坡度对拼接节点梁抗弯性能的影响，以自攻螺钉全 90°布置形式模型为基础，分别建立搭接面坡度为 0%、5%、10%、20%、30%、40%和 50%的拼接节点梁模型，如图 2-93 所示。

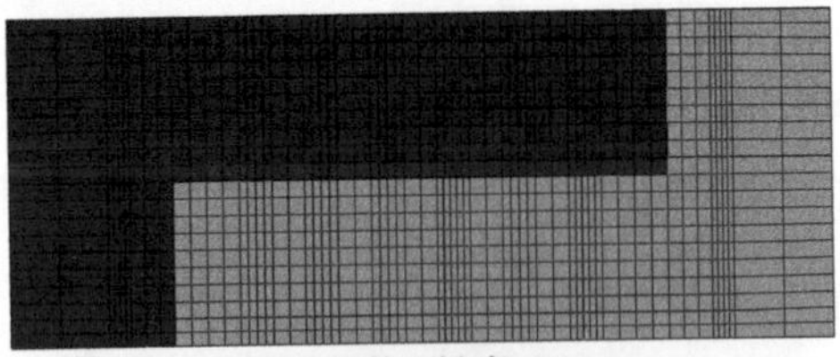

(a) 搭接面坡度 0%

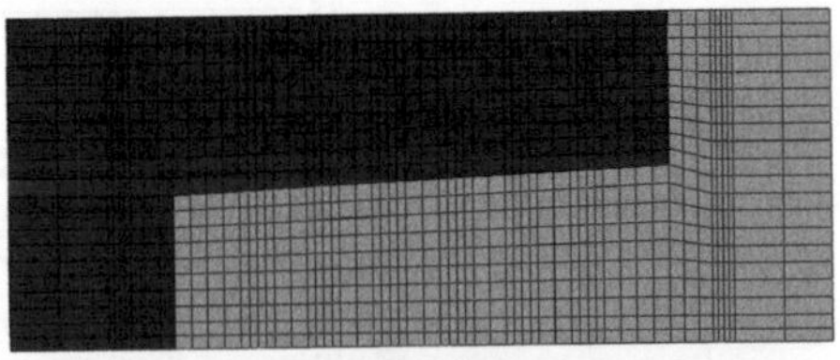

(b) 搭接面坡度 5%

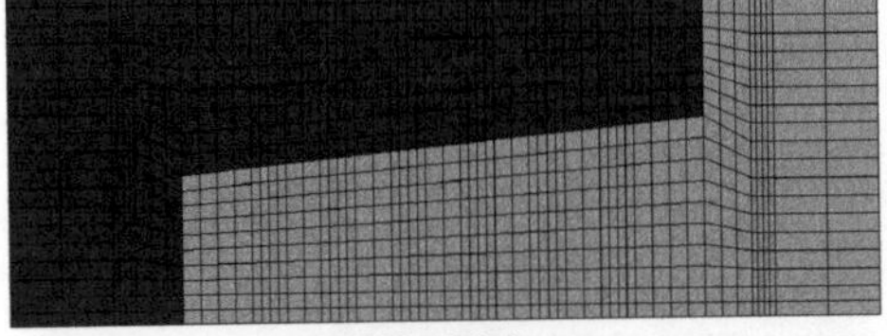

(c) 搭接面坡度 10%

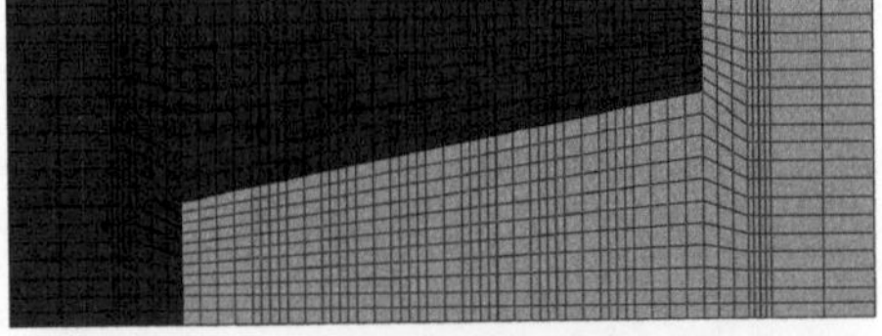

(d) 搭接面坡度 20%

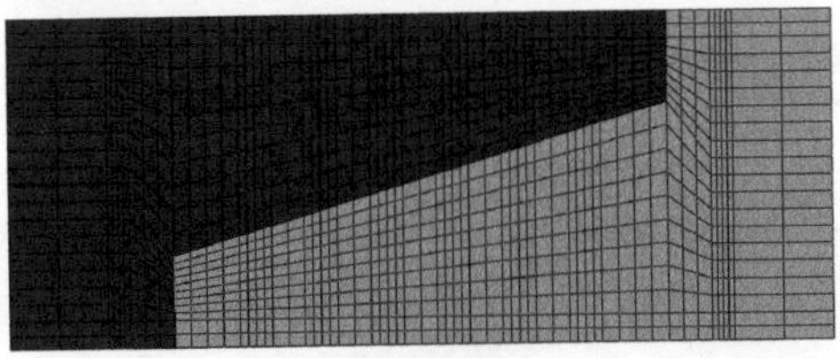

(e) 搭接面坡度 30%

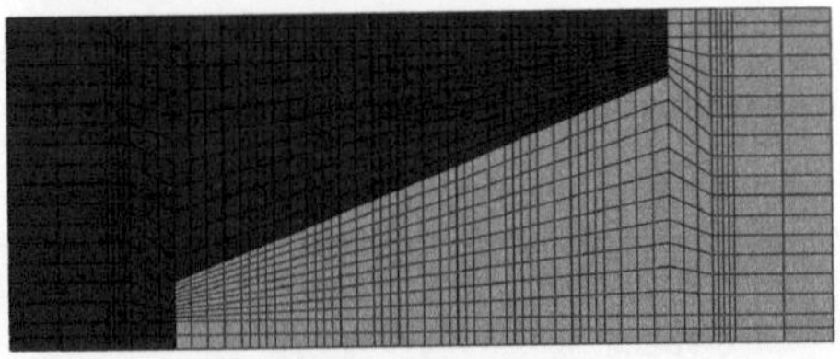

(f) 搭接面坡度 40%

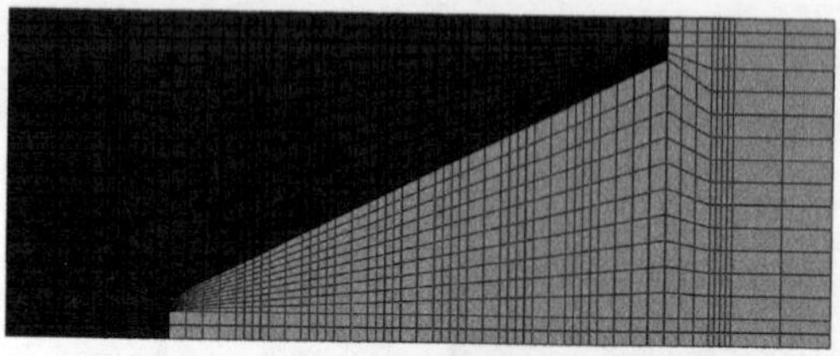

(g) 搭接面坡度 50%

图 2-93　不同搭接面坡度有限元模型

(2) 结果分析。

不同搭接面坡度的拼接节点梁模型弯矩-转角曲线如图 2-94 所示，相关力学性能参数对比如表 2-33 所示。可以看出，随着搭接面坡度的增大，拼接节点梁抗弯刚度增大，与试验中采用 5%的搭接面坡度相比，搭接面坡度增加至 50%时，弹性抗弯刚度提高了 45.5%。当搭接面坡度小于 30%时，拼接节点梁极限弯矩随着搭接面坡度的增大而增大，当搭接面坡度大于 30%后，极限弯矩随着搭接面坡度的增大而减小，这是由于当搭接面坡度进一步增大时，靠近下部肩角处自攻螺钉对下部半梁锚固长度减小，使得该处自攻螺钉连接较早失效，导致极限弯矩减小。相比试验中采用 5%的搭接面坡度，设置 30%搭接面坡度模型的极限弯矩提高了 23.2%。

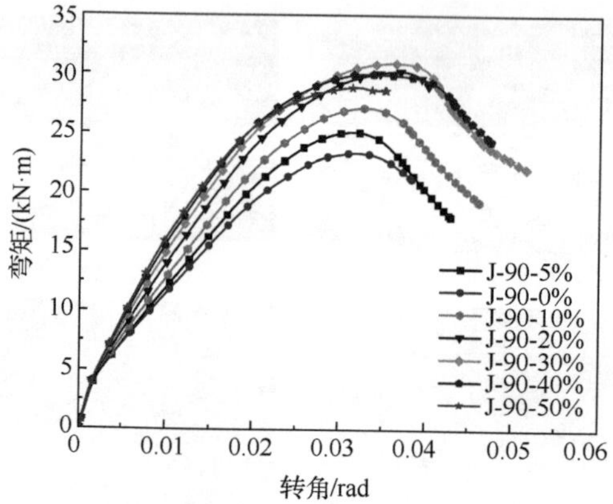

图 2-94　不同搭接面坡度的拼接节点梁模型弯矩-转角曲线

表 2-33　不同搭接面坡度的拼接节点梁模型力学性能参数对比

模型编号	屈服弯矩 M_y /(kN·m)	极限弯矩 M_u /(kN·m)	弹性抗弯刚度 k_e /(kN·m/rad)	塑性抗弯刚度 k_p /(kN·m/rad)
J-90-0%	11.85	23.32	1047	748
J-90-5%	13.11	25.09	1081	815

续表

模型编号	屈服弯矩 M_y /(kN·m)	极限弯矩 M_u /(kN·m)	弹性抗弯刚度 k_e /(kN·m/rad)	塑性抗弯刚度 k_p /(kN·m/rad)
J-90-10%	14.79	27.13	1134	859
J-90-20%	17.39	30.21	1237	897
J-90-30%	17.60	30.91	1360	935
J-90-40%	16.54	29.97	1475	990
J-90-50%	15.65	28.85	1573	1019

2.3.3　胶合木自攻螺钉拼接节点计算模型与设计方法

以 J-60 试件为例，建立自攻螺钉连接的胶合木拼接节点梁理论计算模型，上搭接梁整体及上搭接半梁分离体受力示意图如图 2-95 所示。图中，F_R 表示支座反力；F 表示竖向荷载；L_s 表示 F_R 和 F 之间的距离；F_N 表示轴力；h_N 表示节点梁的截面高度；V_w 表示上部竖向间隙底部摩擦力；h_w 表示上搭接半梁左端截面高度；h_e 表示上搭接半梁右端截面高度；L_j 表示搭接区域长度；F_{ax}^i 表示第 i 个自攻螺钉轴向荷载；F_v^i 表示第 i 个自攻螺钉切向荷载；h_i 表示第 i 个自攻螺钉所处搭接面位置到梁顶面的竖向距离；l_i 表示第 i 个自攻螺钉所处搭接面位置到上部竖向间隙的水平距离；f_N 表示轴力在梁截面所产生的压应力，假定其在梁截面上均匀分布；M 表示截面弯矩；为了简化模型，假定上部竖向间隙处接触面的压应力沿截面高度线性分布，最大应力为 f_w；F_w 表示压应力的合力。

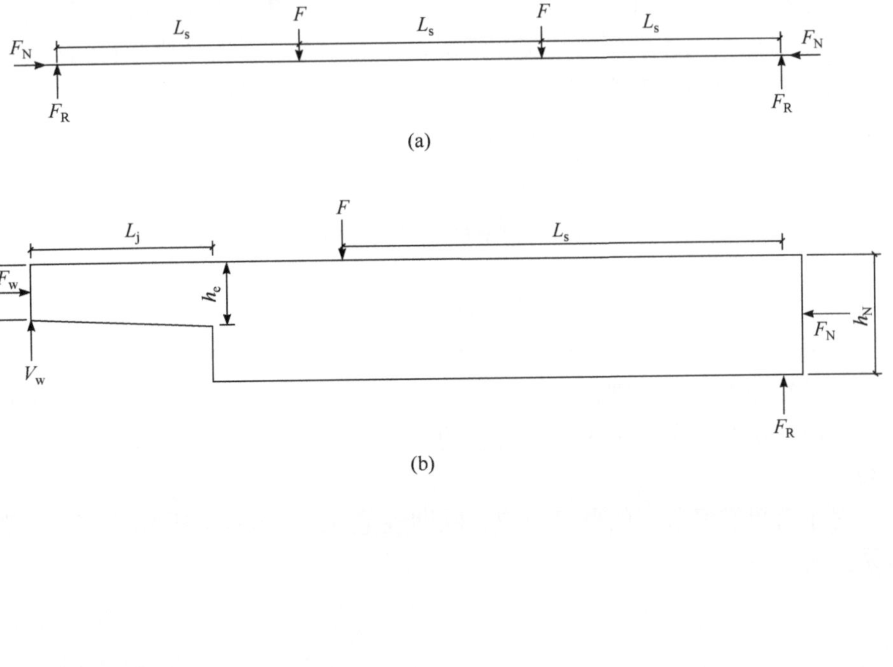

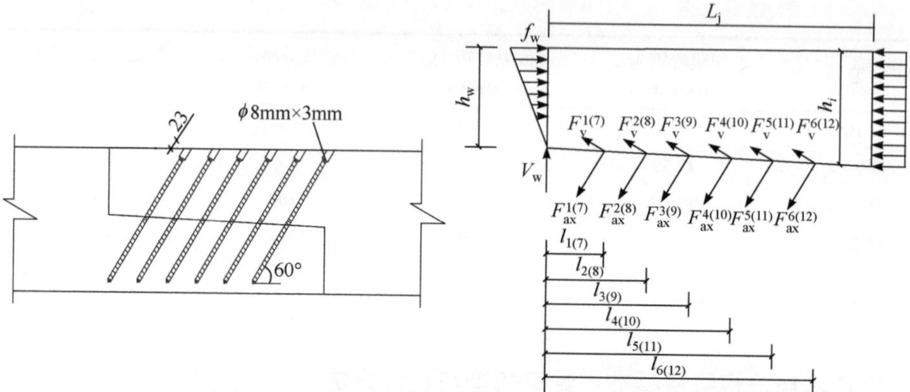

(c)　　(d)

图 2-95　上搭接梁整体及上搭接半梁分离体受力示意图

对于自攻螺钉连接的胶合木拼接节点，试件同时承受轴力和弯矩作用，在自攻螺钉群的连接作用下，拼接区域荷载并不沿试件中点对称均匀分布。结合节点的有限元分析结果，靠近下部竖向间隙的最外侧 2 根自攻螺钉受力最大，最内侧自攻螺钉受力较小。虽然在试验后取出自攻螺钉并未观察到明显的塑性变形，但在节点破坏时可以观察到上搭接半梁木材受弯破坏常发生在靠近最外侧自攻螺钉处，该处自攻螺钉在木材受弯破坏过程中承受较大的木材挤压作用。因此，在理论计算模型中，自攻螺钉连接胶合木上下搭接半梁时同时承受轴向力和切向力作用。

基于以上分析，假定在节点达到极限弯矩时，距离旋转中心最远的自攻螺钉同时达到轴向和切向极限承载力，为了简化模型，假定荷载在自攻螺钉群内沿拼接长度呈线性分布，自攻螺钉群轴向力和切向力计算公式如式(2-82)和式(2-83)所示。为了修正简化计算模型与实际情况之间的差异，提出自攻螺钉荷载分配调整系数γ_1和抗剪强度折减系数γ_2，其取值依据试验结果拟合得出。

$$F_{ax}^i = \frac{l_i - l_1}{l_6 - l_1} F_{ax}^6, \quad F_v^i = \frac{l_i - l_1}{l_6 - l_1} F_v^6 \tag{2-82}$$

$$F_{ax}^6 = F_{ax}^{12} = \gamma_1 F_{ax,Rk}, \quad F_v^6 = F_v^{12} = \gamma_1 \gamma_2 F_{v,Rk} \tag{2-83}$$

$$\gamma_1 = \frac{1}{2\cos^2\alpha + \sin^2\alpha} \tag{2-84}$$

$$\gamma_2 = 0.5 \tag{2-85}$$

该计算模型对自攻螺钉按其他形式布置的试件同样适用，对于 J-90+60+25 组节点，根据试验现象，水平斜向布置的 2 根自攻螺钉同样达到其轴向和切向极限承载力。

对于自攻螺钉节点的群钉效应，欧洲规范 EN 1995-1-1[42]给出了节点强度折减系数γ_{nf}，即

$$\gamma_{\mathrm{nf}}=\frac{n_{\mathrm{ef}}}{n}=\frac{n^{0.9}}{n}=n^{-0.1} \tag{2-86}$$

基于以上受力分析，可得到以下方程：

$$F=F_{\mathrm{R}} \tag{2-87}$$

$$F_{\mathrm{sx}}^{i}=F_{\mathrm{ax}}^{i}\cos\alpha+F_{\mathrm{v}}^{i}\sin\alpha \tag{2-88}$$

$$F_{\mathrm{sy}}^{i}=F_{\mathrm{ax}}^{i}\sin\alpha-F_{\mathrm{v}}^{i}\cos\alpha \tag{2-89}$$

$$\sum_{i=1}^{12}F_{\mathrm{sy}}^{i}+F=V_{\mathrm{w}}+F_{\mathrm{R}} \tag{2-90}$$

$$F_{\mathrm{N}}+\sum_{i=1}^{12}F_{\mathrm{sx}}^{i}=F_{\mathrm{w}} \tag{2-91}$$

$$F_{\mathrm{N}}=f_{\mathrm{N}}bh_{\mathrm{e}} \tag{2-92}$$

$$F_{\mathrm{w}}=\frac{f_{\mathrm{w}}bh_{\mathrm{w}}}{2} \tag{2-93}$$

$$M=\gamma_{\mathrm{nf}}\sum_{i=1}^{12}(F_{\mathrm{sy}}^{i}l_i+F_{\mathrm{sx}}^{i}h_i)+\frac{f_{\mathrm{N}}bh_{\mathrm{e}}^2}{2}-\frac{f_{\mathrm{w}}bh_{\mathrm{w}}^2}{6} \tag{2-94}$$

式中，F_{sx}^{i} 为自攻螺钉所受荷载的水平分量；F_{sy}^{i} 为自攻螺钉所受荷载的竖向分量；b 为试件截面宽度。

整理可得自攻螺钉连接的胶合木拼接节点极限弯矩计算公式为

$$M=n^{-0.1}\sum_{i=1}^{n}(F_{\mathrm{sy}}^{i}l_i+F_{\mathrm{sx}}^{i}h_i)+\frac{F_{\mathrm{N}}h_{\mathrm{e}}}{2}-\frac{\left(F_{\mathrm{N}}+\sum_{i=1}^{n}F_{\mathrm{sx}}^{i}\right)h_{\mathrm{w}}}{3} \tag{2-95}$$

各组试件极限弯矩理论计算结果与试验结果对比如表 2-34 所示。可以看出，二者的相对误差较小，其中 J-60 组节点相对误差最大，但仍在 10%以内。计算结果表明，本节提出的理论计算模型可以对自攻螺钉连接的胶合木拼接节点极限弯矩进行较为准确的预测。

表 2-34 各组试件极限弯矩理论计算结果与试验结果对比

试件编号	试验结果/(kN·m)	理论计算结果/(kN·m)	相对误差/%
J-60	18.33	19.75	7.7
J-60X	16.03	17.22	7.4
J-90	24.85	25.52	2.7
J-90+60	21.14	21.00	−0.7
J-90+60+25	26.72	27.94	4.6

2.4 预应力钢带-胶合木自攻螺钉拼接节点

2.4.1 预应力钢带-胶合木自攻螺钉拼接节点力学性能试验

1. 试验概况

本节试验研究对象为预应力钢带-自攻螺钉连接的胶合木拼接节点梁，与自攻螺钉连接的胶合木拼接节点梁的整体尺寸相同，主要区别在于在搭接区域进行了钢带打包，因此本节试验装置、测点布置和加载制度与前面相同，不再赘述。

1) 试验材料

预应力钢带-自攻螺钉连接的胶合木拼接节点梁试件采用的材料主要包括胶合木、自攻螺钉和钢带，试件加工采用同一批次材料。钢带采用上海宝钢生产的发蓝碳钢打包带，尺寸为 32mm×1mm(宽×厚)，其力学性能参数如表 2-19 所示。

2) 试件设计

每个试件主要包括两个具有半搭接接头的胶合木梁、自攻螺钉和钢带，如图 2-96 所示。首先，将拼接梁采用自攻螺钉进行连接，如图 2-97(a)所示。然后，在钢带所在位置处采用修边机对构件边角进行倒角处理，如图 2-97(b)所示，并采用锉刀工具打磨使其尽可能圆滑，这样可以减小钢带拉紧时的预应力损失，并使钢带与构件表面紧密贴合，同时，还可以减小钢带与构件直角边缘可能产生的应力集中，也可以避免钢带的过度弯曲。在正式捆绑钢带前，先将贴有应变片的钢带通过锁扣缠绕在胶合木构件表面，并将应变片与应变采集系统相连，如图 2-97(c)所示。最后，使用拉紧器将钢带收紧并达到预应力设定值(本节试件中钢带预拉应变平均值为 0.0017，变异系数为 6.31%)，并使用夹紧器将锁扣锁止夹紧，如图 2-97(d)所示。对其他位置钢带重复上述步骤。

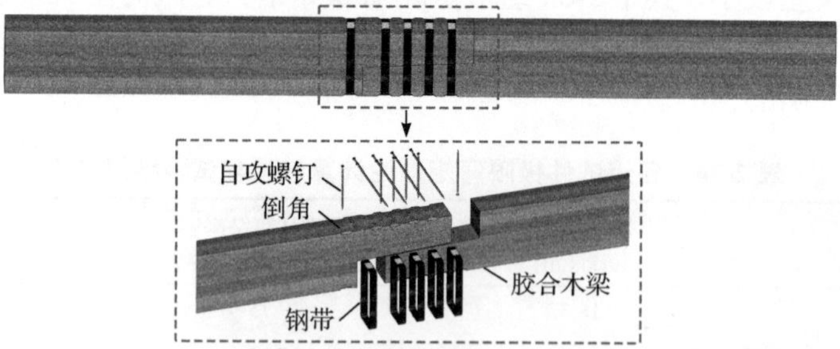

图 2-96 预应力钢带-自攻螺钉连接的胶合木拼接节点示意图

(a) 自攻螺钉钻入

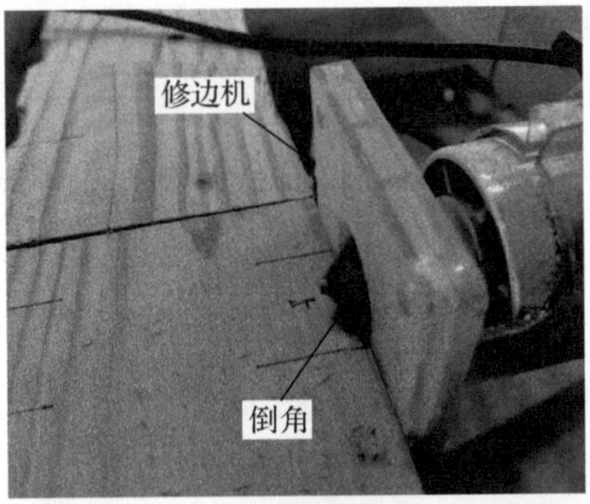

(b) 倒角处理

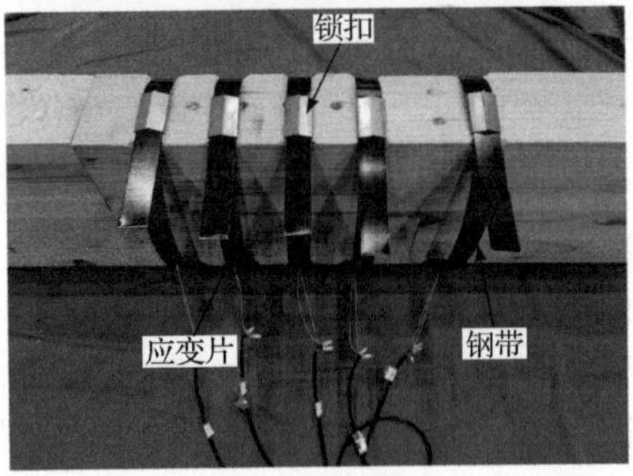

(c) 钢带捆绑

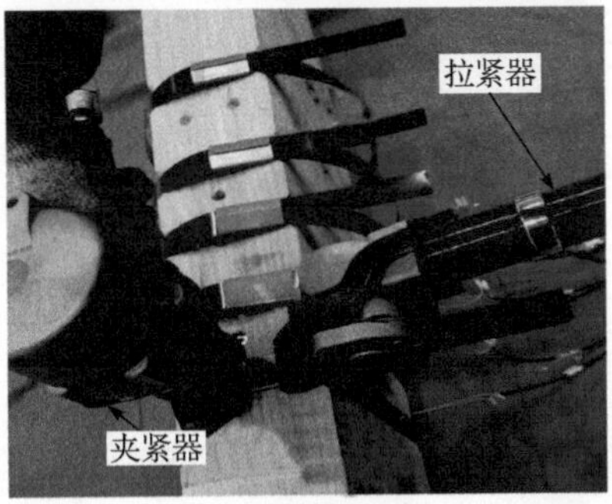

(d) 预应力施加

图 2-97　预应力钢带-自攻螺钉连接的胶合木拼接节点加工过程

预应力钢带-自攻螺钉连接的胶合木拼接节点梁试件整体尺寸及自攻螺钉布置形式与 2.3 节相同，本次试验同样对 5 种布置形式的拼接节点梁各制作 2 个试件，其中全 60°自攻螺钉布置形式的试件中，1 个试件采用 4 条钢带加固，如图 2-98(a)所示，用于初步探究拼接区域内钢带对拼接节点力学性能的影响；另外 1 个试件则采用 5 条钢带加固，如图 2-98(b)所示，拼接区域外侧钢带用

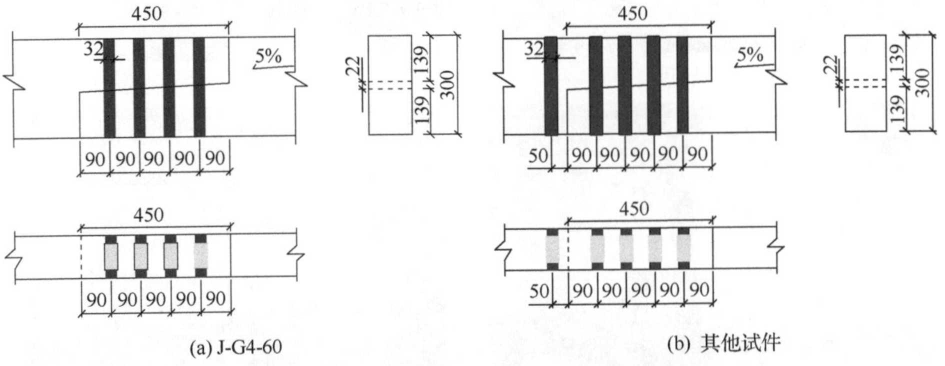

图 2-98　钢带布置形式(单位：mm)

于抑制肩角处可能产生的裂纹扩展。其余布置形式的各个试件均采用 5 条钢带加固方案，本次试验共计制作 10 个试件，各组试件编号及参数设置详见表 2-35。

表 2-35　预应力钢带-自攻螺钉连接的胶合木拼接节点梁试件参数设置

试件编号	试件数量	钢带数量	拼接区内螺钉数量(钉入角度)	加强螺钉数量(钉入角度)	轴向荷载/kN
J-G4-60	1	4	12(60°)	2(90°)	50
J-G5-60	1	5	12(60°)		
J-G5-60X	2	5	6(−60°)+6(60°)		
J-G5-90	2	5	12(90°)		
J-G5-90+60	2	5	8(60°)+4(90°)		
J-G5-90+60+25	2	5	8(60°)+4(90°)+2(25°)		

2. 试验现象及分析

无水平自攻螺钉各组试件破坏模式如图 2-99 所示。随着竖向荷载的施加，裂缝出现于上搭接半梁肩角处并产生扩展。但是，对于布置有 5 条钢带试件，胶合木构件的裂缝扩展受到钢带的限制，而对于 J-G4-60 组节点试件，裂纹沿木材顺纹方向扩展。随着竖向荷载的施加，上搭接半梁发生弯曲破坏，其特征是上搭接半梁底部的木材开裂。木材的劈裂使试件达到极限弯矩，随后承载力迅速下降，上搭接半梁梁顶出现木材压溃现象。

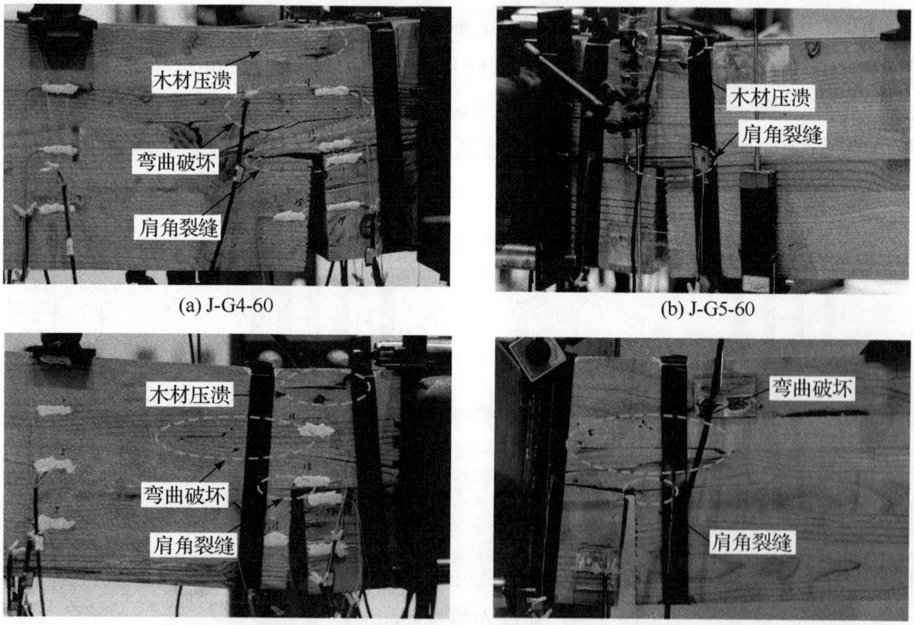

(a) J-G4-60　　(b) J-G5-60

(c) J-G5-60X　　(d) J-G5-90

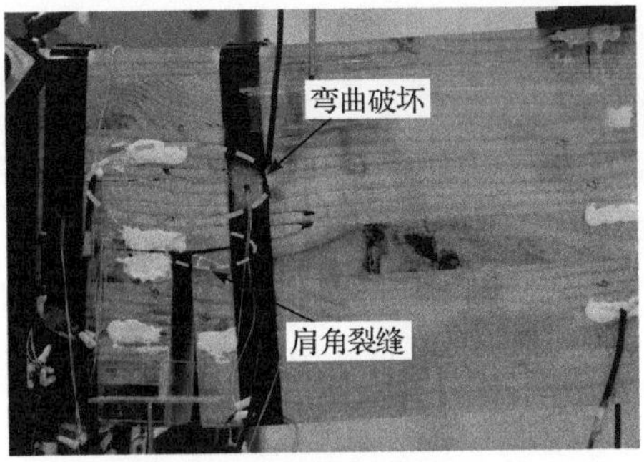

(e) J-G5-90+60

图 2-99　无水平自攻螺钉各组试件破坏模式

试验结束后，将自攻螺钉取出，发现自攻螺钉并未发生明显塑性变形，可以看出，上搭接半梁和下搭接半梁的连接主要取决于自攻螺钉的轴向抗拔力。因此，提高自攻螺钉在木材连接中的抗拔强度有利于提高拼接节点梁的性能。

对于 J-G5-90+60+25-1 试件，在达到极限弯矩时，下搭接梁底部木材开裂，如图 2-100(a)所示，一方面原因是预应力钢带与水平自攻螺钉协同作用对下部竖向间隙锚固效果较好，裂缝优先在下搭接半梁底部开展，另一方面原因是该处木材存在木节导致的应力集中，裂缝优先在此处产生并扩展，试件破坏较为突然。对于 J-G5-90+60+25-2 试件，在达到极限弯矩时，水平斜向自攻螺钉连同孔壁木材突然拔出，随着试件变形的增大，上搭接半梁顶部木材出现局部压溃，如图 2-100(b)所示。由于 J-G5-90+60+25-1 试件中木节缺陷的影响不可忽略，该组节点的破坏模式主要为水平斜向自攻螺钉的拔出破坏并伴随梁顶木材的局部压溃。相比 J-90+60+25 组节点，由于预应力钢带和水平自攻螺钉的协同作用，试件破坏时构件的整体变形及木材劈裂程度明显减小。搭接区内竖向布置的自攻螺钉无明显塑性变形，但水平布置的自攻螺钉由于拔出并随着下部竖向间隙增大出现较为明显的变形，如图 2-100(c)和(d)所示。

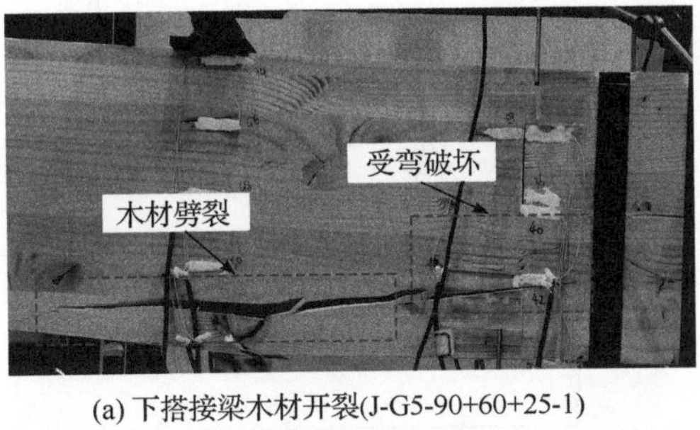

(a) 下搭接梁木材开裂(J-G5-90+60+25-1)

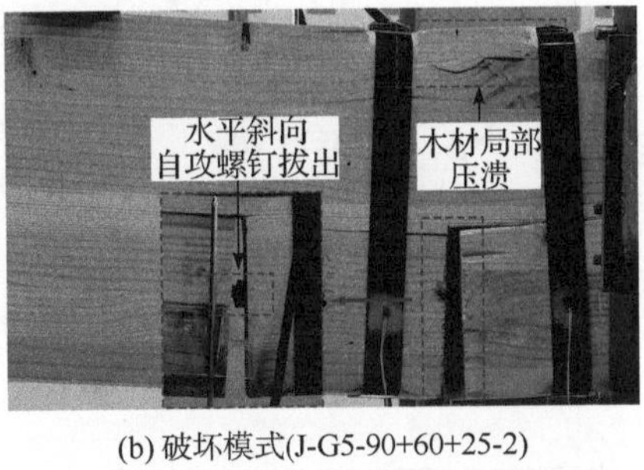

(b) 破坏模式(J-G5-90+60+25-2)

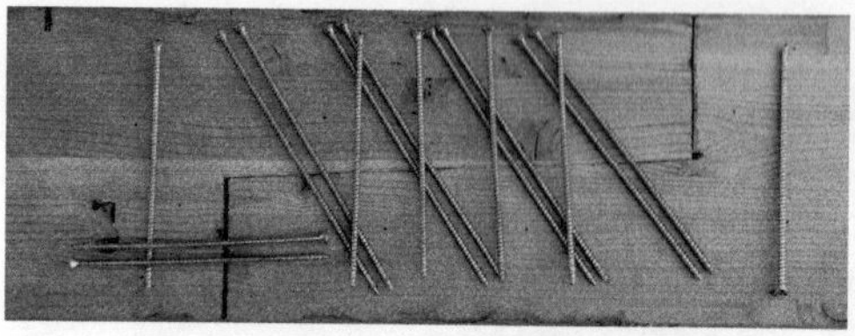

(c) 自攻螺钉变形(J-G5-90+60+25-2)

(d) 水平斜向25°自攻螺钉变形

图 2-100　J-G5-90+60+25 组节点破坏模式和自攻螺钉变形情况

3. 试验结果及分析

1) 弯矩-转角曲线

各布置形式下预应力钢带-自攻螺钉连接的胶合木拼接节点梁弯矩-转角曲线如图 2-101 所示，其中含有 2 个试件的试验组取 2 个试件的平均值。将弯矩-转角曲线上峰值点对应的弯矩定义为极限弯矩 M_u，相应转角记为 θ_u，将出现贯通裂缝时刻或承载力下降到极限承载力的 80%时对应的弯矩定义为破坏弯矩 M_f，相应转角记为 θ_f，并在平均弯矩-转角曲线中标注出初始裂缝和第二条裂缝出现位置。

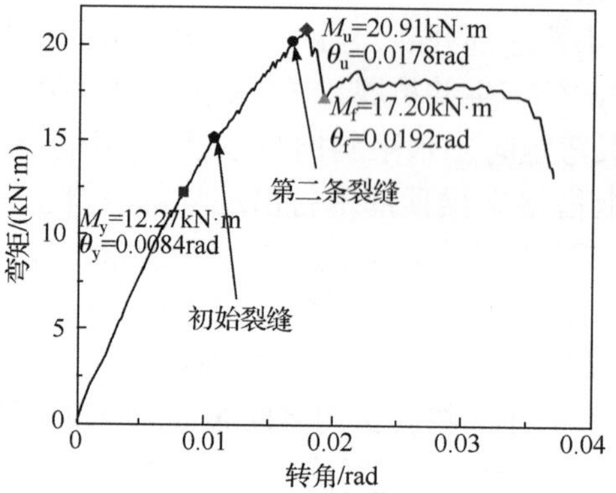

(a) J-G4-60组节点

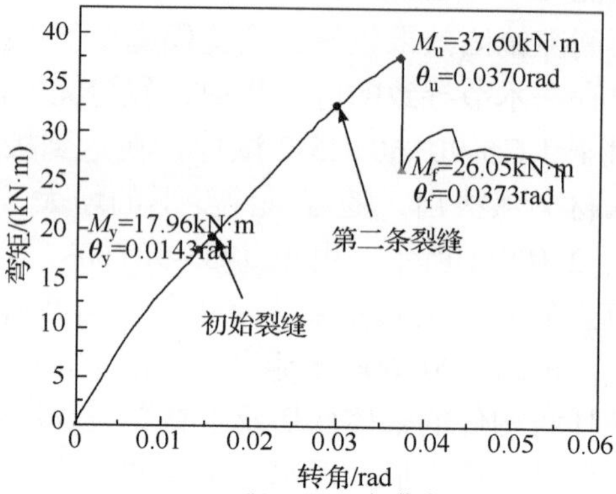

(b) J-G5-60组节点

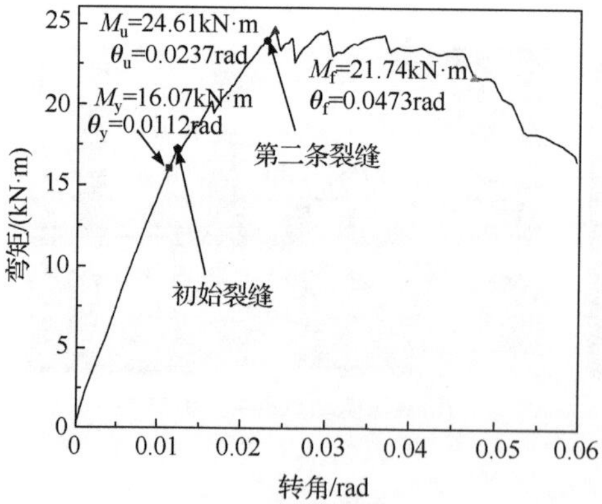

(c) J-G5-60X组节点

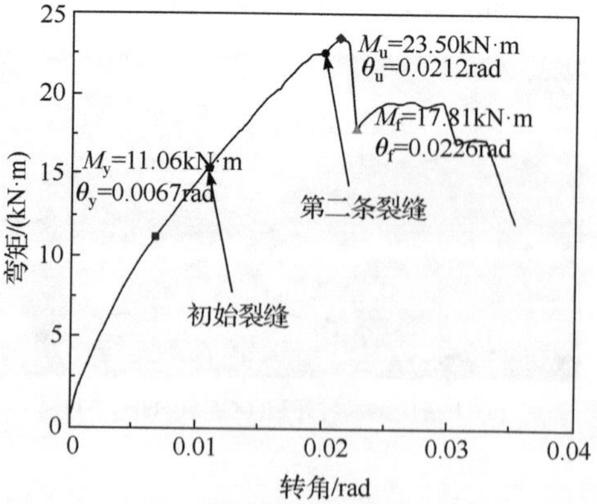

(d) J-G5-90组节点

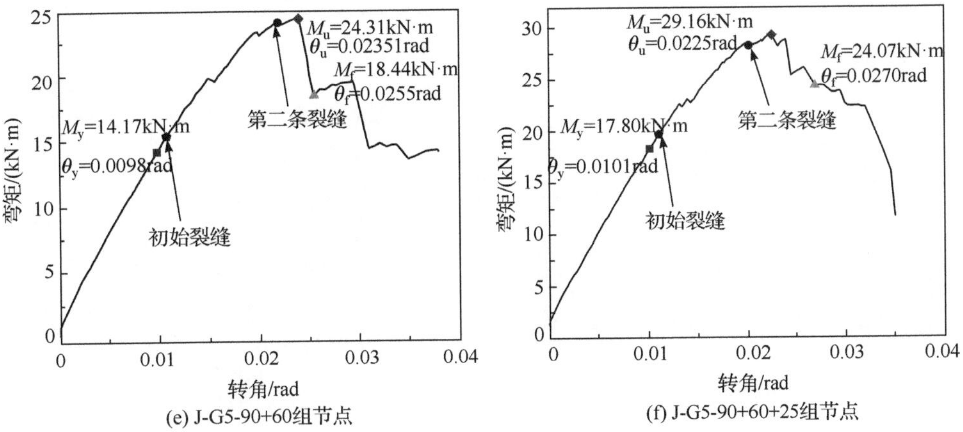

图 2-101　各组试件弯矩-转角曲线

由预应力钢带-自攻螺钉连接的胶合木拼接节点梁各组试件平均弯矩-转角曲线可以看出，当竖向荷载达到峰值荷载的 50%～70%时，上搭接半梁肩角处出现明显的顺纹裂缝，这是由肩角处局部应力集中引起的。木材劈裂裂缝进一步扩展并在木梁两侧贯通，导致试件达到极限抗弯承载力，随后承载力迅速下降。

根据 Yasumura 等[38]的相关研究，计算各组节点力学性能参数，结果如表 2-36 所示，各组节点力学性能参数对比如图 2-102 所示。

表 2-36　各组节点力学性能参数计算结果

试件编号	屈服		极限		破坏		抗弯刚度		延性系数
	M_y /(kN·m)	θ_y /rad	M_u /(kN·m)	θ_u /rad	M_f /(kN·m)	θ_f /rad	k_e /(kN·m/rad)	k_p /(kN·m/rad)	μ
J-G4-60	12.27	0.0084	20.91	0.0178	17.20	0.0192	1458	1076	2.37
J-G5-60	17.96	0.0143	37.60	0.0370	26.03	0.0373	1426	943	2.61
J-G5-60X	16.07	0.0112	24.61	0.0237	21.74	0.0473	1419	919	4.22
J-G5-90	11.06	0.0067	23.50	0.0212	17.81	0.0226	1599	972	3.37
J-G5-90+60	14.17	0.0098	24.31	0.0235	18.44	0.0255	1415	1051	2.60
J-G5-90+60+25	17.80	0.0101	29.16	0.0225	24.07	0.0270	1732	1293	2.67

通过 J-G4-60 组和 J-G5-60 组节点对比，验证了搭接区内布置的 4 条钢带对拼接节点的加固作用主要体现在刚度上，在搭接区外侧布置的钢带则对拼接节点抗弯承载力的提高起到了重要作用。在轴向荷载和弯矩作用下，除 J-G5-60 组和 J-G5-90+60+25 组节点外，各试件极限弯矩相差不大，这一现象通过试件破坏现象可以看到，上搭接半梁肩角裂缝的出现将拼接节点梁的有效截面限制在上搭接半梁高度区域内，除 J-G5-60 组和 J-G5-90+60+25 组节点外，其他各组节点裂缝均向上扩展，从而进一步降低了有效截面高度；而 J-G5-90+60+25 组节点虽然并

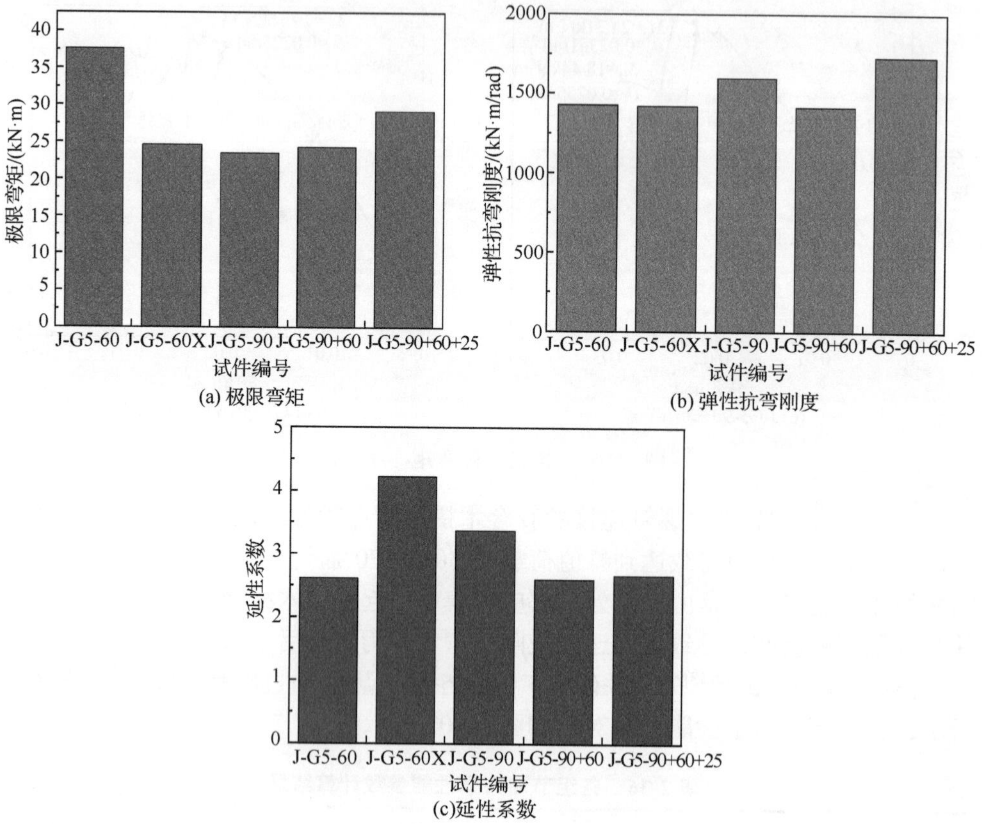

图 2-102　各组节点力学性能参数对比

未出现向上扩展裂缝，但自攻螺钉的突然拔出导致节点出现脆性破坏模式，从而提前达到极限弯矩。对于 J-G5-60 组节点，其极限弯矩最大，一方面是该组节点不含有平行试件，木材离散型导致极限弯矩偏高；另一方面，考虑到斜向自攻螺钉与预应力钢带协同工作性能更好，斜向自攻螺钉对搭接面剪力进行了有效传递，预应力钢带加强了木材横纹方向受力，因此该节点极限弯矩较大。为评估上述试件的承载力，根据《胶合木结构技术规范》中的计算方法，完整梁在轴向荷载下的极限弯矩计算值为 40.2kN·m，除 J-G5-60 组节点外，各试件的极限弯矩为完整梁计算值的 52%～72.5%。对比各组节点延性系数，J-G5-60X 组节点的破坏模式相比其他试件具有更大的延性，这是因为交叉 60°布置的自攻螺钉群允许剪力在两个方向上传递。

2) 应变分析

竖向荷载施加过程中上搭接半梁肩角处截面木材顺纹应变变化如图 2-103 所示，其中部分试件在轴向荷载施加结束(即竖向荷载开始)施加时木材出现拉应变，这可能是由于加工误差导致两部分胶合木构件以接触点为旋转中心发生轻微旋转导致的。随着竖向荷载的增加，下部竖向间隙逐渐增大，其附近区域木材几乎没有产生应变。J-G5-60X 组、J-G5-90 组、J-G5-90+60 组节点最大压应变为 0.004～0.005，并出现在上搭接半梁顶部区域，这与该三组节点极限弯矩相近相吻合。J-G5-60 组节点顺纹拉应变小于其他试件，因此其极限弯矩相对较高。J-G5-60X 组节点中自攻螺钉交叉 60°布置保证了裂缝缓慢扩展，对应于图 2-103(c)中中性轴的移动，从而导致 J-G5-60X 组节点具有较高的延性。

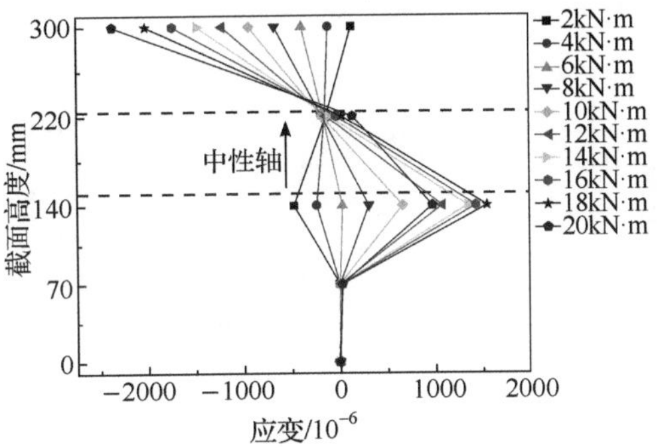

(a) J-G4-60组节点

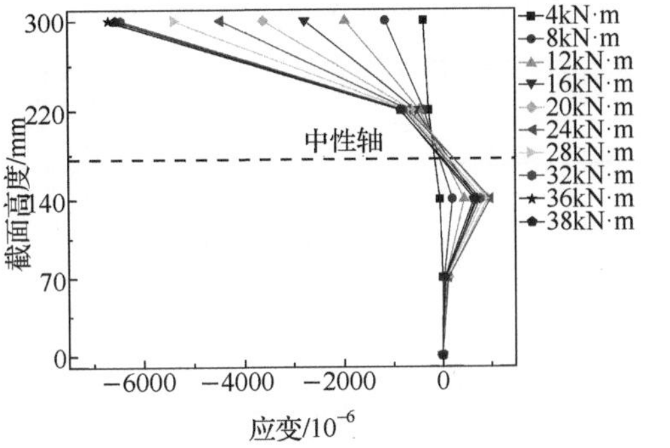

(b) J-G5-60组节点

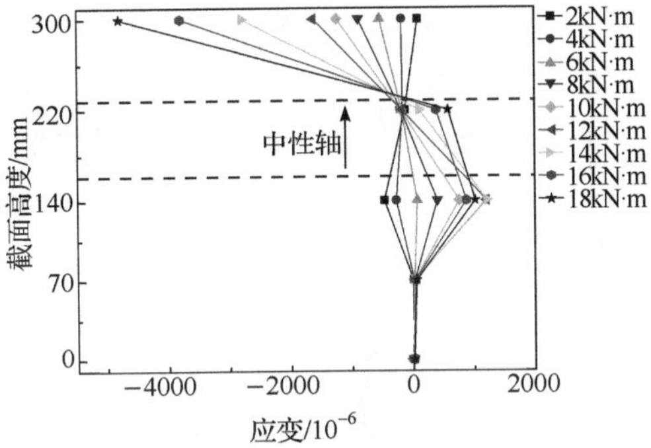

(c) J-G5-60X组节点

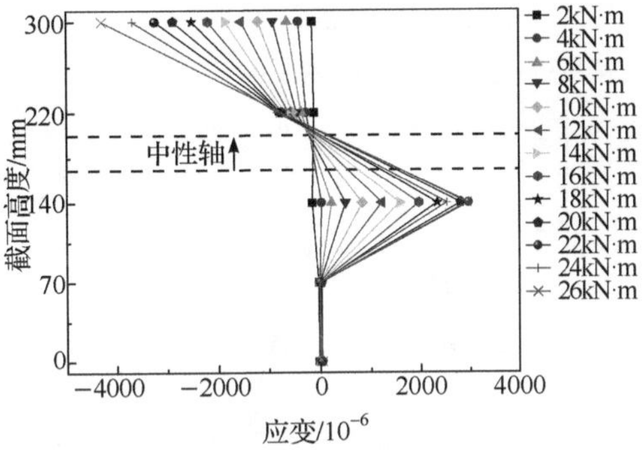

(d) J-G5-90组节点

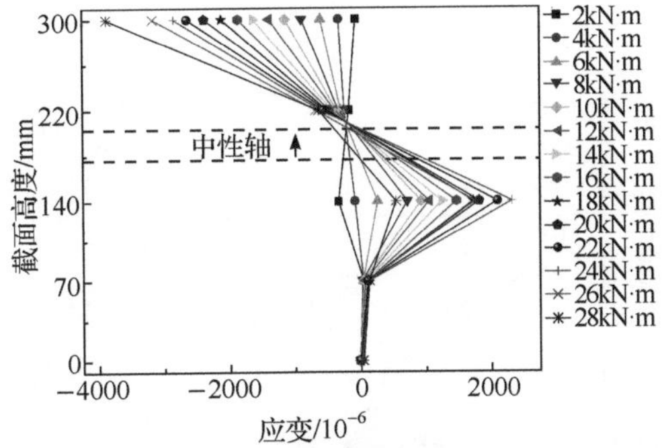

(e) J-G5-90+60组节点

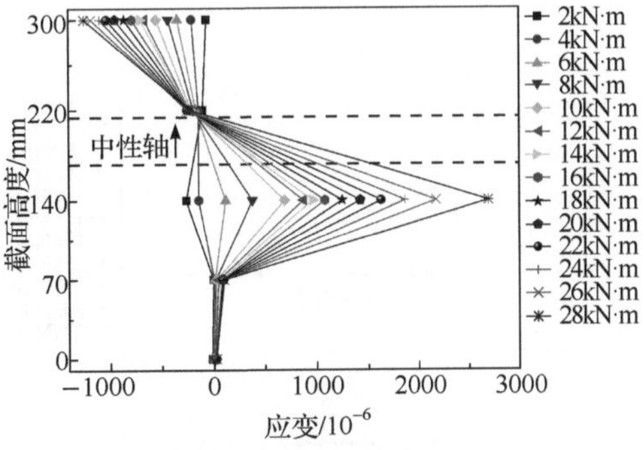

(f) J-G5-90+60+25组节点

图 2-103　上搭接半梁肩角处截面木材顺纹应变变化

各组拼接节点梁跨中截面应变与钢带应变变化如图 2-104 所示，上搭接半梁和下搭接半梁应变变化符合平截面假定。J-G5-60X 组节点试件破坏时出现梁顶木材的压溃现象，这与其应变变化情况相符。在相同竖向荷载作用下，与 J-G5-60X 组节点相比，J-G5-90 组节点应变更小，弹性抗弯刚度更大。以 J-G5-90+60 组节点钢带应变变化为例，在裂缝出现与扩展过程中，搭接区域外侧钢带应变增加较快，说明该处布置的钢带可以有效地约束肩角处可能出现的裂缝扩展情况，而搭接区域内钢带的应变变化主要归因于搭接半梁的相对滑动。

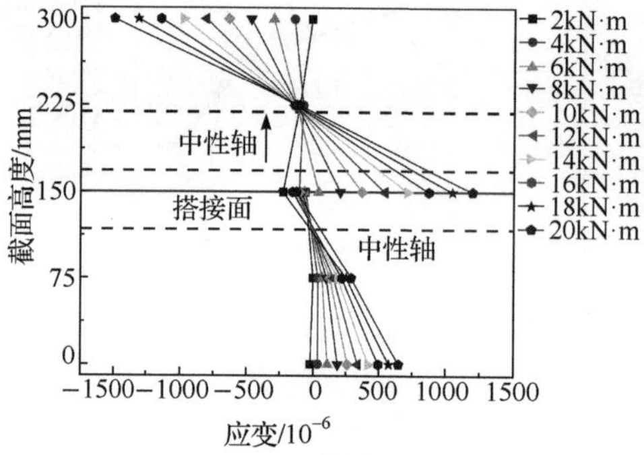

(a) J-G4-60组节点

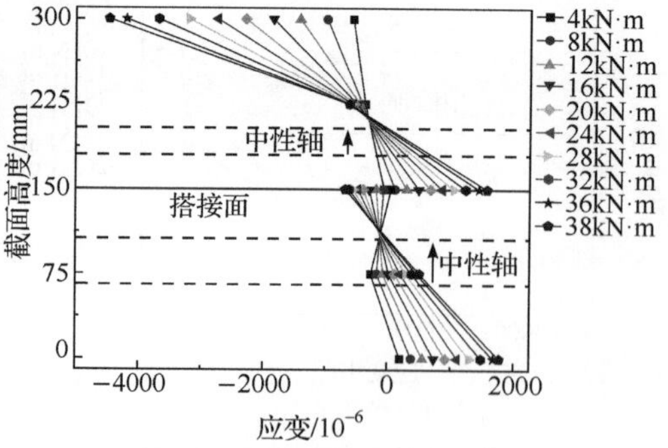

(b) J-G5-60组节点

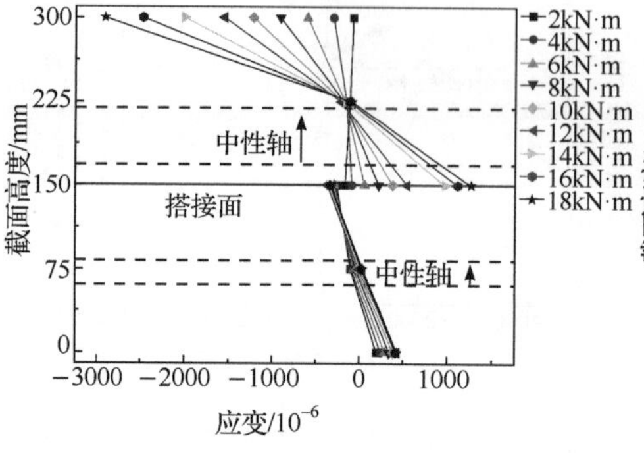

(c) J-G5-60X组节点

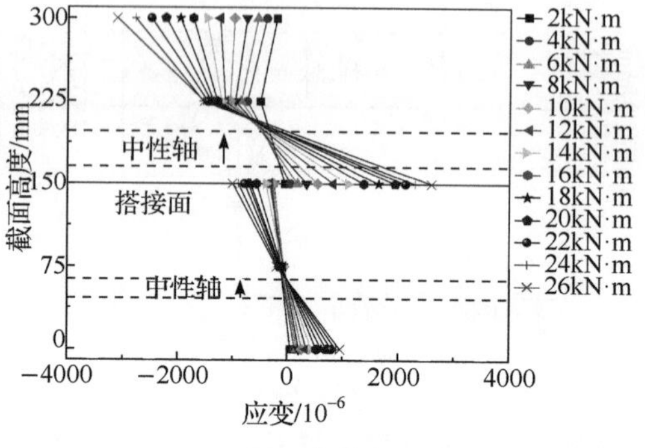

(d) J-G5-90组节点

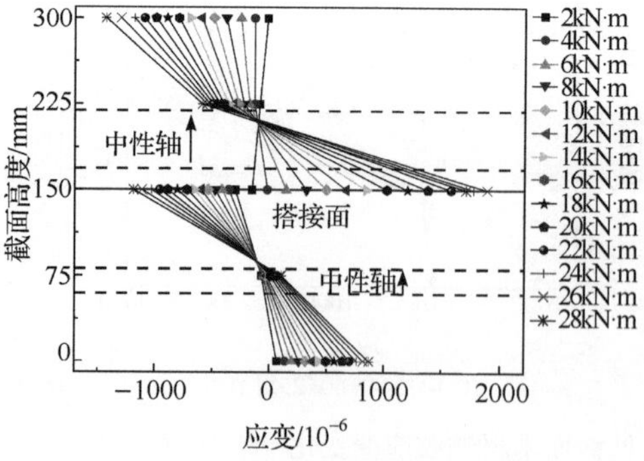

(e) J-G5-90+60 组节点

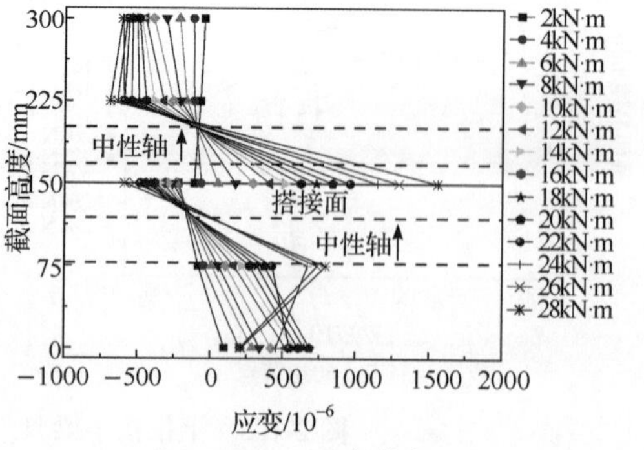

(f) J-G5-90+60+25 组节点

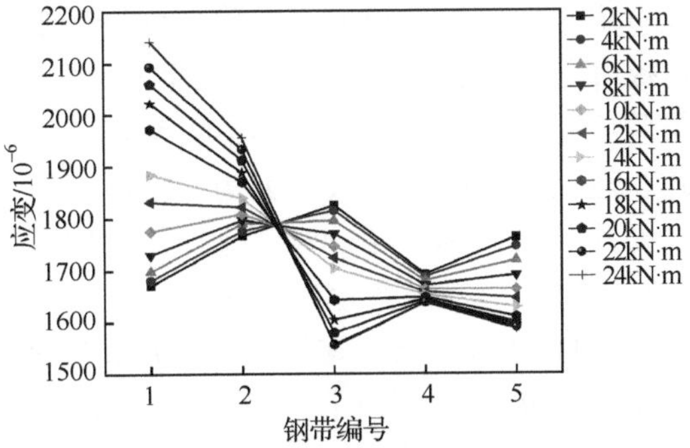

(g) 钢带应变变化(J-G5-90+60)

图 2-104　跨中截面应变与钢带应变变化

4. 钢带加固节点与未加固节点试验结果对比分析

将各布置形式下自攻螺钉连接的胶合木拼接节点梁与预应力钢带-自攻螺钉连接的胶合木拼接节点梁试验结果相关力学性能参数进行对比，如图 2-105 所示。

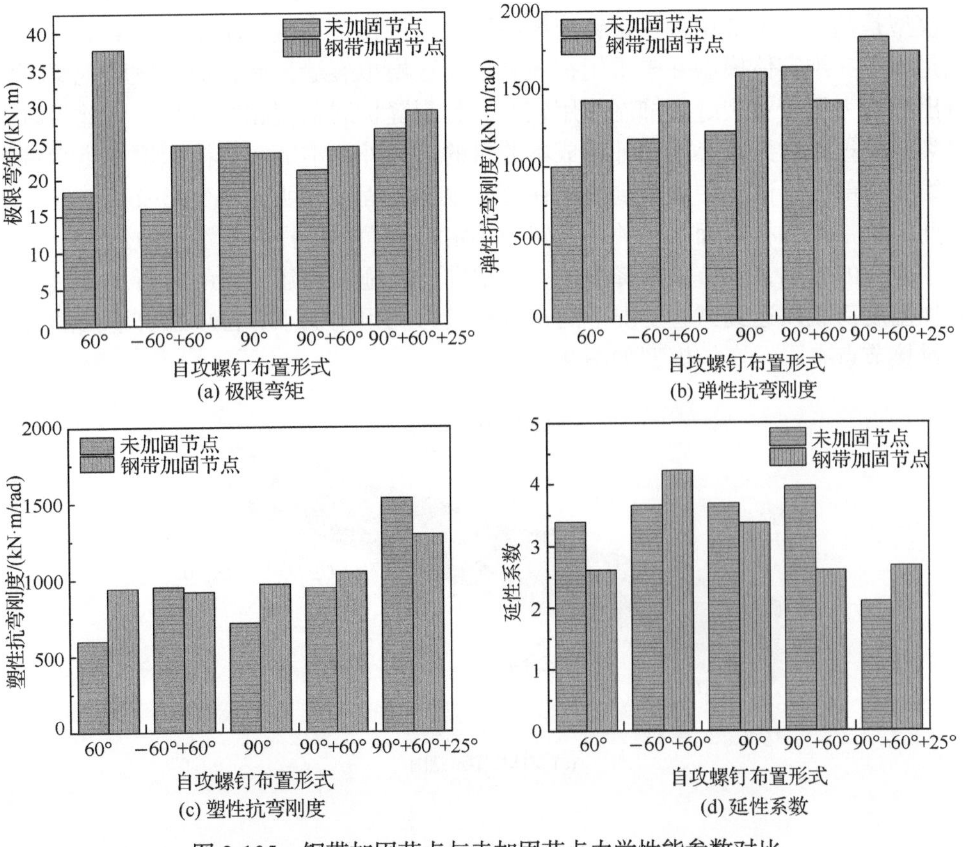

(a) 极限弯矩　(b) 弹性抗弯刚度　(c) 塑性抗弯刚度　(d) 延性系数

图 2-105　钢带加固节点与未加固节点力学性能参数对比

从图 2-105 可以看出，在极限弯矩方面，除 J-G5-90 组节点外，预应力钢带对各组节点极限弯矩提升了 8.4%～51.3%。考虑到自攻螺钉全 90°布置和钢带作用方向一致，对极限弯矩并无提升作用，但钢带对其初始裂缝的产生和扩展有一定的限制作用，因此在达到极限弯矩前减小了构件整体变形，使得弹性抗弯刚度和塑性抗弯刚度分别提升了 23.5%和 26.4%。此外，预应力钢带与自攻螺钉协同作用减小了自攻螺钉布置形式对极限弯矩的影响，避免了构件由裂缝扩展导致的提前破坏。从图 2-105(d)可以看出，自攻螺钉交叉 60°布置形式的两种节点都拥有较高的延性系数，并且在预应力钢带作用下，延性系数提升了 13.3%，这一点归因于自攻螺钉与预应力钢带的协同作用，自攻螺钉交叉布置保证了双向剪力的传递，钢带又充分限制了裂缝的扩展，从而减小了承载力下降的可能。

2.4.2　预应力钢带-胶合木自攻螺钉拼接节点数值模拟

1. 有限元实体模型建立

利用 ABAQUS 软件对预应力钢带-自攻螺钉节点建立三维实体有限元模型，该模型是基于 2.3 节中自攻螺钉连接的胶合木拼接节点模型基础上建立的，不同点是本节三维实体模型并未采用扩展有限元法模拟裂缝扩展，通过试验现象可以看出预应力钢带对裂缝的抑制作用较好，且裂缝扩展程度相对较小，因此可以省略裂缝模拟以达到减小模型计算成本的目的。另外，本节实体模型增加了钢带的三维实体部件，试验中观察到钢带在荷载施加过程中无明显的变形及相对滑移，因此将钢带与木材表面接触关系设置为绑定，从而可以提高模型的收敛性；对钢带预应力的施加，本节采用降温法，在轴向荷载施加前建立新的分析步，对钢带施加温度荷载以达到试验工况下的钢带预紧力。预应力钢带-自攻螺钉连接的胶合木拼接节点有限元实体模型如图 2-106 所示。

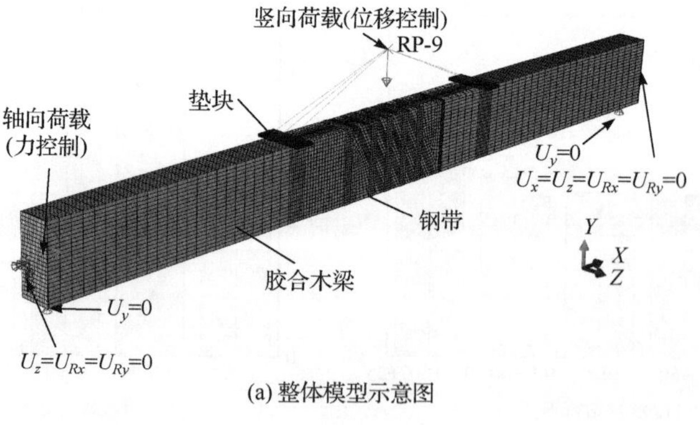

(a) 整体模型示意图

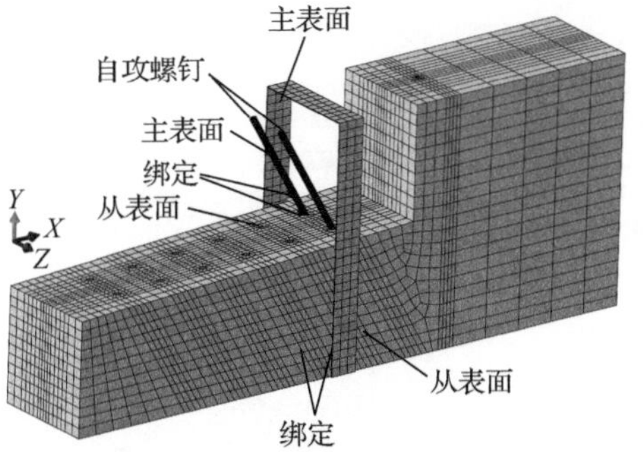

(b) 接触关系设置

图 2-106　预应力钢带-自攻螺钉连接的胶合木拼接节点有限元实体模型

2. 有限元简化模型建立

基于对预应力钢带-自攻螺钉连接的胶合木拼接节点建立三维实体精细化模型，模型设置较多的接触关系，而且自攻螺钉布置形式相对复杂，并与钢带协同作用，这将大幅度增加数值模型计算工作量，对工程应用的推广产生了阻碍。因此，为了减少计算成本，本节通过将自攻螺钉实体部件简化为连接器单元，提出一种简化的有限元模型。连接器单元的点-点约束功能较为强大，包含平动和转动的多种约束模式，模式的叠加可以模拟弹簧、铰接约束等多种实际结构，并且可以设定非线性弹性、塑性、损伤、阻尼等多种属性，同时连接的输出也较为完备，是理想的简化单元。

以 J-G5-90+60+25 组节点建模为例，连接器单元的起点和终点分别在搭接处上下钉孔中心，且分别与上下孔壁进行耦合(图 2-107)，这种设置是一种简化考虑，将有一定长度的钉杆的接触作用简化为点与点相互作用。选取笛卡儿单元和卡丹单元*分别模拟平动约束(木孔承压作用、轴向分力、摩擦力贡献)与转动约束(木材、螺帽约束贡献)，二者的方向和作用力示意图如图 2-108 所示。如此设置的连接器

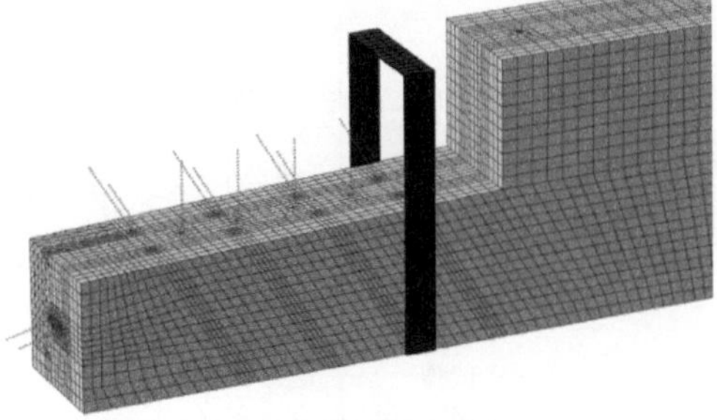

图 2-107　连接器单元设置

* 卡丹单元(Cardan element)是一种用于模拟两个节点之间旋转连接的特殊单元，通过卡丹角(Cardan angle)来参数化描述两个节点之间的相对旋转运动。

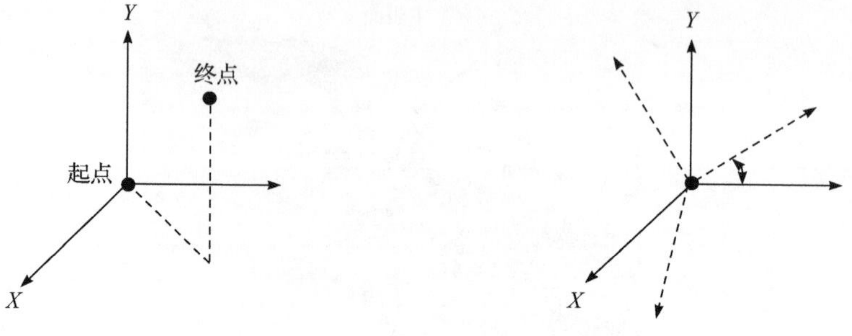

(a) 笛卡儿单元　　(b) 卡丹单元

图 2-108　连接器类型示意图

相当于三维轴向弹簧和三维转动弹簧的组合，未考虑不同方向间的耦合作用。为了模拟自攻螺钉的弹性行为，分别用欧洲规范 EN 1995-1-1[42]和德国规范[54]计算自攻螺钉的剪切刚度和轴向刚度。通过与试验结果的比较，提出一种基于塑性运动的损伤演化规律，损伤变量为 0.2 以降低连接器单元的力响应，反映连接器单元的非线性行为。

3. 数值模拟结果

将有限元实体模型与简化模型计算得到的弯矩-转角曲线与试验结果进行对比，如图 2-109 所示。

1) 有限元实体模型结果与试验结果对比

从图 2-109 可以看出，有限元实体模型能够较为准确地反映预应力钢带-自攻螺钉连接的拼接节点的受力性能，J-G5-60 组、J-G5-60X 组、J-G5-90 组、J-G5-90+60 组和 J-G5-90+60+25 组节点极限弯矩与试验结果的相对误差分别为 −19.02%、7.68%、7.28%、6.42%和 3.3%。

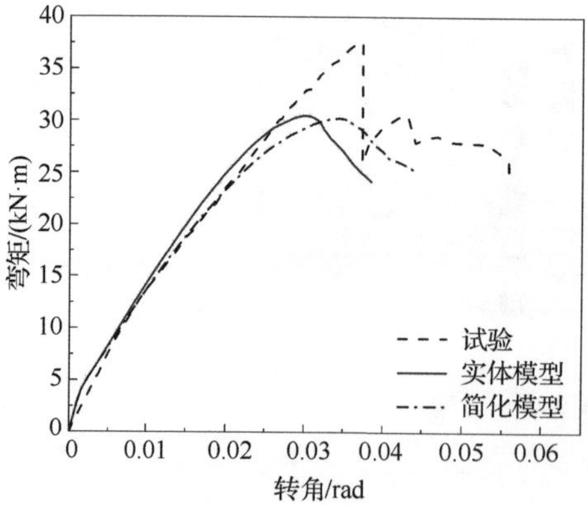

(a) J-G5-60组节点

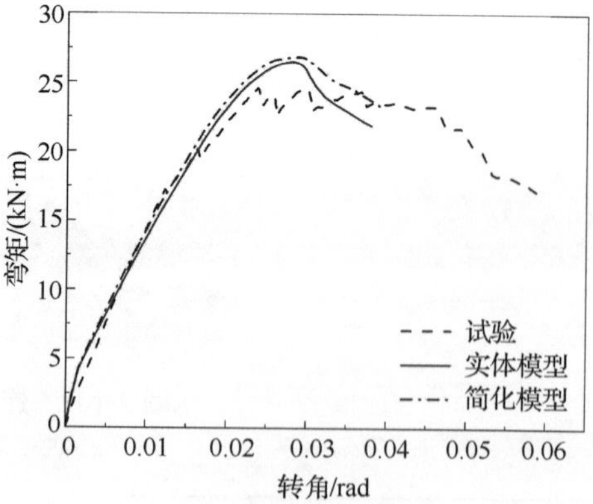

(b) J-G5-60X组节点

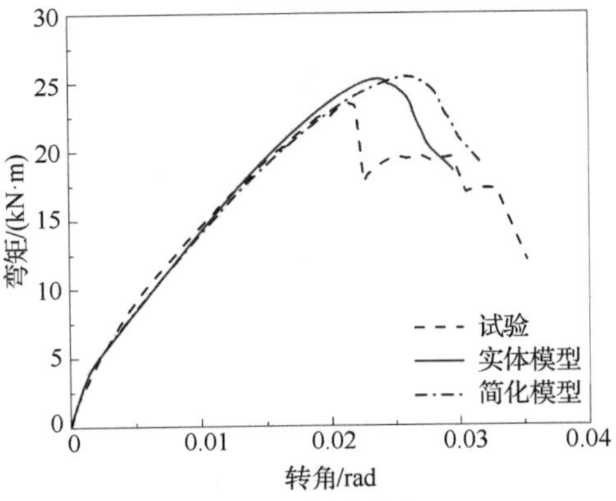

(c) J-G5-90组节点

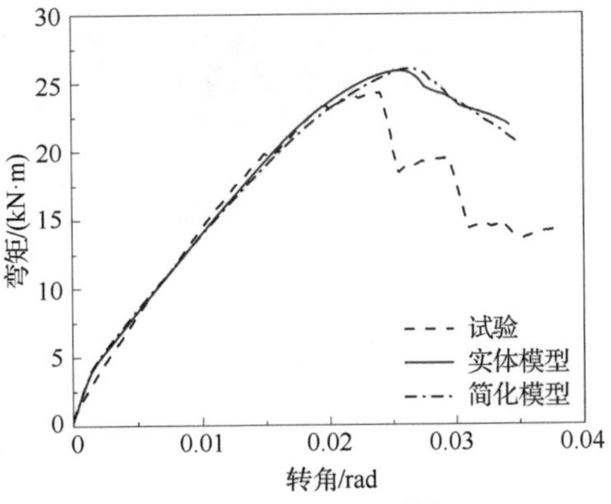

(d) J-G5-90+60组节点

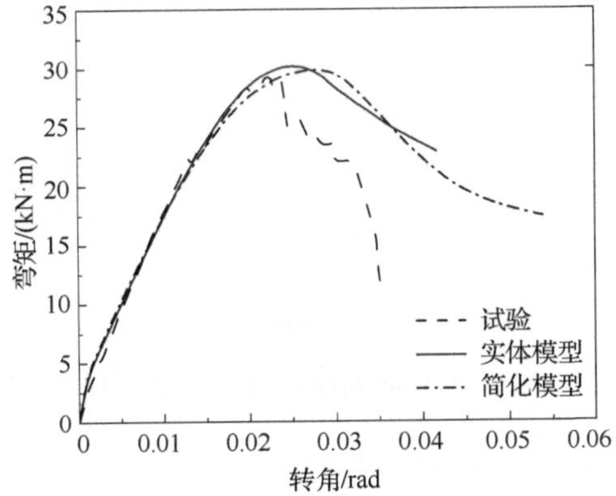

(e) J-G5-90+60+25组节点

图 2-109　实体模型、简化模型与试验的弯矩-转角曲线对比

以 J-G5-90+60 组节点为例，图 2-110 给出了胶合木拼接节点梁整体位移云

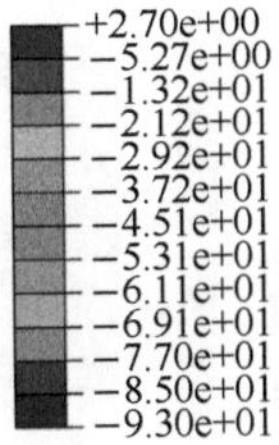

(a) 整体位移云图(单位：mm)

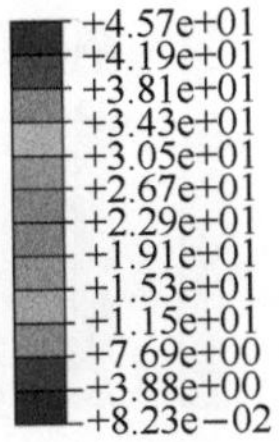

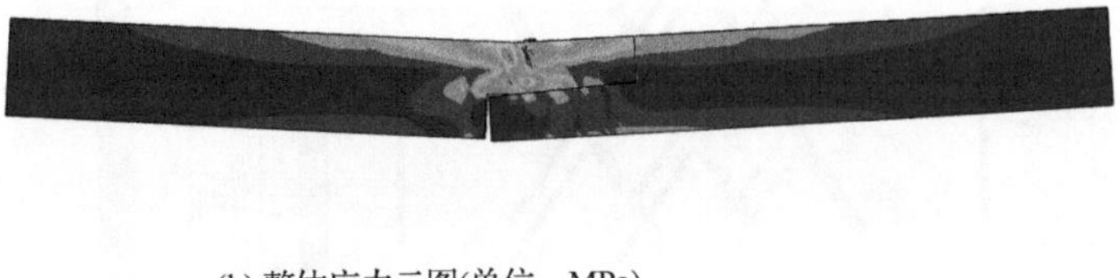

(b) 整体应力云图(单位：MPa)

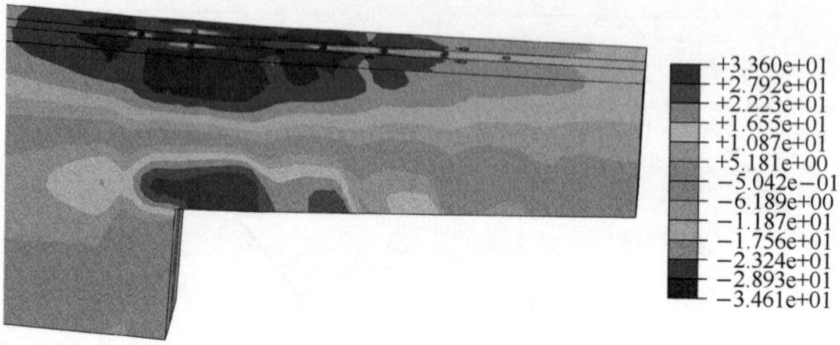

(c) 上搭接半梁应力云图(单位：MPa)

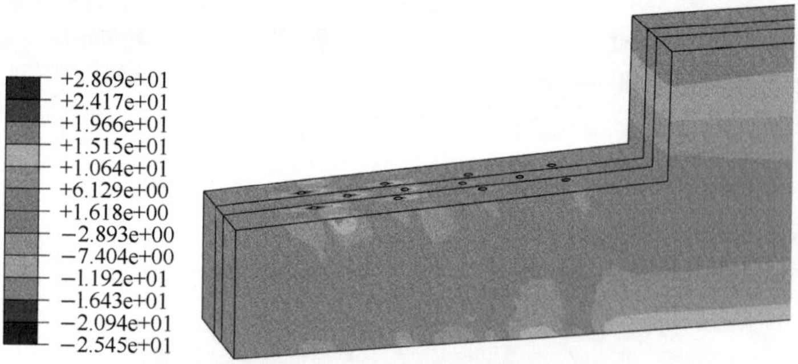

(d) 下搭接半梁应力云图(单位：MPa)

图 2-110　J-G5-90+60 组节点数值模拟结果

图、整体应力云图和上下搭接半梁应力云图。可以看出，数值模拟结果与试验现象相吻合，上搭接半梁应力较为集中，并在上搭接半梁底部发生弯曲破坏。

图 2-111 给出了有限元实体模型中自攻螺钉和钢带的应力云图。可以看到，自攻螺钉和钢带应力最大位置出现在靠近上搭接半梁肩角处，在单个自攻螺钉中，最大应力位置出现在搭接面处，因为上下搭接半梁间的剪力和拉力通过自攻螺钉在此处传递。

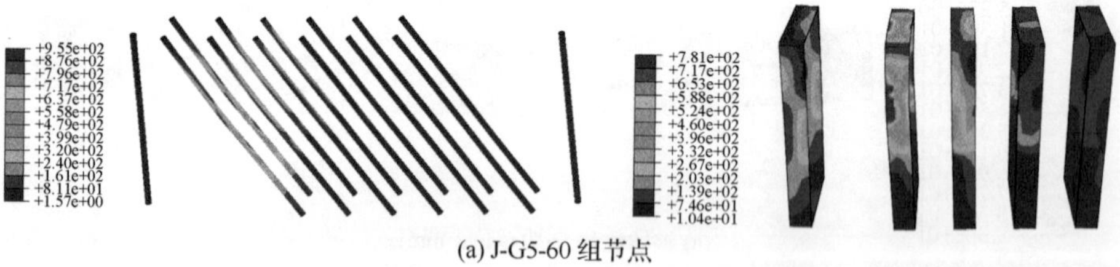

(a) J-G5-60 组节点

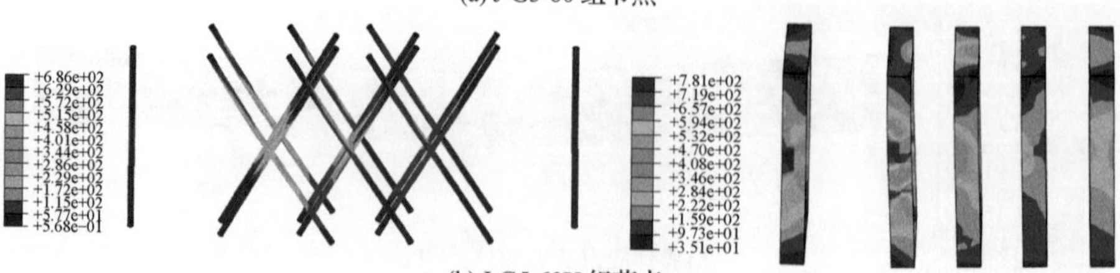

(b) J-G5-60X 组节点

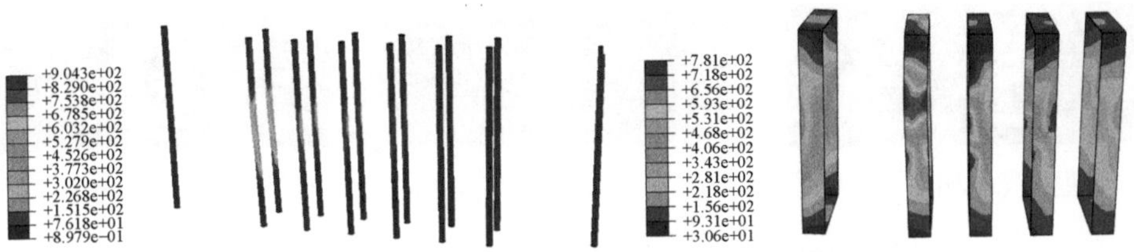

(c) J-G5-90 组节点

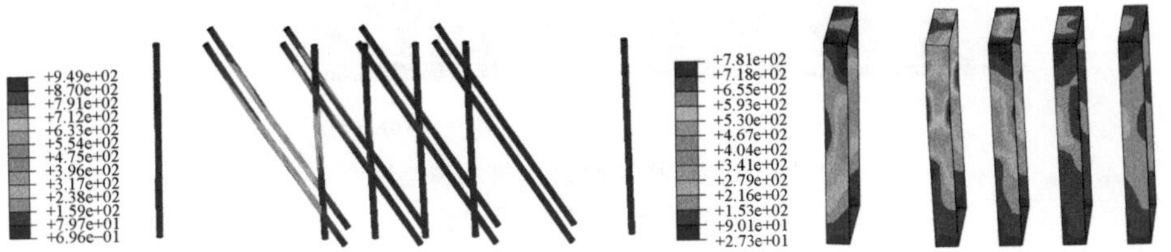

(d) J-G5-90+60 组节点

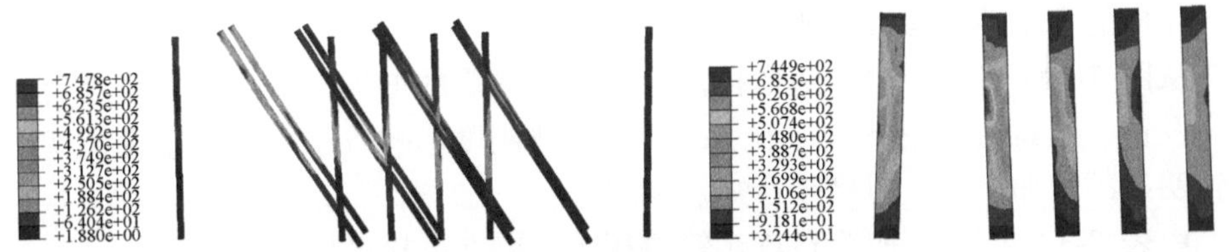

(e) J-G5-90+60+25组节点

图 2-111　自攻螺钉与钢带应力云图(单位：MPa)

2) 有限元简化模型与实体模型和试验结果对比

从图 2-109 可知，有限元简化模型可以相对准确地模拟拼接节点梁的整体受力，J-G5-60 组、J-G5-60X 组、J-G5-90 组、J-G5-90+60 组、J-G5-90+60+25 组节点的极限弯矩与试验结果的相对误差分别为−19.68%、9.18%、7.96%、7.08%、2.20%。简化模型与实体模型相比，极限弯矩最大相对误差为 1.7%，抗弯刚度最大相对误差为 6.0%。可以看出，简化模型与实体模型得到的结果基本一致，因此在后续的参数化分析中可采用简化模型进行分析。

4. 参数化分析

1) 钢带数量的影响

对钢带-自攻螺钉连接的胶合木拼接节点梁半搭接区域内钢带进行变数量等间距布置，研究钢带数量对节点梁抗弯性能的影响。将半搭接区域内钢带数量更改为 1 条、2 条、3 条、5 条，均匀分布于搭接区域内，自攻螺钉连接作用采用简化建模方法，钢带预紧力及其他参数设置均相同，如图 2-112 所示。

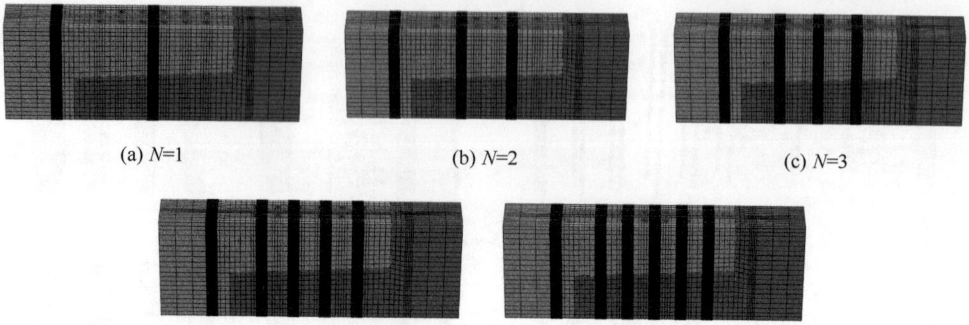

(a) N=1　(b) N=2　(c) N=3　(d) N=4　(e) N=5

图 2-112　搭接区域钢带布置情况

N 表示搭接区域内钢带数量

以全 90°自攻螺钉布置形式节点为例，各模型的弯矩-转角曲线如图 2-113 所示，相应的力学性能参数对比如表 2-37 所示。

从图 2-113 可以看出，随搭接区域内钢带数量的增加，在相同自攻螺钉布置形式及钢带预紧力作用下，对节点的弹性抗弯刚度影响较小，但对塑性抗弯刚度有较明显的增加作用，对极限弯矩影响较小。

由表 2-38 可知，钢带-自攻螺钉拼接节点梁在搭接区域钢带数量越多，其极限弯矩、抗弯刚度和屈服弯矩均越大。其中，塑性抗弯刚度受搭接区域钢带数量影响最大，钢带数量从 1 条增加到 5 条时，塑性抗弯刚度提高了 15.4%，弹性抗弯刚度和极限弯矩仅提高了 7.8%和 4.9%。可以看出，搭接区域钢带数量的变化对钢带-自攻螺钉拼接节点的刚度退化效果有一定的影响，并呈现负相关趋势。

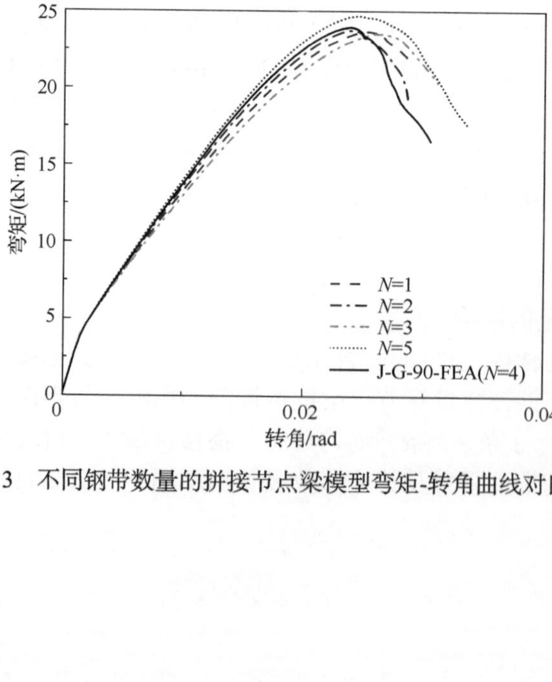

图 2-113　不同钢带数量的拼接节点梁模型弯矩-转角曲线对比

表 2-37　不同钢带数量的拼接节点梁模型力学性能参数对比

钢带数量/条	屈服		极限		抗弯刚度	
	M_y /(kN·m)	θ_y /rad	M_u /(kN·m)	θ_u /rad	k_e /(kN·m/rad)	k_p /(kN·m/rad)
1	11.68	0.0087	23.51	0.0264	1253	865
2	11.91	0.0087	23.65	0.0255	1283	914
3	12.14	0.0087	23.73	0.0239	1310	956
4	12.23	0.0086	23.94	0.0240	1336	981
5	12.56	0.0087	24.66	0.0246	1351	998

2) 钢带预紧力大小的影响

本章试验中对钢带-自攻螺钉连接的胶合木拼接节点梁试件中钢带预紧力施加采用应变控制，各试件钢带预拉应变平均值为 0.0017，有限元模型中采用降温法对钢带部件施加预拉应变。本节基于 J-G5-90 组节点自攻螺钉简化模型，改变施加的温度荷载大小，控制钢带预拉应变分别为 0、0.0005、0.001 和 0.003。各模型弯矩-转角曲线如图 2-114 所示。

从图 2-114 可以看出，钢带预紧力大小对钢带-自攻螺钉连接的胶合木拼接节点抗弯性能影响较小，计算得到各模型极限弯矩相对误差小于 1%，弹性抗弯刚度相对误差在 6.5%以内。由于有限元模型未考虑钢带预拉应变施加过程中钢带对木构件表面的损伤作用，在实际情况中，随着钢带预拉应变的增大，可能会对节点轴向荷载下的抗弯性能产生消极影响。

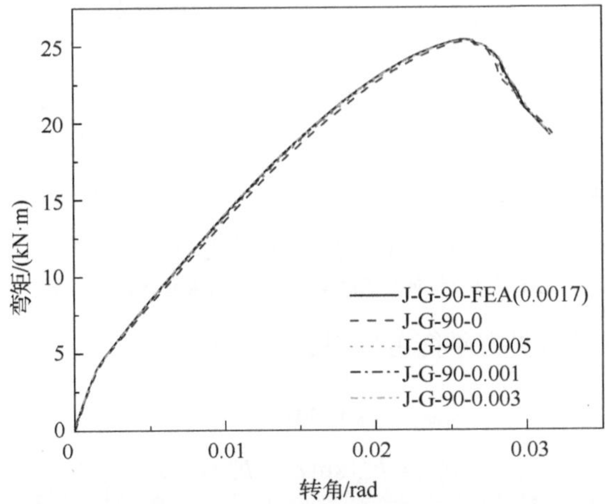

图 2-114　不同钢带预紧力的拼接节点梁模型弯矩-转角曲线对比

2.4.3 预应力钢带-胶合木自攻螺钉拼接节点计算模型与设计方法

由试验结果可知，均匀布置在搭接区域中的钢带增强了上下搭接木构件的协同工作性能，对节点抗弯刚度有显著的提升作用，而布置在搭接区域外的钢带能有效限制裂缝开展，提高节点承载力，如图 2-115 所示。为计算方便，假设节点承载力由搭接区域的自攻螺钉和搭接区域外的钢带共同提供，而节点抗弯刚度由搭接区域的自攻螺钉和搭接区域内的钢带共同提供。

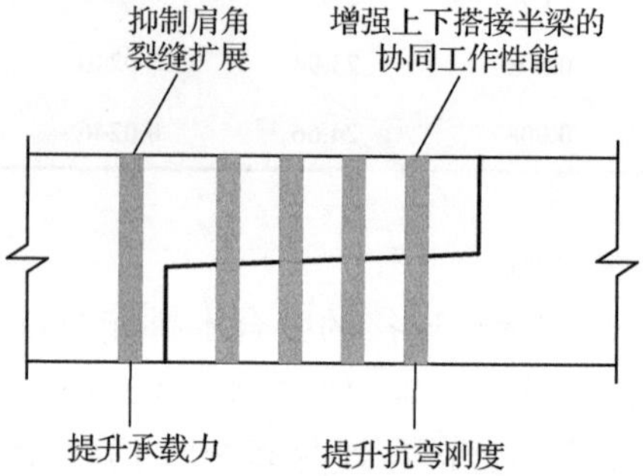

图 2-115　钢带作用示意图

基于 Macpherson 等[55]的刚体模型假定，取半搭接节点上搭接部分作为隔离体进行受力分析，受力简图如图 2-116 所示。

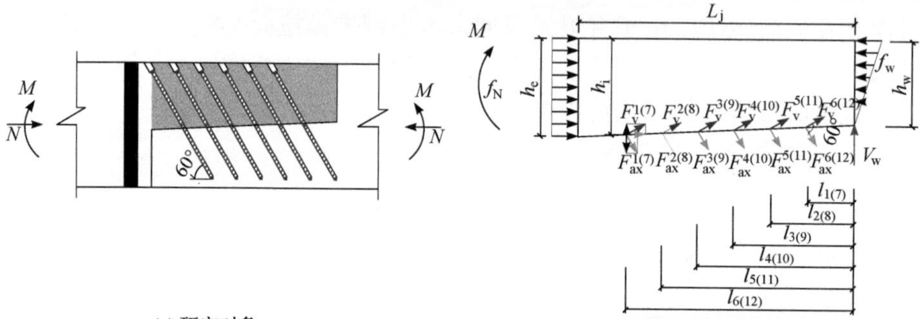

(a) 研究对象　　(b) 上搭接区域受力简图

图 2-116　J-G5-90 受力分析

h_w 为上搭接部位最小的高度，h_e 为上搭接部位最大的高度

根据计算简图，由受力平衡可以得到以下方程：

$$F_{sx}^{i} = F_{ax}^{i}\cos\alpha + F_{v}^{i}\sin\alpha \tag{2-96}$$

$$F_{sy}^{i} = F_{ax}^{i}\sin\alpha - F_{v}^{i}\cos\alpha \tag{2-97}$$

$$V_{w} = \sum_{i=1}^{12} F_{sy}^{i} \tag{2-98}$$

$$F_{\mathrm{w}} = F_{\mathrm{N}} + H \tag{2-99}$$

$$F_{\mathrm{N}} = f_{\mathrm{N}} b h_{\mathrm{e}} \tag{2-100}$$

$$F_{\mathrm{w}} = \frac{f_{\mathrm{w}} b h_{\mathrm{w}}}{2} \tag{2-101}$$

$$M = H h_{\mathrm{e}} + \gamma_{\mathrm{nf}} \sum_{i=1}^{12} F_{\mathrm{sy}}^{i} l_i + \frac{f_{\mathrm{N}} b h_{\mathrm{e}}^2}{2} - \frac{f_{\mathrm{w}} b h_{\mathrm{w}}^2}{6} \tag{2-102}$$

式中，H 为搭接面处自攻螺钉所受到的切向作用力，N。

根据节点试验现象及其受力分析，考虑到预应力钢带对上下搭接半梁提供的协同作用，在荷载施加初期，由于搭接区域木材上下分离，首先被克服的是自攻螺钉的抗拔力，随后为了防止上下搭接半梁错动，自攻螺钉的抗剪承载力继续发挥作用。因此，节点的典型破坏模式可以描述为：在自攻螺钉剪切力作用下，上搭接半梁底部木材出现顺纹劈裂，并导致靠近下部竖向间隙处的自攻螺钉部分拔出。由此，H 值的计算应综合考虑自攻螺钉抗剪承载力和胶合木发生顺纹劈裂所对应的力，按以下公式计算：

$$H = \min\left\{ \sum_{i=1}^{12} F_{\mathrm{sx}}^{i}, F_{\mathrm{ur}} \right\} \tag{2-103}$$

式中，F_{sx}^{i} 为第 i 个自攻螺钉所受荷载的水平合力；F_{ur} 为肩角部位胶合木顺纹劈裂时所受拉力。

对于 F_{ur} 的计算，本节采用基于弹性地基梁的准非线性断裂力学模型，并通过地基本构关系引入断裂力学。假设沿着潜在裂纹发展路径存在一无限薄的虚拟断裂层，断裂层下方的梁被视为弹性地基上深度为 h_{e} 的梁，断裂层上方厚度为 $h-h_{\mathrm{e}}$ 的梁则被假定为无限刚体。为了考虑预应力钢带的影响，在弹性地基梁理论的基础上，假设在钢带位置存在一个虚拟桩。如图 2-117 所示。

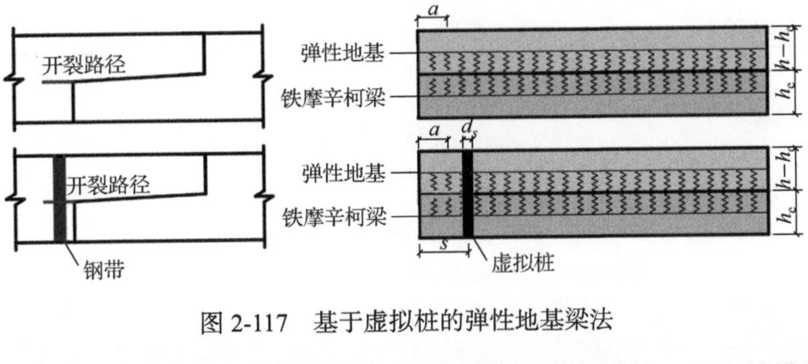

图 2-117　基于虚拟桩的弹性地基梁法

假定断裂层为线弹性和理想脆性，用于模拟木材的性能，即木材横纹抗拉强度 $f_{\mathrm{t,90}}$ 和模态 I 对应的临界应变能释放率 G_{f}。因此，地基刚度 K 可以根据材料特性给出，即 $K=f_{t,90}^{2}/(2G_f)$，其中 G_f 按式(2-41)计算。

钢带加固后，开裂荷载 P_{ur} 可以由式(2-104)计算得出：

$$P_{ur}=2b\gamma\sqrt{\frac{5GG_f h_e}{3\xi}} \tag{2-104}$$

式中，γ 按式(2-61)计算；ξ 按式(2-68)计算。

考虑到节点端部存在预加轴向压力，对节点承载力有一定的提升作用，因此肩角部位劈裂破坏对应的 F_{ur} 按照式(2-105)计算：

$$F_{ur}=\mu P_{ur} \tag{2-105}$$

式中，μ 为折减系数，根据试验结果取 0.2。

其他试件的极限承载力计算方法与上述相同，表 2-38 给出了各组试件极限弯矩计算结果与试验结果对比。可以看出，除了 J-G5-60 组外，试件的计算结果和试验结果之间没有显著差异。一方面是由于 J-G5-60 组只含有一个试件，没有平行试件，而其他各组都含有两个试件，其误差可归因于木材自身力学性能的离散性；另一方面，由于自攻螺钉钻入施工偏差以及胶合木构件加工误差，在试验中，轴力施加过程导致两部分胶合木构件以接触点为旋转中心发生轻微旋转，构件整体出现轻微上拱，因此导致该构件极限弯矩试验数值偏大。总体而言，本节给出的公式可用于准确估算预应力钢带-自攻螺钉拼接节点梁的极限弯矩。

表 2-38 各组试件极限弯矩理论计算结果与试验结果对比

试件编号	试验结果/(kN·m)	理论计算结果/(kN·m)	相对误差/%
J-G5-60	37.60	26.76	−28.8
J-G5-60X	24.61	25.99	5.6
J-G5-90	23.50	22.70	−3.4
J-G5-90+60	24.31	25.70	5.7
J-G5-90+60+25	29.16	30.06	3.1

第 3 章　平面胶合木结构力学性能与设计方法

3.1　胶合木拱及钢木组合拱

3.1.1　胶合木拱及钢木组合拱力学性能试验

1. 材料性能试验

1) 木材材料性能

木材顺纹抗压强度根据《木材顺纹抗压强度试验方法》(GB/T 1935—2009)[29]测定，试件尺寸为 30mm×20mm×20mm，长度为顺纹方向，如图 3-1 所示。测定方法为：在试件长度中央位置测量宽度和厚度，精确至 0.1mm，匀速加载，使试件在 1.5～2.0min 内破坏，即荷载出现明显下降，得到破坏荷载。试件的顺纹抗压强度按式(3-1)计算，精确至 0.1MPa。

$$\sigma_{\mathrm{L}} = \frac{P_{\max}}{bt} \tag{3-1}$$

式中，σ_{L} 为顺纹抗压强度，MPa；$P_{\max}$ 为破坏荷载，N；b 为试件宽度，mm；t 为试件厚度，mm。

(a) 试验前

(b) 试验后

(c) 试验加载

图 3-1　木材顺纹抗压强度试验

木材横纹抗压强度根据《木材横纹抗压试验方法》(GB/T 1939—2009)[31]测定，试件尺寸为 30mm×20mm×20mm，如图 3-2 所示。测定方法为：测量木材的长度和宽度，精确至 0.1mm，匀速加载，使试件在 1～2min 内达到比例极限荷载，荷载-变形曲线上开始偏离直线的荷载为比例极限荷载。试件横纹全部抗压强度按式 (3-2)计算，精确至 0.1MPa。

$$\sigma_{\mathrm{R}} = \sigma_{\mathrm{T}} = \frac{P}{bl} \tag{3-2}$$

式中，σ_{R}和σ_{T}分别为含水率为 W 时径向和弦向的横纹抗压比例极限强度，MPa；P 为比例极限荷载，N；b 为试件宽度，mm；l 为试件长度，mm。

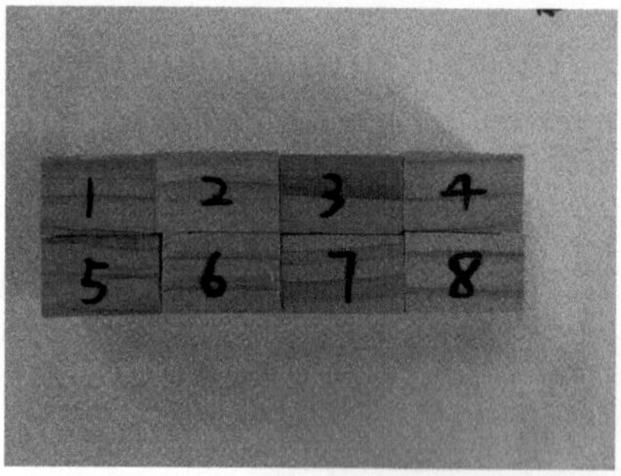

(a) 试验前

(b) 试验后

(c) 试验加载

图 3-2　木材横纹抗压强度试验

木材顺纹抗剪强度根据《木材顺纹抗剪强度试验方法》(GB/T 1937—2009)[30]测定，如图 3-3 所示。测定方法为：测定受剪面的宽度和长度，精确至 0.1mm，把试件放在试验装置上，匀速加载，直至破坏，破坏荷载读数精确至 10N。顺纹抗剪强度按式(3-3)计算，精确至 0.1MPa。

$$\tau_{\mathrm{LR}} = \tau_{\mathrm{LT}} = \frac{0.96 P_{\max}}{bl} \tag{3-3}$$

式中，τ_{LR} 和 τ_{LT} 分别为含水率为 W 时径面和弦面顺纹抗剪强度，MPa；P_{max} 为破坏荷载，N；b 为受剪面宽度，mm；l 为受剪面长度，mm。

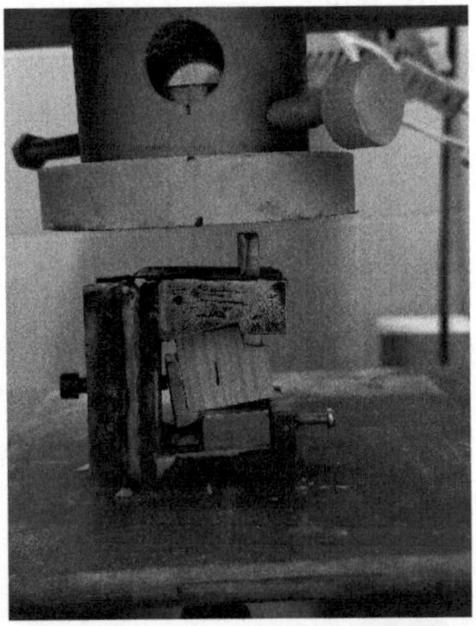

图 3-3　木材顺纹抗剪强度试验

木材顺纹抗压弹性模量根据《木材顺纹抗压弹性模量测定方法》(GB/T 15777—2017)[27]测定，试件尺寸为 60mm×20mm×20mm，如图 3-4(a)所示。测定方法为：在试件中部测量宽度和厚度，精确至 0.1mm，匀速加载，加载速率为 0.5mm/min，加载速率变化范围为±25%，加载下限为 1000N，加载上限为 4000N，先加载至下限荷载，记录变形值，再加载至超过上限荷载，记录变形值，立即卸载至低于下限荷载，如此反复 6 次。取后 3 次加载-卸载的上、下限变形平均值之差为上、下限荷载间的变形值，顺纹抗压弹性模量按式(3-4)计算，精确至 10MPa。

$$E_L = \frac{\Delta Pl}{bt\Delta l} \tag{3-4}$$

式中，E_L 为含水率为 W 时顺纹抗压弹性模量，MPa；ΔP 为顺纹压缩比例极限内上、下限荷载之差，N；l 为应变片的初始标距，mm；Δl 为 ΔP 相对应的初始标距压缩变形长度，mm；b 为试件初始宽度，mm；t 为试件初始厚度，mm。

木材横纹抗压弹性模量根据《木材横纹抗压弹性模量测定方法》(GB/T 1943—2009)[28]测定，试件尺寸为 60mm×20mm×20mm，如图 3-4(b)所示。测定方法为：在试件中部测量宽度和厚度，精确至 0.1mm，匀速加载，加载速率为 0.2mm/min，加载速率变化范围为±25%，加载下限为 100N，加载上限为 400N，先加载至下限荷载，记录变形值，再加载至超过上限荷载，记录变形值，立即卸载至低于下限荷载，如此反复 6 次。横纹抗压弹性模量按式(3-5)计算，精确至 1MPa。

$$E_R = E_T = \frac{\Delta Pl}{bt\Delta l} \tag{3-5}$$

式中，$E_R(E_T)$为含水率为W时横纹抗压弹性模量，MPa；ΔP为横纹压缩比例极限内上、下限荷载之差，N；l为标定变形的基距，mm；Δl为ΔP相对应的压缩变形长度，mm；b为试件初始宽度，mm；t为试件初始厚度，mm。

木材45°抗压弹性模量根据《木材横纹抗压弹性模量测定方法》(GB/T 1943—2009)[28]测定，试件尺寸为60mm×20mm×20mm，如图3-4(c)所示，测定方法与横纹抗压弹性模量测定方法相同。45°抗压弹性模量按式(3-6)计算，精确至1MPa。

$$E_{45} = \frac{\Delta P l}{b t \Delta l} \tag{3-6}$$

式中，E_{45}为含水率为W时45°横纹抗压弹性模量，MPa；ΔP为45°压缩比例极限内上、下限荷载之差，N；l为标定变形的基距，mm；Δl为ΔP相对应的压缩变形长度，mm；b为试件初始宽度，mm；t为试件初始厚度，mm。

(a) 木材顺纹抗压弹性模量

(b) 木材横纹抗压弹性模量

(c) 木材45°抗压弹性模量

图3-4　木材弹性模量测定试验

木材的含水率为10.8%，测得其顺纹抗压强度为42.8MPa，横纹抗压强度为5.3MPa，顺纹抗剪强度为9.5MPa，顺纹抗压弹性模量为12850N/mm^2，横纹抗压弹性模量为968N/mm^2，泊松比按照下式计算：

$$\nu_{LR} = \frac{-\Delta\varepsilon_R}{\Delta\varepsilon_L} \tag{3-7}$$

式中，$\Delta\varepsilon_R$和$\Delta\varepsilon_L$分别为在纵向力作用下径向和纵向的应变增量。

对于正交各向异性材料，泊松比和弹性模量存在以下关系：

$$
\begin{cases}
\dfrac{\nu_{RL}}{E_R} = \dfrac{\nu_{LR}}{E_L} \\
\dfrac{\nu_{TL}}{E_T} = \dfrac{\nu_{LT}}{E_L} \\
\dfrac{\nu_{TR}}{E_T} = \dfrac{\nu_{RT}}{E_R}
\end{cases}
\tag{3-8}
$$

结合应变片计算结果，泊松比取值如下：

$$\nu_{LR} = 0.467, \quad \nu_{RL} = 0.035$$

$$\nu_{LT} = 0.467, \quad \nu_{TL} = 0.035$$

$$\nu_{RT} = 0.572, \quad \nu_{TR} = 0.572$$

计算得到剪切模量为

$$G_{RT} = \frac{E_R}{2(1+\nu_{RT})} = 308\text{MPa}$$

$$G_{LT} = \frac{1}{\dfrac{4}{E_{45}} - \dfrac{1}{E_R} - \dfrac{1}{E_L} + \dfrac{2\nu_{LR}}{E_R}} = 902\text{MPa}$$

$$G_{LR} = G_{LT} = 902\text{MPa}$$

2) 钢材材料性能

根据《金属材料 拉伸试验 第 1 部分：室温试验方法》(GB/T 228.1—2021)[46]设计试件并进行试验，如图 3-5 所示。试件采用 Q235B 钢，与制作钢木组合拱用的 H 型钢是同一批材料，加载速率为 5mm/min。

(a) 拉伸前　　(b) 拉伸后

图 3-5　钢材拉伸试验

测量得到钢材的抗拉强度为 441MPa，屈服强度为 280MPa，弹性模量为 208000MPa。

3) 连接界面力学性能

钢木组合拱用环氧树脂 AB 胶黏结而成，该胶具有环保、绝缘性良好等优点，以及可耐水、耐油、耐磨、耐酸碱腐蚀、耐老化等性能特点。先使用干棉布或砂纸把粘胶面的灰尘、油污等擦干净，将环氧树脂 AB 胶按照 1：1 的比例少量多次混合搅拌均匀，常温下 24h 后可达到使用强度。

参考钢木组合拱的设计，在设计连接界面力学性能测定试件时，H 型钢翼缘厚度为 6mm，翼缘宽度为 80mm，腹板厚度为 5mm，腹板高度为 128mm，腹板外贴木板宽度为 37.5mm，腹板外贴木板高度为 128mm，翼缘外贴木板宽度为 80mm，翼缘外贴木板厚度为 30mm。

共设计了三种试件，钢材和木材的粘胶长度分别为 200mm、150mm、100mm，分别用编号 200、150 和 100 表示。粘胶长度为 150mm 的试件如图 3-6 所示。

试件制作过程如下：

(1) 将钢板焊接成 H 型钢，擦去试件表面的灰尘、杂质等。

(2) 把环氧树脂 AB 胶混合均匀，涂抹在木材和钢材表面，用夹具把试件压紧，保证钢材和木材充分接触，静置养护一周左右。

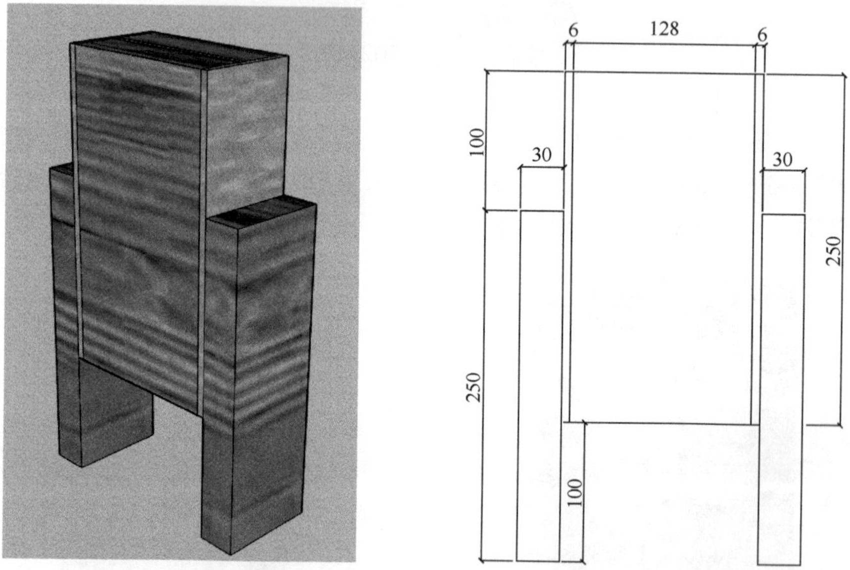

(a) 三维模型　　　　　　　　(b) 正立面图(单位：mm)

图 3-6　连接界面力学性能测定试件

试验加载设备为万能试验机。先预加载，检查应变箱和试验机是否可以正常工作。采用位移控制加载，加载速率为 0.2mm/min，直至试件破坏。

连接界面出现钢材和木材分开时的荷载定义为极限荷载。图 3-7 为三种试件的荷载-位移曲线，加载初期，加载设备与试件之间存在空隙，所以荷载-位移曲线较为平缓。随着加载设备与试件正式接触上，荷载-位移曲线呈线性关系，位移随着荷载的增加而线性增大。加载过程中，可以听到胶层开裂的声音。达到极限荷载时，试件丧失承载力，荷载急剧下降，试件呈脆性破坏。

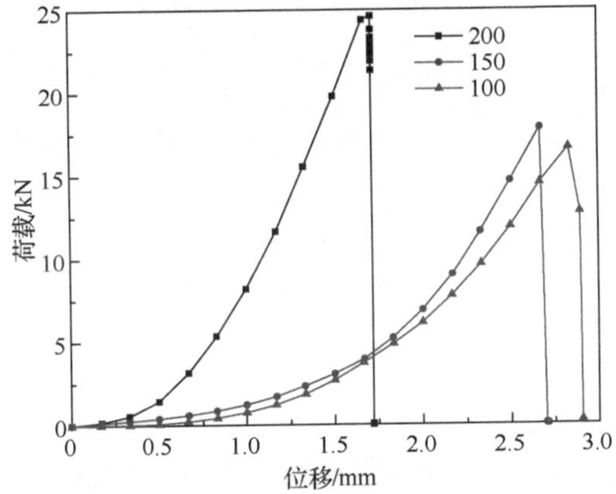

图 3-7　三种试件的荷载-位移曲线

三种试件破坏时均出现了 H 型钢一侧翼缘贴的木板与 H 型钢翼缘分离的现象，胶主要残留在木板上，如图 3-8 所示。

极限荷载与粘胶面积的比值定义为黏结强度[56]，按式(3-9)计算，精确至 0.1MPa。

(a) 试件 200 加载初期

(b) 试件 200 破坏后

(c) 试件 150 加载初期

(d) 试件 150 破坏后　　(e) 试件 100 加载初期　　(f) 试件 100 破坏后

图 3-8　试件破坏现象

$$\tau = \frac{P}{2bl} \tag{3-9}$$

式中，τ 为黏结强度，MPa；P 为极限荷载，N；l 为粘胶长度，mm；b 为粘胶宽度，mm。

荷载与界面滑移量的比值定义为剪切刚度[56]，按式(3-10)计算，精确至 0.1kN/mm。

$$K = \frac{\Delta P}{\Delta S} \tag{3-10}$$

式中，K 为剪切刚度，kN/mm；ΔP 为荷载增量，N；ΔS 为位移增量，mm。

三种试件的试验数据如表 3-1 所示。由表可得，随着粘胶长度的增加，试件极限荷载增大，荷载-位移曲线的斜率也增大。相对于粘胶长度为 100mm 的试件，粘胶长度为 150mm 试件的极限荷载提高了 5.9%，剪切刚度提高了 11.4%；粘胶长度为 200mm 试件的极限荷载提高了 53.6%，剪切刚度提高了 82.1%。

表 3-1　三种试件的试验数据

试件编号	胶粘长度/mm	极限荷载/N	黏结强度/MPa	剪切刚度/(kN/mm)
200	200	25926.6	0.8	25.5
150	150	17881.2	0.7	15.6
100	100	16881.9	1.0	14.0
平均值	—	20229.9	0.833	18.4

2. 试验概况

1) 试件尺寸及装配

试件的设计参考工程实例、已有文献和相关规范，整理了部分文献关于木拱的设计，发现常见的矢跨比为 1/5 和 1/6，截面高宽比为 2.25～4。《木结构设计手册》[57]中拱的矢跨比 f/L 为 1/7～1/4，拱体的矩形截面高度 h 可取为跨度 L 的 1/40～1/20。综合考虑，选取胶合木拱和钢木组合拱的矢跨比为 1/6，截面尺寸为 80mm×200mm，截面高度为跨度的 1/30，截面高宽比为 2.5。

胶合木拱由北美进口花旗松胶合木制成，钢木组合拱内部为 H 型钢，外围由环氧树脂 AB 胶将胶合木与钢材连接。试件参数如表 3-2 所示，截面如图 3-9 所示。

表 3-2　试件参数

试件名称	个数	矢高 f/m	跨度 L/m	矢跨比 f/L	截面尺寸 $b\times h$/(mm×mm)	圆弧拱半径/m	翼缘厚度 t_f /mm	腹板厚度 t_w /mm
胶合木拱	1	1	6	1/6	80×200	5	6	5
钢木组合拱	1	1	6	1/6	80×200	5		

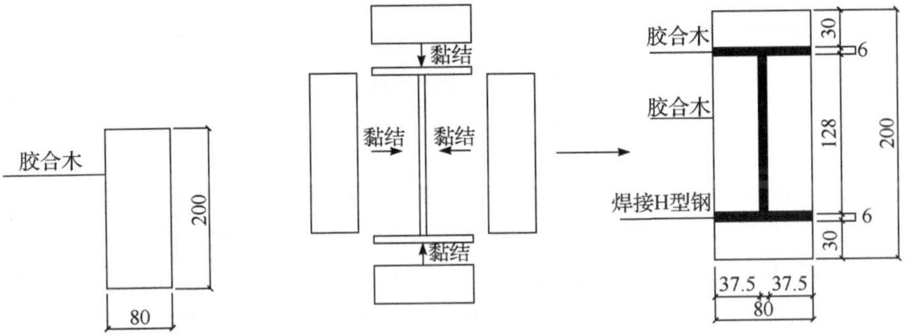

(a) 胶合木拱截面　　(b) 钢木组合拱截面

图 3-9　胶合木拱及钢木组合拱截面示意图(单位：mm)

钢木组合拱加工过程如图 3-10 所示，具体步骤如下：

(1) 先加工 H 型钢和套筒，加工完成后，先把 H 型钢上面的油污清洗掉，再对 H 型钢进行打磨，一方面是为了打磨掉焊渣，保证 H 型钢和木板能紧密贴合；另一方面是为贴应变片做准备。用酒精擦拭粘贴应变片的区域，最后在 H 型钢上粘贴应变片，并用胶带固定。

(2) 将环氧树脂 AB 胶按 1∶1 的比例取出，混合搅拌均匀。将胶均匀涂抹在 H 型钢和木材的连接面上，注意应尽快用完，防止胶凝固，造成浪费。把木板贴在 H 型钢上，对胶没有填满的区域进行补胶，用夹具加紧，保证 H 型钢和木材粘密实。

(3) 涂胶后，静置 48h，取下夹具。把套筒和试件进行预拼装，根据套筒的实际加工尺寸对试件端部进行打磨，并根据套筒上孔的位置对试件进行打孔。

(a) 加工 H 型钢

(b) 粘贴应变片

(c) 混合环氧树脂 AB 胶

(d) 对试件端部打孔

图 3-10　钢木组合拱加工过程

2) 加载方案

采用五个规格相同的千斤顶同时进行加载，试验装置如图 3-11 所示。试验分为预加载和正式加载两部分。预加载阶段，每级加载约 4kN，预加载的荷载不应超过极限荷载的 30%。正式加载阶段，当荷载小于极限荷载的 70%时，每级加载 4kN；当荷载介于极限荷载的 70%～80%时，每级加载 2kN；当荷载大于极限荷载的 80%时，采取位移控制加载，加载速率为 0.5mm/min。

(a) 加载平台及侧向支撑图

(b)加载正视图

图 3-11　试验装置

3) 测点布置

胶合木拱在拱脚、加载点截面处共布置 7 个测点区域，每个测点区域布置 8 个应变片，沿拱高四等分点处对称布置 6 个应变片，拱肋上下缘中间位置各布置 1 个应变片，如图 3-12 所示。

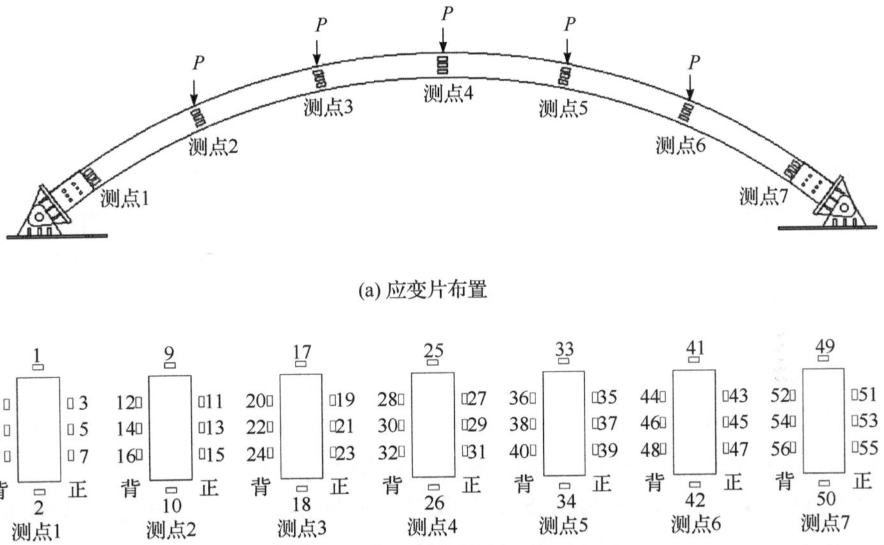

(a) 应变片布置

(b) 各测点区域应变片编号

图 3-12　胶合木拱应变片布置

钢木组合拱在拱脚、加载点截面处共布置 7 个测点区域，每个测点区域布置 12 个应变片。木材上在拱肋侧面沿拱高三等分点处对称布置 4 个应变片，拱肋上下缘中间位置各布置 1 个应变片。在 H 型钢上下翼缘表面各布置 2 个应变片，沿着腹板高度方向三等分点处布置 2 个应变片，如图 3-13 所示。

3. 胶合木拱试验结果及分析

当跨中荷载增加到 45kN 左右时，听到轻微劈裂声，继续加载，可以听到断

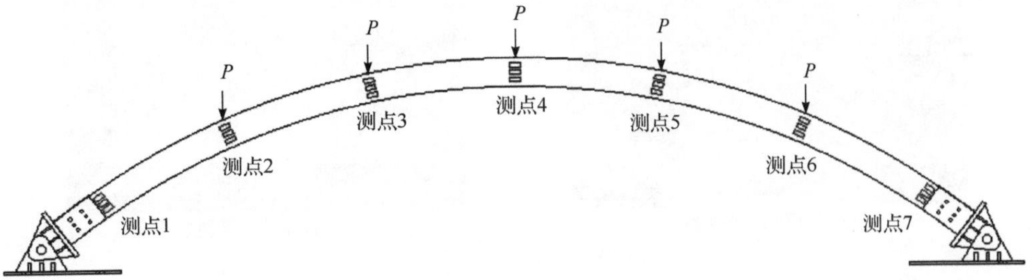

(a) 应变片布置

(b) 木材的应变片布置　　(c) H型钢的应变片布置

图 3-13　钢木组合拱应变片布置

断续续的声音。当跨中荷载增加到 50kN 左右时，突然听见“啪”的一声，第一条裂缝出现，如图 3-14(a)所示，继续加载，还可以听见“啪”的声音。当跨中荷载增加到 59kN 左右时，第二条裂缝出现，继续加载，第二条裂缝逐渐变宽，如图 3-14(b)所示。当跨中荷载增加到 63kN 左右时，第三条裂缝出现，继续加载，裂缝逐渐发展，木材断裂的声音持续出现。当跨中荷载增加到 75kN 左右时，出现“噼里啪啦”的声音，拱丧失承载力。木拱正面的三条裂缝如图 3-14(c)所示，木拱背面的三条裂缝如图 3-14(d)所示。木拱在试验过程中共计三条裂缝，均出现在跨中左侧，如图 3-14(e)和(f)所示。拱整体变形呈 M 形，右边向下变形比左边大，如图 3-14(g)和(h)所示。将木拱从支座上取下，发现拱的端部未出现明显损坏，如图 3-14(i)和(j)所示，说明拱端较好地将力传递给了支座。

(a) 第一条裂缝

(b) 第二条裂缝

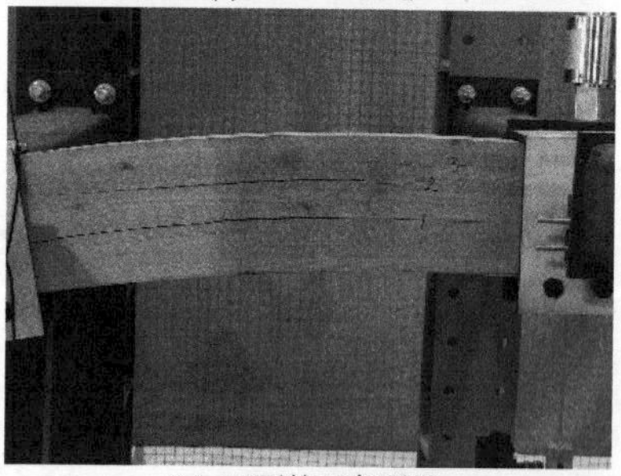

(c) 正面的三条裂缝

(d) 背面的三条裂缝

(e) 正面图

(f) 背面图

(g) 加载前

(h) 加载后

(i) 左端

(j) 右端

图 3-14 胶合木拱试验现象

胶合木拱的荷载-位移曲线如图 3-15 所示，取五个加载点的极限荷载平均值作为整个拱试件的极限荷载，胶合木拱的极限荷载约为 71kN，对应跨中位移为 45.5mm，*L*/6 处位移为 4.5mm，5*L*/6 处位移为 9.0mm，*L*/3 处位移为 30.5mm，2*L*/3 处位移为 34mm。

当荷载小于极限荷载的 70%时，拱处于弹性变形阶段，位移随着荷载的增加线性增加，跨中位移最大，*L*/3 和 2*L*/3 处位移次之，*L*/6 和 5*L*/6 处位移最小。当荷载大于极限荷载的 70%时，拱进入弹塑性变形阶段，*L*/6 和 5*L*/6 处位移开始减小，说明出现了反拱现象。当荷载增加到极限荷载时，继续压油泵，但是传感器的力不再继续增加，荷载明显下降，*L*/2 和 2*L*/3 处位移继续增大，*L*/6 和 5*L*/6 处位移继续减小，*L*/3 处位移开始减小。当荷载下降到极限荷载的 80%时，跨中位移增大到 67.5mm，拱无法再继续承载，试验结束。

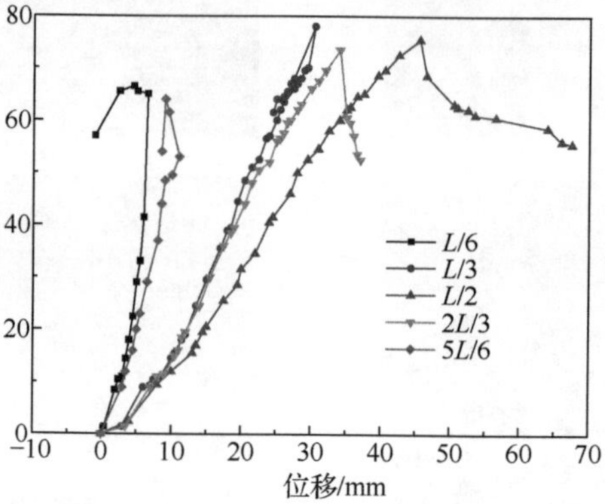

图 3-15　胶合木拱的荷载-位移曲线

胶合木拱的竖向位移如图 3-16 所示。当荷载小于 47kN 时，跨中竖向位移增长速度最快，*L*/3、2*L*/3 处的竖向位移增长速度次之，*L*/6、5*L*/6 处的竖向位移增长速度最慢。由于初始几何缺陷的存在，对称位置处的位移不是完全相同，但是对称测点的竖向位移变形规律一致，整体呈对称变形。继续增加荷载到 56kN 左右时，*L*/6、5*L*/6 处的竖向位移减小，即 5 个测点的位移由最初的全部竖直向下转变为部分向上，整体变形呈 M 形。

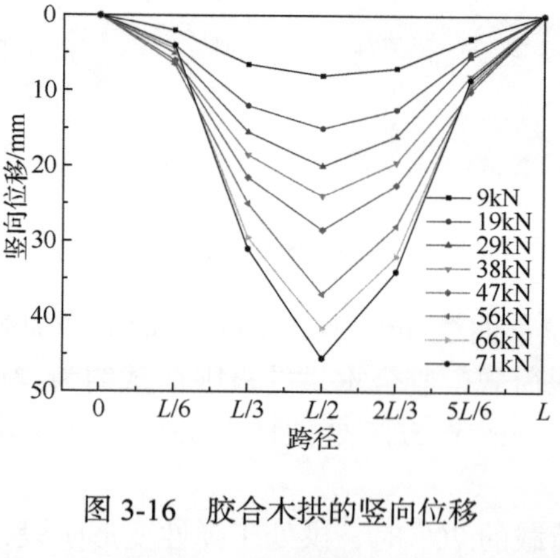

图 3-16　胶合木拱的竖向位移

胶合木拱的应变如图 3-17 所示，正值代表拉应变，负值代表压应变。在加载过程中，*L*/3～2*L*/3 区域上翼缘受压，下翼缘受拉。当荷载小于极限荷载的 70%

时，0～$L/6$、$5L/6$～L 区域上翼缘受压，下翼缘受拉；当荷载大于极限荷载的 70%时，0～$L/6$、$5L/6$～L 区域上翼缘受拉，这是由于 $L/6$、$5L/6$ 处的竖向位移减小，出现反拱现象。上、下翼缘的应变以跨中截面为对称轴，近似呈对称分布。拱在加载过程中以受压为主，存在一定的弯矩作用，应力较大的部位是跨中和支座附近。跨中截面的应变沿着高度方向不呈线性变化，以受压为主，而下翼缘附近区域受拉。

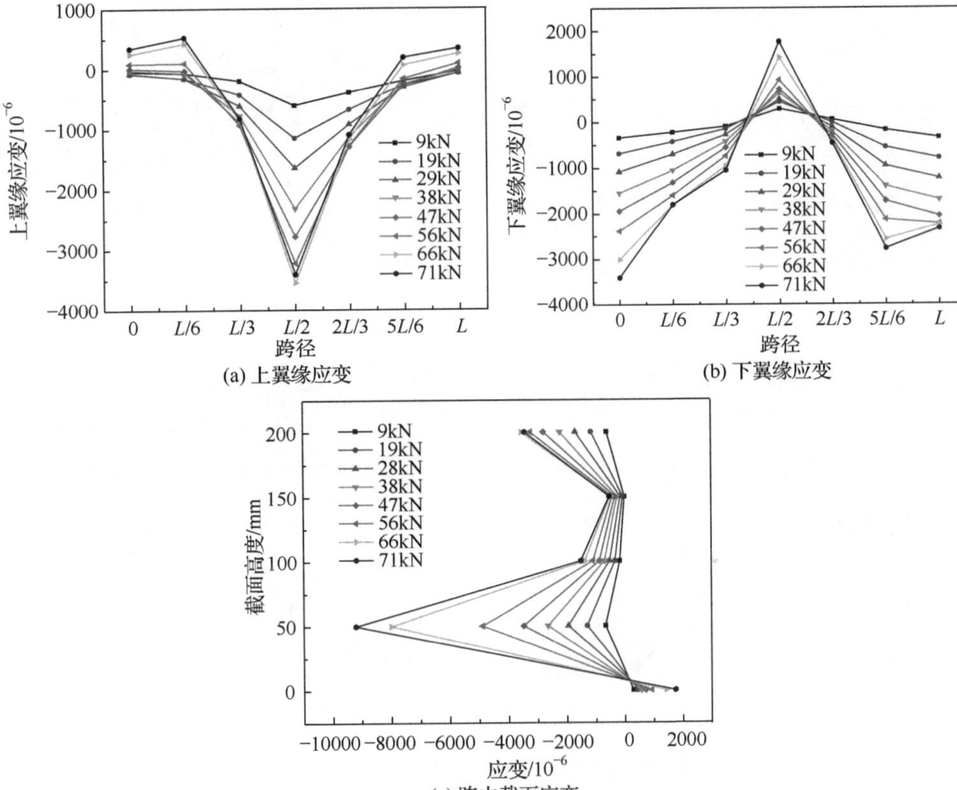

(a) 上翼缘应变　(b) 下翼缘应变

(c) 跨中截面应变

图 3-17　胶合木拱的应变

4. 钢木组合拱试验结果及分析

当跨中荷载为 47kN 左右时，出现轻微撕裂声音。当跨中荷载为 70kN 左右时，出现断断续续的响声。当跨中荷载为 78kN 左右时，出现第一次巨大声响，$2L/3$～$5L/6$ 区域的胶层开裂，如图 3-18(a)所示。当跨中荷载为 90kN 左右时，出现第二次巨大声响，$L/3$～$L/2$ 区域的木材出现轻微裂缝，胶层开裂，木材与 H 型钢出现分离现象，如图 3-18(b)所示。当跨中荷载为 91kN 左右时，试件多个部位出现胶层开裂和木材开裂的声音，$L/3$～$L/2$ 区域的胶合层开裂严重，突然听见“啪”的一声，随后声音持续出现，如图 3-18(c)所示。当跨中荷载为 92kN 左右时，突然出现“啪”的一声，继续缓慢加载，劈裂声持续出现。当跨中荷载为 95kN 左右时，突然出现“啪”的一声，木材断裂，H 型钢上翼缘局部屈曲，随后试件承载力急剧下降，标志着试件破坏，如图 3-18(d)所示。跨中左侧依次出现 3 条裂缝，如图 3-18(e)所示。

(a) 2*L*/3～5*L*/6 区域胶层开裂

(b) *L*/3～*L*/2 区域胶层开裂

(c) *L*/3～*L*/2 区域胶层裂缝变宽

(d) 钢木组合拱破坏

(e) 钢木组合拱的裂缝

图 3-18　钢木组合拱试验现象

钢木组合拱的荷载-位移曲线如图 3-19 所示。取五个加载点的极限荷载平均值为极限荷载，钢木组合拱的极限荷载为 92.2kN，对应跨中位移为 65mm，$L/6$ 处位移为 15.5mm，$5L/6$ 处位移为 5mm，$L/3$ 处位移为 45.5mm，$2L/3$ 处位移为 44mm。

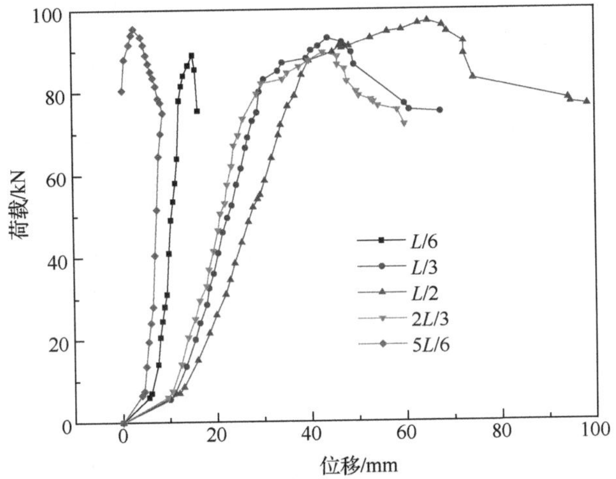

图 3-19　钢木组合拱的荷载-位移曲线

当荷载小于极限荷载的 80%时，钢木组合拱处于弹性变形阶段，位移随荷载的增加而线性增加，跨中位移最大，$L/3$ 和 $2L/3$ 处位移次之，$L/6$ 和 $5L/6$ 处位移最小。当荷载大于极限荷载的 80%时，钢木组合拱进入弹塑性变形阶段，$5L/6$ 处位移开始减小，拱的变形由对称向反对称转变。当荷载增加到极限荷载时，继续压油泵，但是传感器的力不再增加，荷载开始明显下降，$L/6$、$L/2$、$L/3$、$2L/3$ 处位移继续增大，$5L/6$ 处位移继续减小。当荷载下降到极限荷载的 80%时，跨中位移增大到 98.5mm，拱无法再继续承载，试验结束，试件整体变形是反对称的。

钢木组合拱的竖向位移如图 3-20 所示，当荷载小于 75kN 时，跨中竖向位移增长速度最快，$L/3$、$2L/3$ 处的竖向位移增长速度次之，$L/6$、$5L/6$ 处的竖向位移增长速度最慢。由于初始几何缺陷的存在，对称位置处的位移不完全相同，但是对称测点的竖向位移变化规律一致，整体呈对称变形。继续增加荷载到 75kN 左右时，$5L/6$ 处的竖向位移减小，即 5 个测点的位移由最初的全部竖直向下转变为部分向上。

钢木组合拱的应变如图 3-21 所示，正值代表拉应变，负值代表压应变。在加载过程中，$L/3$～$2L/3$ 区域上翼缘受压，$L/3$～$L/2$ 区域下翼缘先受拉再受压，$L/2$～$2L/3$ 区域下翼缘以受压为主；0～$L/6$、$5L/6$～L 区域上翼缘以受拉为主，下翼缘以

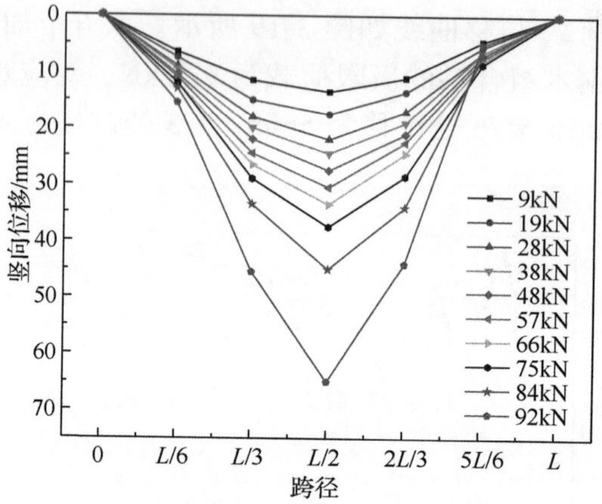

图 3-20　钢木组合拱的竖向位移

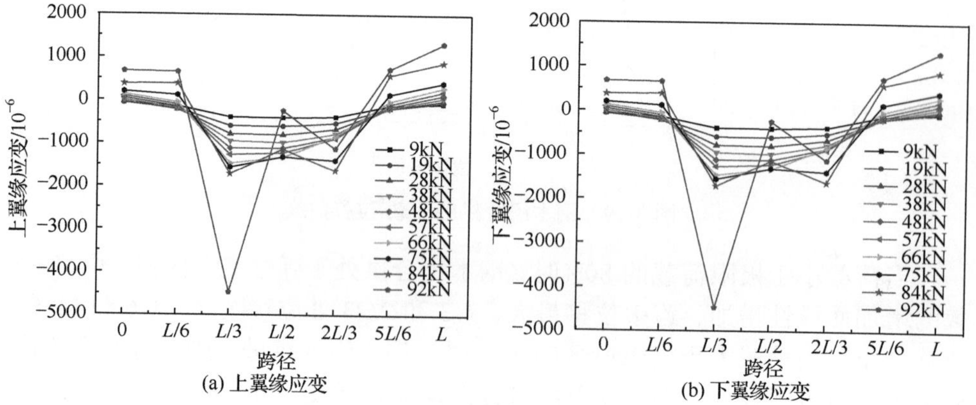

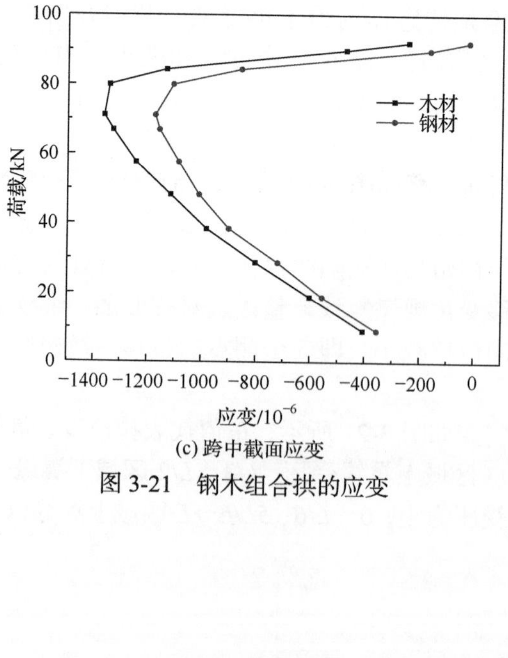

(c) 跨中截面应变

图 3-21　钢木组合拱的应变

受压为主。当荷载小于 84kN 时，上翼缘的应变以跨中截面为对称轴近似呈对称分布。当荷载大于 84kN 时，$L/3$ 处上翼缘应变迅速增大，不再以跨中截面为对称轴呈对称分布。拱在加载过程中以受压为主，存在一定的弯矩作用，应力较大的部位是跨中、$L/3$ 处和支座附近。

从图 3-21(c)可以看到，当荷载小于极限荷载的 80%时，跨中应变随着荷载的增加而线性增加，当荷载大于极限荷载的 80%时，二者不再呈线性关系。在加载过程中，受拉和受压区域的应变基本呈对称分布。在同一荷载水平下，木材的应变大于钢材，因为木材的弹性模量小于钢材，木材和钢材协同工作性能较好。

5. 胶合木拱与钢木组合拱受力性能对比

图 3-22 为胶合木拱和钢木组合拱跨中荷载-位移曲线对比。胶合木拱和钢木组合拱在加载过程中均经历了弹性变形和弹塑性变形阶段，但钢木组合拱弹性阶段所占比例较大，可见钢木组合拱中的 H 型钢分担了部分内力。钢木组合拱的荷载-位移曲线比胶合木拱陡峭，说明钢木组合拱中的钢材对拱刚度有提高作用。同时钢木组合拱的承载力比胶合木拱提高了 29.86%，这是因为钢木组合拱中的钢材具备较高的强度，而且钢材外面的木材会对钢材产生紧箍效应，防止钢材过早屈曲。

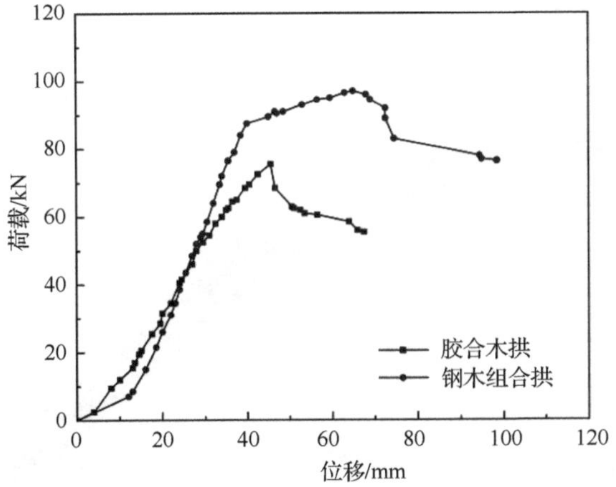

图 3-22　胶合木拱和钢木组合拱跨中荷载-位移曲线对比

3.1.2　胶合木拱及钢木组合拱数值模拟

1. 有限元分析

木材弹性阶段的材料性能参数如表 3-3 所示。设置材料方向时，定义 2 为顺纹方向，1 为径向，3 为弦向。

表 3-3　木材弹性阶段的材料性能参数(胶合木拱及钢木组合拱)

弹性模量/MPa			泊松比			剪切模量/MPa		
E_1	E_2	E_3	ν_{12}	ν_{13}	ν_{23}	G_{12}	G_{13}	G_{23}
968	12850	968	0.035	0.572	0.467	902	308	902

定义 $\bar{\sigma}_{22}$ =42.8MPa，$\bar{\sigma}_{11}=\bar{\sigma}_{33}$ =5.3MPa，$\bar{\sigma}_{13}$ =1.94MPa，$\bar{\sigma}_{23}=\bar{\sigma}_{12}$ =9.5MPa，计算得到木材塑性阶段的材料性能性参数如表 3-4 所示。

表 3-4　木材塑性阶段的材料性能参数(胶合木拱及钢木组合拱)

R_{11}	R_{22}	R_{33}	R_{12}	R_{13}	R_{23}
0.124	1	0.124	0.384	0.079	0.384

忽略胶合木存在的木节、指接等问题，对胶合木拱及钢木组合拱试件进行简化建模，这里以钢木组合拱为例，如图 3-23 所示。以加载点为偏移参照点，向上偏移 20mm 得到参考点。以加载点为中心，在胶合木拱的外表面切分出加载面，加载面的长度为加载平台的长度，即 250mm。选择参考点为耦合控制点，选择加载面为耦合面，对参考点和加载面进行耦合约束。对胶合木拱模型施加五个竖直向下的等力荷载。约束端部三个方向的平移自由度和两个转动自由度，用来模拟支座的作用。约束胶合木拱模型的平面外位移，用来模拟侧向支撑的作用。

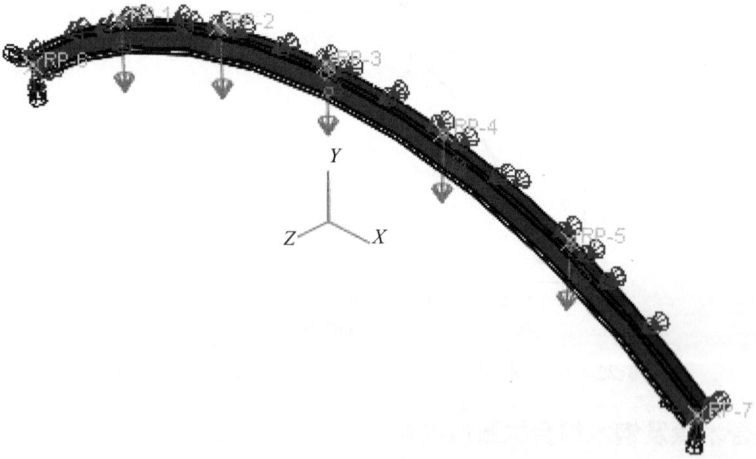

图 3-23　钢木组合拱有限元模型

参考《拱形钢结构技术规程》(JGJ/T 249—2011)[58]中关于初始几何缺陷的设

置方法，取拱平面内最低阶整体屈曲模态作为初始几何缺陷的分布形式，其缺陷幅值按拱跨度的 1/n 取值。建议后续研究测量拱试件的实际几何缺陷，将实际几何缺陷引入有限元分析中，并与试验结果进行对比。采用一致缺陷模态法时，先进行屈曲分析，得到模型拱的屈曲模态。进行屈曲分析时，需要在*End Step 前修改关键字，修改的目的是将屈曲分析中网格节点的坐标和位移输出。引入初始几何缺陷，进行材料和几何非线性分析时，需要在 inp 文件中嵌入屈曲分析的节点数据，模态的比例因子取跨度的 1/300。

划分网格时，选用的单元类型为 C3D8R 单元，近似全局尺寸为 20mm。

除以上设定外，钢木组合拱采用分离式建模，将胶合木和 H 型钢分别建模、定义属性，再按照实际位置，采用 Surface Based Cohesive 方法创建零厚度单元层来模拟胶合木和 H 型钢之间的接触，Cohesive Behavior 三个方向的剪切刚度参考 3.1.1 节的试验结果。

图 3-24 为胶合木拱 L/3、L/2、2L/3 处的荷载-位移曲线对比，可以看出模拟

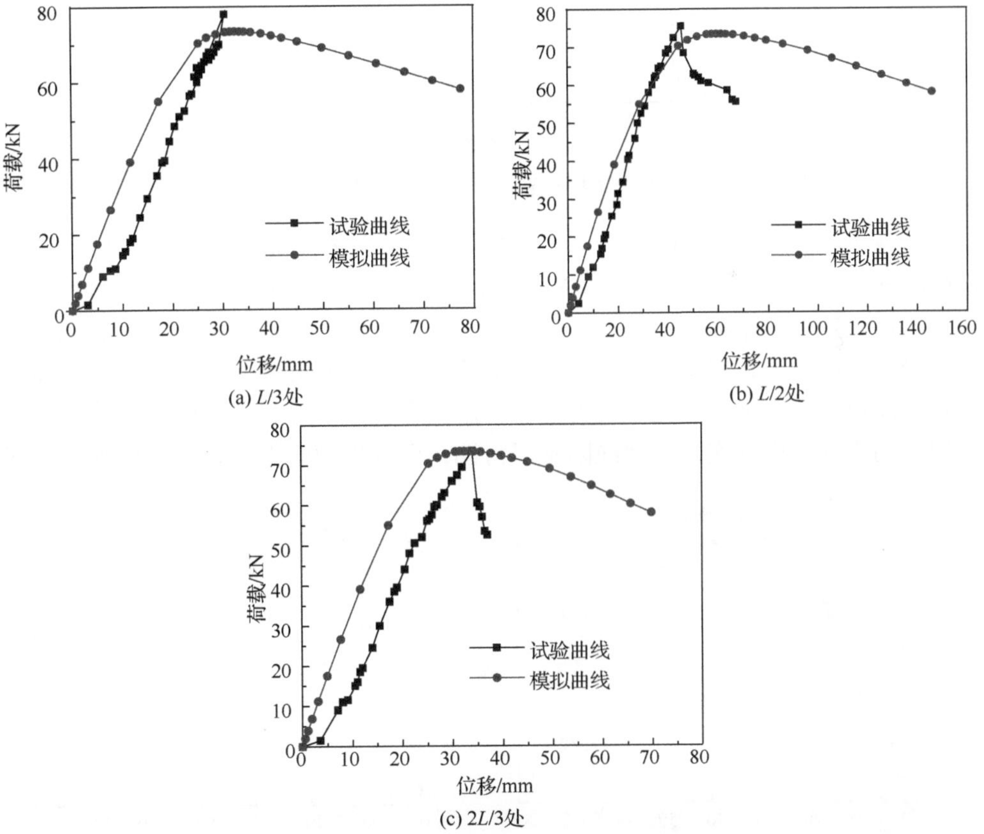

图 3-24　胶合木拱的荷载-位移曲线对比

曲线与试验曲线吻合较好。图 3-25 为胶合木拱达到极限荷载时的整体变形对比，当荷载达到极限荷载时，$L/6$、$L/3$、$2L/3$、$5L/6$ 处的竖向位移很接近，$L/2$ 处的竖向位移较大，模拟得到的位移比试验结果大 14mm 左右。由于试验的加载方式不能保证五个加载点完全等力加载，而且胶合木拱的实际几何缺陷难以得知，模拟引入的初始几何缺陷与实际几何缺陷有偏差，所以试验结果与模拟结果存在误差，模拟得到的极限荷载比试验得到的极限荷载高 3.4%，荷载-位移曲线的斜率稍大于试验得到的荷载-位移曲线的斜率，整体吻合较好，所以本节采用的数值模拟方法可有效模拟胶合木拱的极限荷载和整体变形。

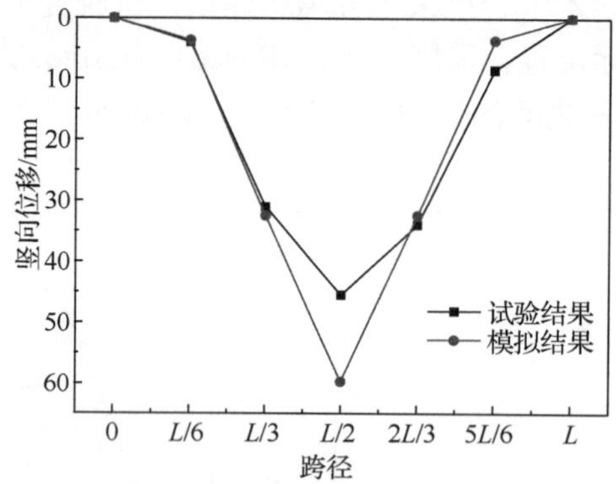

图 3-25　胶合木拱达到极限荷载时的整体变形对比

图 3-26 为钢木组合拱 $L/3$、$L/2$、$2L/3$ 处的荷载-位移曲线对比，可以看出模拟曲线与试验曲线吻合较好。图 3-27 为钢木组合拱达到极限荷载时的整体变形对比，当荷载达到极限荷载时，$L/6$、$L/3$、$2L/3$、$5L/6$ 处的竖向位移比较接近，$L/2$ 处的竖向位移较大，模拟得到的位移比试验结果大 25mm 左右。由于试验的加载方式不能保证五个加载点完全等力加载，木材存在裂纹等材料缺陷，模拟时把材料视为均质的，拱的实际几何缺陷难以得知，而且模拟时把木材看成横观各向同

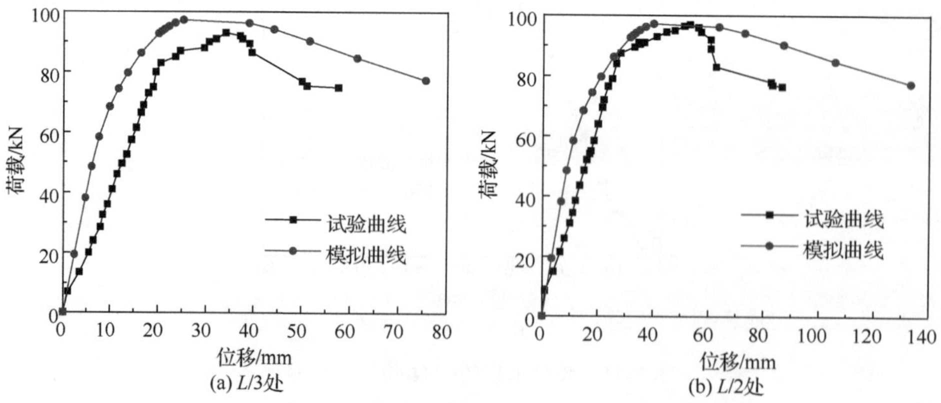

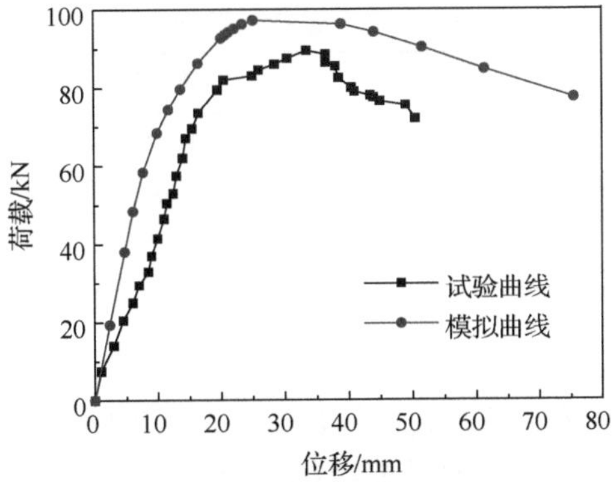

(c) 2*L*/3处

图 3-26　钢木组合拱的荷载-位移曲线对比

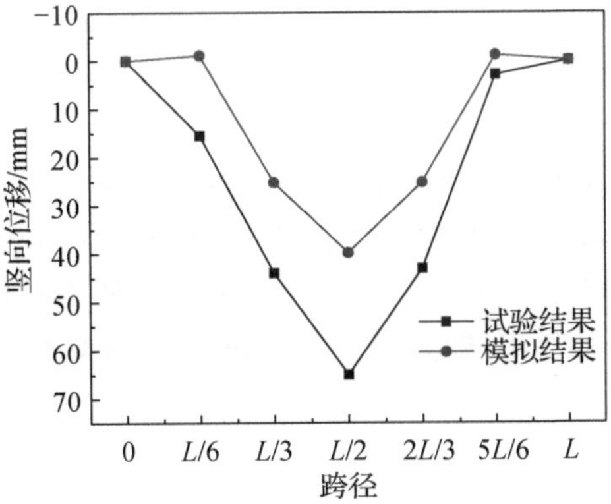

图 3-27　钢木组合拱达到极限荷载时的整体变形对比

性，而木材实际是各向异性材料，所以试验结果与模拟结果存在误差，模拟得到的极限荷载比试验得到的极限荷载高 5.4%，荷载-位移曲线的斜率稍大于试验得到的荷载-位移曲线的斜率，整体吻合较好。因此，本节采用的数值模拟方法可有效模拟钢木组合拱的极限荷载和整体变形。

2. 参数化分析

本节研究钢材强度、木材强度、含钢率这三个参数对钢木组合拱极限荷载的影响，它们的取值参考了工程实例、相关规范和已有的文献。工程中胶合木拱桥的矢跨比为 1/6～1/4，钢筋混凝土拱桥的矢跨比为 1/9～1/4.5，以 1/5 居多，钢管混凝土拱桥的矢跨比为 1/5～1/3.5，《拱形钢结构技术规程》(JGJ/T 249—2011)[58]中常用的矢跨比为 0.1～0.35。参考《拱形钢结构技术规程》[58]，选取含钢率的范围为 0.05～0.2，以 0.05 为增量，如表 3-5 所示。

表 3-5　所选参数范围

参数名称	最小值	最大值	增量
木材等级	TC_T18	TC_T30	—
钢材等级	Q235	Q460	—
含钢率	0.05	0.2	0.05

1) 钢材强度的影响

图 3-28(a)为不同木材等级下极限荷载随钢材强度的变化规律。极限荷载随钢材强度的增加近似线性增加，木材等级越高，增加幅度越小。随着钢材强度从 235MPa 增加到 460MPa，木材等级为 TC_T18 时，钢木组合拱的极限荷载提高了 51.9%；木材等级为 TC_T21 时，钢木组合拱的极限荷载提高了 51%；木材等级为 TC_T24 时，钢木组合拱的极限荷载提高了 45%；木材等级为 TC_T27 时，钢木组合拱的极限荷载提高了 45.7%；木材等级为 TC_T30 时，钢木组合拱的极限荷载提高了 41.4%。

图 3-28(b)为不同含钢率(α)下极限荷载随钢材强度的变化规律。极限荷载随钢材强度的增加近似线性增加，含钢率越高，增加幅度越大。随着钢材强度从 235MPa 增加到 460MPa，含钢率为 0.05 时，钢木组合拱的极限荷载提高了 36.3%；含钢率为 0.1 时，钢木组合拱的极限荷载提高了 51.9%；含钢率为 0.15 时，钢木组合拱的极限荷载提高了 60.3%；含钢率为 0.2 时，钢木组合拱的极限荷载提高了 62%。

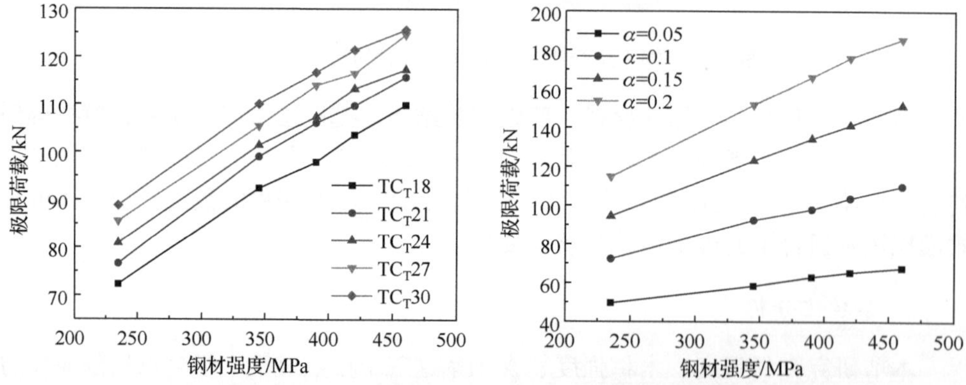

(a) 不同木材等级(f/L=0.1，α=0.1)　　(b) 不同含钢率(f/L=0.1，TC_T18)

图 3-28　钢材强度对极限荷载的影响

2) 木材强度的影响

图 3-29(a)为不同钢材等级下极限荷载随木材等级的变化规律。极限荷载随木材等级的增加近似线性增加，钢材等级越高，增加幅度越小。随着木材等级从

$\mathrm{TC_T}$18 增加到 $\mathrm{TC_T}$30，钢材等级为 Q235 时，钢木组合拱的极限荷载提高了 22.8%；钢材等级为 Q345 时，钢木组合拱的极限荷载提高了 19%；钢材等级为 Q390 时，钢木组合拱的极限荷载提高了 19.8%；钢材等级为 Q420 时，钢木组合拱的极限荷载提高了 17.2%；钢材等级为 Q460 时，钢木组合拱的极限荷载提高了 14.4%。

图 3-29(b)为不同含钢率下极限荷载随木材等级的变化规律。极限荷载随木材等级的增加近似线性增加，含钢率越大，增加幅度越小。随着木材等级从 $\mathrm{TC_T}$18 增加到 $\mathrm{TC_T}$30，含钢率为 0.05 时，钢木组合拱的极限荷载提高了 35.3%；含钢率为 0.1 时，钢木组合拱的极限荷载提高了 23.9%；含钢率为 0.15 时，钢木组合拱的极限荷载提高了 17.2%；含钢率为 0.2 时，钢木组合拱的极限荷载提高了 12.3%。

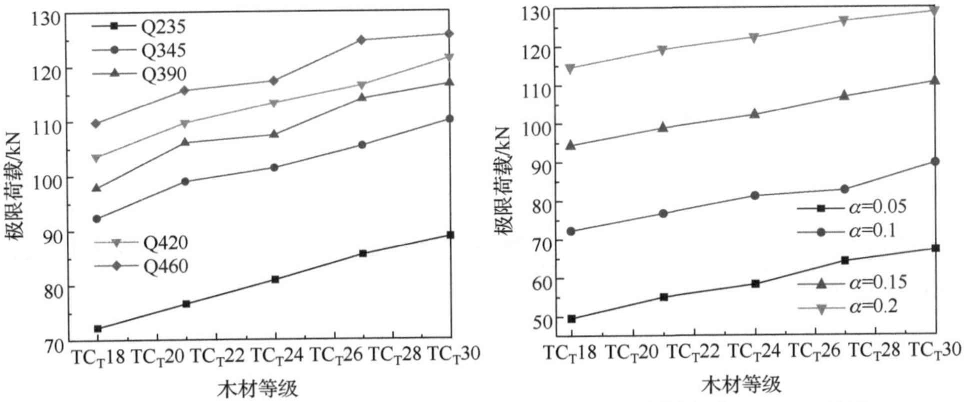

(a) 不同钢材等级(f/L=0.1，α=0.1)　　(b) 不同含钢率(f/L=0.1，Q235)

图 3-29　木材强度对极限荷载的影响

3) 含钢率的影响

图 3-30(a)为不同钢材等级下极限荷载随含钢率的变化规律。极限荷载随含钢率的增加近似线性增加，钢材等级越高，增加幅度越大。随着含钢率从 0.05 增加到 0.2，钢材等级为 Q235 时，钢木组合拱的极限荷载提高了 131%；钢材等级为 Q345 时，钢木组合拱的极限荷载提高了 159.8%；钢材等级为 Q390 时，钢木组合拱的极限荷载提高了 163.7%；钢材等级为 Q420 时，钢木组合拱的极限荷载提高了 169.5%；钢材等级为 Q460 时，钢木组合拱的极限荷载提高了 174.6%。

图 3-30(b)为不同木材等级下极限荷载随含钢率的变化规律。极限荷载随含钢率的增加近似线性增加，木材等级越高，增加幅度越小。随着含钢率从 0.05 增加到 0.2，木材等级为 $\mathrm{TC_T}$18 时，钢木组合拱的极限荷载提高了 131%；木材等级为 $\mathrm{TC_T}$21，钢木组合拱的极限荷载提高了 117.1%；木材等级为 $\mathrm{TC_T}$24，钢木组合拱的极限荷载提高了 108.9%；木材等级为 $\mathrm{TC_T}$27，钢木组合拱的极限荷载提高了 97.2%；木材等级为 $\mathrm{TC_T}$30，钢木组合拱的极限荷载提高了 91.8%。

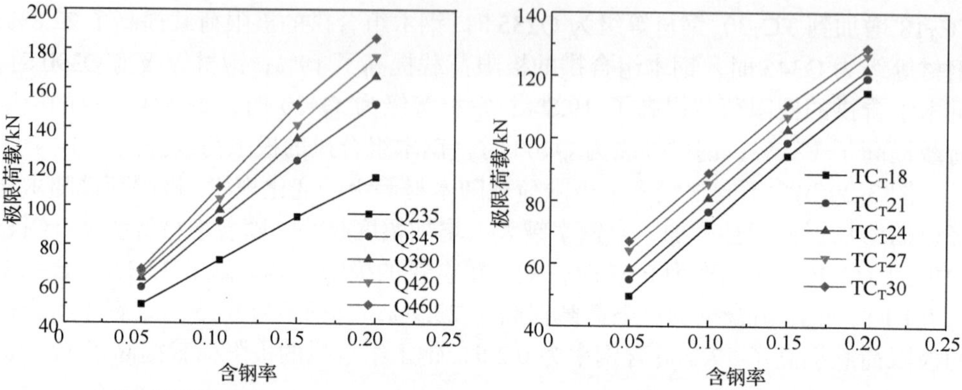

(a) 不同钢材强度(f/L=0.1，TC_T18)　　(b) 不同木材等级(f/L=0.1，Q235)

图 3-30　含钢率对极限荷载的影响

3.1.3　胶合木拱及钢木组合拱计算模型与设计方法

1. 两铰圆弧拱截面内力计算

实际竖向均布加载工况不易实施，一般试验中等效为五点加载进行模拟(图 3-31)，两者计算的拱截面内力及拱脚内力结果相似。

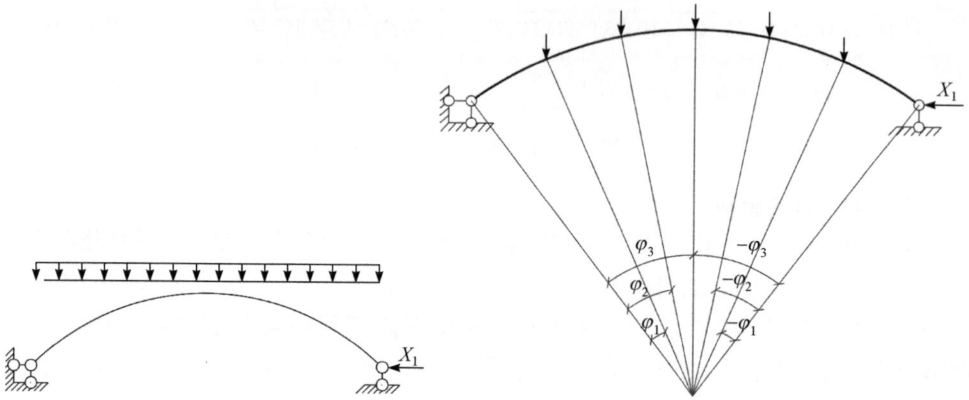

(a) 均布加载　　(b) 五点加载

图 3-31　计算基本结构

两铰圆弧拱为一次超静定结构，基于力法的基本原则，五点加载时，拱脚推力 X_1 的计算公式为

$$X_1 = \frac{\dfrac{R(B+C+D+E+F+G)}{I}}{\dfrac{R^2H}{I}+\dfrac{J}{A}} \tag{3-11}$$

式中

$$B=G=\frac{3}{4}PL\sin\varphi_1-\frac{1}{4}PR\left(1-\cos^2\varphi_1\right)-\frac{3}{4}PL\varphi_1\cos\varphi_3+\frac{1}{2}PR\cos\varphi_3\left(1-\cos\varphi_1\right)$$

$$C=F=\frac{11}{12}PL\left(\sin\varphi_2-\sin\varphi_1\right)+\frac{3}{4}PR\left(\cos^2\varphi_2-\cos^2\varphi_1\right)-\frac{11}{12}PL\cos\varphi_3\left(\varphi_2-\varphi_1\right)$$
$$+\frac{3}{2}PR\cos\varphi_3\left(-\cos\varphi_2+\cos\varphi_1\right)$$

$$D=E=\frac{5}{4}PL\left(\sin\varphi_3-\sin\varphi_2\right)+\frac{5}{4}PR\left(\cos^2\varphi_3-\cos^2\varphi_2\right)-\frac{5}{4}PL\cos\varphi_3\left(\varphi_3-\varphi_2\right)$$
$$+\frac{5}{2}PR\cos\varphi_3\left(-\cos\varphi_3+\cos\varphi_2\right)$$

$$H=\varphi_3+\frac{1}{2}\sin(2\varphi_3)+2\varphi_3\cos^2\varphi_3-4\cos\varphi_3\sin\varphi_3$$

$$J=\varphi_3+\frac{1}{2}\sin(2\varphi_3)$$

式中，P 为各加载点荷载，N；R 为圆弧拱的半径，mm；L 为圆弧拱的跨度，mm；A 为圆弧拱的截面面积，mm^2；I 为圆弧拱的截面惯性矩，mm^4。

两铰圆弧拱在五点加载下，任意截面弯矩 M、剪力 F_Q 和轴力 F_N 的计算公式为

$$M=M^0-F_H y \tag{3-12}$$

$$F_Q=F_Q^0\cos\varphi-X_1\sin\varphi \tag{3-13}$$

$$F_N=-F_Q^0\sin\varphi-X_1\cos\varphi \tag{3-14}$$

式中，φ 表示圆弧拱任意截面与圆弧拱圆心连线和圆弧拱支座与圆弧拱圆心连线的夹角，在拱的左半边为正，在拱的右半边为负；M^0 和 F_Q^0 分别为相同跨度和荷载作用下对应简支曲梁相应截面的弯矩和轴力，计算公式为

$$M^0=\begin{cases}\dfrac{3}{4}PL-\dfrac{1}{2}PR\sin\varphi, & 0\leqslant\varphi\leqslant\varphi_1\\ \dfrac{11}{12}PL-\dfrac{3}{2}PR\sin\varphi, & \varphi_1<\varphi\leqslant\varphi_2\\ \dfrac{5}{4}PL-\dfrac{5}{2}PR\sin\varphi, & \varphi_2<\varphi\leqslant\varphi_3\\ \dfrac{5}{4}PL+\dfrac{5}{2}PR\sin\varphi, & -\varphi_3\leqslant\varphi<-\varphi_2\\ \dfrac{11}{12}PL+\dfrac{3}{2}PR\sin\varphi, & -\varphi_2\leqslant\varphi<-\varphi_1\\ \dfrac{3}{4}PL+\dfrac{1}{2}PR\sin\varphi, & -\varphi_1\leqslant\varphi<0\end{cases} \tag{3-15}$$

$$F_Q^0=\begin{cases}2.5P, & 0\leqslant\varphi\leqslant\varphi_1\\1.5P, & \varphi_1<\varphi\leqslant\varphi_2\\0.5P, & \varphi_2<\varphi\leqslant\varphi_3\\-0.5P, & -\varphi_3\leqslant\varphi<-\varphi_2\\-1.5P, & -\varphi_2\leqslant\varphi<-\varphi_1\\-2.5P, & -\varphi_1\leqslant\varphi<0\end{cases}\tag{3-16}$$

2. 胶合木拱及钢木组合拱承载力验算

《胶合木结构技术规范》(GB/T 50708—2012)[36]中关于压弯构件承载力验算的公式为

$$\left(\frac{N}{A_n f_c}\right)^2+\frac{M_x}{W_{nx}f_{mx}\left(1-\dfrac{N}{A_n f_{cEx}}\right)}+\frac{M_y}{W_{ny}f_{my}\left[1-\dfrac{N}{A_n f_{cEy}}-\left(\dfrac{M_x}{W_{nx}f_{mE}}\right)^2\right]}\leqslant 1\tag{3-17}$$

$$f_{cEx}=\frac{0.47E}{\left(\dfrac{l_{ox}}{h}\right)^2}\tag{3-18}$$

$$f_{cEy}=\frac{0.47E}{\left(\dfrac{l_{oy}}{b}\right)^2}\tag{3-19}$$

$$f_{mE}=\frac{0.67E}{\lambda^2}\tag{3-20}$$

$$\lambda=\sqrt{\frac{l_e h}{b^2}}\tag{3-21}$$

$$l_e=k_l l\tag{3-22}$$

式中，N 为轴向压力设计值；M_x、M_y 为相对于 x 轴和 y 轴的弯矩设计值，N · mm；A_n 为构件净截面面积，mm²；W_{nx} 为相对于 x 轴的净截面抵抗矩，mm³；W_{ny} 为相对于 y 轴的净截面抵抗矩，mm³；f_c 为顺纹抗压强度设计值，N/mm²；f_{mx}、f_{my} 为胶合木构件相对于 x 轴和 y 轴的抗弯强度设计值，N/mm²；E 为弹性模量，N/mm²；b 为构件宽度，mm；h 为构件高度，mm；λ 为受弯构件的长细比，不得大于 50；l_{ox}、l_{oy} 为相对于 x 轴和 y 轴的计算长度；l_e 为构件计算长度；k_l 为长度计算系数。

木材的抗弯强度计算参考《木结构设计手册》[57]，计算公式为

$$\frac{f_m}{f_c}=\frac{\dfrac{3f_t}{f_c}-1}{\dfrac{f_t}{f_c}+1} \tag{3-23}$$

式中，f_c 为顺纹抗压强度设计值，N/mm^2；f_t 为顺纹抗拉强度设计值，N/mm^2；f_m 为顺纹抗弯强度设计值，N/mm^2。

经过计算，得到胶合木拱的极限荷载为57.2kN，比试验结果小19%，这是因为：规范得到的是设计承载力，试验得到的是极限承载力；在试验过程中不能保证五个加载点实现同步等力加载，这在一定程度上会影响承载力；木材是各向异性材料，计算时将木材等效为理想的各向同性材料；计算时采用的是《胶合木结构技术规范》[36]中关于压弯构件的承载力验算公式，而不是针对木拱的承载力验算公式。误差在可接受的范围内，说明通过上述方法求解木拱承载力是具备参考性的。

钢管混凝土柱的承载力计算方法有拟钢理论、拟混凝土理论和强度叠加理论等，本节参考钢管混凝土柱的承载力计算方法，提出拟木理论。首先根据钢材和木材抗压强度的关系得到换算后的拱截面面积，即式(3-24)；接着基于拱截面抗压强度不变的原则得到换算后的木材抗压强度设计值，即式(3-25)；然后根据拱截面整体压缩刚度不变的原则得到换算后的弹性模量，即式(3-26)；最后根据《胶合木结构技术规范》[36]中关于压弯构件的承载力验算公式得到钢木组合拱的承载力。

$$A'=A_c+A_s\frac{f_s}{f_c} \tag{3-24}$$

$$A'f_c=Af_c' \tag{3-25}$$

$$E'A=E_cA_c+E_sA_s \tag{3-26}$$

式中，A' 为换算后的拱截面面积，mm^2；A_c 为拱截面木材面积，mm^2；A_s 为拱截面钢材面积，mm^2；f_s 为钢材抗压强度设计值，N/mm^2；f_c 为木材抗压强度设计值，N/mm^2；A 为拱截面原始面积，mm^2；f_c' 为换算后的木材抗压强度设计值，N/mm^2；E' 为换算后的木材弹性模量，N/mm^2；E_c 为拱截面木材的弹性模量，N/mm^2；E_s 为拱截面钢材的弹性模量，N/mm^2。

经过计算，得到钢木组合拱的极限荷载为107.9kN，比试验结果大17%，这是因为：规范得到是设计承载力，试验得到的是极限承载力；在钢木组合拱结构中，钢材和木材共同作用的机理不清楚，尤其是钢材和木材之间黏结力的大小不确定及加载后两者之间缝隙变大，导致钢材和木材不能完全共同作用；木材是各向异性材料，而计算时将木材简化。后续研究可以优化拟木理论，进而减小误差。

3.2　胶合木曲梁及胶合木张弦梁

3.2.1　胶合木曲梁及胶合木张弦梁力学性能试验

1. 材料性能试验

材料性能测定方法同 2.2.1 节，在此不再赘述，具体试验结果如表 3-6 所示。

表 3-6　弹性模量和极限强度统计结果

材料性能	平均值 $\bar{X}$ /MPa	标准差 S /MPa	标准误差 S_t /MPa	变异系数 v /%	准确指数 p /%
顺纹抗压弹性模量/MPa	12381	1463	391	11.82	6.32
顺纹抗压强度/MPa	45.23	5.07	1.35	11.20	5.97
横纹抗压弹性模量/MPa	478.95	93.61	24.17	19.54	10.09
横纹抗压比例极限强度/MPa	6.45	0.78	0.20	12.09	6.20
顺纹抗剪强度/MPa	8.16	0.96	0.24	11.76	5.88

2. 试验概况

1) 试件设计

试验设计制作了 4 组试件：CBS 组、BBS-1 组、BBS-2 组、BBS-3 组，每组有 2 个试件，共计 8 个试件，具体参数如表 3-7 所示。构件编号含义为：CBS 表示曲梁试件，BBS 表示张弦梁试件，数字 1、2、3 分别对应 3 种拉索直径。胶合木张弦梁由上弦拱形胶合木梁、胶合木撑杆和下弦拉索组成。撑杆上端与木梁采用万向球铰节点连接，并通过自攻螺钉实现上部木梁和木撑杆的便捷连接，可以看成理想的铰接节点。撑杆下端与拉索采用滚动张拉节点连接，减小张拉过程中摩擦力导致的预应力损失，解决拉索张拉后充分固定的问题。

表 3-7　胶合木梁参数

试件名称	试件编号	跨度 L/m	矢高 f/m	矢跨比 f/L	垂跨比	截面尺寸 $b \times h$/(mm×mm)	撑杆尺寸 /(mm×mm)	拉索直径 /mm
胶合木曲梁	CBS	6	0.4	1/15	—	80×200	80×80	—
胶合木张弦梁	BBS-1	6	0.4	1/15	1/20	80×200	80×80	15

续表

试件名称	试件编号	跨度 L/m	矢高 f/m	矢跨比 f/L	垂跨比	截面尺寸 $b\times h$/(mm×mm)	撑杆尺寸 /(mm×mm)	拉索直径 /mm
胶合木张弦梁	BBS-2	6	0.4	1/15	1/20	80×200	80×80	22
	BBS-3	6	0.4	1/15	1/20	80×200	80×80	25

2) 加载方案

采用五点等力加载，在千斤顶下方设置加载平台，并沿跨度方向均匀设置五对侧向支撑。

加载过程包括预加载和正式加载两个阶段。首先对试件进行预加载，预加荷载值为预估极限荷载的 20%，持荷 2min 后卸载至 0，然后开始正式加载，采用分级加载制度，荷载小于预估极限荷载的 70%时以预估极限荷载的 10%逐级递增，荷载超过预估极限荷载的 70%时以预估极限荷载的 5%逐级递增，达到极限荷载后，采用位移控制继续加载，待荷载下降至极限荷载的 80%或试件出现严重破坏时停止试验。

3) 测点布置

试件测点布置如图 3-32 所示，采用顶针式位移计(D1、D7)测量支座水平位移，位移计 D2～D6 分别布置在五个加载点下，用于测量试件的竖向位移。选取各加载点所在截面作为应变采集截面，沿截面高度方向均匀布置五个顺纹方向应变片。

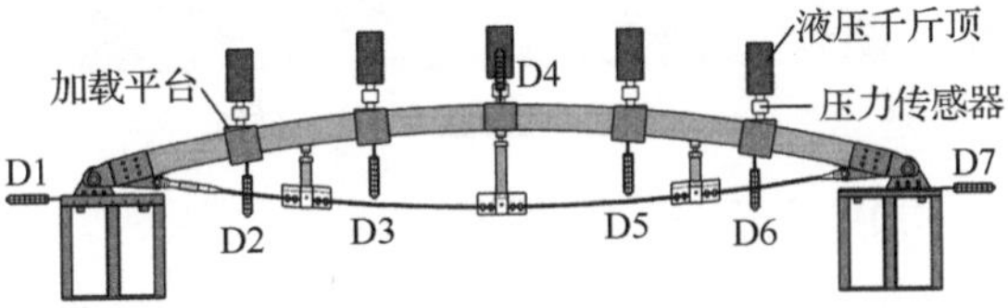

(a) 位移测点布置

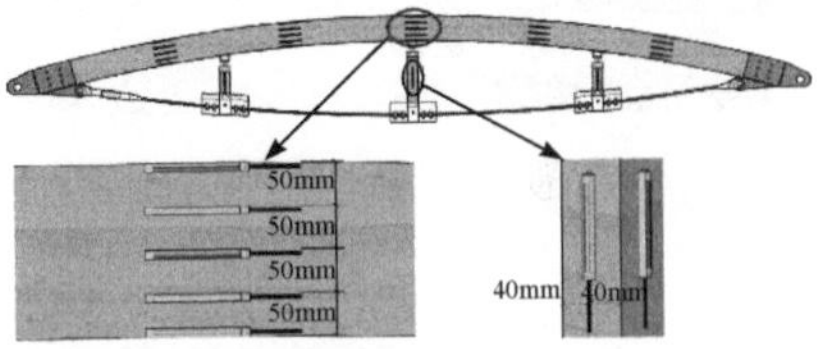

(b) 应变测点布置

图 3-32　试件测点布置

3. 胶合木曲梁试验结果及分析

1) 试验现象

在初始加载阶段，胶合木曲梁试件基本处于线弹性阶段，荷载加至极限荷载的 70%～80%时，梁体偶尔发出纤维断裂的轻微声响，继续增加荷载，梁表面仍然未见裂缝，上翼缘出现极轻微褶皱，达到极限荷载时，伴随突然的巨大声响，试件由于横纹拉伸而发生极为迅速的纵向劈裂，试件截面高度中部和下部出现多条裂缝，裂缝产生后迅速扩展，曲梁瞬间丧失承载能力，最终曲梁的破坏形态如图 3-33 所示，属于典型的脆性破坏。这是由于木材横纹抗拉强度仅为顺纹抗拉强度的 1/40～1/10，截面在横纹拉伸作用下产生裂缝，裂缝迅速贯通导致结构破坏。

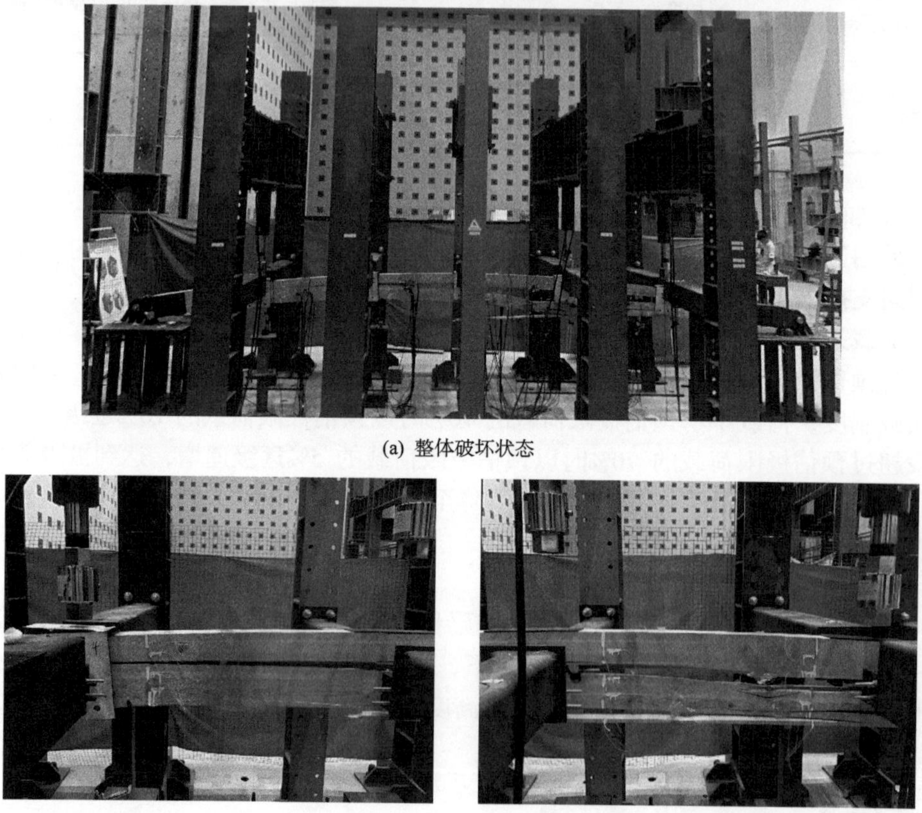

(a) 整体破坏状态

(b) 加载点 2 与加载点 3 之间破坏　　(c) 加载点 3 与加载点 4 之间破坏

图 3-33　胶合木曲梁破坏形态

2) 荷载-位移曲线

在整个加载过程中，五个液压千斤顶所连接的力传感器值基本相等(相差小于 5%)，对称位置的竖向位移也基本相等，证明了同步加载工况的有效实施。由于 CBS 试件提前破坏，此处不做分析。胶合木曲梁试件 CBS-a 荷载-位移曲线如图 3-34 所示，荷载值为五个传感器测得的平均值。可以看出，达到极限荷载前，试件竖向位移与荷载基本呈线性关系，胶合木曲梁处于弹性工作状态，试件竖向位移沿跨中呈对称分布，开裂前荷载没有下降段，无破坏征兆，呈典型的脆性破坏。试件极限荷载为 6.79kN，对应跨中位移为 161.4mm，约为跨度的 1/37。

3) 应变分布

胶合木曲梁破坏前不同加载点处截面顺纹应变分布如图 3-35 所示。可以看出，曲梁加载点处截面顺纹应变分布规律基本符合平截面假定，但是拉应变比压应变稍大，中性轴在梁截面高度中部，构件中性轴几乎没有移动，截面也几乎没有塑性变形就发生破坏，属于典型的脆性破坏，破坏时截面最大压应变为 -3449×10^{-6}，最大拉应变为 3534×10^{-6}。

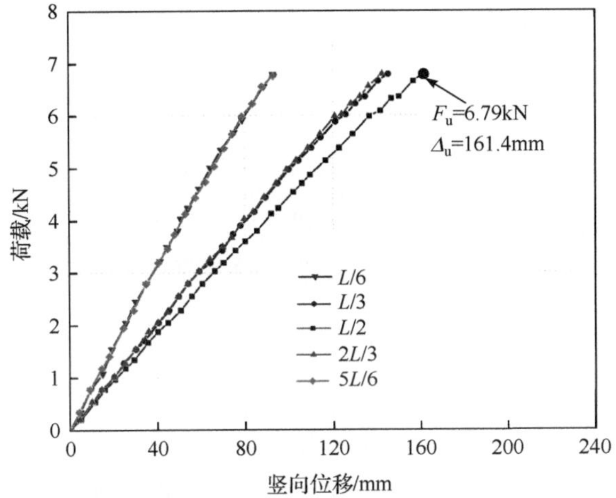

图 3-34　胶合木曲梁荷载-位移曲线

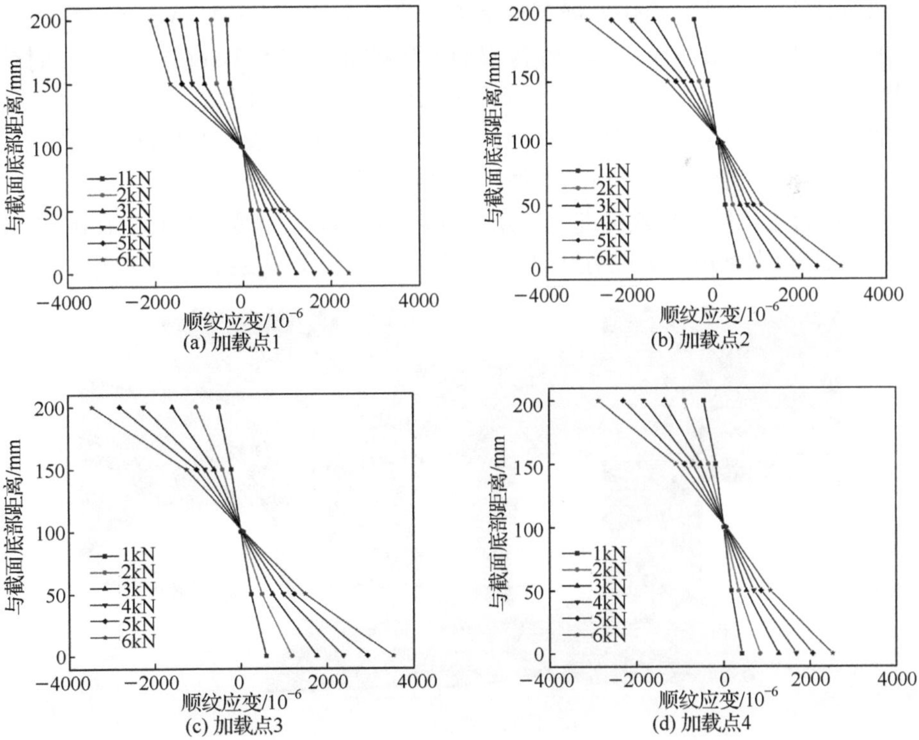

(a) 加载点1　(b) 加载点2

(c) 加载点3　(d) 加载点4

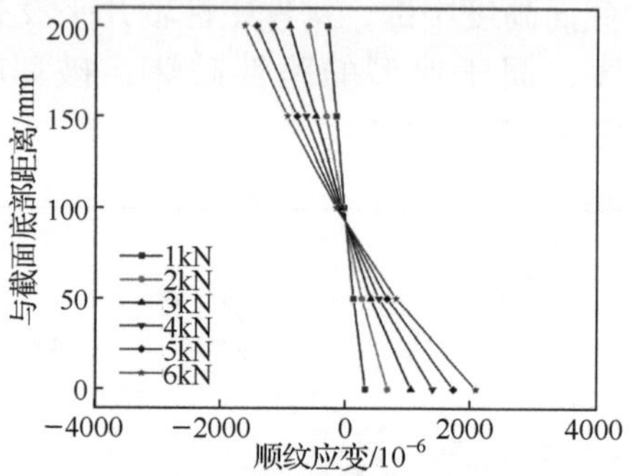

(e) 加载点 5

图 3-35　胶合木曲梁不同加载点处截面顺纹应变分布

4. 胶合木张弦梁试验结果及分析

1) 试验现象

根据初始失效位置的不同，胶合木张弦梁试件的典型破坏模式可分为两类：下弦拉索破坏和上弦胶合木梁破坏。试件 BBS-1 的破坏模式为下弦拉索破坏，全跨荷载作用下，下弦拉索首先在拉应力最大的支座处进入塑性状态，由于各索段拉力相差很小，塑性区很快发展到整个索，当索全部进入塑性状态后，随着荷载的增加，下弦拉索很快便达到塑性极限而发生破坏，如图 3-36(a)所示，此时荷载达到峰值，上弦与下弦刚度比例改变，张弦梁结构发生内力重分布，荷载无法继续增加，而竖向位移迅速增加，上弦胶合木梁裂缝迅速扩展，上弦胶合木梁底部发生了拉伸破坏，如图 3-36(b)所示，最终破坏形态如图 3-36(c)所示。

上弦胶合木梁破坏模式可进一步分为两类：弯曲破坏和受压破坏。在试件 BBS-2 中，上弦胶合木梁顶部出现明显的受压裂缝，底部则出现受拉开裂(图 3-37(a))，这

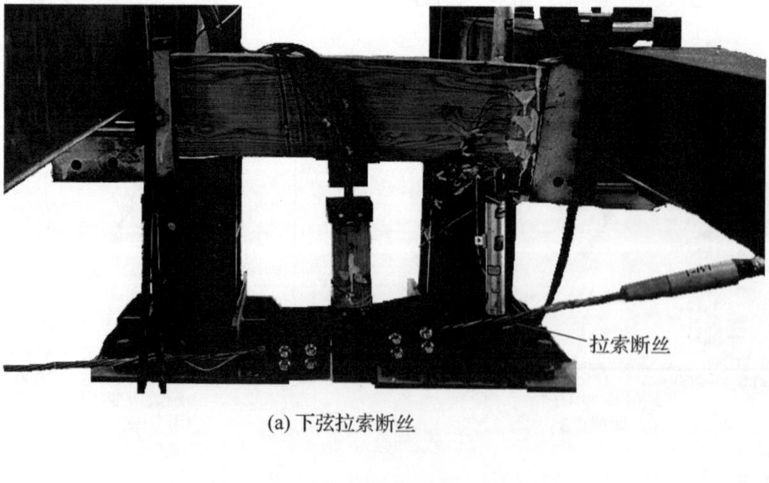

(a) 下弦拉索断丝

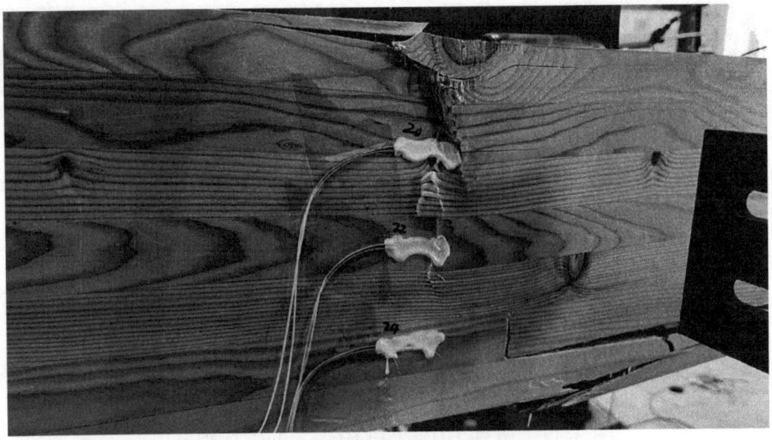

(b) 上弦胶合木梁破坏

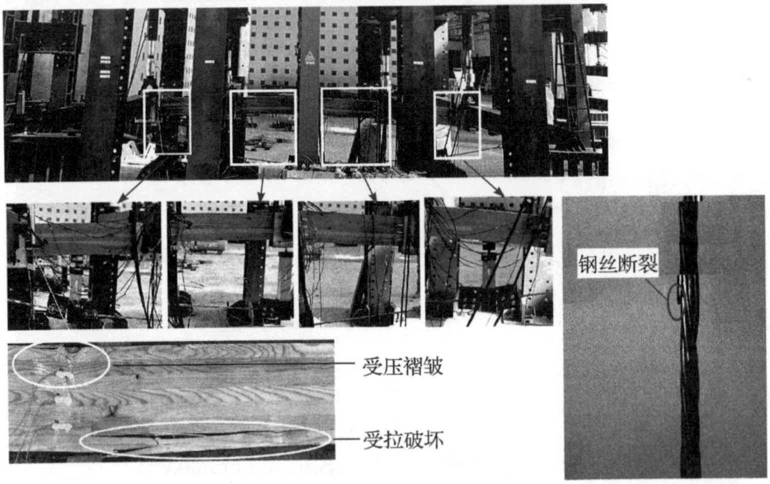

(c) 最终破坏形态

图 3-36　试件 BBS-1 的破坏模式

类破坏形式可以归类为弯曲破坏，在试件 BBS-3 中观察到了明显的受压破坏现象(图 3-37(b))。这是由于随着拉索直径增加，拉索的轴向刚度增大，这会影响上弦胶合木梁中轴向力的占比，进而导致不同的破坏形式。

2) 荷载-位移曲线

以试件 BBS-1 为例，分析张拉阶段的位移变化，结果如图 3-38 所示。从图中可以看出，随着预应力的施加，胶合木张弦梁出现反拱，各测点位移以近似线性的方式增加，跨中反拱值增长最快，其次是张拉端一侧的加载点 4 处，相较于远离张拉端的半跨，靠近张拉端的半跨反拱值更大，同时滑动支座向内移动，在张拉完成时，拉索预拉力达到 11.46kN，滑动支座向内移动 11.08mm。

(a) BBS-2　　(b) BBS-3

图 3-37　试件 BBS-2 和 BBS-3 的破坏模式

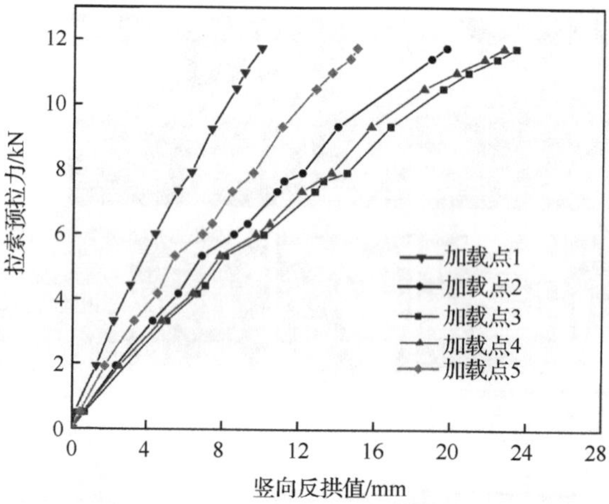

图 3-38　试件 BBS-1 张拉阶段荷载-位移曲线

胶合木张弦梁正式加载阶段荷载-位移曲线如图 3-39 所示。可以看出，荷载-

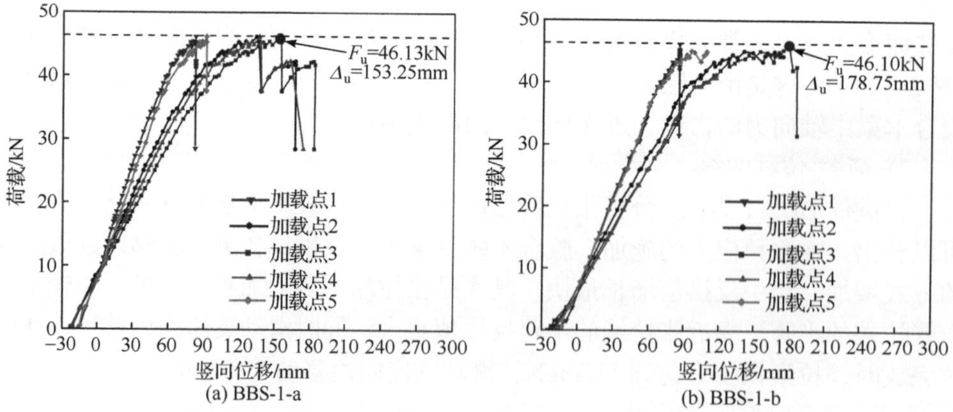

(a) BBS-1-a　　(b) BBS-1-b

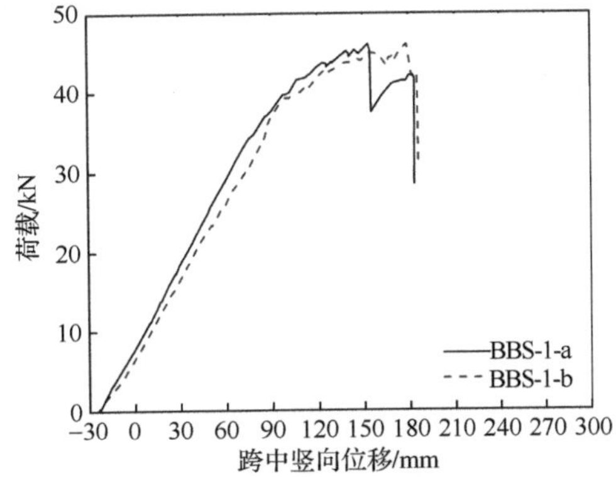

(c) BBS-1-a与BBS-1-b比较

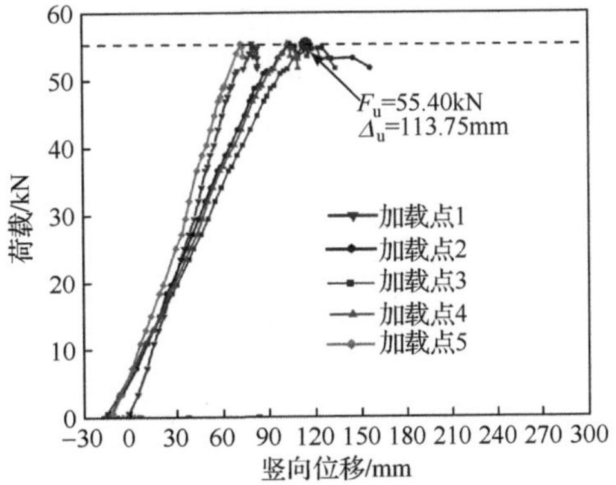

(d) BBS-2-a

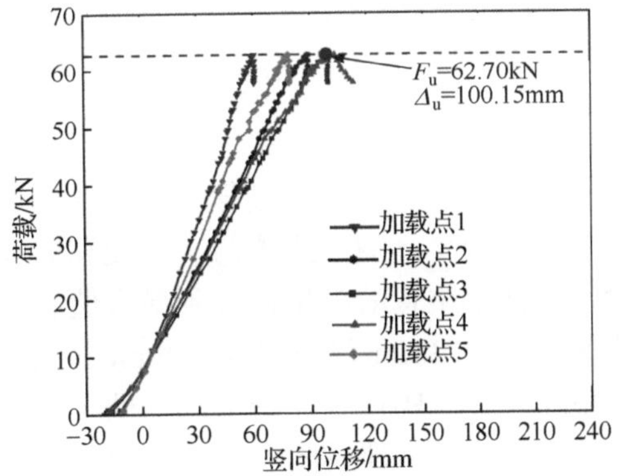

(e) BBS-3-a

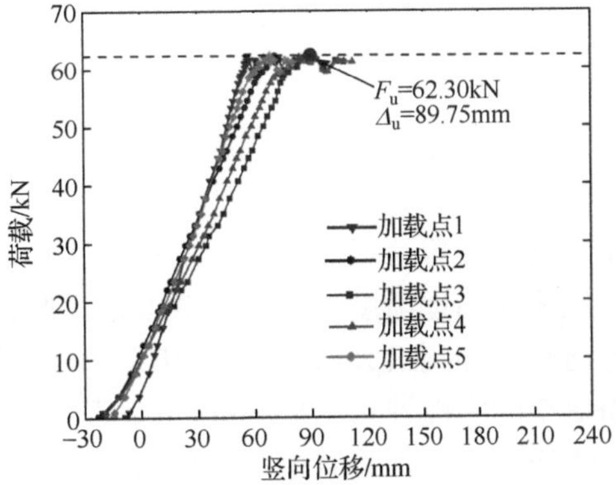

(f) BBS-3-b

图 3-39　胶合木张弦梁正式加载阶段荷载-位移曲线

位移曲线由弹性阶段和弹塑性阶段组成。由图 3-39(a)可看出，跨中加载点 3 处的竖向位移最大，其次是加载点 2 和 4 处，而加载点 1 和 5 处的竖向位移最小，对称位置的竖向位移几乎相等。BBS-1-a 的极限荷载为 46.13kN，BBS-1-b 的极限荷载为 46.10kN，二者相差不超过 5%，可以看出胶合木张弦梁试件的离散性非常小，BBS-3-a 的极限荷载为 62.70 kN，BBS-3-b 的极限荷载为 62.30kN，也进一步验证了这一点。因此，虽然未能得到 BBS-2-b 的数据，但可以仅采用 BBS-2-a 的数据来代表 BBS-2。

选取胶合木张弦梁荷载-跨中竖向位移曲线进行对比，如图 3-40 所示。可以看出，拉索直径越大，试件刚度和极限荷载越大，与试件 BBS-1 相比，试件 BBS-2 和 BBS-3 的极限荷载分别提高了 20.1%和 35.92%，试件的破坏模式也从下弦拉索的断裂转变为上弦胶合木梁破坏。

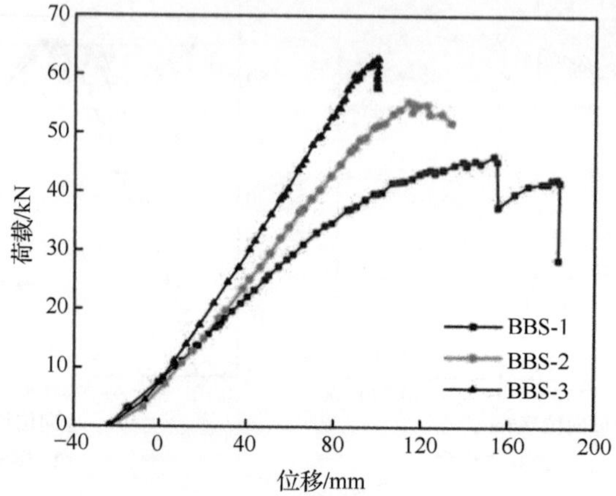

图 3-40　胶合木张弦梁荷载-跨中竖向位移曲线对比

3) 应变分布

胶合木张弦梁在不同荷载水平下的顺纹应变分布如图 3-41～图 3-43 所示。在张拉阶段，上弦胶合木梁的顶部受拉，而底部受压，这与张拉过程引起的反拱现象一致。随着荷载的增加，反拱产生的应变逐渐减小，随后梁顶的压应变和梁底的拉应变均逐渐增加。在加载的最后阶段，中性轴位置的纵坐标达到最大值。随着荷载增加到最大值，试件 BBS-1 的中性轴从−94.73mm 移动到−49.79mm，试件 BBS-2 的中性轴从−95.96mm 移动到−82.27mm。试件 BBS-3 在跨中几乎处于全截面受压。基于这些结果可以得出结论，梁截面压缩区的比例随着拉索直径的增加而增加。这种现象可归因于拉索直径越大，在相同的轴向应变下，拉索的轴向力越大，导致上弦胶合木梁的轴向力占比增加，弯矩占比减小。

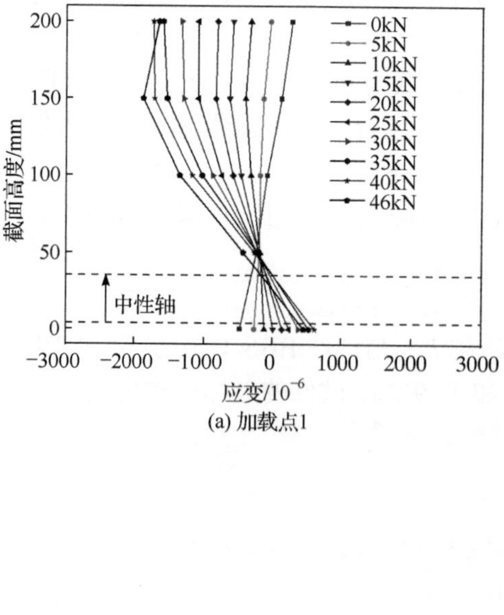

(a) 加载点1

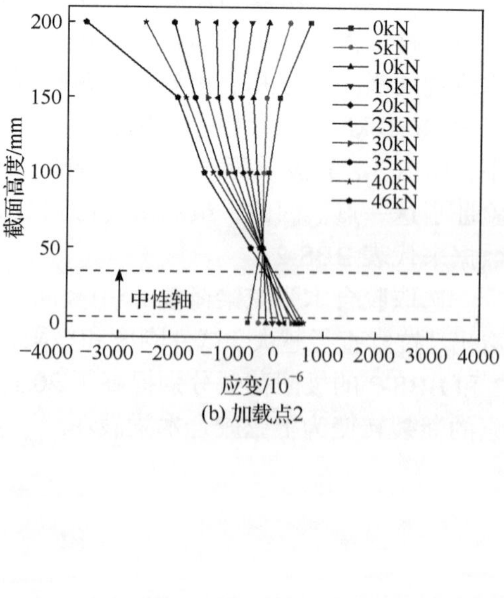

(b) 加载点2

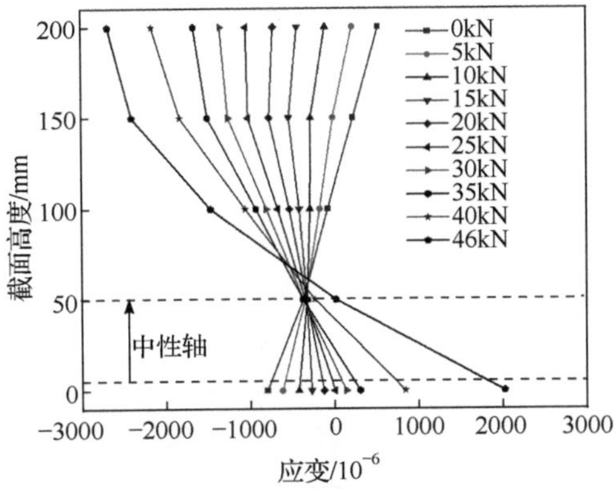

(c) 加载点3

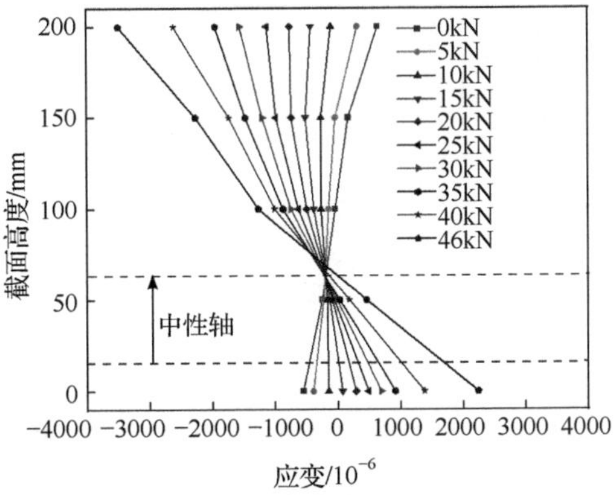

(d) 加载点4

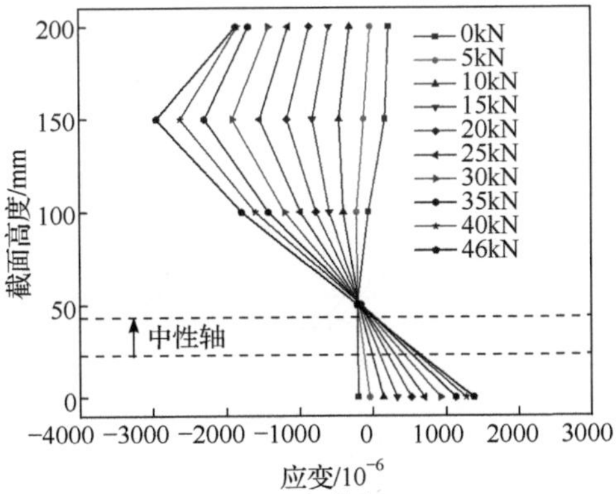

(e) 加载点5

图 3-41　试件 BBS-1 的顺纹应变分布

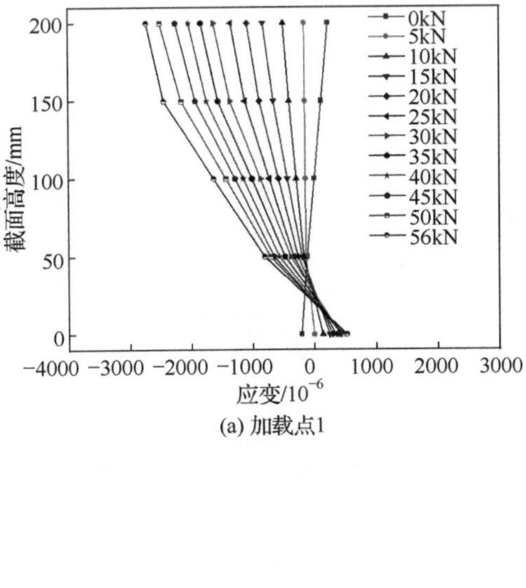

(a) 加载点1

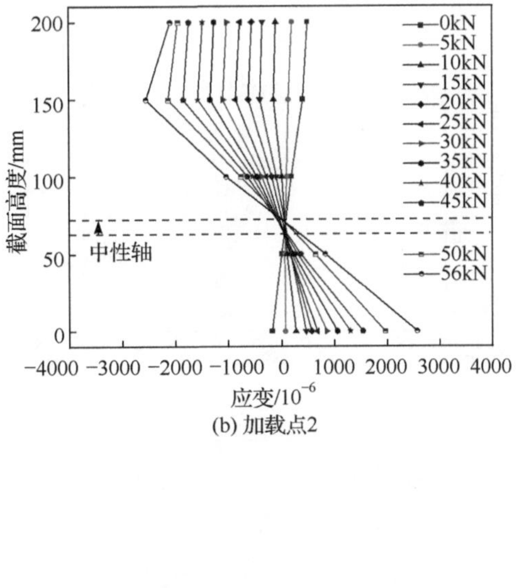

(b) 加载点2

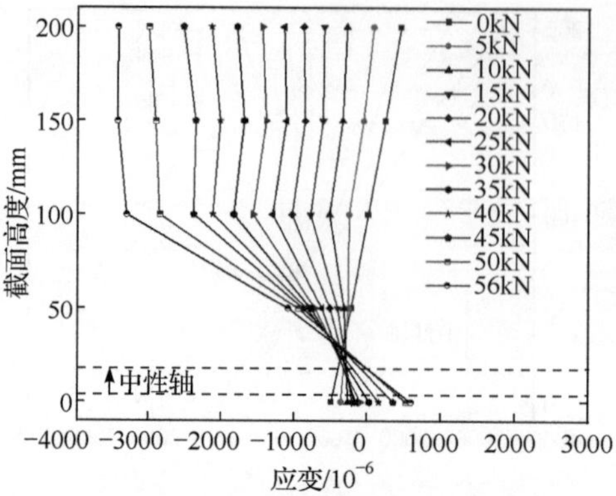

(c) 加载点3

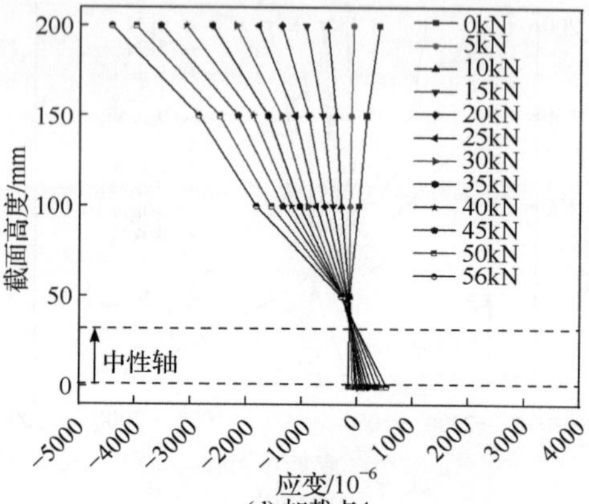

(d) 加载点4

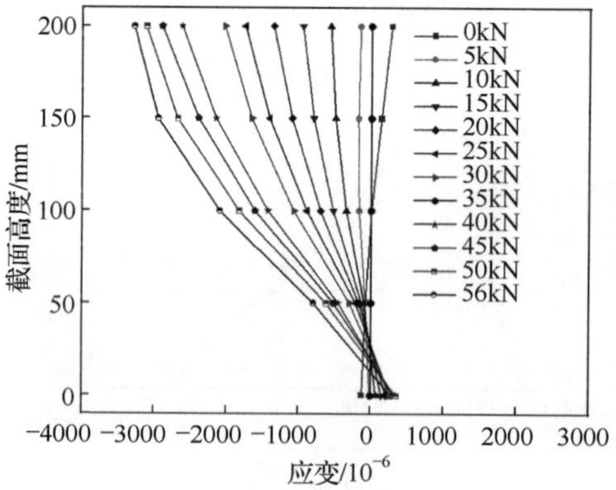

(e) 加载点5

图 3-42　试件 BBS-2 的顺纹应变分布

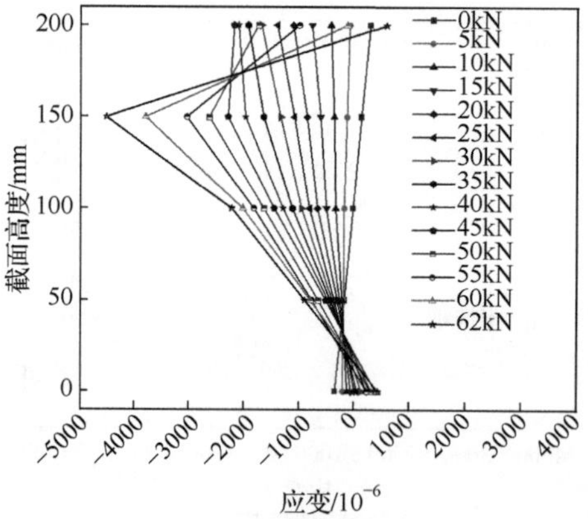

(a) 加载点1

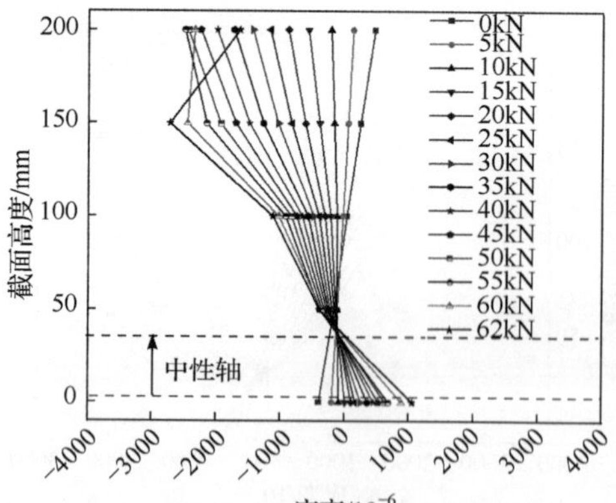

(b) 加载点2

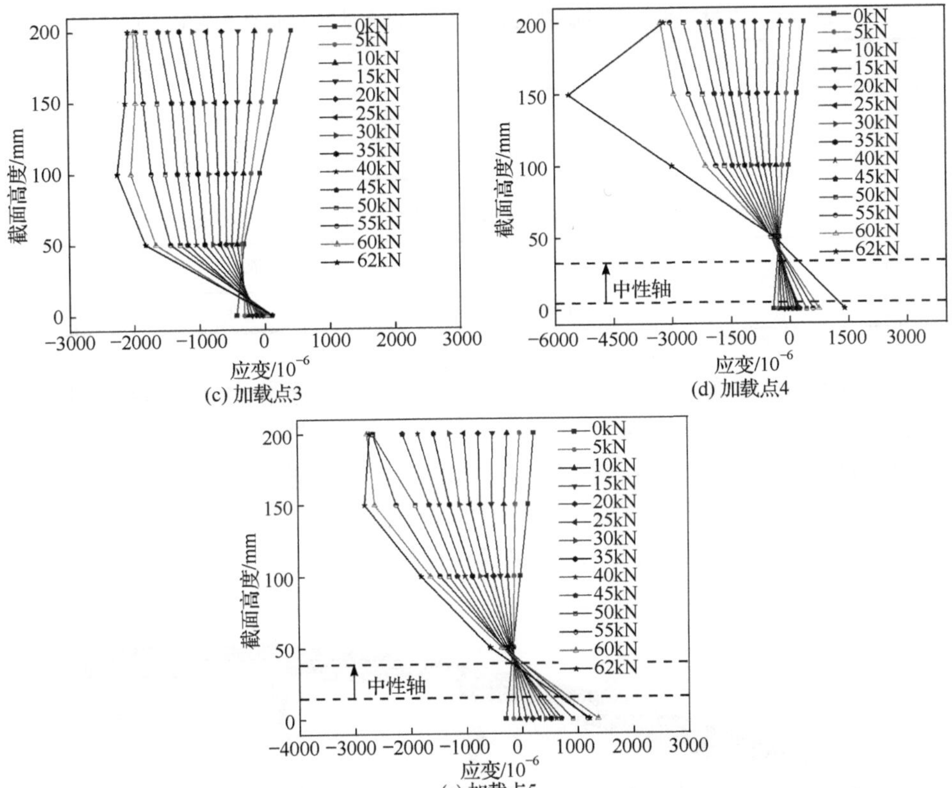

(c) 加载点3　(d) 加载点4　(e) 加载点5

图 3-43　试件 BBS-3 的顺纹应变分布

需要注意的是，试件 BBS-1 和 BBS-2 上弦胶合木梁的破坏模式是受弯破坏，而试件 BBS-3 上弦胶合木梁发生了明显的受压破坏。由于胶合木撑杆的支撑作用，试件失效发生在加载点 2 或 4 附近，试件 BBS-1 和 BBS-2 的最大压应变分别为-3497×10^{-6} 和-4423×10^{-6}，位于梁截面顶部。试件 BBS-3 在 150mm 截面高度处观察到的最大压缩应变为-5627×10^{-6}，这是由于顶部受压区木材在达到极限荷载前已经被压溃。

3.2.2　胶合木曲梁及胶合木张弦梁数值模拟

1. 有限元分析

木材材料性能参数如表 3-8 和表 3-9 所示，其中 1 代表顺纹方向，2 代表径向，3 代表弦向。拉索线膨胀系数取为 1.8×10^{-5}℃$^{-1}$，弹性模量为 1.8×10^{5}MPa，泊松比为 0.3，屈服强度为 1670MPa。

表 3-8　木材弹性阶段的材料性能参数(胶合木曲梁及胶合木张弦梁)

弹性模量/MPa			泊松比			剪切模量/MPa		
E_1	E_2	E_3	ν_{12}	ν_{13}	ν_{23}	G_{12}	G_{13}	G_{23}
12381	478.95	478.95	0.371	0.371	0.382	879	879	87

表 3-9　木材塑性阶段的材料性能参数(胶合木曲梁及胶合木张弦梁)

R_{11}	R_{22}	R_{33}	R_{12}	R_{13}	R_{23}
1	0.138	0.138	0.293	0.293	0.229

采用 ABAQUS 软件对胶合木张弦梁的弹塑性稳定承载力进行分析，根据试验情况和结构受力特点，对有限元分析模型进行合理简化。如图 3-44 所示，有限元模型主要包括上弦胶合木构件、胶合木撑杆、下弦拉索、端部垫板，上弦胶合木构件、胶合木撑杆和端部垫板采用 C3D8R 单元模拟，下弦拉索则采用 T3D2 单元模拟，为了便于计算，省略了端部锚具，让拉索直接锚固在构件端部垫板上。

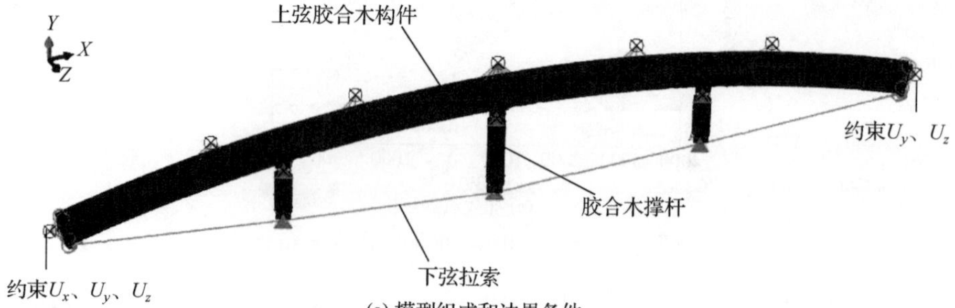

(a) 模型组成和边界条件

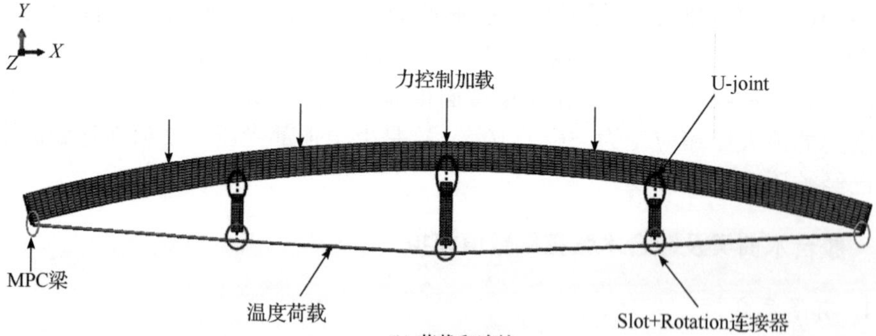

(b) 荷载和连接

图 3-44　张弦梁模型

胶合木张弦梁有限元模型中，上弦及下弦节点的简化模拟是一个关键问题，若全部采用实体单元模拟，模型势必难以收敛，因此应综合实际约束条件进行简化。Connector 单元是一种多功能连接单元，允许定义多种连接器属性来模拟不同的连接，本节在三维分析中使用 CONN3D2 单元(3 维 2 节点连接器单元)进行模拟。

在创建 Connector 单元前，需要首先创建两个基准点(或者参考点)，用于生成 Connector 的特征线。对于上弦节点的模拟，首先在上弦胶合木构件底面对应节点区域建立参考点及耦合约束，再在胶合木撑杆顶面建立参考点及耦合约束，在参考点之间生成 Connector 的特征线并赋予 U-joint 属性，以实现上弦节点约束情况的模拟，U-joint 属性可以连接两个节点，并且在节点处提供两个节点转动自由度的万向连接。对于下弦节点的模拟，首先在胶合木撑杆底面建立参考点，参考点与撑杆底面建立耦合约束，参考点再与拉索端点之间生成 Connector 的特征线并赋予 Slot 和 Rotation 属性，以实现下弦节点约束情况的模拟，Slot 提供槽连接，使得第二个节点保持在由第一个节点的方向和第二个节点的初始位置定义的线上，Rotation 则提供两个节点之间的转动连接。

有限元模拟共设置两个分析步，其中 step1 用于模拟张拉过程，通过对下弦拉索降温来实现，step2 用于模拟加载过程。

考虑到胶合木张弦梁一侧为固定端，另一侧为张拉端，因此在有限元模型中，一侧支座约束 X、Y、Z 方向的平动自由度，而另一侧支座模拟张拉端，仅约束 Y、Z 方向的平动自由度。为模拟试验中侧向支撑的约束作用，使模型发生平面内破坏而非平面外失稳，在对应实际侧向支撑位置处约束上弦胶合木构件的平面外平动自由度 U_z。为模拟实际五点同步加载工况，在上弦胶合木构件的加载点处设置参考点，参考点与加载平台作用处胶合木梁顶采用耦合约束，采用力控制加载模式。

初始几何缺陷采用一致缺陷模态法，即取结构在全跨荷载作用下一阶屈曲模态为缺陷模态，缺陷大小为结构跨度的 1/300[58]。

图 3-45 给出了试件 BBS-1、BBS-2 和 BBS-3 模拟与试验得到的荷载-位移曲线对比。试件 BBS-1、BBS-2 和 BBS-3 模拟的极限荷载与试验值的相对误差分别

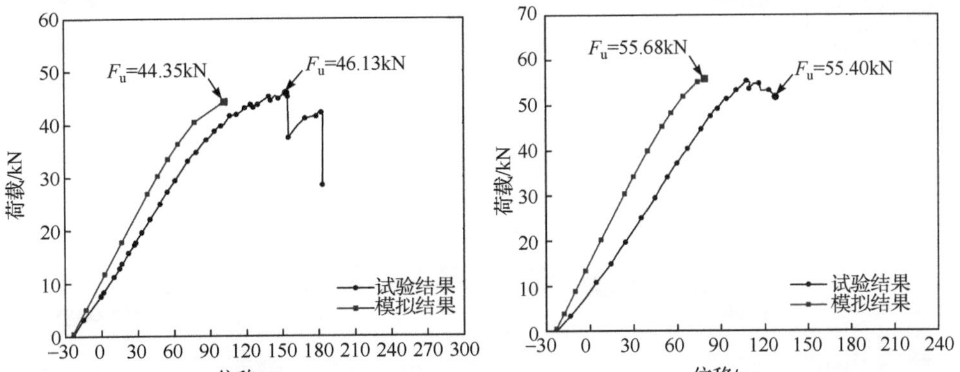

(a) BBS-1　　(b) BBS-2

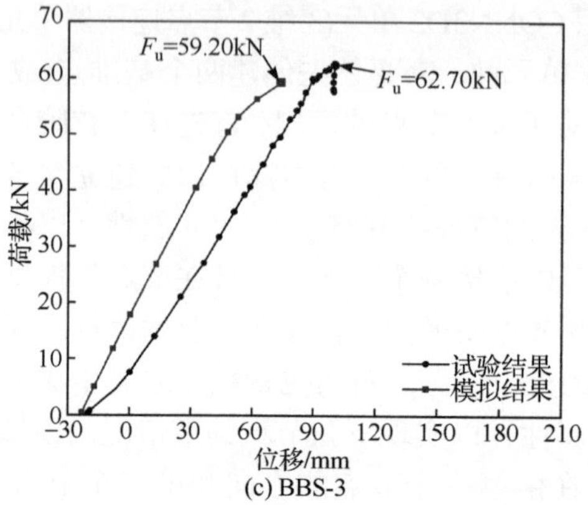

(c) BBS-3

图 3-45　胶合木张弦梁荷载-位移曲线对比

为−3.86%、0.51%和−5.58%，可以看出该有限元模型及节点简化模拟方法能够准确地估计胶合木张弦梁的极限荷载和刚度等力学性能指标，这也为后面的参数化分析奠定了基础。

为进一步研究不同拉索直径对胶合木张弦梁的影响机理，提取不同试件中上弦胶合木张弦梁的顺纹应力云图，如图 3-46 所示。可以观察到，应力沿跨度分布并不均匀，加载点 2 和 4 处表现出较大的应力。随着荷载增加到最大值，在试验和有限元结果中，BBS-3 中加载点 2 处中性轴位置相对于几何中性轴分别为−63.41mm 和−57.39mm，偏差仅为 9.49%，这也进一步从应力尺度验证了有限元模型的有效性和准确性。

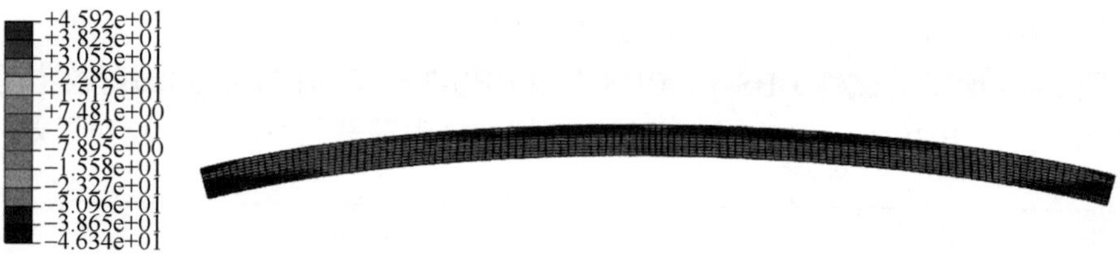

(a) BBS-1

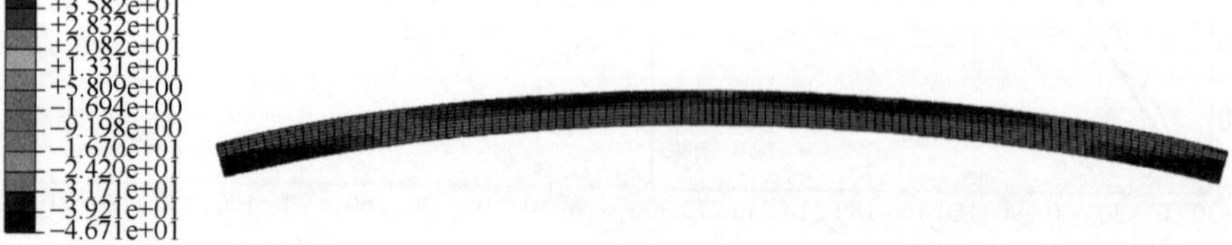

(b) BBS-2

(c) BBS-3

图 3-46　上弦胶合木张弦梁的顺纹应力云图(单位：MPa)

从图 3-46 可以明显看出，拉索直径增大，上弦胶合木构件受压区也随之增大，这也进一步解释了即使破坏模式为上弦胶合木构件破坏，胶合木张弦梁极限荷载也会随着拉索直径的增大而增大的现象。

2. 参数化分析

为了进一步研究胶合木张弦梁结构的力学性能，本节考虑不同拉索直径、反拱值和撑杆数量进行参数化分析，结果如图 3-47 所示。可以看出，拉索直径对胶合木张弦梁结构的极限荷载有较大影响，特别是对于下弦拉索破坏的情况，对于上弦胶合木梁破坏的情况，极限荷载随着拉索直径的增大而增大，但是增大速度在逐渐变小。为了更好地利用胶合木和拉索这两种材料，建议拉索横截面面积不小于上弦胶合木梁横截面面积的 1.5%，以避免拉索提前断裂。

如果反拱值较小，适当增加撑杆数量可以增大胶合木张弦梁的极限荷载，但是随着撑杆数量的增加，该提升效应逐渐减弱，在不张拉的情况下，撑杆数量从 1 个增加到 3 个会使极限荷载提高 32.4%，而从 3 个增加到 5 个会使极限荷载提高 1.92%。随着反拱值的增加，具有 5 个撑杆的胶合木张弦梁极限荷载反而会下

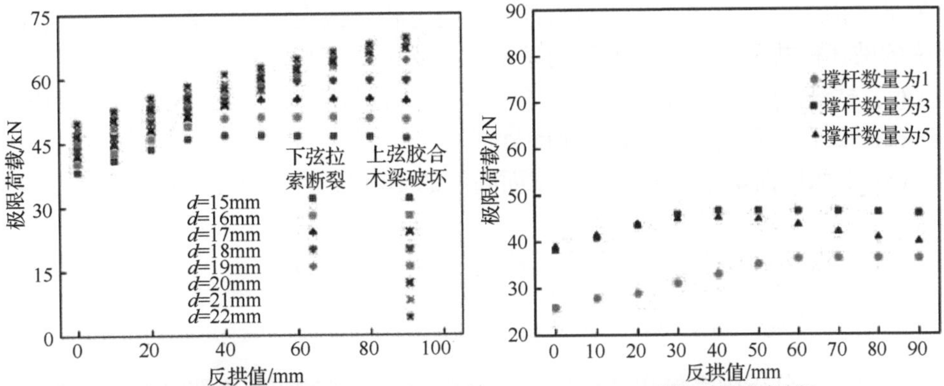

(a) 拉索直径影响分析　　(b) 撑杆数量影响分析

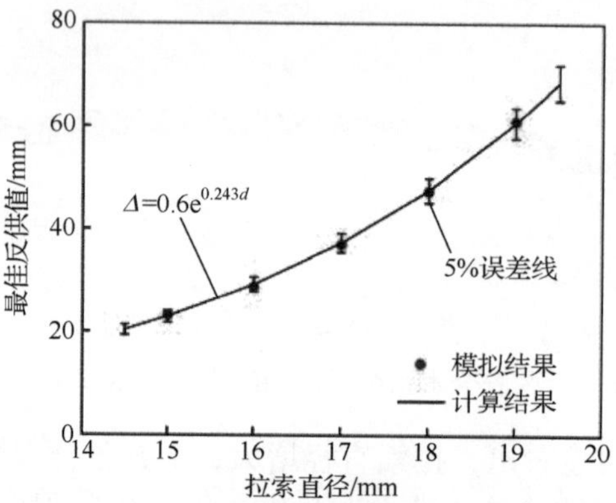

(c) 反拱值建议公式

图 3-47　胶合木张弦梁极限荷载参数化分析

降，最终甚至小于具有 3 个撑杆的胶合木张弦梁，这是由于当反拱值不变时，具有 5 个撑杆的胶合木张弦梁在拉索中需要更大的轴向拉力，这对发生下弦拉索断裂的胶合木张弦梁而言有不利影响。

对于发生上弦胶合木梁破坏的试件，当反拱值增加时，胶合木张弦梁的极限荷载也增加，但是对于发生下弦拉索破坏的试件，反拱值增加反而会降低胶合木张弦梁的极限荷载，因此通过回归分析可以确定反拱值的建议值，即$\varDelta=0.6e^{0.243d}$，其中 d 为下弦拉索直径。

3.2.3　胶合木张弦梁计算模型与设计方法

1. 基本思路与假设

针对张弦梁的两种破坏模式，本章基于瑞利-里茨法，依据势能驻值原理，对张弦梁结构全跨荷载状态下的静力性能进行分析，该模型可以准确估计胶合木张弦梁的破坏模式和承载力。本节的理论推导基于以下基本假定：

(1) 材料符合胡克定律，采用胶合木顺纹弹性模量作为胶合木材料的弹性模量。

(2) 腹杆连续分布，且始终保持竖直。

(3) 上弦的曲率半径大于上弦截面高度的 10 倍，因此计算中不考虑上弦的剪切效应。

(4) 下弦拉索为理想柔性，既不能受压，也不能受弯。

2. 竖向荷载下的变形与内力计算

张拉状态分析中需要用到荷载态的分析结果，先对胶合木张弦梁荷载态的变形与内力进行分析。分析时不考虑预应力张拉产生的变形和内力，设计时将张拉状态与荷载态的分析结果线性叠加。

瑞利-里茨法的基本原理是将胶合木张弦梁的位移函数表示为特定类型函数的线性组合，即

$$w(x)=\sum_{i=1}^{n}w_i y_i(x) \tag{3-27}$$

$$u(x)=\sum_{i=1}^{n}u_i f_i(x) \tag{3-28}$$

式中，$w(x)$和 $u(x)$被命名为基函数；w_i 和 u_i 为未知常数；$y_i(x)$和 $f_i(x)$为线性无关的函数。

胶合木张弦梁的总势能可表示为 $\Pi(w_1, w_2,\cdots, w_n, u_1, u_2,\cdots, u_n, q)$，并且该函数可以根据最小势能原理计算偏导数来最小化。

$$\frac{\partial \Pi}{\partial w_i}=0,\quad \frac{\partial \Pi}{\partial u_i}=0,\quad i=1,2,\cdots,n \tag{3-29}$$

以均布荷载 q 作用下的胶合木张弦梁结构为研究对象，如图 3-48 所示，上弦和下弦的初始态均为圆弧，分别表示为

$$x^2+\left(y-\frac{f_1}{2}+\frac{L^2}{8f_1}\right)^2=\left(\frac{f_1}{2}+\frac{L^2}{8f_1}\right)^2=R_1^2 \tag{3-30}$$

$$x^2+\left(y+\frac{f_2}{2}-\frac{L^2}{8f_2}\right)^2=\left(\frac{f_2}{2}+\frac{L^2}{8f_2}\right)^2=R_2^2 \tag{3-31}$$

式中，R_1 和 R_2 分别为上弦胶合木梁和下弦拉索的曲率半径。

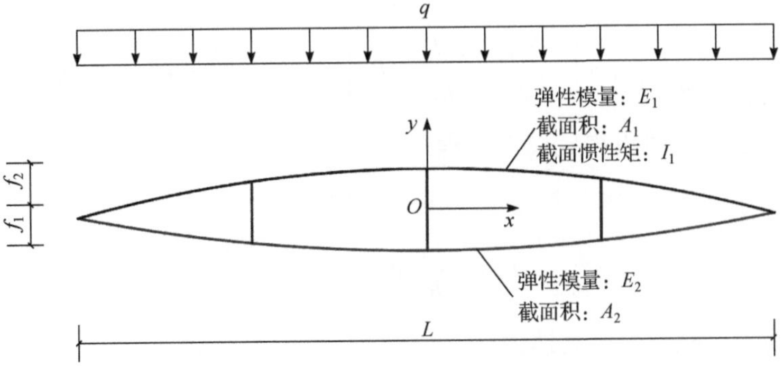

图 3-48　胶合木张弦梁结构计算示意图

基于对称性的特点，张弦梁在坐标原点的水平位移可以视为 0，张弦梁的基函数 $w(x)$和 $u(x)$可以用傅里叶级数表示。为了简单起见，均布荷载作用下胶合木张弦梁的位移可以取为单参数的基函数，即

$$w = w_1\cos(\pi x / L) \tag{3-32}$$

$$u = u_1\cos(\pi x / L) \tag{3-33}$$

胶合木张弦梁的总势能可以表示为

$$\begin{aligned} \Pi &= U_{1N} + U_{1M} + U_2 - W_q \\ &= \left(J_1u_1 + J_2w_1 + J_3w_1^2\right)\left(J_1'u_1 + J_2'w_1 + J_3'w_1^2\right)/2 + \pi^4E_1I_1w_1^2/\left(4L^3\right) \\ &\quad + \left(K_1u_1 + K_2w_1 + K_3w_1^2\right)\left(K_1'u_1 + K_2'w_1 + K_3'w_1^2\right)/2 - 2qw_1L/\pi \end{aligned} \tag{3-34}$$

式中，U_{1N} 和 U_{1M} 分别为上弦胶合木梁的轴向应变能和弯曲应变能；U_2 为下弦拉索的轴向应变能；W_q 为荷载能。

根据最小势能原理，可以获得以下方程：

$$h_1u_1 + h_2w_1 + h_3u_1w_1 + h_4w_1^2 + h_5w_1^3 = h_6 \tag{3-35}$$

$$h_7u_1 + h_8w_1 + h_9w_1^2 = 0 \tag{3-36}$$

式中

$$h_1 = h_8 = \frac{1}{2}J_1J_2' + \frac{1}{2}J_2J_1' + \frac{1}{2}K_1K_2' + \frac{1}{2}K_2K_1',\quad h_2 = J_2J_2' + \pi^4E_1I_1/\left(2L^3\right) + K_2K_2'$$

$$h_3 = 2h_9 = J_1J_3' + J_3J_1' + K_1K_3' + K_3K_1',\quad h_4 = \frac{3}{2}\left(J_2J_3' + J_3J_2' + K_2K_3' + K_3K_2'\right)$$

$$h_5 = 2\left(J_3J_3' + K_3K_3'\right),\quad h_6 = 2qL/\pi,\quad h_7 = J_1J_1' + K_1K_1'$$

经过进一步简化，可以得到以下公式：

$$h_1u_1 + h_2w_1 + h_3u_1w_1 + h_4w_1^2 + h_5w_1^3 = h_6 \tag{3-37}$$

$$\left(h_5 - \frac{h_3h_9}{h_7}\right)w_1^3 + \left(-\frac{h_1h_9}{h_7} - \frac{h_3h_8}{h_7} + h_4\right)w_1^2 + \left(-\frac{h_1h_8}{h_7} + h_2\right)w_1 - h_6 = 0 \tag{3-38}$$

忽略高阶项，可以得到以下方程：

$$w_1 = Eq \tag{3-39}$$

$$u_1 = -\frac{h_8}{h_7}w_1 = -\frac{h_8}{h_7}Eq \tag{3-40}$$

式中，E 为等效刚度，可表达为

$$E = \frac{2L}{\pi\left(h_2 - \dfrac{h_1h_8}{h_7}\right)} \tag{3-41}$$

3. 预应力荷载下的变形与内力计算

预应力过程中的基函数也可以表示为一维傅里叶级数，即

$$w = w_{10}\cos(\pi x / L) \tag{3-42}$$

$$u = u_{10}\cos(\pi x / L) \tag{3-43}$$

上弦胶合木梁的总势能可以表示为

$$\begin{aligned}\Pi_{\mathrm{B}} = U_{1N} + U_{1M} - W_q = \frac{1}{2}\left(J_1 u_{10} + J_2 w_{10} + J_3 w_{10}^2\right)\left(J_1' u_{10} + J_2' w_{10} + J_3' w_{10}^2\right) \\ + \pi^4 E_1 I_1 w_1^2 / \left(4L^3\right) - 2Hu_{10}\cos\theta_{B0} - 2qw_{10}L / \pi\end{aligned} \tag{3-44}$$

根据最小势能原理，可以得到以下方程。

$$h_{10}u_{10} + h_{20}w_{10} + h_{30}u_{10}w_{10} + h_{40}w_{10}^2 + h_{50}w_{10}^3 = h_{60} \tag{3-45}$$

$$h_{70}u_{10} + h_{80}w_{10} + h_{90}w_{10}^2 = 0 \tag{3-46}$$

式中

$$h_{10} = h_{80} = \frac{1}{2}J_1 J_2' + \frac{1}{2}J_2 J_1'，\ h_{20} = J_2 J_2' + \pi^4 E_1 I_1 / \left(2L^3\right)$$

$$h_{30} = 2h_{90} = J_1 J_3' + J_3 J_1'，\ h_{40} = \frac{3}{2}\left(J_2 J_3' + J_3 J_2'\right)，\ h_{50} = 2J_3 J_3'$$

$$h_{60} = 2qL / \pi，\ h_{70} = J_1 J_1'$$

忽略高阶项，可以得到以下方程：

$$w_{10} = E_0 H \tag{3-47}$$

$$u_{10} = \left(\frac{\cos\theta_{B0}}{h_{70}} - \frac{h_{80}}{h_{70}}E_0\right)H \tag{3-48}$$

式中，E_0 为梁在预应力作用下的等效刚度，表示为

$$E_0 = \frac{\dfrac{4\sin\theta_{B0}}{\pi} - \dfrac{h_{10}\cos\theta_{B0}}{h_{70}}}{-\dfrac{h_{10}h_{80}}{h_{70}} + h_{20} + \dfrac{h_{100}h_{30}}{h_{70}}} \tag{3-49}$$

当拉索预拉力为 11.46kN 时，计算得到胶合木张弦梁的反拱值为 22.77mm，而试验值为 23mm，相对误差为 5.13%。

4. 承载力计算方法

如图 3-49 所示，选取均布荷载作用下的半结构作为研究对象，由支座处的力

矩平衡可以得到

$$\frac{1}{8}qL^2 = N(f_1 + f_2) + M \tag{3-50}$$

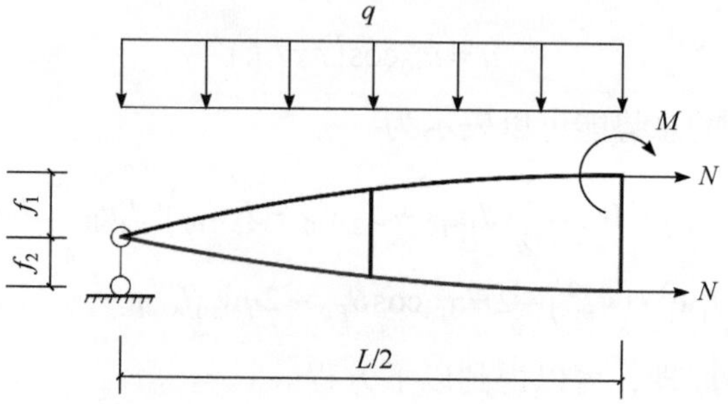

图 3-49　半结构计算示意图

考虑到上弦胶合木梁对胶合木张弦梁整体刚度的影响较小，由于撑杆的存在，胶合木张弦梁在变形过程中截面高度基本保持不变，几何非线性并不明显。因此在弹性阶段，上弦与下弦跨中截面的轴力 N 和上弦跨中截面弯矩 M 与荷载 q 均近似呈线性关系。随着荷载的增加，结构逐步进入塑性，材料弹性模量的降低使得结构的变形呈非线性加速增长，上弦跨中截面弯矩 M 的增长也加速，但是上弦跨中截面自身的抗弯刚度远小于张弦梁结构整体截面的抗弯刚度，M 仅为跨中弯矩 $qL^2/8$ 的一小部分，因此结构进入塑性阶段后，上弦与下弦跨中截面的轴力 N 与荷载 q 仍近似呈线性关系，那么当破坏模式为下弦拉索断裂(破坏模式Ⅰ)时，胶合木张弦梁的极限荷载为

$$q_{\mathrm{u\,I}} = \frac{\sigma_{\mathrm{u}} A_2}{k} \tag{3-51}$$

式中，σ_{u} 为拉索极限强度；k 可以表示为

$$k = 1.835\frac{(-K_2 + K_1 h_8 / h_7)L}{\pi(h_2 - h_1 h_8 / h_7)} \tag{3-52}$$

其中，1.835 是考虑胶合木各向异性的调整系数。

当破坏模式为上弦胶合木梁破坏(破坏模式Ⅱ)时，胶合木张弦梁的极限荷载为

$$q_{\mathrm{u\,II}} = \frac{8\left[\sigma_{\mathrm{c}} W_1 A_1 - W_1 H_0 + A_1 H_0 (f_1 + f_2)\right]}{8kW_1 + l^2 A_1 - 8kA_1 (f_1 + f_2)} \tag{3-53}$$

式中，σ_{c} 为胶合木顺纹抗压强度；H_0 为预张力。

因此，胶合木张弦梁的极限荷载可以按照如下公式计算：

$$q_{\mathrm{ut}} = \min\left(q_{\mathrm{u\,I}}, q_{\mathrm{u\,II}}\right) \tag{3-54}$$

式中，$q_{\mathrm{u\,I}}$为对应破坏模式Ⅰ的极限荷载；$q_{\mathrm{u\,II}}$为对应破坏模式Ⅱ的极限荷载。

由于试验采用五点同步加载模式来对张弦梁承受的均布荷载进行简化，各加载点荷载 F 与均布荷载 q 的关系为 $F=\frac{1}{5}qL$。为便于比较，将计算得到的$q_{\mathrm{u\,I}}$、$q_{\mathrm{u\,II}}$、q_{u}分别换算为$F_{\mathrm{u\,I}}$、$F_{\mathrm{u\,II}}$、F_{u}，并与试验值进行比较，如表 3-10 所示。可以看出，本节提出的计算公式不仅能预测胶合木张弦梁的破坏模式，而且可以相对准确地预测其极限荷载。

表 3-10　计算值与试验值的比较

试件编号	试验值		计算值				相对误差/%
	F_{u}/kN	破坏模式	$F_{\mathrm{u\,I}}$ /kN	$F_{\mathrm{u\,II}}$ /kN	F_{ut}/kN	破坏模式	
BBS-1	46.13	Ⅰ	46.82	49.31	46.82	Ⅰ	1.50
BBS-2	55.40	Ⅱ	85.23	62.23	62.23	Ⅱ	12.33
BBS-3	62.70	Ⅱ	124.66	65.89	65.89	Ⅱ	5.09

第 4 章 交叉胶合木结构力学性能与设计方法

4.1 交叉胶合木拱

4.1.1 交叉胶合木拱力学性能试验

1. 试验设计

1) 材料性能

本章交叉胶合木拱试验的目的在于揭示交叉拱极限承载能力和平面内失稳破坏形式。交叉拱本身采用 TC_T24 花旗松胶合木[36]，中间节点采用 Q355 级钢[35]，钢夹板截面为 320mm×200mm×10mm(长×宽×厚)，交叉角度为 30°。交叉拱与胶合木单拱采用同一批材料，引用胶合木单拱的材料力学性能，如表 4-1 所示。

表 4-1 材料力学性能

顺纹抗压强度/MPa	横纹抗压强度/MPa	顺纹抗拉强度/MPa	横纹抗拉强度/MPa	顺纹抗剪强度/MPa	顺纹弹性模量/(N/mm²)	横纹弹性模量/(N/mm²)	45°弹性模量/(N/mm²)
42.8	5.8	55.6	2.9	9.5	12850	968	3188

2) 试件设计

(1) 矢跨比的选择。目前国内外胶合木拱桥的矢跨比为 1/6～1/4，综合考虑，本试验矢跨比取 1/6。

(2) 截面尺寸的选择。考虑以下两点，一是横截面高度 h 和跨径 l_0 比值，二是横截面宽度 b 和高度 h 的关系。根据不完全统计，目前国内外现代木结构拱桥横截面高度 h 与跨径 l_0 比值为 1/63～1/17.5。本试验中，圆弧拱半径 R=5m，h/l_0=1/30，选取截面高度 h 为 200mm，截面宽度 b 为 80mm。试件具体参数如表 4-2 所示。

表 4-2 交叉胶合木拱试件参数

试件编号	个数	矢高 f/m	跨度 L/m	矢跨比 f/L	截面尺寸 $b×h$ /(mm×mm)	圆弧拱半径/m	圆心角/(°)	加载方式
JC	1	1	6	1/6	80×200	5	74	九点加载

3) 试验装置

试验采用五个规格相同的千斤顶同时进行加载，所有加载的千斤顶采用同一油路控制，保证每个千斤顶所施加的荷载完全相同，试验加载装置如图 4-1 所示，千斤顶下方设分配梁。

(a) 正视图　　(b) 千斤顶与分配梁

图 4-1　试验加载装置

4) 试验步骤

试验开始前，测量所有拱试件的尺寸，包括矢高、跨度、截面宽度和高度，精确至 0.1mm。

试验流程为：安装反力架、侧向支撑、拱试件、加载平台、千斤顶、滚轮，粘贴应变片，接线，布置补偿片，标定位移计，布置位移计，调试设备。

试验加载分为预加载和正式加载两个阶段。预加载的目的是：①使加载平台和试件、试件和支座接触良好，保证试验过程能有效传力；②检查应变箱、位移计和应变片是否正常工作。预加载的荷载不应超过极限荷载的 30%，采用分级加载制度，每级荷载约 4kN。

正式加载阶段，采用分级加载制度，当荷载小于极限荷载的 70%时，每级加载 4kN；当荷载介于极限荷载的 70%～80%时，每级加载 2kN；当荷载大于极限荷载的 80%时，采取位移控制加载，加载速率为 0.5mm/min。

5) 量测方案

(1) 应变片布置。

交叉胶合木拱应变片布置如图 4-2 所示。在 8 个加载点截面处共布置 8 个测点区域，每个测点区域布置 8 个应变片，应变片方向沿拱肋弧长方向，拱肋侧面对称分布 6 个应变片，均布置在拱高四等分点处，拱肋上下缘中间位置各分布 1 个应变片；在钢节点附近木拱布置 4 个测点区域，每个测点区域布置 2 个应变片，拱肋上下缘中间位置各分布 1 个应变片，总共 72 片应变片。

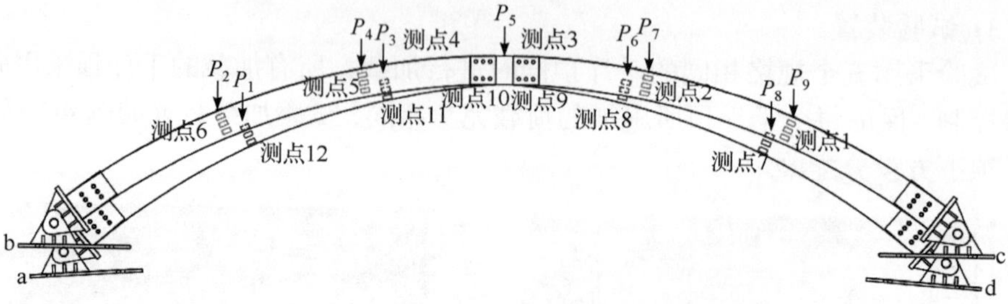

(a) 应变片布置

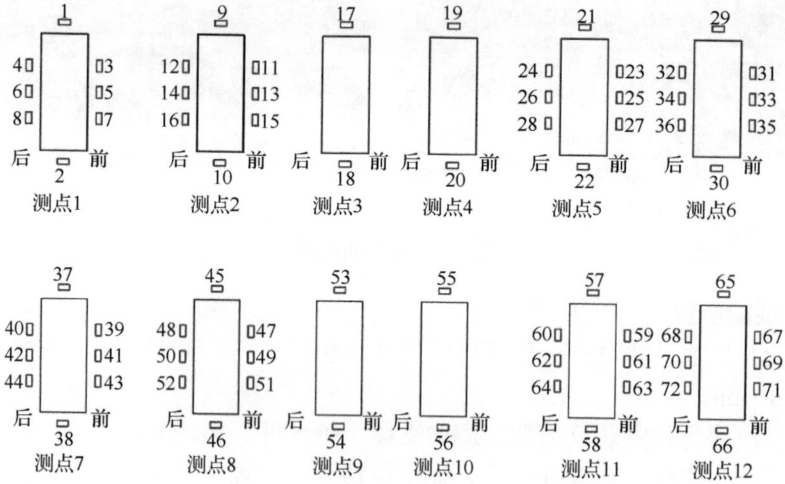

(b) 应变片编号

图 4-2　交叉胶合木拱应变片布置

(2) 位移计布置。

图 4-3 为交叉胶合木拱位移计布置。试件的位移通过 9 个电子百分表测量，1～9 号位移计测量加载点处平面内竖向位移。试验过程中通过规格为 50t 的压力传感器采集得到加载数据。

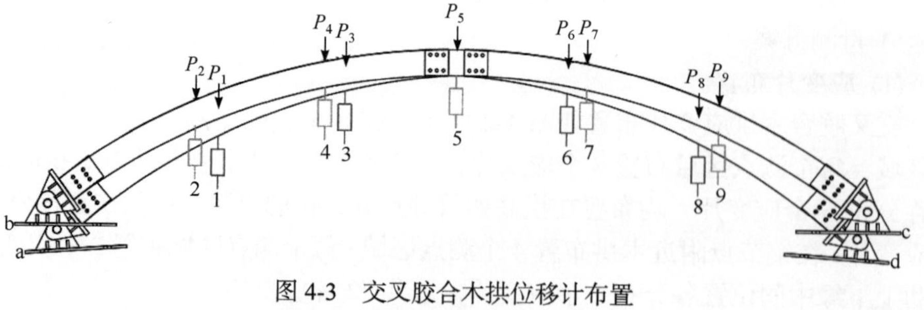

图 4-3　交叉胶合木拱位移计布置

应变采用 TST3826 静态应变采集仪采集试件的截面应变，采用位移计采集试件全过程的位移数据。试验在河北工程大学结构实验室进行。

2. 试验结果及分析

1) 试验现象

交叉胶合木拱试验现象如图 4-4 所示。当跨中荷载增加到 56kN 左右时，听到轻微撕裂声。当跨中荷载增加到 64kN 左右时，听到轻微劈裂声，继续加载，可以听到断断续续的声音。当跨中荷载增加到 79kN 左右时，突然听见“啪”的一声，b 拱上半部分出现一条裂缝，这是由于拱以受压为主且承担部分弯矩作用，上半部分出现了压力和弯矩导致的压应力叠加，所以会首先出现裂缝，对于截面下半部分，由于弯矩产生的拉应力抵消了部分拱产生的压应力，出现裂缝的时间比上半部分晚，出现裂缝之后，随着荷载的增加，上半部分的裂缝逐渐扩展，最终形成一条长贯通裂缝，从而导致节点破坏。当跨中荷载增加到 132kN 左右时，出现“噼里啪啦”的声音，拱丧失承载力。同时，根据中间钢节点拆卸后的现象，上半部分螺栓的变形大于下半部分螺栓，明显形成了单个塑性铰的破坏，如

(a) 第一条裂缝

(b) 第二条裂缝

(c) 正面图

(d) 背面图

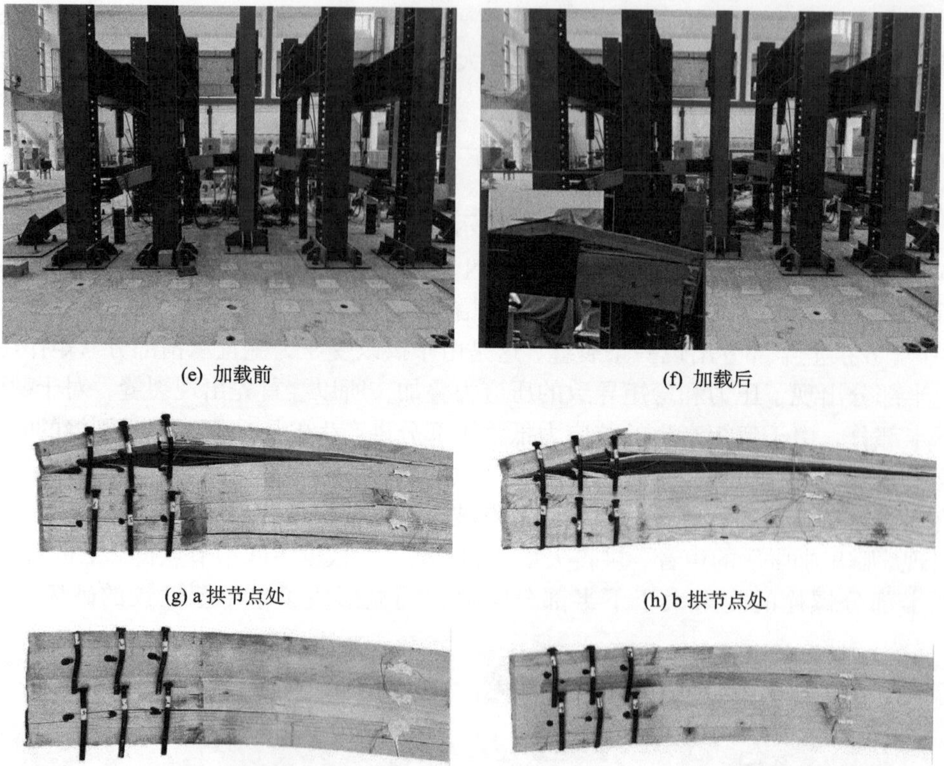

(e) 加载前　(f) 加载后

(g) a 拱节点处　(h) b 拱节点处

(i) c 拱节点处　(j) d 拱节点处

图 4-4　交叉胶合木拱试验现象

图 4-4(g)～(j)所示。从图 4-4(c)和(d)可以看到，交叉胶合木拱试验过程中共计 2 条裂缝，均出现在跨中背面。

2) 荷载-位移曲线

交叉胶合木拱的荷载-位移曲线如图 4-5 所示，取五个加载点的极限荷载平均值作为整个拱试件的极限荷载，试件的极限荷载约为 130.5kN，对应跨中位移为 67mm。b、d 拱的 *L*/6 处位移为 12.5mm，5*L*/6 处位移为 18mm，*L*/3 处位移为 41mm，2*L*/3 处位移为 48mm。a、c 拱的 *L*/6 处位移为 8mm，5*L*/6 处位移为 29mm，*L*/3 处位移为 41mm，2*L*/3 处位移为 55mm。当荷载小于极限荷载的 70%时，拱处于弹性变形阶段，位移随着荷载的增加而线性增加。当荷载达到极限荷载的 70%时，拱进入弹塑性变形阶段，*L*/6 处竖向位移开始减小，说明出现了反拱现象。当荷载增加到极限荷载时，继续压油泵，但是传感器的力不再继续增加，荷载开始下降，*L*/3、*L*/2、2*L*/3 处的竖向位移继续增大，*L*/6 处的竖向位移继续减小，5*L*/6 处的竖向位移基本保持不变。当荷载下降到极限荷载的 80%时，跨中位移增大到

106mm，拱无法再继续承载，试验结束。

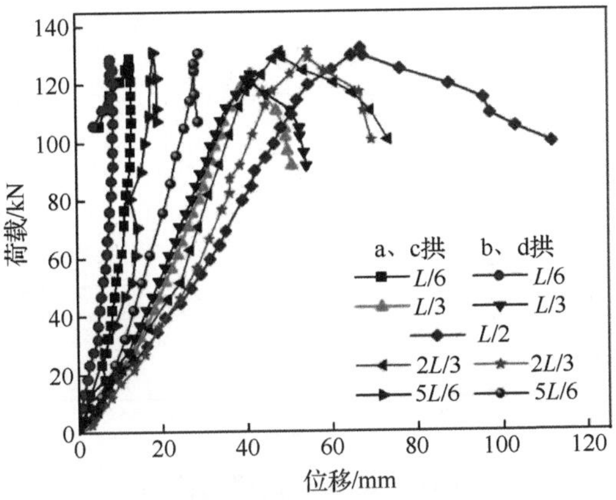

图 4-5　交叉胶合木拱的荷载-位移曲线

3) 整体变形分析

b、d 拱和 a、c 拱的竖向位移如图 4-6 和图 4-7 所示。当荷载小于 90kN 时，跨中竖向位移增长速度最快，L/3、2L/3 处的竖向位移增长速度次之，L/6、5L/6 处的竖向位移增长速度最慢。由于初始几何缺陷的存在，对称位置处的位移不完全相同，但是对称测点的竖向位移变化规律一致，整体呈对称变形。继续增加荷载到 110kN 左右时，L/6 处的竖向位移减小，即五个测点的位移由最初的全部竖直向下转变为部分向上，交叉拱出现反拱现象。

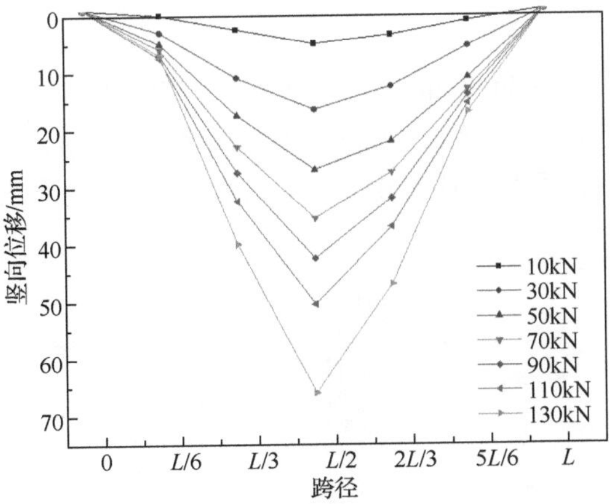

图 4-6　b、d 拱的竖向位移

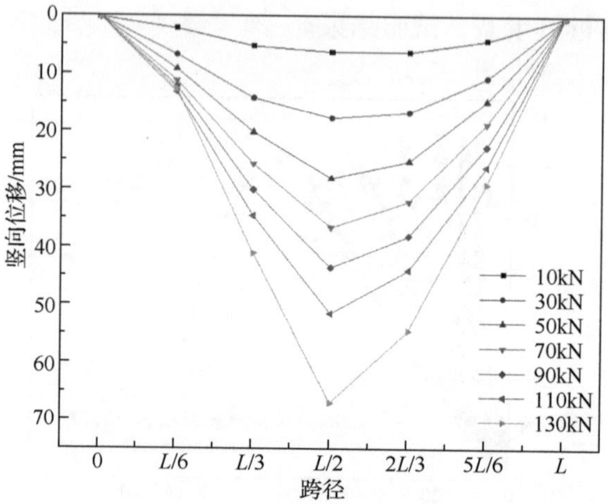

图 4-7　a、c 拱的竖向位移

b、d 拱和 a、c 拱变形前后对比如图 4-8 和图 4-9 所示。可以看出，左边变形大于右边，这是由于初始几何缺陷的存在，破坏先发生于左侧，左侧拱破坏后位移变大，右侧拱晚于左侧拱破坏，位移相对较小。a、c 拱相对于 b、d 拱来说，位移略大，也是由初始几何缺陷引起的。

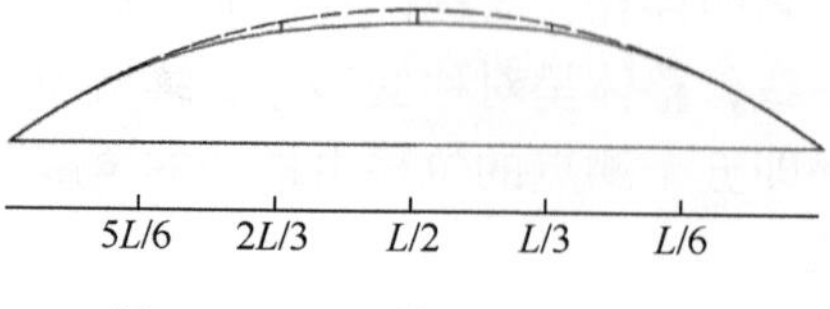

图 4-8　b、d 拱变形前后对比

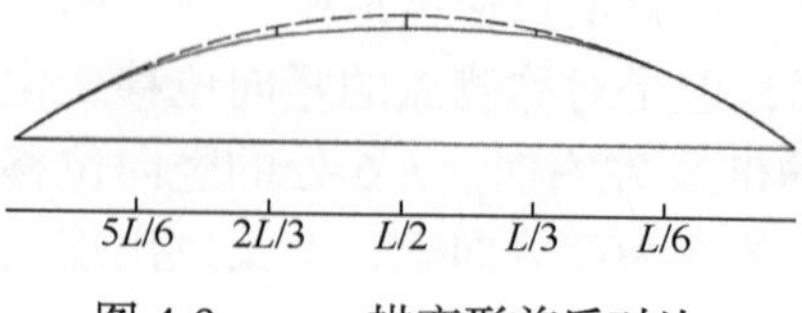

图 4-9　a、c 拱变形前后对比

4) 应变分布

交叉胶合木拱的应变曲线如图 4-10 所示，正值代表拉应变，负值代表压应变。

在加载过程中，b、d 拱 $L/3$～$2L/3$ 区域上下翼缘均受压。0～$L/6$、$5L/6$～L 区域上翼缘受拉，下翼缘受压，这是由于 $L/6$、$5L/6$ 处的竖向位移减小，出现反拱现

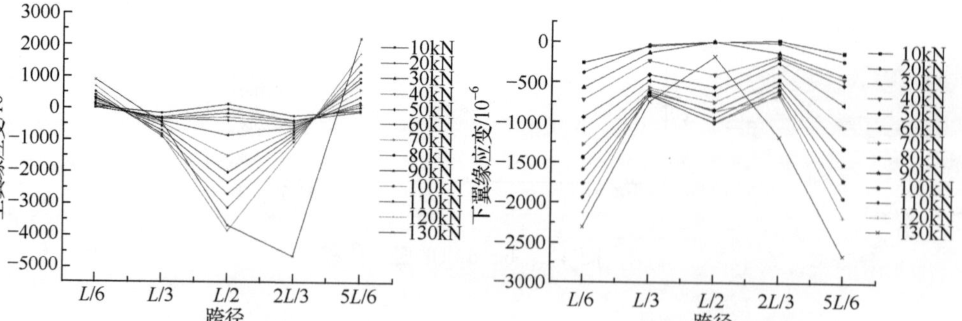

(a) b、d拱上翼缘应变　　(b) b、d拱下翼缘应变

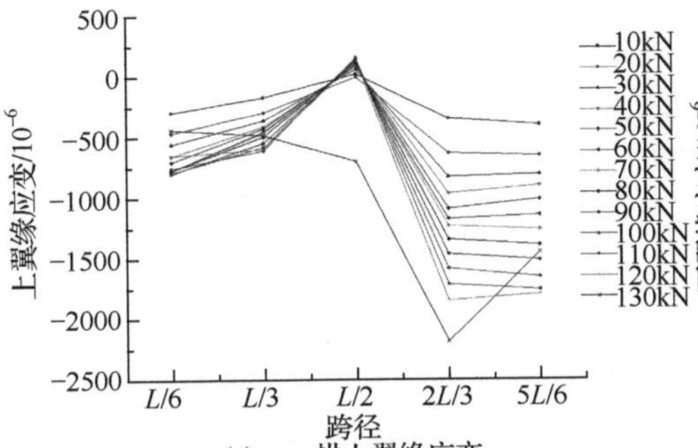

(c) a、c拱上翼缘应变

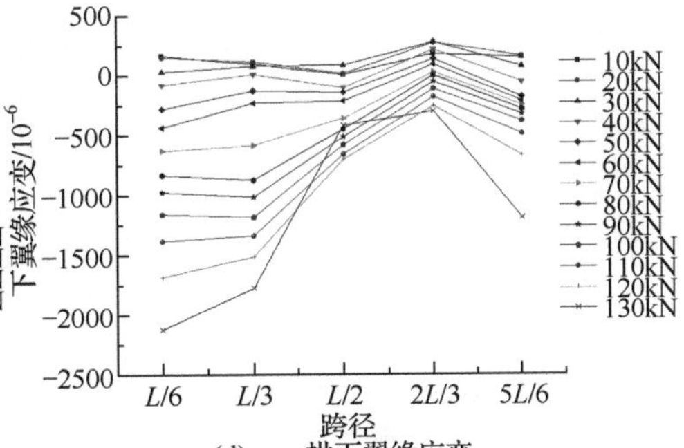

(d) a、c拱下翼缘应变

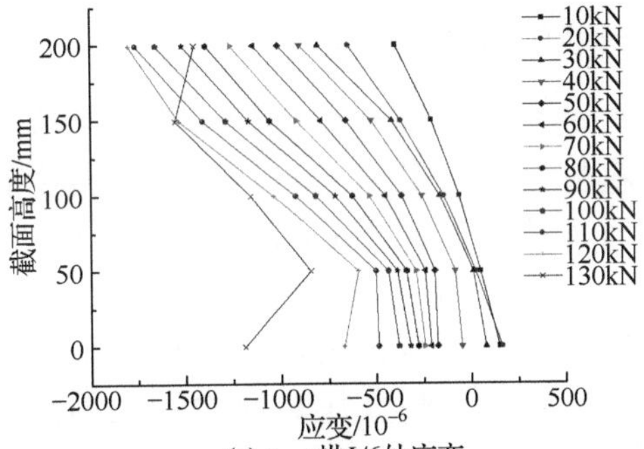

(e) a、c拱$L/6$处应变

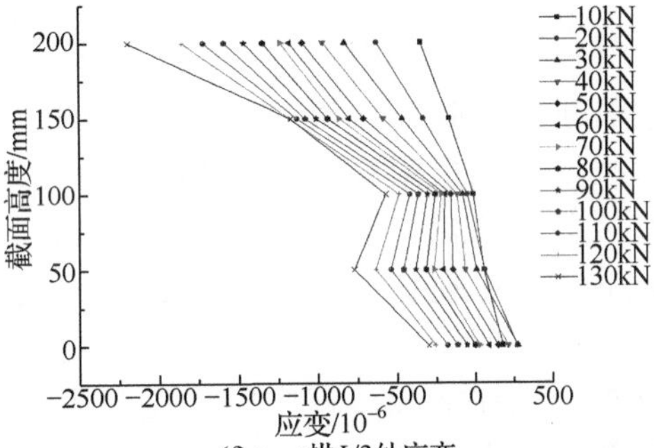

(f) a、c拱$L/3$处应变

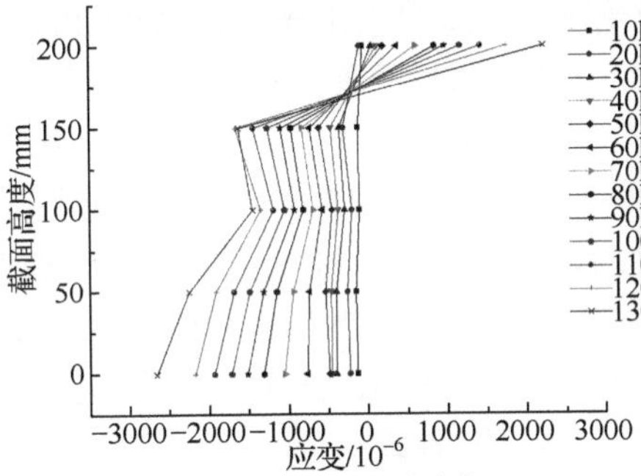

(g) b、d拱$L/6$处应变

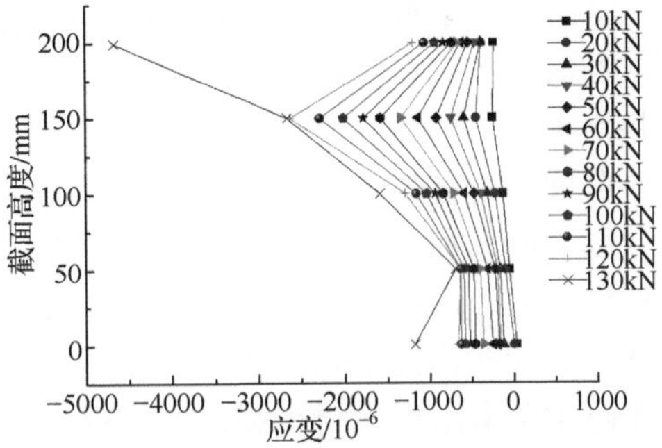

(h) b、d拱$L/3$处应变

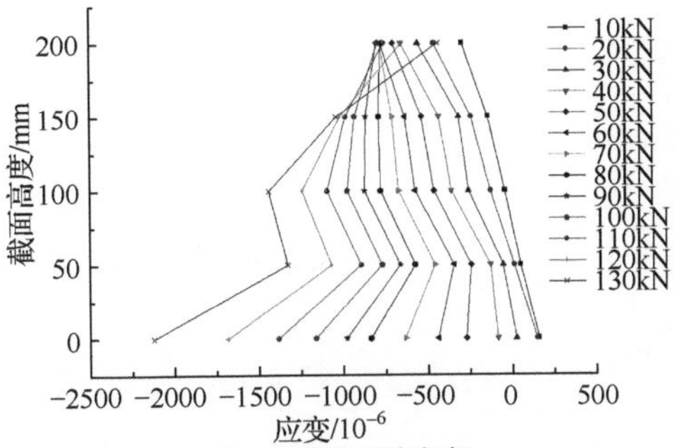

(i) a、c拱$5L/6$处应变

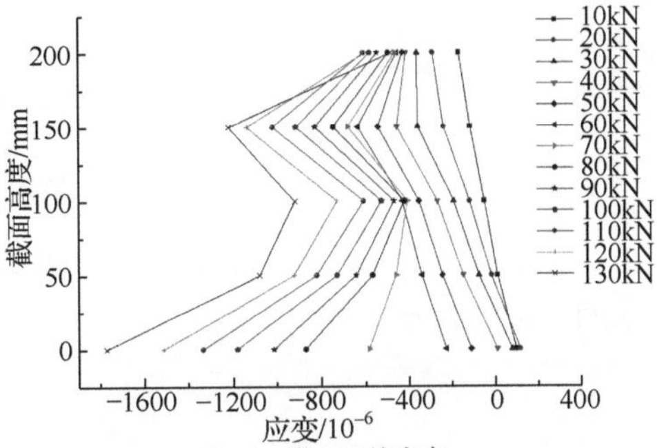

(j) a、c拱$2L/3$处应变

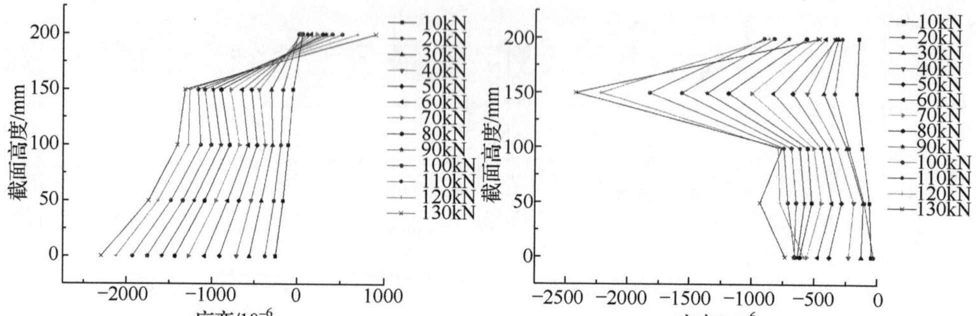

(k) b、d拱5*L*/6处应变　(l) b、d拱2*L*/3处应变

图 4-10　交叉胶合木拱应变曲线

象引起的。荷载达到 130kN 附近时，2*L*/3 处拱的压应变急剧增大，这是因为木拱快达到极限荷载时，*L*/2 处的木材翘起，木材退出工作，压应力集中到 2*L*/3 处，所以导致压应力骤然增加。同时，荷载达到 130kN 时，b、d 拱 *L*/2 处下翼缘压应变急剧减小，甚至回到零，这是因为中间木材劈裂，木材退出工作，导致压应变减小。上、下翼缘的应变以跨中截面为对称轴近似呈对称分布。拱在加载过程中以受压为主，存在一定的弯矩作用，应力较大的部位是跨中和支座附近。

a、c 拱上翼缘 *L*/2 区域受拉，其余区域受压。当荷载小于极限荷载的 30%时，下翼缘所有区域受拉；当荷载大于极限荷载的 30%时，下翼缘所有区域受压，这是由 *L*/6、5*L*/6 处的竖向位移减小，出现反拱现象引起的。上、下翼缘的应变以跨中截面为对称轴近似呈对称分布。在拱 2*L*/3 处，荷载达到 130kN 时，出现了压应变的急剧增加，这是因为快达到极限荷载时，跨中节点处木材发生顺纹劈裂破坏，所以在 *L*/2 处木材退出工作，导致 2*L*/3 处压应力增加，该处上、下翼缘压应变均增加。荷载达到 130kN 时，下翼缘 *L*/2 处压应变急剧减小，甚至接近零，这是由于跨中节点附近木材劈裂，木材退出工作，不再承担荷载。

4.1.2　交叉胶合木拱数值模拟

1. 模型建立

1) 材料性能参数

(1) 木材。

木材弹性阶段的材料性能参数如表 4-3 所示，其中 1 代表顺纹方向，2 代表径向，3 代表弦向。

表 4-3　木材弹性阶段的材料性能参数(交叉胶合木拱)

弹性模量/MPa			泊松比			剪切模量/MPa		
E_1	E_2	E_3	ν_{12}	ν_{13}	ν_{23}	G_{12}	G_{13}	G_{23}
12850	968	968	0.035	0.467	0.572	902	902	308

定义 $\bar{\sigma}_{22}$ =42.8MPa，$\bar{\sigma}_{11}=\bar{\sigma}_{33}$ =5.3MPa，$\bar{\sigma}_{13}$ =1.94MPa，$\bar{\sigma}_{23}=\bar{\sigma}_{12}$ =9.5MPa，计算得到木材塑性阶段的材料性能参数如表 4-4 所示。

表 4-4　木材塑性阶段的材料性能参数(交叉胶合木拱)

R_{11}	R_{22}	R_{33}	R_{12}	R_{13}	R_{23}
1	0.124	0.124	0.384	0.384	0.079

(2) 钢材。

节点中的钢材包括 Q355 钢板[35]、6.8 级普通螺栓[34]，弹性模量均为 206000MPa，泊松比为 0.3，钢材材料性能参数如表 4-5 所示。

表 4-5　钢材材料性能参数

类别	E/MPa	f_y/MPa	f_t/MPa	ε_u
钢板	206000	345	455	0.06
螺栓	—	480	648	0.1

2) 假设与简化

交叉胶合木拱模型的尺寸采用设计值，具体数值如表 4-6 所示。

表 4-6　交叉胶合木拱模型尺寸

试件名称	矢高 f/m	跨度 L/m	矢跨比 f/L	截面尺寸 $b\times h$/(mm×mm)	圆弧拱半径/m
JC-1	1	6	1/6	80×200	5

交叉胶合木拱几何模型如图 4-11 所示，使用 ABAQUS 软件对交叉胶合木拱进行建模时，做了以下几点简化和假设：

(1) 模型各个部位的尺寸按照设计值而非加工后的实际尺寸，加工尺寸和设计尺寸难免会有误差。

(2) 将螺栓杆简化为光圆杆，没有考虑螺栓杆上的螺纹。假设胶合木拱为理想胶合木拱，表面不存在影响承载力的木节，木拱内部不存在影响承载力的指接部位。

(3) 由于实际试验中螺帽受力特别小，形变也不明显，垫圈和螺帽的相对变形很小，所以不分开建立螺帽和垫圈，而是将两者进行兼并建模。

(4) 试验设计时，为了方便安装，节点钢板侧面与胶合木之间有 5mm 的间距，在实际建模时设置为胶合木与侧面钢板密切接触，通过定义摩擦系数来解除刚体变形。

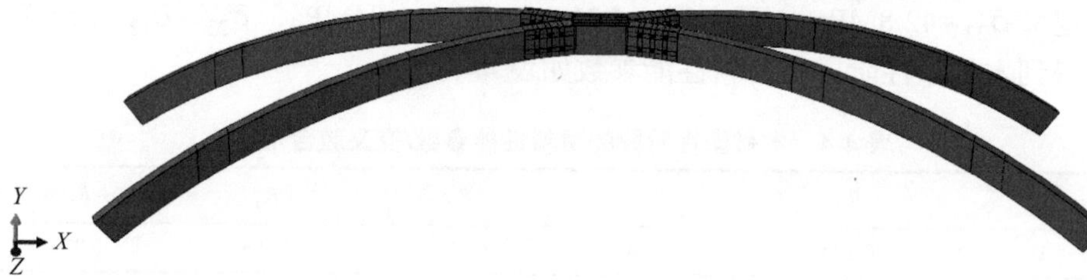

图 4-11　交叉胶合木拱几何模型

3) 模型设置

螺栓和木材之间通过设置接触关系来进行力的传递，接触问题归属边界非线性，对 ABAQUS 模型的正常运行起到至关重要的作用。在设置接触关系时，接触对包括主面和从面，主面和从面间可设置为有限滑移和小滑移，有限滑移主从面的相对位移变化较大，小滑移主从面的相对位移变化较小。因此，模型设置为有限滑移。接触属性包括法向接触和切向接触，其中，法向接触包括硬接触和软接触，硬接触不允许主面和从面间的穿透，软接触则允许从面被主面穿透；切向接触主要通过设置摩擦系数发挥作用。模型中接触的设置如表 4-7 所示。

表 4-7　模型中接触的设置(交叉胶合木拱)

类别	1	2	3	4
接触对	螺栓-木孔	螺栓-钢板孔	钢板-木材	螺栓帽-钢板
主面	螺栓	钢板孔壁	钢板	钢板
从面	木孔壁	螺栓	木材	螺栓帽
法向作用	硬接触	硬接触	硬接触	硬接触
摩擦系数	0.2	0.3	0.3	0.3

交叉胶合木拱模型选取 C3D8R 单元。试件网格划分如图 4-12 所示。交叉胶合木拱的全局网格尺寸为 15mm，采用扫掠、中性轴算法划分网格。在螺栓孔周围，对网格的划分更为细致，先通过螺栓孔中心、沿半径方向建立基准面，用这些基准面对部件进行切分后再划分网格，以形成规则的网格形状，网格尺寸为 5mm。划分网格后，对网格进行了检查，共有 56458 个单元，网格质量没有问题。

(a) 胶合木网格

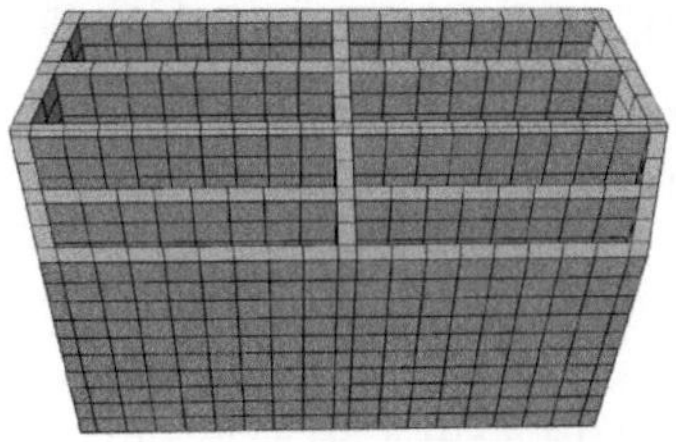
(b) 钢节点网格

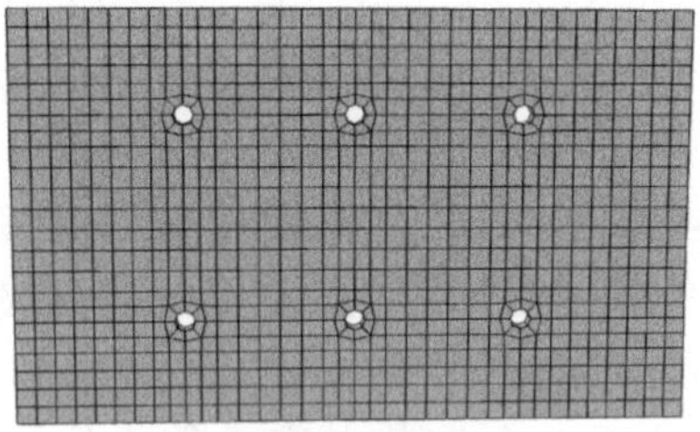
(c) 钢板网格

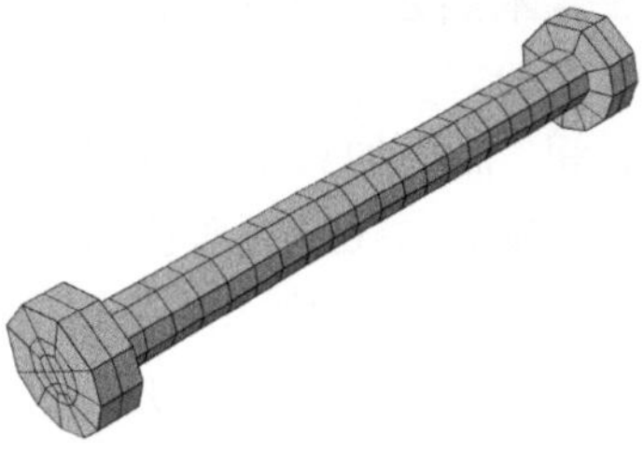
(d) 螺栓网格

图 4-12　试件网格划分

模型的边界条件如表 4-8 所示。通过接触和摩擦来限定部分自由度，边界条件的定义在保证消除刚体位移的基础上不产生过度约束的问题。另外，将加载点向上偏移 10mm 作为参考点，在中间节点处，以加载点为中心，在交叉胶合木拱外表面切出一个加载面，在拱两侧处，以加载点为中心，在加载点两侧的交叉胶合木拱外表面各切出一个加载面，总计九个加载面、五个加载点，中间节点处加载面长度为 310mm，其余加载面长度和加载平台长度相同，均为 250mm。

表 4-8　边界条件定义

施加位置	边界条件	模型参数	说明
交叉拱端部约束面	只允许 *XZ* 面内转动	$U_1=U_2=U_3=U_{R_1}=U_{R_3}=0$	钢板-木材
侧向支撑约束面	*Z* 向位移	$U_3=0$	钢板

将交叉胶合木拱模型端部中心选为耦合控制点，选端部所在的面为耦合面，进行耦合约束，为后续进行端部耦合约束提供方便。

如果在一个分析步把全部荷载施加到模型上，使接触状态发生剧烈改变，会增加收敛难度，因此可以采用额外的分析步和边界条件，使模型平稳进入接触状态，将荷载逐步施加到模型上，以降低收敛难度。最终确定的分析步如下：

(1) 进行屈曲分析时，分析步设置为 Buckle，关闭几何非线性，在进行重力荷载施加时，分析步设置为静力、通用、打开几何非线性，在进行拱承载力计算时，分析步设置为动态、隐式、打开几何非线性。

(2) 与试验一样采用力加载，先在参考点上施加重力荷载，使接触关系建立起来。

(3) 正式施加力荷载。

2. 模拟结果

图 4-13 给出了模拟得到的交叉胶合木拱各构件变形情况和应力云图。图 4-14 为交叉胶合木拱 $L/3$、$L/2$、$2L/3$ 处的荷载-位移曲线对比，可以看出模拟曲线与试验曲线吻合较好。进行试验时，由于千斤顶的传感器与试件从接触到有效传力需要一段时间，而且加载平台可能出现滑动，所以荷载-位移曲线起初有一段平缓曲线，与数值模拟曲线进行对比时，处理了滑移部分，方便对比荷载-位移曲线的斜率。图 4-15 为交叉胶合木拱达到极限荷载时的整体变形对比，当荷载达到极限荷载时，$L/6$、$L/3$、$2L/3$、$5L/6$ 处的竖向位移很接近，$L/2$ 处的竖向位移模拟值为 69mm，试验值为 67mm。因为试验的加载方式不能保证 5 个加载点完全等力加载，而且木拱的实际几何缺陷难以得知，模拟引入的初始几何缺陷与实际几何缺陷有偏差，所以试验结果与模拟结果存在误差。模拟得到的极限荷载为 135kN，试验得到的极限荷载为 130kN，模拟得到的荷载-位移曲线的斜率稍小于试验得到的荷载-位移曲线的斜率，整体吻合较好，所以本节采用的数值模拟方法可有效模拟交叉胶合木拱的极限荷载和整体变形。

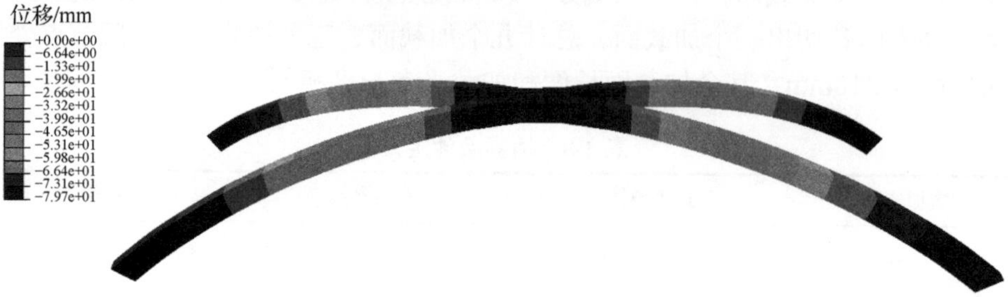

(a) 模型整体位移

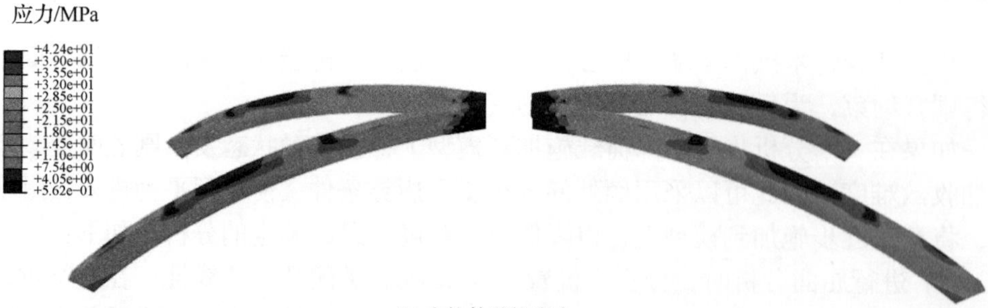

(b) 木构件整体应力

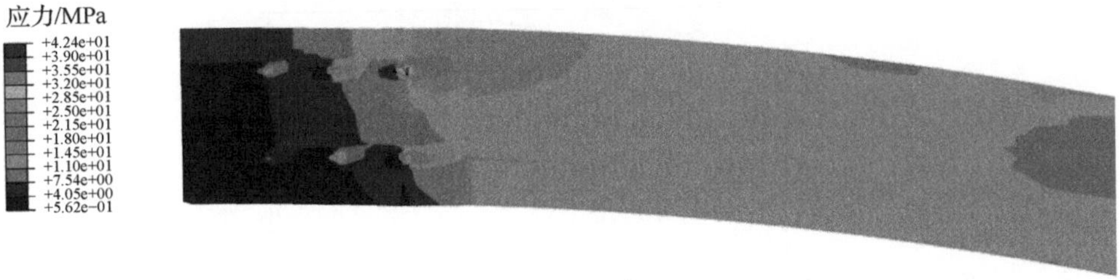

(c) 木材开槽处应力

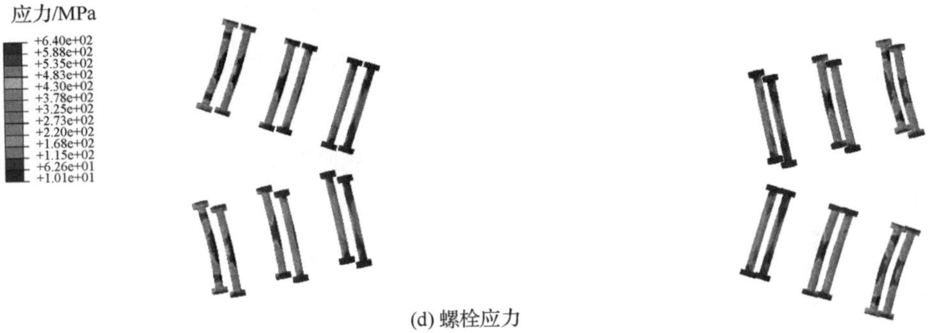

(d) 螺栓应力

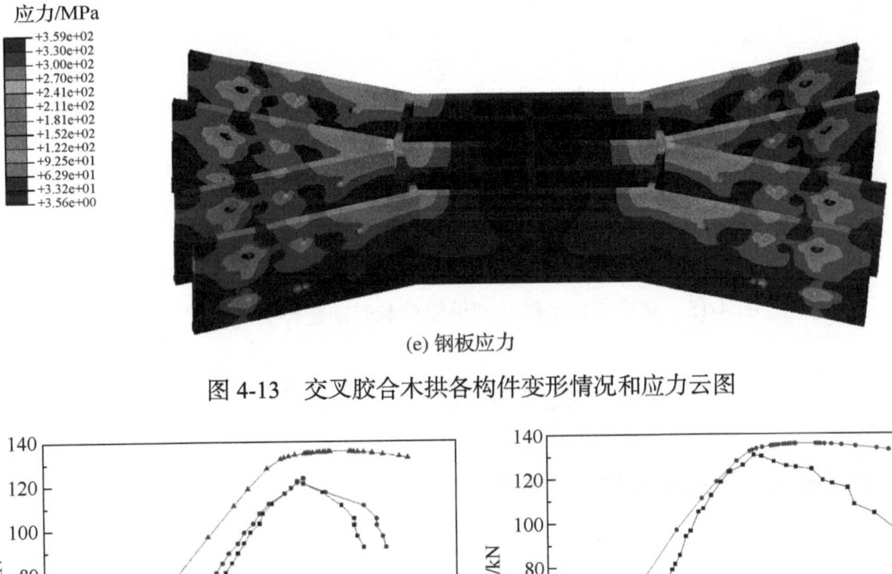

(e) 钢板应力

图 4-13　交叉胶合木拱各构件变形情况和应力云图

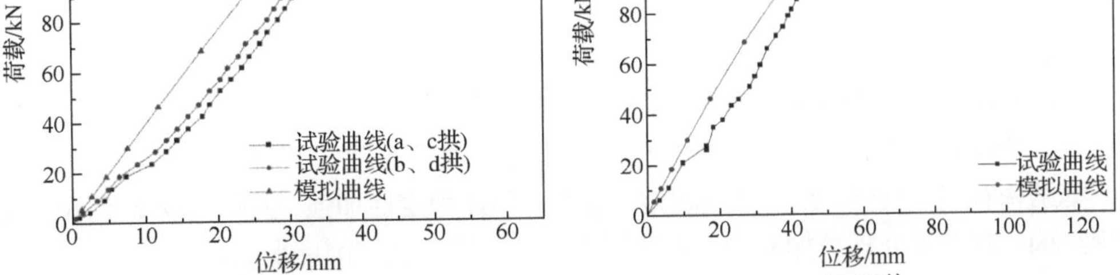

(a) $L/3$处　　(b) $L/2$处

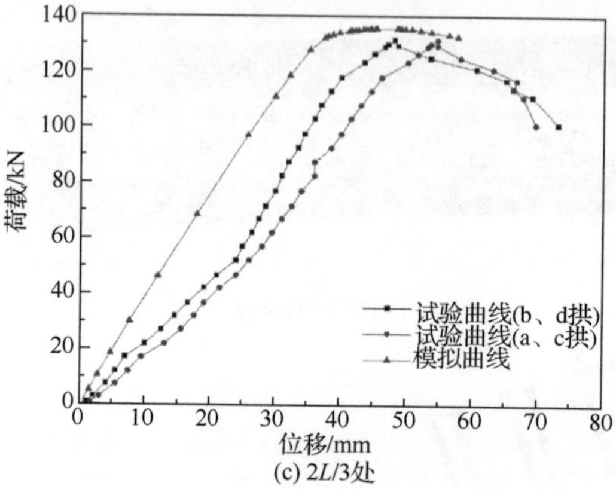

(c) 2L/3处

图 4-14 交叉胶合木拱的荷载-位移曲线对比

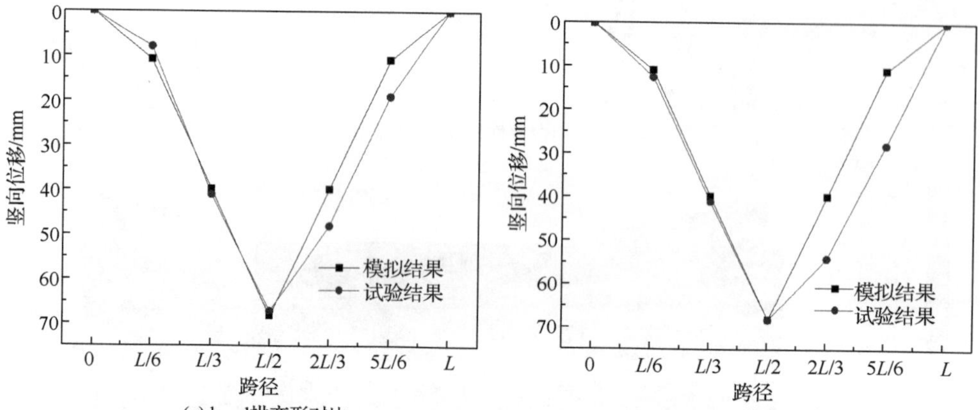

(a) b、d拱变形对比

(b) a、c拱变形对比

图 4-15 交叉胶合木拱达到极限荷载时的整体变形对比

4.2 交叉胶合木张弦梁

4.2.1 交叉胶合木张弦梁力学性能试验

1. 试验设计

1) 试件设计

针对单向张弦梁整体性不强、侧向稳定性需要大量檩条和撑杆来保证的缺点，双向张弦梁结构将数榀单向张弦梁结构沿纵横方向交叉布置，侧向约束相较于单向张弦梁结构有明显加强，结构呈空间传力体系，整体稳定性加强，但是相较于单向张弦梁结构，其节点处理更加复杂，更适用于矩形、圆形和椭圆形平面。

针对这两种结构的优缺点，本节提出一种交叉胶合木张弦梁结构，既能增强单向张弦梁结构的侧向刚度和平面外稳定性，又不需要设置大量水平支撑。采用两个单向张弦梁在跨中交叉连接，由水平撑杆连接两个上弦梁，拉索在跨中交叉从而互相牵制，结构模型如图 4-16 所示，它兼具单向张弦梁和双向张弦梁结构的优点，克服了双向张弦梁的使用限制，节点处理较为简便，扩大了单向张弦梁的适用范围，具有更强的空间造型能力，能更好地完成整体承载要求。

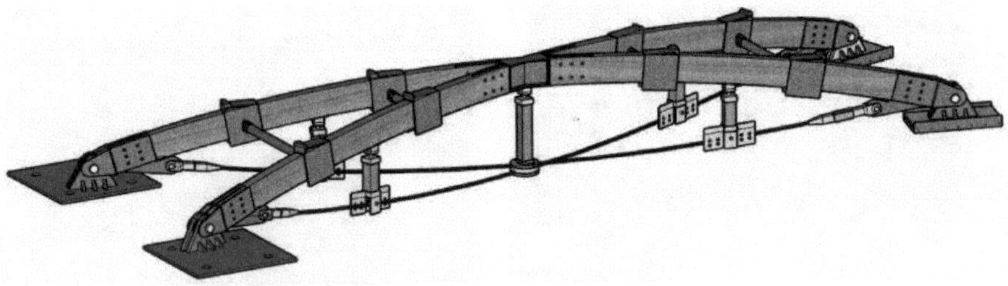

图 4-16　交叉胶合木张弦梁示意图

撑杆上端与上弦胶合木梁采用钢万向球铰节点连接，实现撑杆上部的弯矩释放和撑杆的自由转动，球轴穿过椭圆孔道，通过改变椭圆长轴和短轴长度限制万向球在不同方向的转动范围。除跨中撑杆外，撑杆下端与下弦拉索采用滚动张拉节点，该节点采用滚轮减小拉索张拉过程中的摩擦，在张拉完毕后通过 U 形螺栓将拉索固定，考虑到跨中撑杆下方存在拉索交叉的问题，采用占据使用空间更小的索夹节点进行固定，在张拉结束后通过拧紧索夹节点处的高强螺栓实现拉索的固定。

本节研究所采用的木材是花旗松同等组合胶合木，强度等级为 TC_T24[36]，所用钢填板强度等级为 Q355[35]，螺栓材质为 8.8 级普通螺栓[34]，拉索为强度 1670MPa 的七丝钢绞线。试件跨度为 6m，矢高为 0.4m，垂度为 0.3m，角度为 30°，其中，四根胶合木构件截面尺寸为 80mm×200mm，通过直径为 8mm 的螺栓与中心节点连接，T 型钢填板的厚度为 8mm，用于安装钢填板的梁槽宽度为 10mm，胶合木构件和钢填板上螺栓孔直径为 10mm，以保证中心节点与胶合木构件的顺利组装。

2) 加载和测量方案

考虑到结构与受力对称性，两根交叉拉索采用同步张拉的方法来施加预拉力，首先通过拉索张拉端套筒调节节点对拉索施加预拉力，采用位移控制来控制预拉力施加程度，在试验中，控制跨中反拱位移为 24mm，张拉拉索至指定位移后，调整木撑杆角度使其保持竖直，拧紧 U 形螺栓及索夹节点的高强螺栓以固定拉索，如图 4-17(a)所示。

为研究交叉胶合木张弦梁结构在均布荷载下的受力性能，综合考虑实验室场地和设备条件，试件整体加载装置如图 4-17(b)所示。采用 5 个液压千斤顶并联，以保证每个千斤顶施加的荷载基本相同，通过 4 个分配梁实现共计 9 个加载点的加载工况，如图 4-17(c)所示。其中，除跨中加载点外，其他加载点荷载保持一致，跨中加载点荷载为其他加载点荷载的 2 倍。在对应加载点处设置加载平台，便于安装分配梁，且能避免木构件因横纹局部受压而破坏。与反力架连接的侧向支撑用于模拟实际工程中多榀交叉胶合木张弦梁之间的撑杆作用，侧向支撑通过滚筒与试件侧面接触，起限制平面外位置和减小竖向摩擦的作用。

(a) 张拉过程

(b) 正式加载

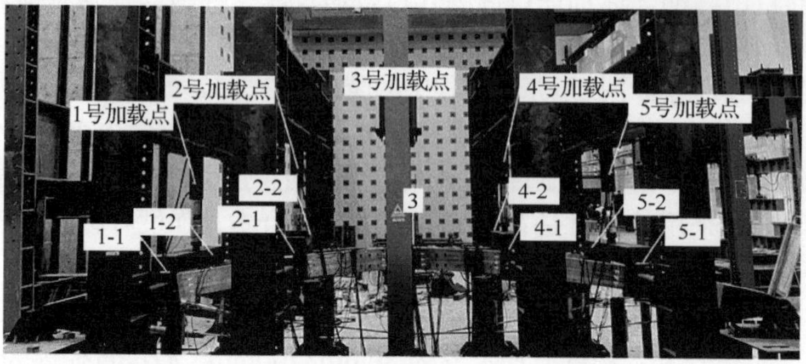

(c) 加载点示意图

图 4-17　交叉胶合木张弦梁加载图

交叉胶合木张弦梁测点布置如图 4-18 所示。为得到结构整体变形趋势，分析

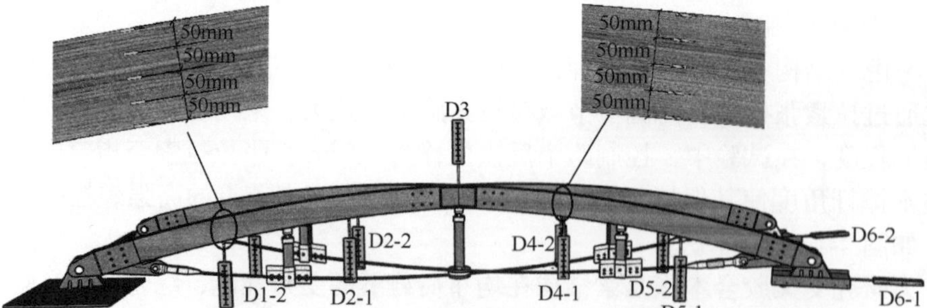

图 4-18　交叉胶合木张弦梁测点布置

均布荷载作用下结构的受力规律，在每个加载点处安装位移计以测量加载点处的竖向位移，位移计编号为 D1-1～D5-2，为了测量滑动支座处试件的水平位移，将位移计 D6-1 和 D6-2 水平布置在滑动支座外侧。应变片在每个加载点处沿截面高度均匀布置，以测量上弦胶合木构件的顺纹应变，分析截面顺纹应变分布及变化规律。

2. 试验结果及分析

1) 试验现象

在整个加载过程中，5 个千斤顶所连接的力传感器值基本相等(相差小于 5%)，各主加载点对应的分加载点竖向位移也基本相等，证明了同步加载工况的有效实施。当荷载达到 69.48kN 时，试件跨中节点左侧最上排螺栓处出现顺纹劈裂裂缝(图 4-19(a))，裂缝随着荷载增大不断变大；当荷载达到 73.50kN 时，试件跨中节点右侧最上排螺栓处出现顺纹劈裂裂缝(图 4-19 (b))；当荷载达到 83.70kN 时，试件跨中节点右侧最下排螺栓处出现顺纹劈裂裂缝，试件丧失承载能力(图 4-19(c))。将节点螺栓从试件上拆解下来后发现，螺栓基本处于竖直状态，并未出现塑性铰(图 4-19(d))，试件整体破坏模式是跨中节点处木材劈裂导致的破坏(图 4-19(e))。

(a) 左侧最上排螺栓处木材顺纹劈裂

(b) 右侧最上排螺栓处木材顺纹劈裂

(c) 两侧最上排螺栓处木材顺纹劈裂

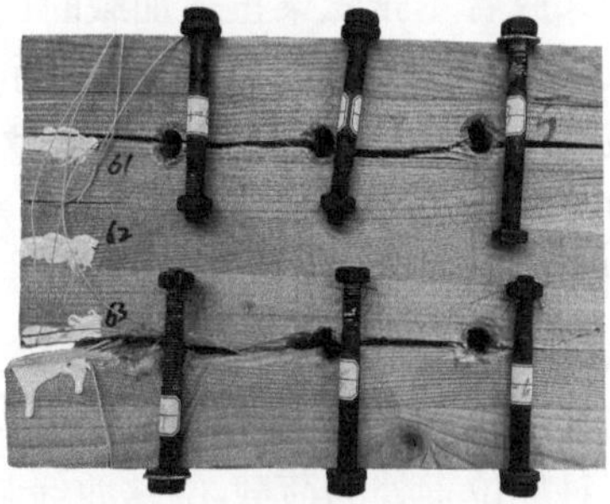

(d) 螺栓变形

(e) 最终破坏状态

图 4-19　交叉胶合木张弦梁破坏现象

2) 荷载-位移曲线

交叉胶合木张弦梁张拉时的荷载-位移曲线如图 4-20 所示。随着预拉力的施加，交叉胶合木张弦梁出现反拱，各测点的竖向反拱值随预拉力的增加而增加，跨中反拱值增加最快，对称位置测点的位移增长基本接近，同时滑动支座向内移动，在张拉完成时，拉索预拉力达到 11.02kN，滑动支座分别向内移动 4.02mm 和 3.89mm。

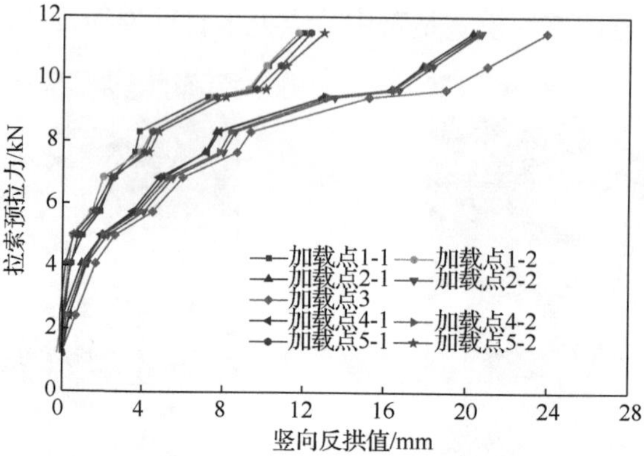

图 4-20　交叉胶合木张弦梁张拉时的荷载-位移曲线

交叉胶合木张弦梁正式加载时的荷载-位移曲线如图 4-21 所示。取各加载点处的极限荷载平均值作为整个试件的极限荷载，计算得到交叉胶合木张弦梁的极限荷载为 83.70kN，对应的跨中位移为 116.5mm，而平面胶合木张弦梁的极限荷载和对应跨中位移分别为 46.12kN 和 166mm，可见交叉胶合木张弦梁的荷载更高，刚度更大。

从图 4-21(a)和(b)可以看出，同一加载点下方两分加载点处的竖向位移比较接近，可以认为分配梁能相对均匀地将荷载分配到各分加载点处。从图 4-21(c)可以看出，对称位置处的荷载-位移曲线相似，所以试件整体变形是对称的。

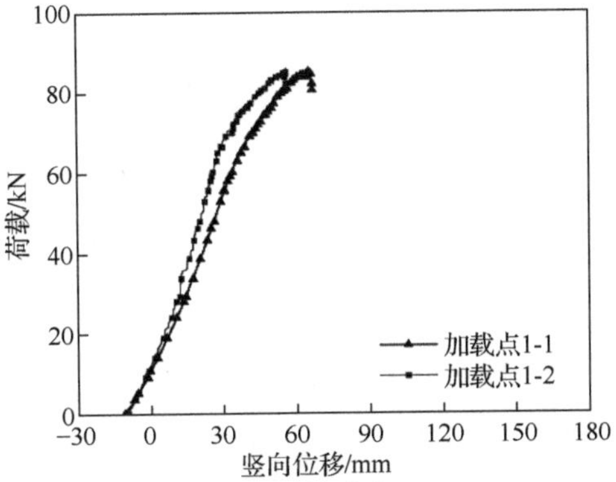

(a) 1号加载点

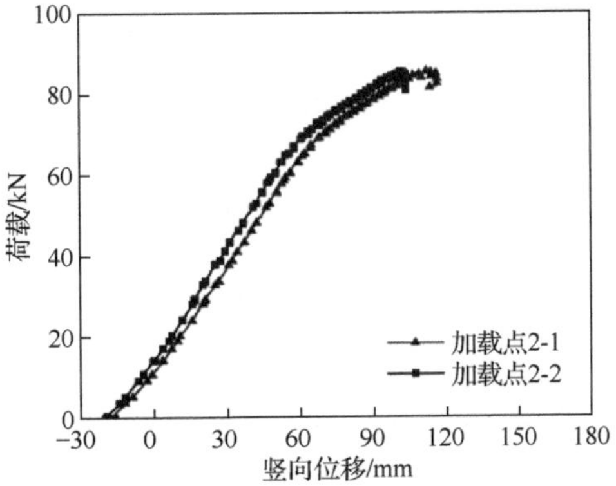

(b) 2号加载点

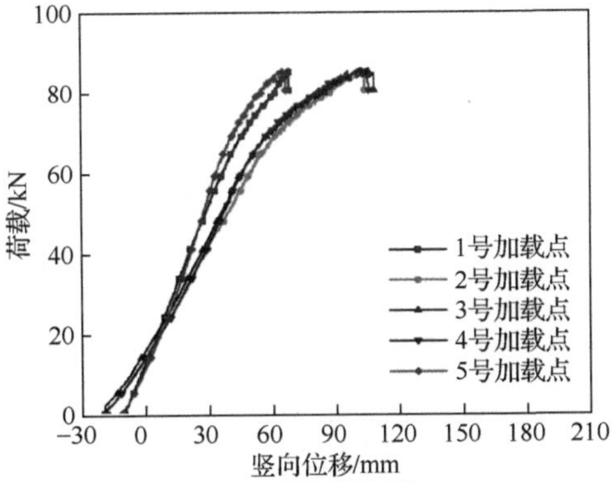

(c) 各加载点对比

图 4-21　交叉胶合木张弦梁正式加载时的荷载-位移曲线

3) 应变分布

交叉胶合木张弦梁在不同荷载水平下的应变分布如图 4-22 所示。在正式加载前，在梁的顶部观察到拉应变，而梁的底部处于受压状态，这与预张拉过程引起

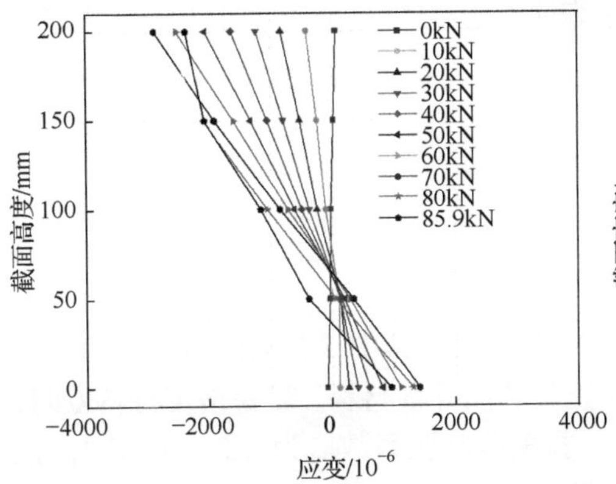

(a) $L/6$

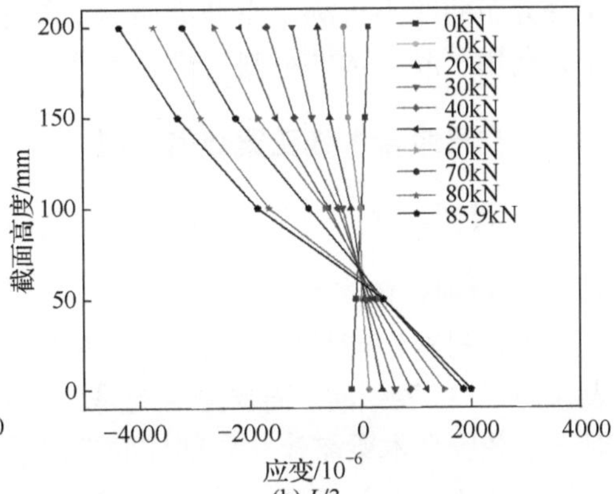

(b) $L/3$

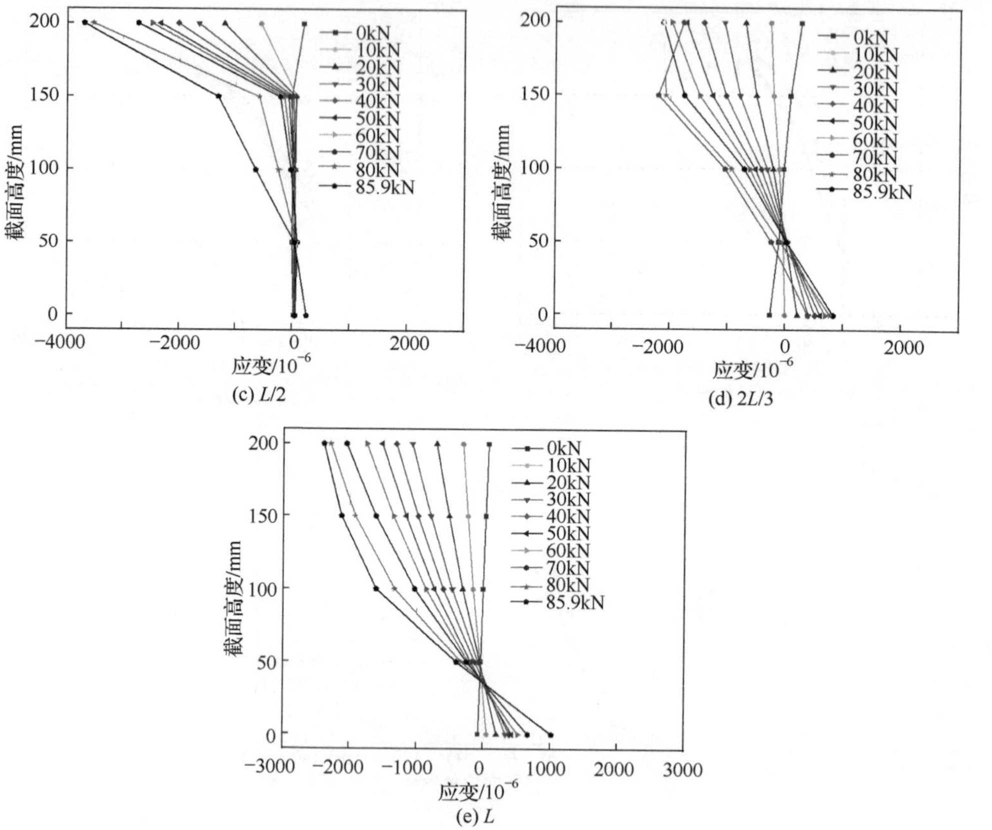

图 4-22　交叉胶合木张弦梁在不同荷载水平下的应变分布

的预拱度现象一致。由于预张拉引起的梁顶拉应变和梁底压应变逐渐被抵消，随着荷载进一步增加，梁顶开始承担压应变并逐渐增加，梁底则开始承担拉应变并逐渐增加。在弹性阶段，应变分布曲线符合平截面假定，而在弹塑性阶段，梁的应变分布曲线不再满足平截面假定。结果表明，近 75%的梁截面处于受压状态，充分利用了胶合木的材料特性。

4.2.2　交叉胶合木张弦梁数值模拟

1. 模型建立

1) 材料性能参数

木材材料性能具体参数如表 4-9 和表 4-10 所示，其中 1 代表顺纹方向，2 代表径向，3 代表弦向。需要注意的是，对于正交各向异性材料，需要指定材料方向，对于上弦胶合木梁需建立局部柱面坐标系。拉索线膨胀系数取为 $1.8\times10^{-5}℃^{-1}$，弹性模量为 1.8×10^{5}MPa，泊松比为 0.3，屈服强度为 1670MPa。

表 4-9　木材弹性阶段的材料性能参数(交叉胶合木张弦梁)

弹性模量/MPa			泊松比			剪切模量/MPa		
E_1	E_2	E_3	ν_{12}	ν_{13}	ν_{23}	G_{12}	G_{13}	G_{23}
12381	478.95	478.95	0.371	0.371	0.382	879	879	87

表 4-10　木材塑性阶段的材料性能参数(交叉胶合木张弦梁)

R_{11}	R_{22}	R_{33}	R_{12}	R_{13}	R_{23}
1	0.138	0.138	0.293	0.293	0.229

2) 假设与简化

交叉胶合木张弦梁模型如图 4-23 所示。模型建立过程中采用以下简化与假设：

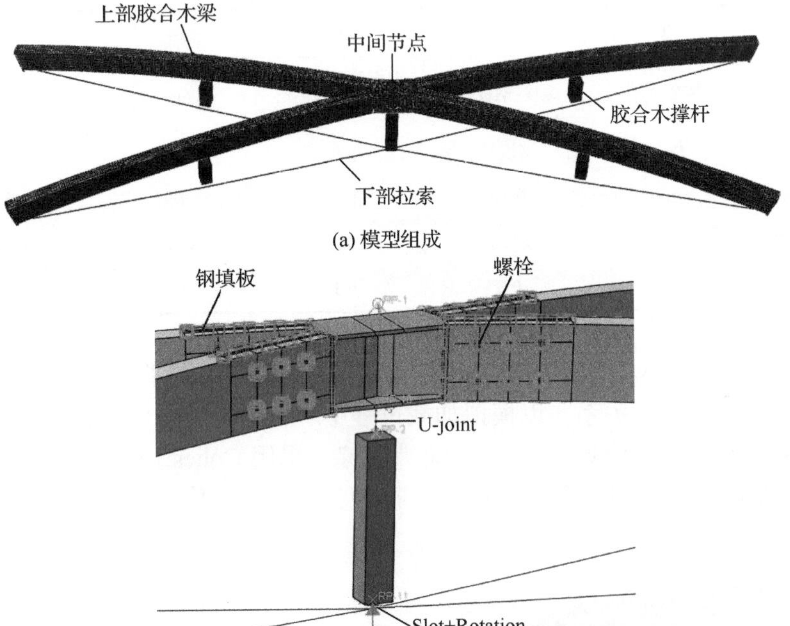

(a) 模型组成

(b) Connector单元简化

图 4-23　交叉胶合木张弦梁模型

(1) 模型主要由上部胶合木梁、中间节点、胶合木撑杆和下部拉索组成。其中，下部拉索采用线单元进行简化，考虑到中间节点是结构受力的关键，其余部分均采用实体单元进行模拟。

(2) 若在模型中建立节点的实体单元模型，模型很难收敛，因此应进行适当的简化，简化的原则是简化后节点可以真实反映原节点提供的约束作用。与平面胶合木张弦梁相同，本模型使用 CONN3D2 单元进行模拟。对于上弦节点的模拟，首先在上弦胶合木构件底面对应区域建立参考点及耦合约束，再在胶合木撑杆顶面建立参考点及耦合约束，在参考点之间生成 Connector 的特征线并赋予 U-joint 属性，以实现上弦节点约束情况的模拟。对于下弦节点的模拟，首先在胶合木撑杆底面建立参考点，参考点与撑杆底面建立耦合约束，参考点再与拉索端点之间生成 Connector 的特征线并赋予 Slot 和 Rotation 属性，以实现下弦节点的模拟。

3) 模型设置

接触关系的设置是模型是否收敛及结果是否准确的关键。接触关系包括法向接触关系和切向接触关系，法向接触关系包括硬接触和软接触，切向接触关系通常通过设置摩擦系数来发挥作用。在选定接触面时，通常选择网格分割粗糙或者刚度较大的面为主面。模型中接触的设置如表 4-11 所示。

表 4-11　模型中接触的设置(交叉胶合木张弦梁)

类别	1	2	3	4	5
接触对	螺栓-木孔	螺栓-钢板孔	钢板侧面-木槽侧面	螺帽-木材	钢板边缘-木槽边缘
主面	螺栓	钢板孔	钢板	螺帽	钢板
从面	木孔	螺栓	木材	木材	木材
法向作用	硬接触	硬接触	硬接触	硬接触	硬接触
摩擦系数	0.3	0.3	0.1	0.3	0.3

由于交叉胶合木张弦梁破坏的特点是沿螺栓连线顺纹方向开裂，在每行螺栓处建立 Cohesive 接触关系，以模拟加载过程中木材的开裂损伤，如图 4-24 所示，在此不再赘述。考虑到模型此时已经非常复杂，采用 Cohesive 单元进行节点开裂损伤模拟难以收敛，因此采用 Cohesive 接触关系进行替代。

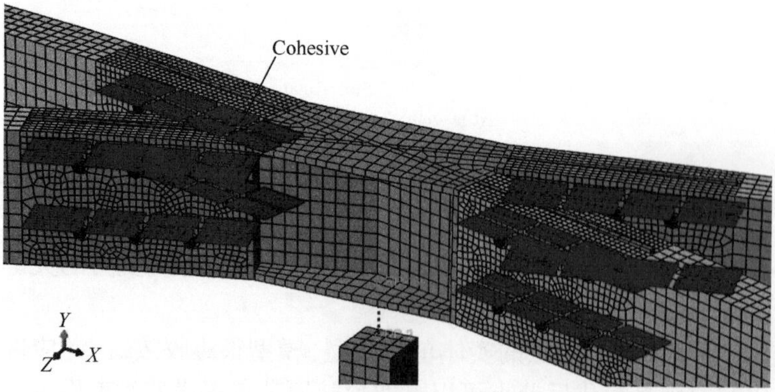

图 4-24　Cohesive 模拟开裂

在场变量中注意添加 CSQUADSCRT 和 CSDEG。CSQUADSCRT 用于判断初始损伤发生位置，当数值小于 1 时代表材料处于弹性阶段，没有发生损伤，当数值为 1 时代表已经发生损伤，相当于 Cohesive 单元建模方法中的 QUADSCRT 变量。CSDEG 用于判断损伤程度，当数值为 0 时代表还没有发生损伤，当数值为 1 时代表 Cohesive 单元完全失效，相当于 Cohesive 单元建模方法中的 SDEG 变量。

为了模拟荷载施加的实际工况，建立了 5 个参考点，并与胶合木梁加载面处分别耦合，采用力控制加载，对参考点施加相同的竖向荷载以模拟多点同步加载工况。在结构对应支座处建立参考点并与对应位置耦合，以建立约束关系，并在设置侧向支撑的部位限制模型平面外位移，以避免平面外屈曲。为了模拟试验中的张拉过程，对钢拉索施加温度荷载以产生预拉力，其原理是给拉索降温会导致拉索收缩，由于结构的约束限制了拉索的变形，拉索内部产生拉力。模拟时先粗略取一个温度进行模拟，根据得到的下弦拉索内力和结构反拱值对温度进行调整，直到获得需要的预拉力/反拱值大小。

实体模型由 C3D8R 单元模拟，钢拉索则采用二节点线性梁单元(B31)模拟，全局网格尺寸为 20mm，采用扫掠、中性轴算法划分网格，在螺栓及螺栓孔周围，对网格的分割更为细致，网格尺寸为 10mm。需要注意的是，所有接触面处的单元节点均一一对应。经反复尝试，最终网格划分如图 4-25 所示。

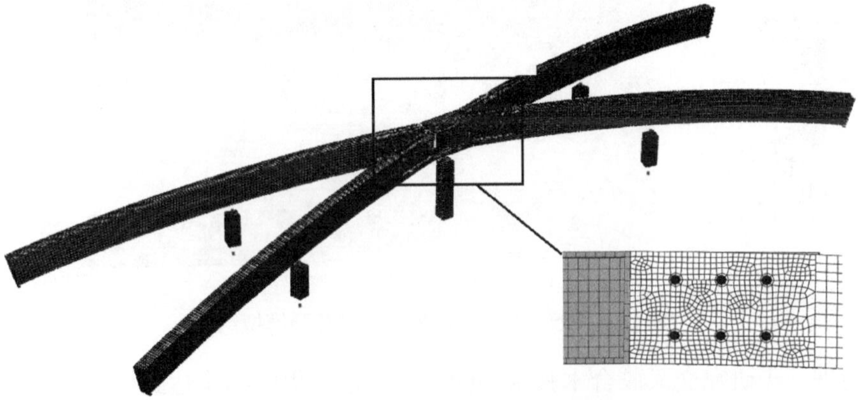

图 4-25　交叉胶合木张弦梁网格划分

试验中试件存在较大的变形，因此考虑几何非线性，从初始分析步打开大变形开关，降低从中间分析步打开造成的收敛问题。最终确定的分析步如下：

(1) 先在各加载点施加 0.5kN 的力，使接触关系平稳建立。

(2) 对下弦拉索施加温度荷载，模拟预张拉过程。

(3) 正式施加荷载。

2. 模拟结果

图 4-26 为交叉胶合木张弦梁木材开裂模拟结果。可以看出，胶合木开裂现象与试验现象相同，在最上排螺栓和最下排螺栓处均出现顺纹劈裂裂缝，但是最下排螺栓处裂缝宽度明显大于最上排螺栓处，这与试验测得的应变分布规律相符，正是最下排螺栓下部胶合木截面受拉，而最下排螺栓上部胶合木截面受压，导致最下排螺栓处木材同时受到顺纹抗拉和横纹抗拉作用，裂缝扩展更迅速，直至结构失去承载能力。

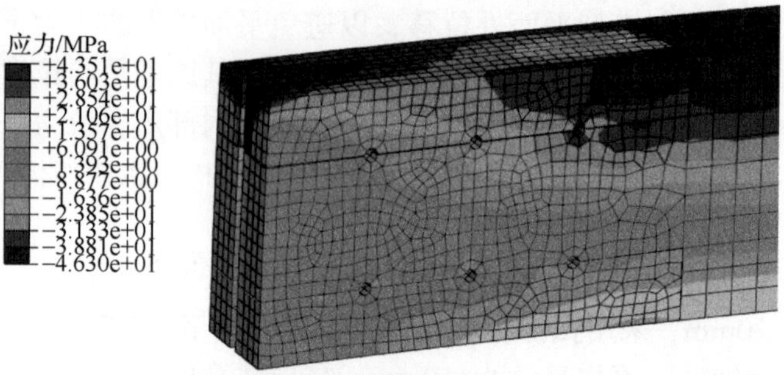

(a) 最上排螺栓开裂

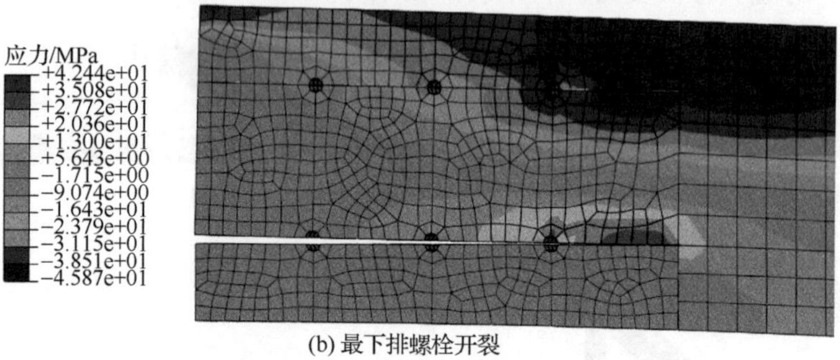

(b) 最下排螺栓开裂

图 4-26　交叉胶合木张弦梁木材开裂模拟结果

为进一步研究交叉胶合木张弦梁的失效机理，提取结构达到极限荷载时不同组成部分的位移云图及应力云图，如图 4-27 所示。可以看出，上弦胶合木梁应力沿跨度分布并不均匀，加载点 2 到加载点 4 之间(即跨中区域)表现出较大的应力，木梁截面以受压为主，木梁底面承担部分拉应力。达到极限荷载时，胶合木梁发生受压破坏，此时螺栓变形较小，并未出现塑性铰，与试验现象一致。

图 4-28 对比了交叉胶合木张弦梁荷载-位移曲线模拟结果与试验结果，为了分析模型中考虑开裂损伤对结构力学性能的影响，建立了不引入 Cohesive 接触的有限元模型进行对比。从图中可以看出，当不考虑节点区域木材开裂时，模拟所得的极限荷载为 92.04kN，与试验结果之间的差异为 7.16%，当考虑节点区域木材

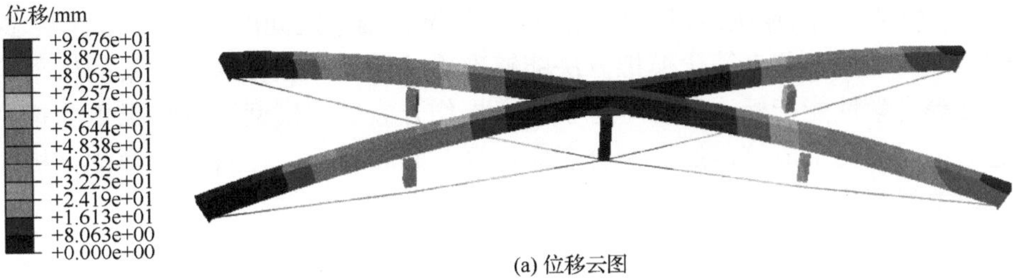

(a) 位移云图

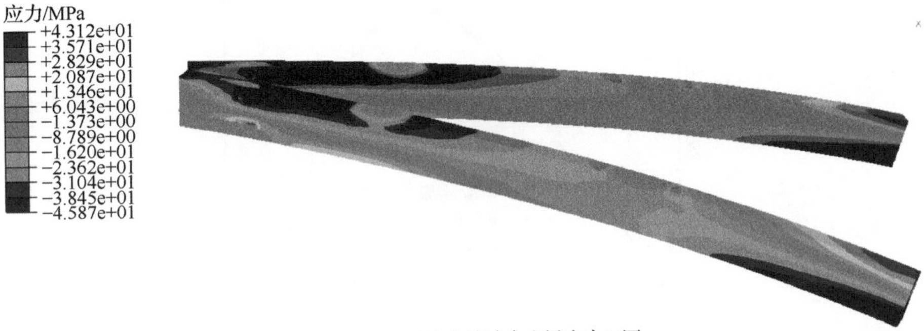

(b) 上弦胶合木梁应力云图

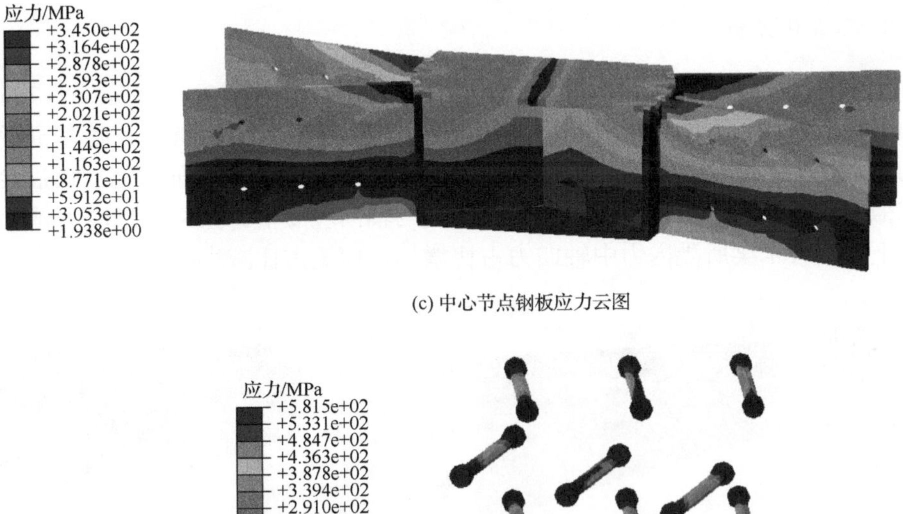

(c) 中心节点钢板应力云图

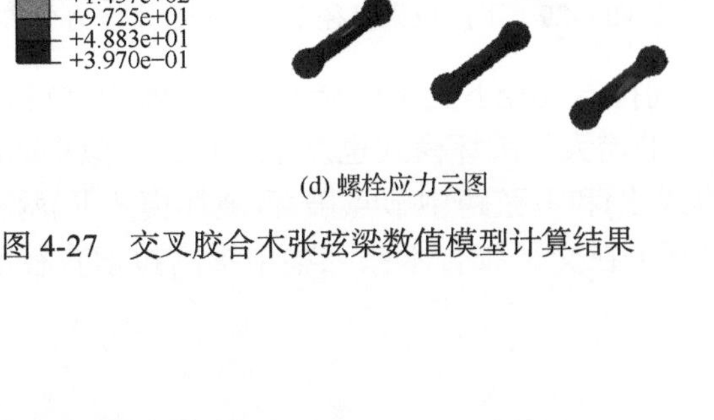

(d) 螺栓应力云图

图 4-27　交叉胶合木张弦梁数值模型计算结果

开裂时，模拟所得的极限荷载为 84.09kN，与试验结果之间的差异为 2.10%，这表明该有限元模型及节点简化模拟方法能够准确估计交叉胶合木张弦梁的极限荷载和刚度等力学性能指标。尽管考虑了节点损伤开裂后，模型计算结果更为精确，但是运行时间几乎成倍增加。综合考虑计算时间和精度，在后面参数化分析中不再考虑木材损伤开裂。

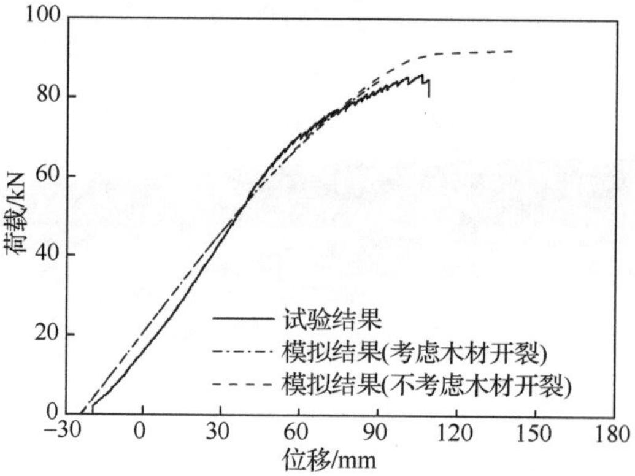

图 4-28　交叉胶合木张弦梁荷载-位移曲线对比

3. 参数化分析

考虑不同拉索直径进行参数化分析，拉索直径分别取为 10mm、15mm、17mm、19mm。图 4-29 为不同拉索直径下上部胶合木应力分布。可以看出，随着拉索直径的增加，上弦胶合木梁中压缩区的比例增大。这种现象与平面胶合木张弦梁结构相似，均可归因于拉索直径越大，在相同的轴向应变下，拉索的轴向力越大，导致上弦胶合木梁所受内力中轴向力占比增加，弯矩占比减小。

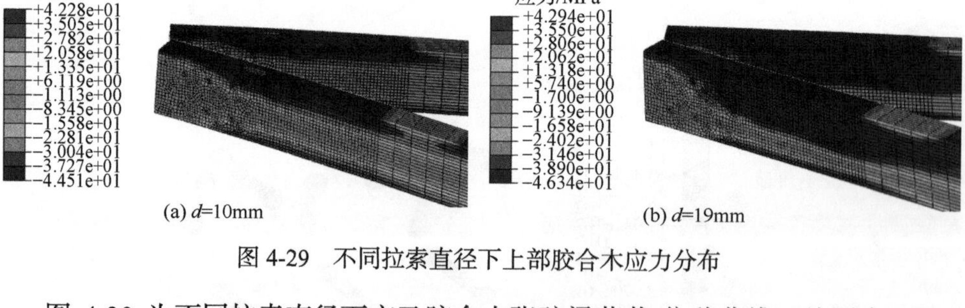

图 4-29　不同拉索直径下上部胶合木应力分布

图 4-30 为不同拉索直径下交叉胶合木张弦梁荷载-位移曲线。从图中可以看出，随着拉索直径的增大，破坏模式也发生变化，类似平面胶合木张弦梁，存在拉索断裂(破坏模式Ⅰ)和上弦跨中节点破坏(破坏模式Ⅱ)两种破坏模式。破坏模式的明显变化强调了在交叉胶合木张弦梁中提高拉索直径的重要性，应优先保

证破坏模式为Ⅱ。

当破坏模式为上弦跨中节点破坏时，可以看出交叉胶合木张弦梁的极限荷载随着拉索直径的增加而增加，但是增速变缓。当拉索直径从 15mm 增加到 17mm 时，极限荷载增加了 18.69%，而当拉索直径从 17mm 增加到 19mm 时，极限荷载仅增加了 6.93%。

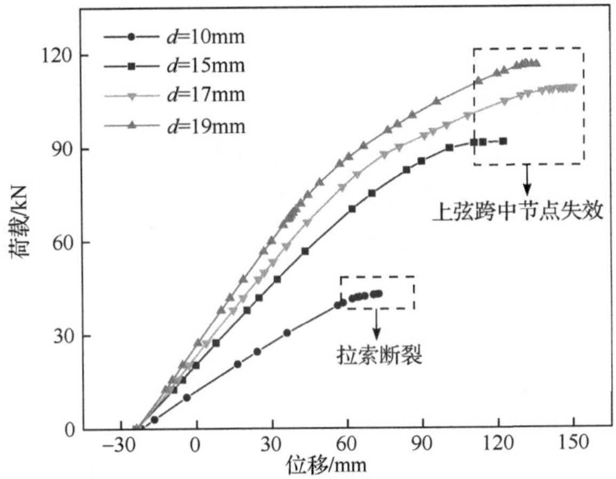

图 4-30　不同拉索直径下交叉胶合木张弦梁荷载-位移曲线

4.2.3　交叉胶合木张弦梁计算模型与设计方法

1. 竖向荷载下的变形与内力计算

张拉状态分析中需要用到荷载态的分析结果，因此本节先对交叉胶合木张弦梁荷载态的变形与内力进行分析。分析时不考虑预应力张拉产生的变形和内力，设计时可以将张拉状态与荷载态的分析结果线性叠加。

瑞利-里茨法是变分问题的一种较为成熟的直接解法，其基本思想是将位移函数假定为某种级数形式，即

$$w(x)=\sum_{i=1}^{n}w_i y_i(x) \tag{4-1}$$

$$u(x)=\sum_{i=1}^{n}u_i f_i(x) \tag{4-2}$$

式中，$w(x)$和 $u(x)$被命名为基函数；w_i 和 u_i 为待定系数；$y_i(x)$和 $f_i(x)$为满足几何边界条件的线性无关的函数组。

交叉胶合木张弦梁的总势能可表示为 $\Pi(w_1,w_2,\cdots,w_n,u_1,u_2,\cdots,u_n,q)$。在势能驻值理论的基础上，列出了以下公式：

$$\frac{\partial \Pi}{\partial w_i}=0,\quad \frac{\partial \Pi}{\partial u_i}=0,\quad i=1,2,\cdots,n \tag{4-3}$$

求解此方程组即可推出结构的变形与内力。

胶合木张弦梁结构上弦和下弦的初始态均为圆弧，分别表示为

$$x^2+\left(y-\frac{f_1}{2}+\frac{L^2}{8f_1}\right)^2=\left(\frac{f_1}{2}+\frac{L^2}{8f_1}\right)^2=R_1^2 \tag{4-4}$$

$$x^2+\left(y+\frac{f_2}{2}-\frac{L^2}{8f_2}\right)^2=\left(\frac{f_2}{2}+\frac{L^2}{8f_2}\right)^2=R_2^2 \tag{4-5}$$

式中，R_1 和 R_2 分别为上弦胶合木梁和下弦拉索的曲率半径。

基于对称性的特点，张弦梁在坐标原点的水平位移可以视为 0，张弦梁的基函数 $w(x)$和 $u(x)$可以用傅里叶级数表示。为了简单起见，均布荷载作用下胶合木张弦梁的位移可以取为单参数的基函数，即

$$w=w_1\cos(\pi x/L) \tag{4-6}$$

$$u=u_1\cos(\pi x/L) \tag{4-7}$$

如图 4-31 所示，上弦胶合木梁的应变能由三部分组成：胶合木构件的应变能(U_{N1})、胶合木螺栓节点的应变能(U_{N2})和中心钢节点的应变能(U_{N3})。E_1 和 E_2 分别是胶合木材和钢材的弹性模量，A_1 和 A_2 分别是胶合木构件和钢节点的横截面面积，k_a 是胶合木螺栓节点的轴向刚度。

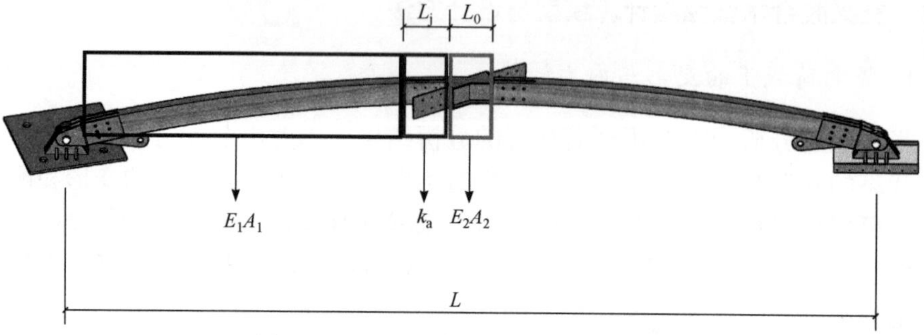

图 4-31　上弦胶合木梁各组件计算图

胶合木构件的应变能(U_{N1})可以按照式(4-8)计算：

$$\begin{aligned}U_{N1}&=\frac{1}{2}\int_{-\frac{L}{2}}^{\frac{L}{2}}H\varepsilon\sec^2\theta\mathrm{d}x-\frac{1}{2}\int_{-\frac{L_0}{2}+L_j}^{\frac{L_0}{2}+L_j}H\varepsilon\sec^2\theta\mathrm{d}x\\&=\frac{\left(J_{11}u_1+J_{21}w_1+J_{31}w_1^2\right)\left(J'_{11}u_1+J'_{21}w_1+J'_{31}w_1^2\right)}{2}\\&\quad-\frac{\left(J_{12}u_1+J_{22}w_1+J_{32}w_1^2\right)\left(J'_{12}u_1+J'_{22}w_1+J'_{32}w_1^2\right)}{2}\end{aligned} \tag{4-8}$$

式中，L_0 为钢节点的长度；H 为钢索的预拉力。

$$J_{11}=\frac{2\pi R_1E_1A_1}{L^2}\left[\sin\theta_{B1}-\left(\frac{\pi^2R_1^2}{2L^2}+1\right)\sin^3\theta_{B1}/3+\left(\frac{\pi^4R_1^4}{24L^4}+\frac{\pi^2R_1^2}{2L^2}\right)\sin^5\theta_{B1}/5-\frac{\pi^4R_1^4\sin^7\theta_{B1}}{168L^4}\right] \tag{4-9}$$

$$J_{21}=\frac{2\pi E_1A_1}{R_1L}\left[\frac{L}{\pi^2}-\left(\frac{3}{4\pi^2}-\frac{6}{\pi^4}\right)L^3/\left(2R_1^2\right)-\left(\frac{5}{16\pi^2}-\frac{15}{\pi^4}+\frac{120}{\pi^6}\right)L^5/\left(8R_1^4\right)\right] \tag{4-10}$$

$$J_{31}=\frac{\pi^2R_1E_1A_1}{L^3}\left[\frac{\left(\pi^2R_1^2+L^2\right)\sin^3\theta_{B1}}{3L^2}+\left(\frac{\pi^4R_1^4}{3L^4}+\frac{\pi^2R_1^2}{L^2}\right)\sin^5\theta_{B1}/5+\left(\frac{\pi^6R_1^6}{36L^6}+\frac{\pi^4R_1^4}{3L^4}\right)\sin^7\theta_{B1}/7-\frac{\pi^6R_1^6\sin^9\theta_{B1}}{324L^6}\right] \tag{4-11}$$

$$\sin\theta_{B1}=L/\left(2R_1\right) \tag{4-12}$$

$$J'_{11}=2+\frac{1}{2R_1^2}\left(\frac{1}{2}-\frac{4}{\pi^2}\right)L^2-\frac{1}{8R_1^4}\left(\frac{1}{8}-\frac{6}{\pi^2}+\frac{48}{\pi^4}\right)3L^4 \tag{4-13}$$

$$J'_{21}=\frac{2L}{\pi R_1}-\frac{1}{R_1^3}\left(\frac{3}{2\pi}-\frac{12}{\pi^3}\right)L^3 \tag{4-14}$$

$$J'_{31}=\frac{\pi^2}{4L}+\frac{1}{2R_1^2}\left(\frac{1}{48}+\frac{1}{8\pi^2}\right)\pi^2L-\frac{3\pi^2}{8R_1^4}\left(\frac{1}{320}+\frac{1}{16\pi^2}-\frac{3}{8\pi^4}\right)L^3 \tag{4-15}$$

J_{12}、J_{22}、J_{32}、J'_{12}、J'_{22}、J'_{32} 的计算公式分别与 J_{11}、J_{21}、J_{31}、J'_{11}、J'_{21}、J'_{31} 相似，只是其中 L 被 L_0+2L_j 取代。

中心钢节点的应变能(U_{N3})可按照如下公式计算：

$$U_{N3}=\frac{1}{2}\int_{-\frac{L_0}{2}}^{\frac{L_0}{2}}H\varepsilon\sec^2\theta\mathrm{d}x=\frac{\left(J_{13}u_1+J_{23}w_1+J_{33}w_1^2\right)\left(J'_{13}u_1+J'_{23}w_1+J'_{33}w_1^2\right)}{2} \tag{4-16}$$

式中，J_{13}、J_{23}、J_{33}、J'_{13}、J'_{23}、J'_{33} 的计算公式分别与 J_{11}、J_{21}、J_{31}、J'_{11}、J'_{21}、J'_{31} 相似，其中 L 被 L_0 取代，E_1A_1 被 E_2A_2 取代。

胶合木螺栓节点的应变能(U_{N2})可按照如下公式计算：

$$\begin{aligned}U_{N2}&=\frac{1}{2}\int_{-\frac{L_0}{2}-L_1}^{\frac{L_0}{2}+L_1}H\varepsilon\sec^2\theta\mathrm{d}x-\frac{1}{2}\int_{-\frac{L_0}{2}}^{\frac{L_0}{2}}H\varepsilon\sec^2\theta\mathrm{d}x\\&=\frac{\left(J_{14}u_1+J_{24}w_1+J_{34}w_1^2\right)\left(J'_{14}u_1+J'_{24}w_1+J'_{34}w_1^2\right)}{2}\\&\quad-\frac{\left(J_{15}u_1+J_{25}w_1+J_{35}w_1^2\right)\left(J'_{15}u_1+J'_{25}w_1+J'_{35}w_1^2\right)}{2}\end{aligned} \tag{4-17}$$

式中，J_{14}、J_{24}、J_{34}、J'_{14}、J'_{24}、J'_{34}的计算公式分别与J_{11}、J_{21}、J_{31}、J'_{11}、J'_{21}、J'_{31}相似，其中L被L_0+2L_j取代，E_1A_1被k_a取代；J_{15}、J_{25}、J_{35}、J'_{15}、J'_{25}、J'_{35}的计算公式分别与J_{11}、J_{21}、J_{31}、J'_{11}、J'_{21}、J'_{31}相似，其中L被L_0取代，E_1A_1被k_a取代。

胶合木螺栓连接的轴向刚度k_a可按照如下公式计算：

$$k_{\mathrm{a}}=nk_{\mathrm{ser}}=2n\rho_{\mathrm{m}}^{1.5}d/23 \tag{4-18}$$

式中，k_{ser}为节点的滑动模量，根据欧洲规范计算得出；ρ_m为木材的密度，kg/m³；d为螺栓直径，mm；n为螺栓数量。

上弦胶合木梁的弯曲应变能可按照如下公式计算：

$$\begin{aligned}U_M&=U_{M1}+U_{M2}+U_{M3}\\&=\frac{1}{2}\int_{-\frac{L}{2}}^{\frac{L}{2}}E_1I_1\left(\frac{\mathrm{d}^2w}{\mathrm{d}x^2}\right)^2\mathrm{d}x-\frac{1}{2}\int_{-\frac{L_0}{2}}^{\frac{L_0}{2}}E_1I_1\left(\frac{\mathrm{d}^2w}{\mathrm{d}x^2}\right)^2\mathrm{d}x+\frac{1}{2}\int_{-\left(\frac{L_0}{2}+L_{\mathrm{j}}\right)}^{\frac{L_0}{2}+L_{\mathrm{j}}}k_{\mathrm{M}}L_{\mathrm{j}}\left(\frac{\mathrm{d}^2w}{\mathrm{d}x^2}\right)^2\mathrm{d}x\\&\quad-\frac{1}{2}\int_{-\frac{L_0}{2}}^{\frac{L_0}{2}}k_{\mathrm{M}}L_{\mathrm{j}}\left(\frac{\mathrm{d}^2w}{\mathrm{d}x^2}\right)^2\mathrm{d}x+\frac{1}{2}\int_{-\frac{L_0}{2}}^{\frac{L_0}{2}}E_2I_2\left(\frac{\mathrm{d}^2w}{\mathrm{d}x^2}\right)^2\mathrm{d}x\\&=\frac{\pi^4w_1^2}{4}\left[\frac{E_1I_1}{L^3}-\frac{E_1I_1}{L_0^3}+\frac{k_{\mathrm{M}}L_{\mathrm{j}}}{(L_0+2L_{\mathrm{j}})^3}-\frac{k_{\mathrm{M}}L_{\mathrm{j}}}{L_0^{\ 3}}+\frac{E_2I_2}{L_0^{\ 3}}\right]\end{aligned} \tag{4-19}$$

式中，k_M为胶合木螺栓连接的弯曲刚度，可按照如下公式计算：

$$k_{\mathrm{M}}=k_{\mathrm{ser}}\sum_{i=1}^{n}r_i^2 \tag{4-20}$$

式中，r_i为从螺栓i到旋转中心的距离，mm。

下弦拉索的轴向受拉应变能可按照如下公式计算：

$$U_{2N}=\left(K_1u_1+K_2w_1+K_3w_1^2\right)\left(K_1'\ u_1+K_2'\ w_1+K_3'\ w_1^2\right)/2 \tag{4-21}$$

式中，K_1、K_2、K_3、K'_1、K'_2、K'_3的计算公式分别类似于J_{11}、J_{21}、J_{31}、J'_{11}、J'_{21}、J'_{31}，但是R_2替换了R_1，E_3A_3替换了E_1A_1，E_3和A_3分别为拉索的弹性模量和截面积。

因此，交叉胶合木张弦梁的总势能可表示为

$$\Pi=2U_N+2U_M+2U_{2N}-2W_q=2U_N+2U_M+2U_{2N}-4qw_1L/\pi \tag{4-22}$$

根据最小势能原理，可以得到下列方程：

$$h_1u_1+h_2w_1+h_3u_1w_1+h_4w_1^2+h_5w_1^3=h_6 \tag{4-23}$$

$$h_7u_1+h_8w_1+h_9w_1^2=0 \tag{4-24}$$

式中

$h_1=h_8=(J_{11}J'_{21}-J_{12}J'_{22}+J_{13}J'_{23}+J_{14}J'_{24}-J_{15}J'_{25})+(J_{21}J'_{11}-J_{22}J'_{12}+J_{23}J'_{13}+J_{24}J'_{14}-J_{25}J'_{15})$
$+K_1K'_2+K_2K'_1$

$h_2=2(J_{21}J'_{21}-J_{22}J'_{22}+J_{23}J'_{23}+J_{24}J'_{24}-J_{25}J'_{25})+2K_2K'_2+\pi^4[E_1I_1/L^3-E_1I_1/L_0{}^3+k_\mathrm{M}L_\mathrm{j}/(L_0+2L_\mathrm{j})^3$
$-k_\mathrm{M}L_\mathrm{j}/L_0{}^3+E_2I_2/L_0{}^3]$

$h_3=2(J_{11}J'_{31}-J_{12}J'_{32}+J_{13}J'_{33}+J_{14}J'_{34}-J_{15}J'_{35})+2(J_{31}J'_{11}-J_{32}J'_{12}+J_{33}J'_{13}+J_{34}J'_{14}-J_{35}J'_{15})$
$+2K_1K'_3+2K_3K'_1=2h_9$

$h_4=3(J_{21}J'_{31}-J_{22}J'_{32}+J_{23}J'_{33}+J_{24}J'_{34}-J_{25}J'_{35})+3(J_{31}J'_{21}-J_{32}J'_{22}+J_{33}J'_{23}+J_{34}J'_{24}-J_{35}J'_{25})$
$+3K_2K'_3+3K_3K'_2$

$h_5=4(J_{31}J'_{31}-J_{32}J'_{32}+J_{33}J'_{33}+J_{34}J'_{34}-J_{35}J'_{35})+4K_3K'_3$

$h_6=4qL/\pi$，$h_7=2(J_{11}J'_{11}-J_{12}J'_{12}+J_{13}J'_{13}+J_{14}J'_{14}-J_{15}J'_{15})+2K_1K'_1$

进一步简化后，可得到以下公式：

$$\left(h_5-\frac{h_3h_9}{h_7}\right)w_1^3+\left(-\frac{h_1h_9}{h_7}-\frac{h_3h_8}{h_7}+h_4\right)w_1^2+\left(-\frac{h_1h_8}{h_7}+h_2\right)w_1-h_6=0 \tag{4-25}$$

忽略高阶项，可以得到以下方程：

$$w_1=Eq \tag{4-26}$$

$$u_1=-\frac{h_8}{h_7}w_1=-\frac{h_8}{h_7}Eq \tag{4-27}$$

式中，E 为等效刚度，可根据$\dfrac{2L}{\pi\left(h_2-\dfrac{h_1h_8}{h_7}\right)}$计算。

2. 预应力荷载下的变形与内力计算

基于对称性的特点，预拉力 H 作用下胶合木张弦梁的位移也可以取为单参数的基函数，即

$$w=w_{10}\cos(\pi x/L) \tag{4-28}$$

$$u=u_{10}\cos(\pi x/L) \tag{4-29}$$

根据最小势能原理，可以得到下列方程：

$$h_{10}u_{10}+h_{20}w_{10}+h_{30}u_{10}w_{10}+h_{40}w_{10}^2+h_{50}w_{10}^3=h_{60} \tag{4-30}$$

$$h_{70}u_{10}+h_{80}w_{10}+h_{90}w_{10}^2=h_{100} \tag{4-31}$$

式中

$h_{10}=h_{80}=(J_{11}J'_{21}-J_{12}J'_{22}+J_{13}J'_{23}+J_{14}J'_{24}-J_{15}J'_{25})+(J_{21}J'_{11}-J_{22}J'_{12}+J_{23}J'_{13}+J_{24}J'_{14}-J_{25}J'_{15})$

$h_{20}=2(J_{21}J'_{21}-J_{22}J'_{22}+J_{23}J'_{23}+J_{24}J'_{24}-J_{25}J'_{25})+2K_2K'_2+\Pi^4[E_1I_1/L^3-E_1I_1/L_0^3+k_\mathrm{M}L_\mathrm{j}/(L_0+2L_\mathrm{j})^3-k_\mathrm{M}L_\mathrm{j}/L_0^3+E_2I_2/L_0^3]$

$h_{30}=2(J_{11}J'_{31}-J_{12}J'_{32}+J_{13}J'_{33}+J_{14}J'_{34}-J_{15}J'_{35})+2(J_{31}J'_{11}-J_{32}J'_{12}+J_{33}J'_{13}+J_{34}J'_{14}-J_{35}J'_{15})=2h_{90}$

$h_{40}=3(J_{21}J'_{31}-J_{22}J'_{32}+J_{23}J'_{33}+J_{24}J'_{34}-J_{25}J'_{35})+3(J_{31}J'_{21}-J_{32}J'_{22}+J_{33}J'_{23}+J_{34}J'_{24}-J_{35}J'_{25})$

$h_{50}=4(J_{31}J'_{31}-J_{32}J'_{32}+J_{33}J'_{33}+J_{34}J'_{34}-J_{35}J'_{35})$

$h_{60}=4qL/\Pi$，$h_{70}=2(J_{11}J'_{11}-J_{12}J'_{12}+J_{13}J'_{13}+J_{14}J'_{14}-J_{15}J'_{15})$，$h_{100}=2H\cos\theta_{B0}$

忽略高阶项，可以得到如下方程：

$$w_{10}=E_0H \tag{4-32}$$

$$u_{10}=\left(\frac{\cos\theta_{B0}}{h_{70}}-\frac{h_{80}}{h_{70}}E_0\right)H \tag{4-33}$$

式中，E_0为梁在预拉力H作用下的等效刚度，表示为

$$E_0=\frac{\dfrac{4\sin\theta_{B0}}{\pi}-\dfrac{h_{10}\cos\theta_{B0}}{h_{70}}}{-\dfrac{h_{10}h_{80}}{h_{70}}+0.00077h_{20}+\dfrac{h_{100}h_{30}}{h_{70}}} \tag{4-34}$$

当拉索预拉力为 11.02kN 时，计算得到交叉胶合木张弦梁的反拱值为22.06mm，而试验值为23.1mm，相对误差为–4.5%，进一步验证了理论推导的精确性。

3. 承载力计算方法

与胶合木张弦梁类似，交叉胶合木张弦梁的破坏模式也可以分为破坏模式Ⅰ(拉索断裂)和破坏模式Ⅱ(上弦跨中节点破坏)。考虑破坏模式Ⅰ，交叉胶合木张弦梁的极限荷载可按如下公式计算：

$$q_{\mathrm{u\,I}}=\frac{\sigma_\mathrm{u}A_2-H}{k} \tag{4-35}$$

式中，σ_u为拉索极限强度；k表示为

$$k=0.00013\frac{(-K_2+K_1h_8/h_7)L}{\pi(h_2-h_1h_8/h_7)}$$

考虑破坏模式Ⅱ，交叉胶合木张弦梁的极限荷载可按如下公式计算：

$$q_{\mathrm{u\,II}}=\frac{12Z_\mathrm{d}-H}{k} \tag{4-36}$$

式中，Z_d为每个剪切面上单个螺栓的承载力，可根据式(2-10)～式(2-15)计算。

因此，交叉胶合木张弦梁的极限荷载可按下列公式计算：

$$q_{\mathrm{ut}} = \min\left(q_{\mathrm{u\,I}}, q_{\mathrm{u\,II}}\right) \tag{4-37}$$

式中，$q_{\mathrm{u\,I}}$为对应于破坏模式 I 的极限荷载；$q_{\mathrm{u\,II}}$为对应于破坏模式 II 的极限荷载。

由于试验采用五点同步加载模式来对张弦梁承受的均布荷载进行简化，各加载点荷载 F 与均布荷载 q 的关系为 $F=\frac{1}{5}qL$。为便于比较，将计算得到的 $q_{\mathrm{u\,I}}$、$q_{\mathrm{u\,II}}$、q_{u} 分别换算为 $F_{\mathrm{u\,I}}$、$F_{\mathrm{u\,II}}$、F_{ut}，并与试验值进行比较，如表 4-12 所示。可以看出，理论极限荷载与试验(模拟)值之间的误差较小。值得注意的是，当破坏模式为上弦跨中节点破坏时，计算结果相对误差保持在 10%以下。

表 4-12　交叉胶合木张弦梁极限荷载计算公式验证

拉索直径/mm	试验值或模拟值		理论值				相对误差/%
	F_{u}/kN	破坏模式	$F_{\mathrm{u\,I}}$/kN	$F_{\mathrm{u\,II}}$/kN	F_{ut}/kN	破坏模式	
10	42.96 (模拟值)	I	34.19	35.21	34.19	I	20.41
15	85.89 (试验值)	II	183.52	79.06	79.06	II	7.95
17	108.68 (模拟值)	II	305.60	113.66	113.66	II	4.58
19	116.21 (模拟值)	II	479.73	126.57	126.57	II	8.91

第 5 章　胶合木网壳结构力学性能与设计方法

5.1　胶合木网壳装配式螺栓连接节点构成与组装

采用传统钢填板节点时，需要在现场完成木构件与钢节点的定位及连接，施工误差大，装配化程度低，特别是对于一些正处于现代木结构发展起步阶段的国家，由于设备限制，木构件加工精度较低，经常需要在现场进行扩孔、开槽等操作，从而严重影响结构的力学性能。

为了满足单层胶合木网壳装配化施工的需求，本章研发了一种适用于单层胶合木网壳结构的新型装配式螺栓连接节点。如图 5-1 所示，装配式螺栓连接节点主要由钢核心筒、T 型连接板、压剪螺栓、拉剪螺栓、加劲肋组成。杆件与节点间的夹角通过调整杆件切削面角度实现。

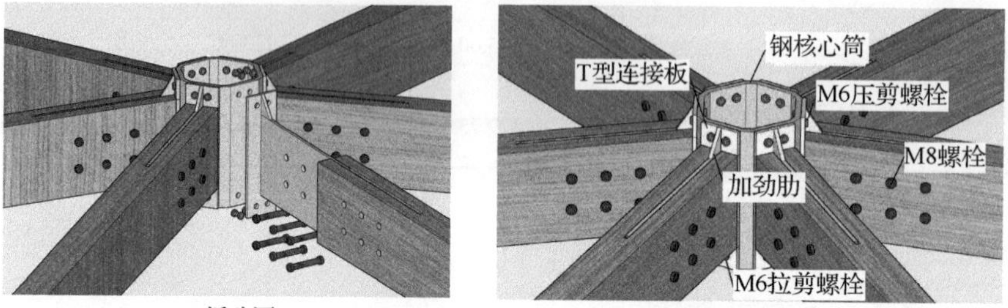

(a) 拆分图　　(b) 组装图

图 5-1　胶合木网壳装配式螺栓连接节点示意图

本研究通过引入 T 型连接板构造，实现装配式螺栓连接节点的设计，相较于传统螺栓连接节点，此类节点在加工阶段即可实现 T 型连接板与木构件的组装，施工现场仅需完成 T 型连接板与钢核心筒的定位和连接，减少现场拼装工作量，加快施工进度，且 T 型连接板具有良好的定位特性和加工精度，能更好地实现与钢核心筒的连接。另外，由于单层网壳结构中节点同时连接多根杆件，拼装作业空间小，尤其是转动扳手的空间不足，增大了装配难度，采用装配式螺栓连接节点时，可以用套筒扳手拧紧钢核心筒与 T 型连接板之间的螺栓，操作空间大，不受杆件交汇角度的限制。除此之外，从受力角度分析，经合理设计，连接钢核心筒和 T 型连接板的螺栓规格和数量均可以小于连接 T 型连接板和胶合木构件的螺栓规格和数量，这进一步减少了现场拼装工作量。

针对传统胶合木钢填板螺栓连接节点易出现顺纹劈裂的缺点，本章进一步提出一种预应力钢带-胶合木网壳装配式螺栓连接节点，如图 5-2 所示。一方面，钢带所形成的外加封闭箍可以有效约束钢填板和木构件，阻止钢填板和木构件的相对错动，加强钢填板、木构件和螺栓的协同工作性能；另一方面，预应力的施加使得钢带可以有效约束木材，预先使其处于受压状态，延缓了横纹受拉裂缝的出现，且钢带的合理布置可以有效限制裂缝的开展，避免形成贯通裂缝。

图 5-2　预应力钢带-胶合木网壳装配式螺栓连接节点示意图

5.2　胶合木网壳装配式螺栓连接节点力学性能研究

5.2.1　材料性能试验

材料性能测定方法同 2.2.1 节，在此不再赘述，具体试验结果如表 5-1 所示。

表 5-1　弹性模量和极限强度统计结果

材料性能	平均值 $\bar{X}$ /MPa	标准差 S /MPa	标准误差 S_t /MPa	变异系数 v /%	准确指数 p /%
顺纹抗压弹性模量	12254	1769	457	14.44	7.46
顺纹抗压强度	43.89	3.87	1.00	8.82	4.56
横纹抗压弹性模量	499.09	123.17	32.92	24.68	13.19
横纹抗压比例极限强度	6.08	0.86	0.23	14.14	7.57
顺纹抗剪强度	7.29	0.40	0.10	5.49	2.74

5.2.2　试验设计

1. 试件设计

节点刚度特性对网壳整体稳定性及承载能力影响较大，轴向压力对网壳节点的半刚性特征，尤其是刚度影响很大。实际工程中，单层网壳每个节点往往连有多个杆件，且杆件和节点处于更为复杂的受力状态，同时受到轴力、弯矩和剪力的作用。而在已有节点抗弯试验中，节点两侧所连杆件轴线与节点中心轴线呈直角关系，节点整体呈水平状态承受竖向荷载作用。对比国内外不同木网壳工程实例可以看出，当网壳跨度较大且构件尺寸偏大时，杆件轴线多呈现曲线形态，而中小跨度网壳具有杆件尺寸适中的特点，木杆件无需加工成曲线型轴线形态，可以按照直线型轴线形态进行预制加工，但是轴线间夹角会对节点力学性能产生影响，如图 5-3 所示。

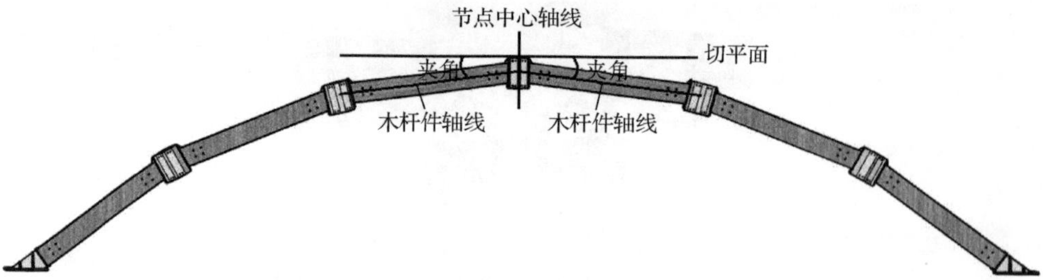

图 5-3　轴线间夹角示意图

为了进一步研究胶合木网壳装配式螺栓连接节点在实际单层网壳中的受力性能，并且验证其应用于装配式单层网壳的可行性，根据压弯联合作用下节点抗弯性能试验的设计思路，进行不同夹角下的节点试验。选择跨度为 6m、矢跨比为 1/5 的网壳几何模型进行统计，最终将轴线间夹角控制在 7°～11°。依据轴线间夹角不同，试件共分为两类，编号分别为 J7 和 J11，代表轴线间夹角为 7°或 11°，每组节点设计 2 个试件，共计 4 个试件。

试验采用的木材是花旗松同等组合胶合木，强度等级为 TC_T24[36]，所用钢填板强度等级为 Q355[35]，螺栓为 8.8 级普通螺栓[34]。节点试件的几何尺寸如图 5-4 所示，其中，两根胶合木杆件对称布置，截面尺寸为 50mm×120mm，用于连接胶合木梁与钢填板的螺栓直径设计为 8mm，螺栓布置满足《胶合木结构技术规范》(GB/T 50708—2012)[36]对螺栓边距和行距的要求。核心筒厚度为 7mm，钢填板厚度为 5mm。用于安装钢填板的梁槽宽度为 6mm，钢填板与梁槽留有 5mm 间隙。胶合木构件和钢填板上螺栓孔直径为 10mm，以保证螺栓的顺利组装。

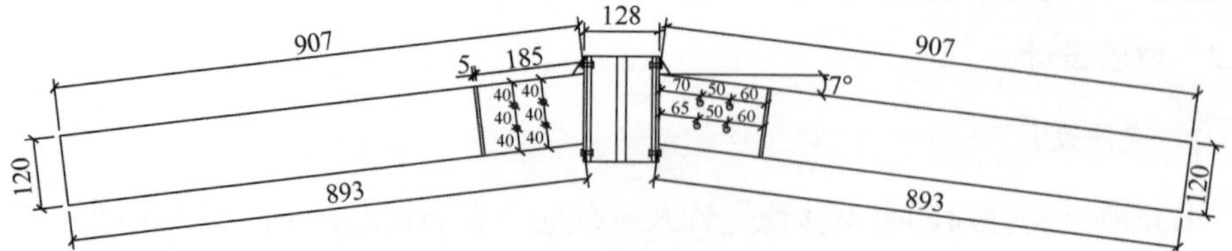

(a) J7

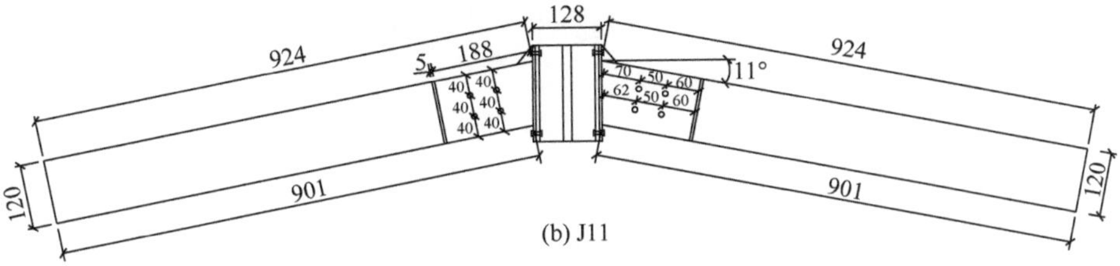

(b) J11

图 5-4　节点试件几何尺寸(单位：mm)

钢带采用上海宝钢包装钢带有限公司生产的黑漆捆带-ULT980-带式-捆带包装钢带，宽度为 32mm，厚度为 1mm，抗拉强度最小值为 980MPa，断后伸长率不小于 12%，采用上海信耐包装器材有限公司生产的气动分离式钢带打包机对钢带施加预应力，气泵压力设置为 0.5MPa。依据轴线间夹角不同，试件共分为两类，编号分别为 J7-G 和 J11-G，代表轴线间夹角为 7°或 11°的加固后节点，钢带加固节点试件的几何尺寸如图 5-5 所示，每组节点设计 2 个试件，共计 4 个试件。

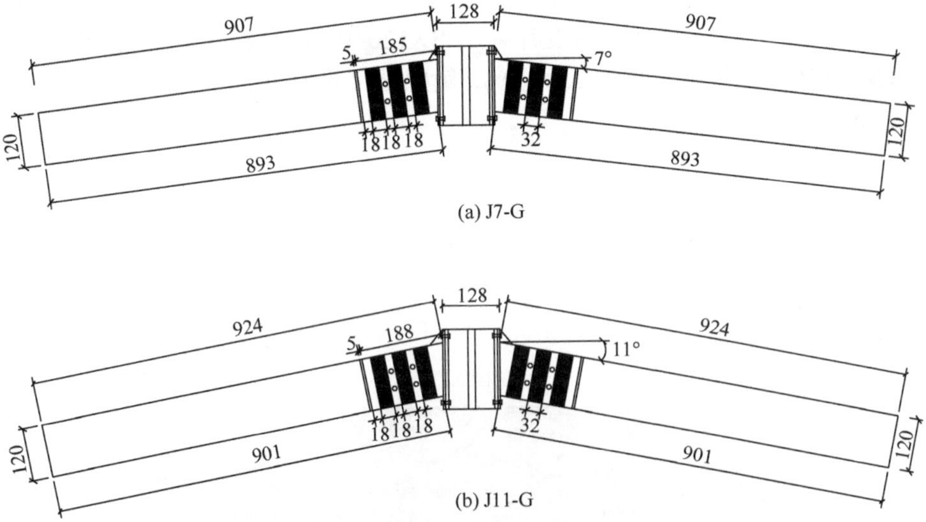

(a) J7-G

(b) J11-G

图 5-5　钢带加固节点试件几何尺寸(单位：mm)

2. 试验装置及测点布置

图 5-6 为节点试验装置。试验采用液压千斤顶进行单调加载，通过力传感器与液压千斤顶连接以采集作用于试件上的竖向荷载，并实时记录荷载大小。边界约束装置保证木杆件端部在平面内转动的同时还可承受结构超静定作用带来的轴向压力，为避免试件发生平面外失稳破坏，设计了两对侧向支撑为试件提供平面外支撑。

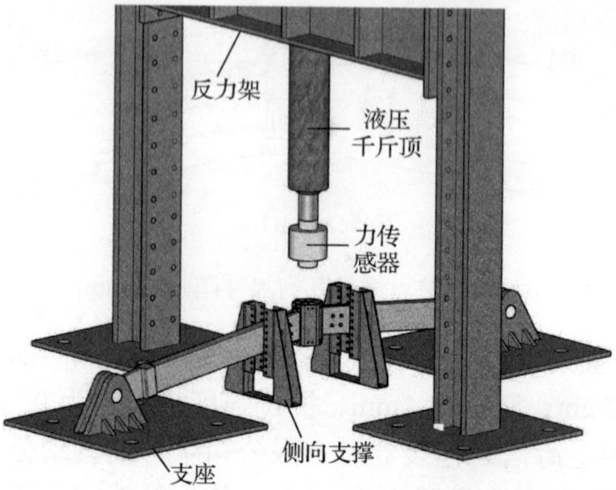

图 5-6　节点试验装置示意图

以试件 J7 为例，在试件的支座端及跨中布置位移测点，如图 5-7(a)所示。每组试件测点的布置位置均相同，D1 和 D3 用于测量支座水平位移，D2 用于测量各构件的竖向位移。为实时监测杆件各位置应力应变的发展，在节点关键区域布置应变片，如图 5-7(b)所示，应变片采用 BX120-30AA 常温单轴应变片，电阻值为 120Ω±0.2Ω，灵敏度系数为 2.08±1%，敏感栅尺寸为 30mm×3mm，基底尺寸为 36mm×5.7mm。

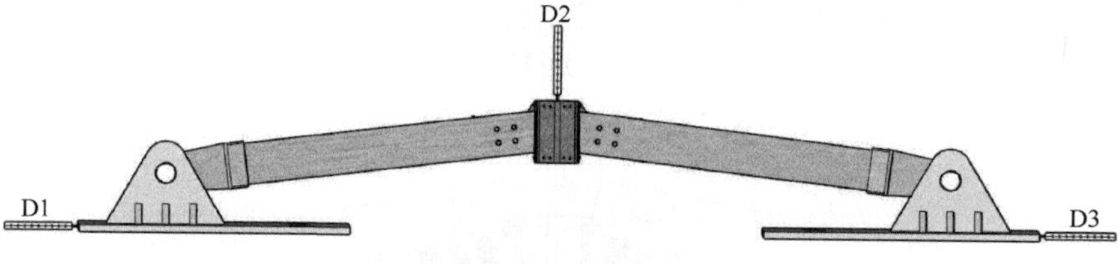

(a) 位移测点布置

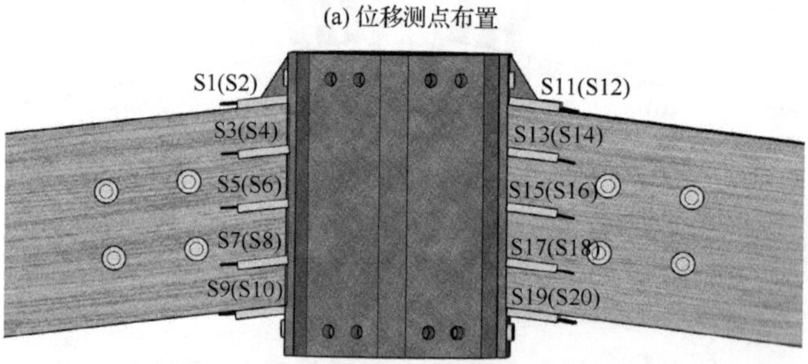

(b) 应变测点布置

图 5-7　测点布置

3. 加载制度

(1) 预加载：加载至预估极限荷载的 10%，持荷 2min，然后卸载至 0kN，完全卸载 2min 后，待所有仪表值清零后进入正式加载阶段。预加载可以检查测量仪器工作是否正常和试验装置是否可靠，确保各测量仪器处于良好的工作状态。

(2) 正式加载：加载速率取 3～5mm/min，试验中取 4mm/min，荷载下降至极限荷载的 80%或者试件出现严重破坏时停止试验。

5.2.3　试验结果及分析

1. 试验现象

未加固试件开裂过程如图 5-8 所示。J7 组节点在荷载达到 5kN 时开始出现裂缝，由于挤压产生的顺纹劈裂裂缝出现在截面上部和最上排螺栓外侧，随着变形加大，裂缝有向下发展的趋势，而 J11 组节点在荷载达到 15.13kN 时开始出现裂缝，与 J7 组节点不同的是，顺纹劈裂裂缝主要出现在截面中部，沿截面高度分布也较为均匀，主要原因是随着夹角的增大，截面受压区高度也增大，极限承载力得到提高的

(a) J7开裂　(b) J7破坏

(c) J11开裂　(d) J11破坏

图 5-8　未加固试件开裂过程

同时，木构件承受了较高的压应力。

未加固节点最终失效情况如图 5-9 所示。可以看出，J7 组节点最下排螺栓出现了明显的单塑性铰破坏，J11 组节点则是最上排螺栓出现单塑性铰破坏。在竖向荷载作用下，整个节点外力由钢填板传递至螺栓群，再通过螺栓与木构件的销槽承压传递给木构件，最后传给固定装置。整个过程中，不同位置处的木材和螺栓受力情况存在较大差别；并且在不同的加载阶段，随着变形的加大和木材开裂，产生应力重分布，相同位置的木材和螺栓的受力大小与方向也在不断改变，导致节点中各组件的受力较为复杂。

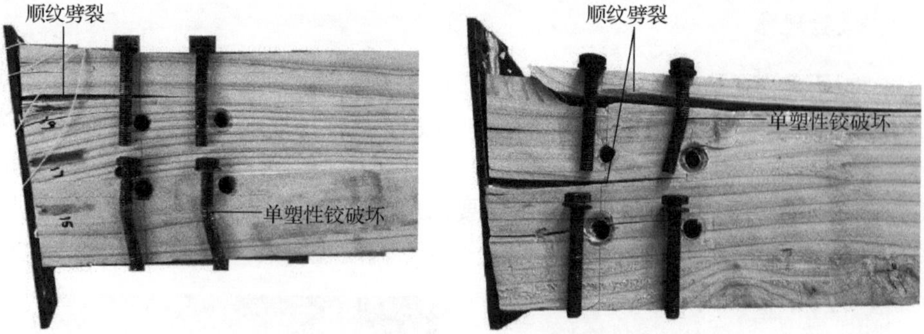

(a) J7　(b) J11

图 5-9　未加固节点最终失效情况

钢带加固试件开裂过程如图 5-10 所示。可以看出，裂缝在截面上的分布规律与未加固节点相同，J7-G 组节点裂缝主要出现在截面中上部，而 J11-G 组节点裂缝主要出现在截面中部，但是相较于未加固节点，钢带的作用有效约束了裂缝的进一步扩展。

(a) J7-G开裂　(b) J7-G破坏

(c) J11-G开裂　　(d) J11-G破坏

图 5-10　钢带加固试件开裂过程

钢带加固节点最终失效情况如图 5-11 所示。可以看出，螺栓变形模式与未加固节点也基本相同，J7-G 组节点最下排螺栓出现了明显的单塑性铰破坏，J11-G 组节点则是最上排螺栓出现单塑性铰破坏，但相较于未加固节点，裂缝长度和宽度明显减小。

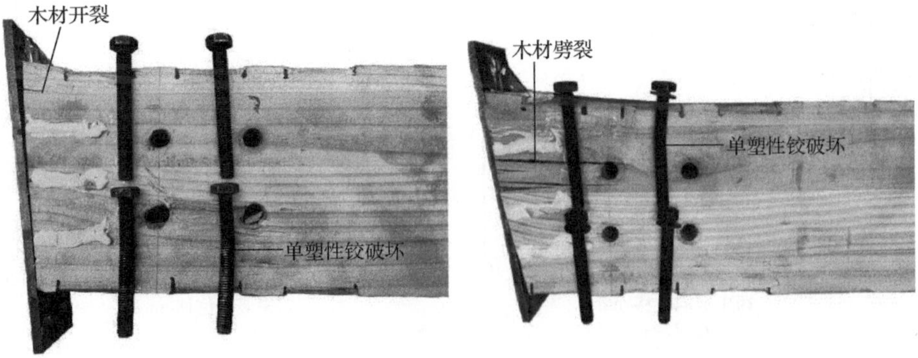

(a) J7-G　　(b) J11-G

图 5-11　钢带加固节点最终失效情况

2. 荷载-位移曲线

各组试件的荷载-位移曲线如图 5-12 所示。从图中可以看出，在节点出现明显的开裂破坏之前(即承载力出现明显的下降或波动之前)，各组试验结果的误差小于 10%，具有足够的可信度。将荷载-位移曲线上峰值点对应荷载定义为极限荷载 F_u，相应位移记为极限位移。试件 J7 的极限荷载为 5.12kN，试件 J11 的极限荷载为 18.38kN，比试件 J7 提高了 258.98%，可见夹角对节点力学性能有着极为显著的影响。试件 J7-G 的极限荷载为 6.63kN，比试件 J7 提高了 29.49%，试件 J11-G 的极限荷载为 20.69kN，比试件 J11 提高了 12.57%，可见预应力钢带的引入明显提高了试件的承载力，但是对于夹角较小的试件提高效果更为明显。这是由于夹角较小的试件以受弯为主，裂缝多为横纹受拉开裂，预应力钢带对裂缝的约束正是通过提高木材的横纹开裂荷载来实现的，而夹角较大的试件以受压为主，预应力钢带的约束作用并不明显。

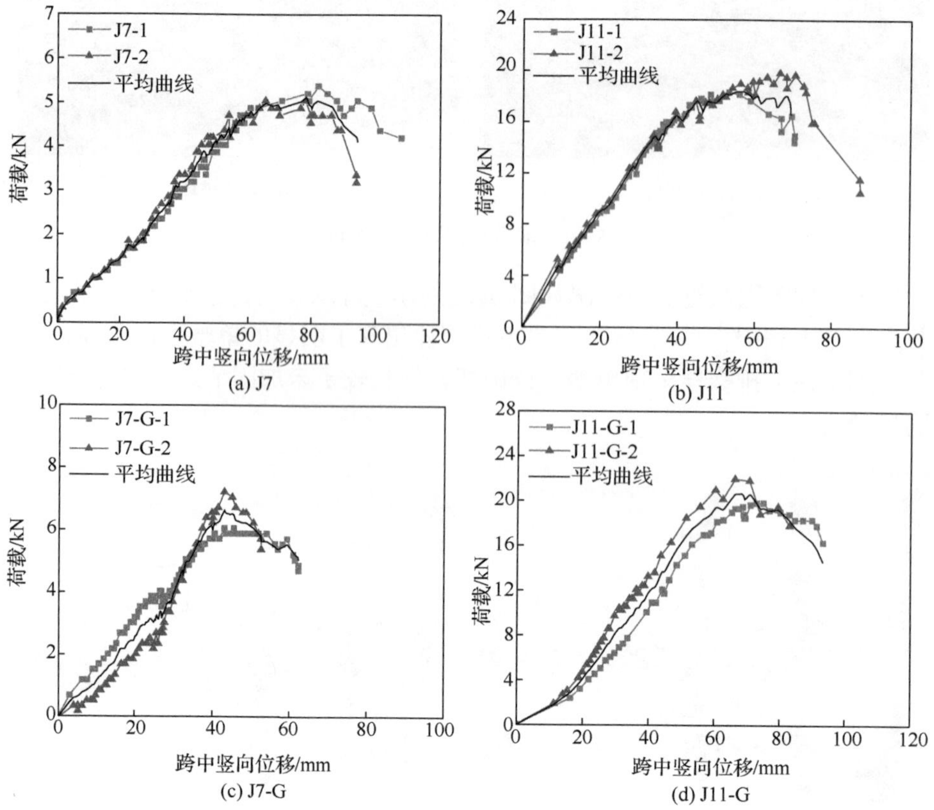

图 5-12　各组试件的荷载-位移曲线

3. 应变分布

各组试件截面顺纹应变分布如图 5-13 所示。可以看出，对于试件 J7 和 J7-G，主要是截面上半部分受压，失效前，试件 J7 顶部极限压应变达到了-2206.9×10^{-6}，其退出工作导致距离截面底部 90mm 处的测点应变突增。试件 J11 和 J11-G 的受压区比例明显大于试件 J7 和 J7-G，试件 J11 的最大压应变出现在截面中部，达到了-4422.7×10^{-6}。

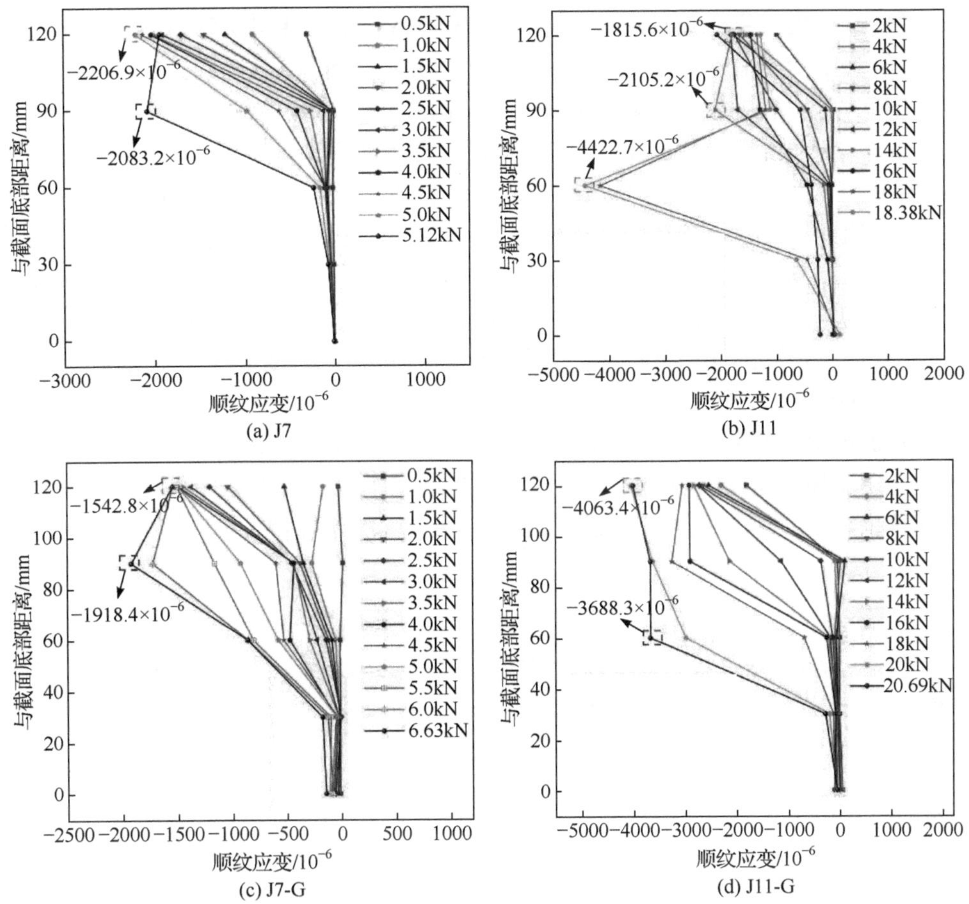

图 5-13　各组试件截面顺纹应变分布

5.3　胶合木网壳结构试验

5.3.1　试验模型设计

本试验选取具有代表性的 K6 型单层球面网壳结构为研究对象，《空间网格结构技术规程》(JGJ 7—2010)[59]规定，球面网壳的矢跨比不宜小于 1/7，Pan 等[60]认为，矢跨比最好在 0.23～0.38，避免低于 0.16，本次试验选取模型跨度为 6m，高度为 1.2m，矢跨比为 1/5。

考虑到大空间建筑的实际尺寸，原型结构的设计尺寸为直径 60m，矢高 12m。根据《建筑结构荷载规范》(GB 50009—2012)[61]确定网壳的均布荷载设计值，网壳设计使用年限为 100 年，屋面恒荷载标准值为 1kN/m^2，不上人屋面活荷载标准值为 0.5kN/m^2，天津市风压标准值为 0.5kN/m^2，天津市雪压标准值为 0.4kN/m^2，根据《建筑结构可靠性设计统一标准》(GB 50068—2018)[62]，荷载基本组合的设计效应值为 $1.3\times1+1.5\times0.5+1.5\times(0.7\times0.5+0.7\times0.4)=2.995\text{kN/m}^2$。

《空间网格结构技术规程》(JGJ 7—2010)[59]规定，杆件面内计算长度系数为 $1.0l$，面外计算长度系数为 $1.6l$。《木结构设计标准》(GB 50005—2017)[43]规定，结构主要受压构件长细比应不大于 120，《胶合木结构技术规范》(GB/T 50708—2012)[36]规定，轴心受压构件的 l_{01}/b 和 l_{02}/h 均不得超过 50。网壳分 3 环，杆件最大长度为 13.53m，宽度不得小于 433mm，高度不得小于 271mm，考虑到实际工程常用高宽比范围为 0.21~0.42，选定宽度为 500mm，高度为 1200mm。网壳分 4 环，杆件最大长度为 10.19m，宽度不得小于 326mm，高度不得小于 204mm，选定宽度为 410mm，高度为 1000mm。

对网壳结构进行考虑初始几何缺陷的非线性稳定分析，采用一致缺陷模态法，按照《空间网格结构技术规程》(JGJ 7—2010)[59]相关规定，取跨度的 1/300 作为初始几何缺陷，采用弧长法对结构进行荷载-位移全过程分析，结果如图 5-14 所示。

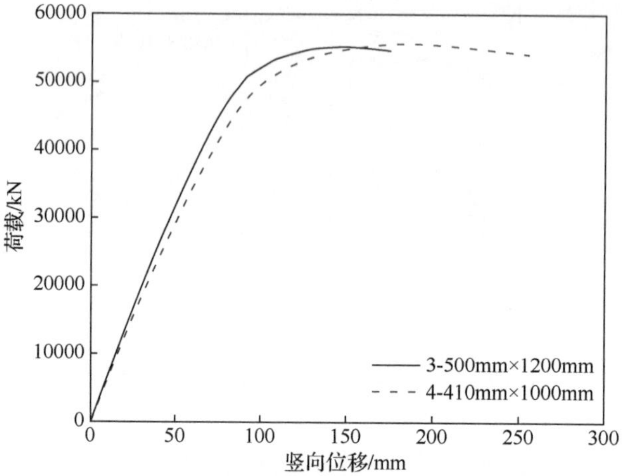

图 5-14　荷载-位移曲线

考虑到采用 4 环时，网壳节点连接数目过多，且将试件径向划分为 3 频，可以使得杆件数目最少，但仍能获得典型位置径向杆件、纬向杆件和斜向杆件的受力状态，本节试验最终选用 3 环网壳。

在设计单层网壳结构试验模型时，应最大限度满足相似比理论要求，使依据模型反推出的原型参数能够符合工程实际，如表 5-2 所示。为了保证缩尺模型具有足够的相似性和精度，几何相似常数确定为 0.1，缩尺后的网壳模型参数为：跨度 6m，高度 1.2m，分割频数 6，环数 3，杆件截面 50mm×120mm。值得注意的是，原型的几何尺寸仍符合胶合木结构的设计原则。

表 5-2　相似常数

类型	相似常数	类型	相似常数	类型	相似常数
应力	1	长度	S_L	集中荷载	S_L^2
应变	1	线位移	S_L	线荷载	S_L
弹性模量	1	角位移	1	面荷载	1
泊松比	1	面积	S_L^2	弯矩	S_L^3
密度	S_L^{-1}	惯性矩	S_L^4		

《木结构设计标准》(GB 50005—2017)[43]规定，当螺栓直径小于 18mm 时，木构件最小厚度应大于等于 5d，对宽度为 50mm 的截面，其螺栓直径不应大于 10mm，本试验采用 M8 普通螺栓，强度等级为 8.8 级[34]，螺栓布置也应满足《胶合木结构技术规范》(GB/T 50708—2012)[36]对螺栓边距和行距的要求，如图 5-15 所示。

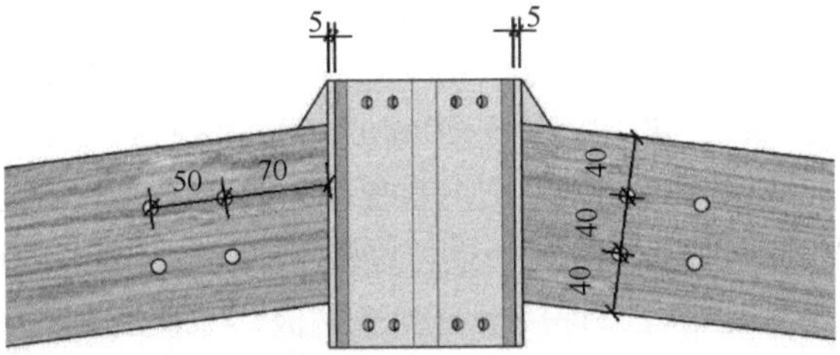

图 5-15　网壳节点设计(单位：mm)

现场安装前，先在工厂完成 T 型连接板与木杆件的组装工作，安装时根据 K6 型网壳的特点，首先安装 3 道在同一个垂直面内的径杆，形成骨架(图 5-16(a))，然后安装环向纬杆，并确保同一道纬杆的轴线在同一水平面内，并与两侧径杆的夹角一致(图 5-16(b))，随后依次安装 1、2 环斜杆(图 5-16(c)和(d))。按照上述安装顺序，可以将构件加工或安装误差分散在支座处，以便在支座处采用现场焊接的措施消除累计误差。

(a) 安装径杆

(b) 安装纬杆

(c) 安装1环斜杆

(d) 安装2环斜杆

图 5-16　胶合木网壳安装过程

5.3.2　支承系统设计

对于结构模型试验，一个行之有效的支承系统可以保证试验环境稳定、试验结果可靠，由于网壳结构受荷后水平推力较大，支承系统应在满足为上部结构提供足够支座反力的同时保证足够的刚度。采用 H250mm×340mm×9mm×14mm 焊接 H 型钢环梁和 9 根 DN200mm 无缝钢管立柱作为支承系统，为便于在地面完成网壳组装、贴片、布线等工作，减少高空作业工作量，环梁与焊接于立柱柱顶的 10mm 厚法兰盘通过 4 根 M20 高强螺栓连接，立柱柱脚焊接厚 10mm 钢板，与地面通过 M50 地锚螺栓连接。

5.3.3　加载系统设计

在满足本身强度和刚度的前提下，加载装置与模型相连节点不宜过强，以免影响模型结构节点的刚性程度和转动性能。加载系统设计应考虑：①能精确代表原型荷载；②对结构加载、卸载和重新加载容易实施；③对结构不产生约束；④能够对模型结构的突变和破坏进行控制。

考虑到结构上部共有 19 个节点，难以实现所有节点破坏性加载，综合考虑结构受力特征，确定了结构上部网壳 1 环全部加载、2 环纬杆间隔式加载的 13 点加载方案，如图 5-17 所示。节点上部加载板与下部加载板之间通过 4 根 M12 高强螺栓连接，根据不同位置处节点角度不同，下部加载板底部焊接不同角度的耳板以保证耳板竖直，耳板与千斤顶通过钢丝绳连接。

按照预加载和正式加载两个阶段依次施加荷载，考虑到加载安全及结构误差，正式加载前进行预加载，预加载阶段分三级施加，每级荷载增量取设计荷载的 20%，用于消除螺栓与木材之间的缝隙，确保连接节点接触密实，并进行整体检查以确保相关设备工作状态正常。正式加载前应分级卸掉预加载，正式加载时，当荷载小于 $0.7P_u$ 时，每级荷载增量设置为 $0.1P_u$；当荷载介于 $0.7 \sim 0.8P_u$ 时，每级荷载增量为 $0.05P_u$，当荷载超过 $0.8P_u$ 时，采用位移控制加载方式，加载速率控制为 0.9mm/min，为保证数据可靠，每加一级荷载稳定 10min 后开始读数。

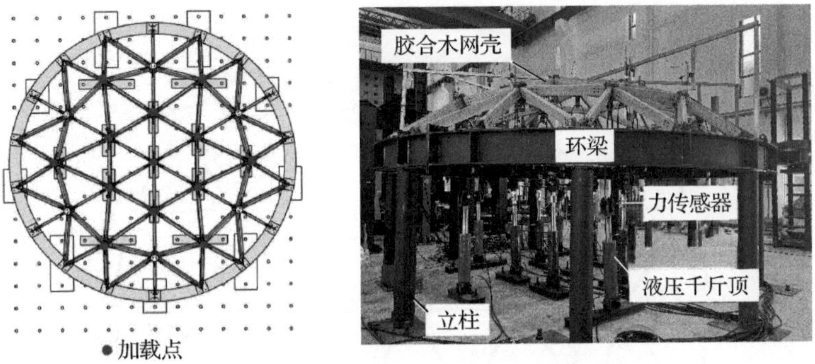

(a) 加载点分布　(b) 加载装置

图 5-17　胶合木网壳试验加载系统

5.3.4　测点布置

考虑到 K6 型单层球面木网壳属于对称结构，为便于测量和保证测量精度，布置 10 个位移计，如图 5-18(a)所示，其中在同一径向杆件对应的 5 个节点上分别布置 5 个竖向位移计，选取 1 环纬杆上 4 个典型节点和 2 环纬杆上 5 个典型节点布置竖向位移计，主要用于测量不同荷载工况作用下加载点的竖向变形，测点编号以环数命名，分别为 D0、D1、D2、D3。

选择 2 道径杆，以及一扇形围合的典型纬杆、斜杆，应变测点共 21 个，在其上、下侧布置应变片，用于测量典型杆件的应变分布，如图 5-18(b)所示。

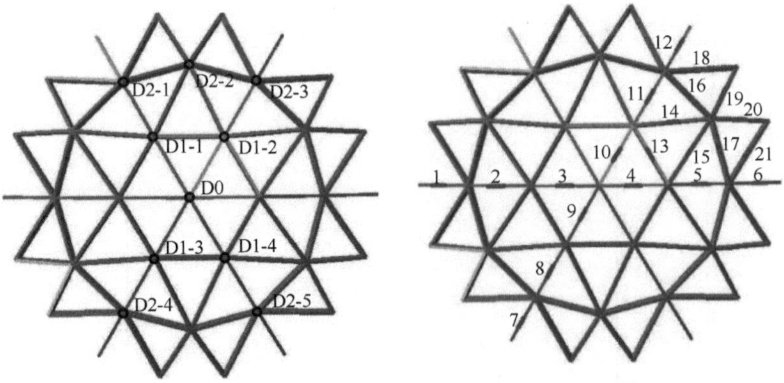

(a) 位移计布置　(b) 应变片布置

图 5-18　测点布置

5.3.5　试验结果

试件共有 37 个连接节点、72 个杆件，为便于清晰直观地描述试验结果，将试件节点及杆件进行编号，如图 5-19 所示。

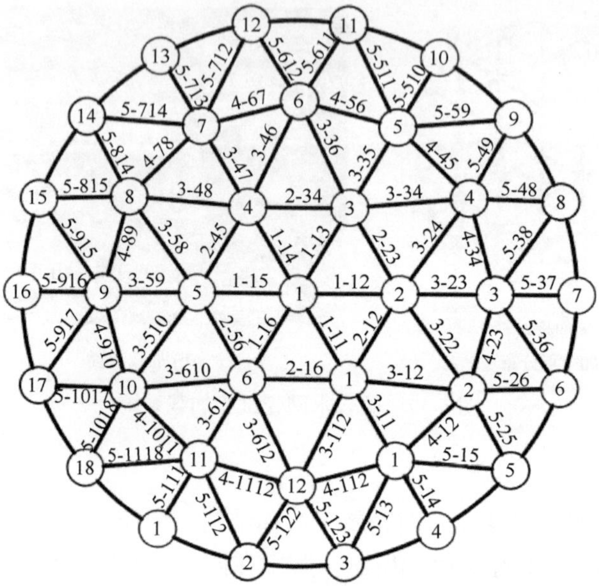

图 5-19　节点及杆件编号

顶部 D0 测点荷载-位移曲线如图 5-20 所示。加载初期，网壳发出轻微错动声，这是由于钢丝绳与加载板压紧的同时，钢连接件与木杆件也在接触紧密，荷载增至 21kN 时，网壳出现轻微开裂声，在 2 环纬杆(4-1112)中发现沿上排螺栓的裂缝，在荷载增至 43kN 的过程中，裂缝不断增加，但基本集中于 2 环纬杆处(4-12、4-910 等)，且裂缝扩展速度较慢，当荷载增至 49kN 时，主肋杆件出现裂缝，此后裂缝不断扩展，

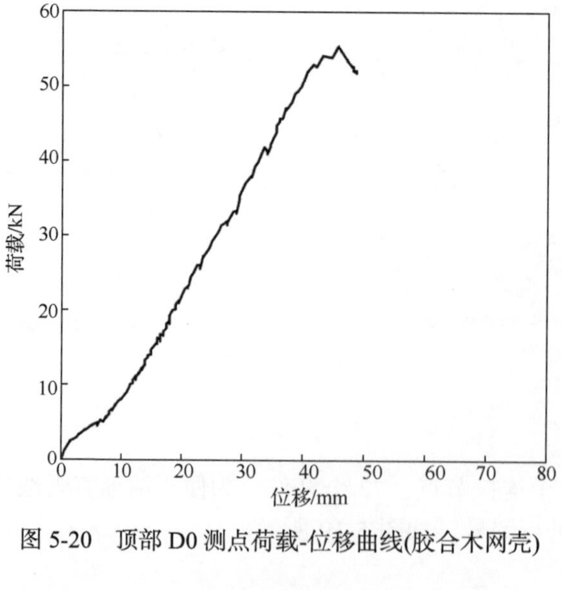

图 5-20　顶部 D0 测点荷载-位移曲线(胶合木网壳)

当荷载达到 57kN 时，主肋杆件 5-111 和 3-611 出现通长贯通裂缝，此时顶部 D0 测点的位移达到 46mm，根据试验情况，判定结构达到破坏，无法继续承载，加载结束。

1 环 D1-1、D1-2、D1-3、D1-4 测点荷载-位移曲线如图 5-21 所示。可以看出，网壳变形整体呈现相对对称的特征，同一环节点竖向位移较为接近，破坏时 D1-1、D1-2、D1-3、D1-4 测点的位移分别为 37mm、35.5mm、30.5mm、32.5mm。

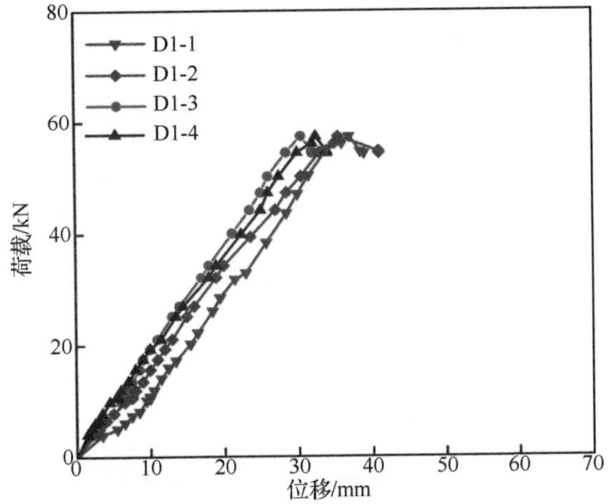

图 5-21 1 环 D1-1、D1-2、D1-3、D1-4 测点荷载-位移曲线

杆件应变主要由轴向应变和弯曲应变组成，通过杆件截面的上、下应变值扣除弯曲应变，可得到杆件的轴向应变。提取主肋径杆处节点应变数据并绘制荷载-轴向应变曲线，如图 5-22 所示。从图中可以看出，径杆 1 环径杆轴向应变较大，且均为压应变，1-16、1-13、1-11、1-14 的最大压应变为-911.125×10^{-6}、-1033.875×10^{-6}、-1641×10^{-6}、-1698.5×10^{-6}，对称位置的数值较为接近。

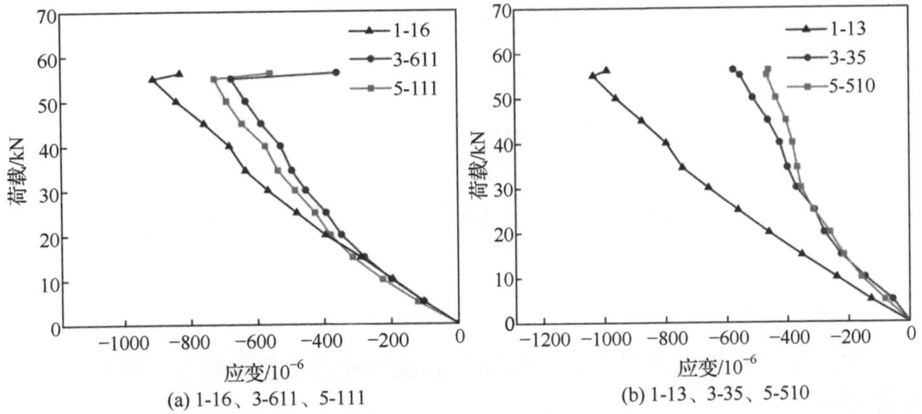

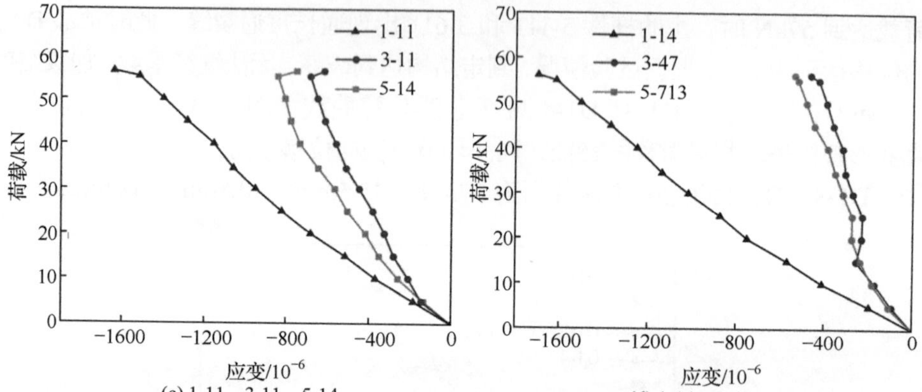

(c) 1-11、3-11、5-14　　(d) 1-14、3-47、5-713

图 5-22　主肋径杆荷载-轴向应变曲线(胶合木网壳)

提取纬杆处节点应变数据并绘制荷载-轴向应变曲线，如图 5-23 所示。从图中可以看出，1 环纬杆为压应变，2-16 杆件破坏时应变为-445.25×10^{-6}，小于主肋杆件压应变；2 环纬杆均为拉应变，但是数值相对较小，4-1112 杆件破坏时应变为 128×10^{-6}，4-112 杆件应变为 229.5×10^{-6}。

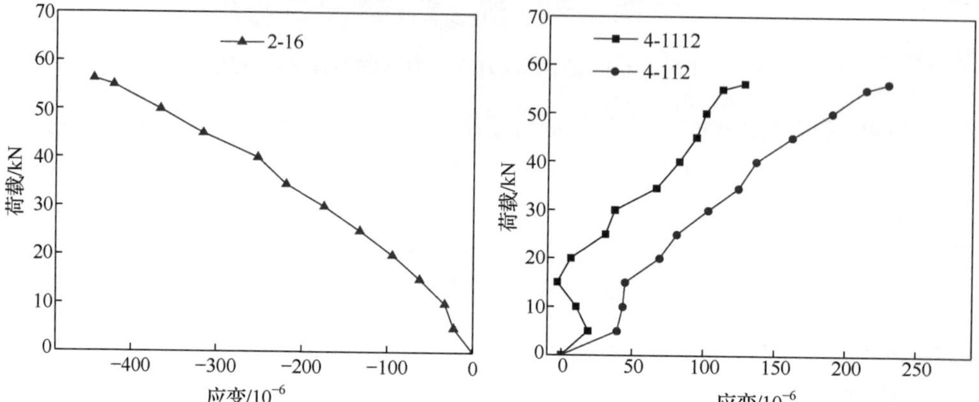

(a) 1环纬杆2-16　　(b) 2环纬杆4-1112、4-112

图 5-23　纬杆荷载-轴向应变曲线

5.4　预应力钢带节点胶合木网壳结构试验

5.4.1　试验模型设计

结构设计时通常强调强节点、弱杆件的设计理念，但是胶合木结构往往难以满足此要求。

预应力钢带节点胶合木网壳试件参数与胶合木网壳试件参数相同，模型跨度为 6m，高度为 1.2m，胶合木构件截面尺寸为 50mm×120mm。唯一不同在于，预应力钢带节点胶合木网壳试件的节点区域设置钢带并施加预拉力，钢带宽度为 32mm，厚度为 1mm，抗拉强度最小值为 980MPa，断后伸长率不小于 12%，其布置形式如图 5-24 所示。

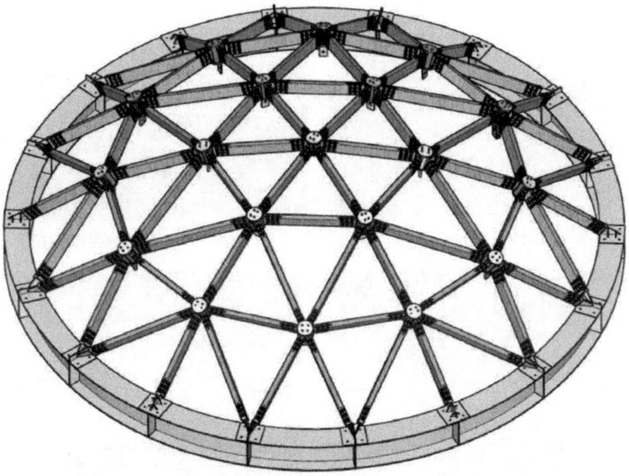

图 5-24　预应力钢带节点胶合木网壳结构示意图

现场安装前，先在工厂完成 T 型连接板与木杆件的组装工作，待构件运送至实验室后，进行绑扎钢带的工作。首先对木杆件与钢带接触的部位画线定位，并对木杆件表面凸起棱角进行打磨，根据胶合木构件的截面尺寸裁剪高强钢带，并在高强钢带的一端穿入锁扣，打开气泵开关至设定空气压力为 0.5MPa，利用气泵连接气动钢带打包机张紧高强钢带(图 5-25(a))，同时利用气动钢带锁扣机咬紧锁扣对钢带进行机械锚固(图 5-25(b))，完成上述操作后，握紧打包机手柄，前后翻折几次，折断多余钢带(图 5-25(c))。不断重复以上步骤，直至完成整个节点的钢带安装。

(a) 施加预拉力　(b) 固定锁扣　(c) 折断多余钢带

图 5-25　钢带绑扎过程

预应力钢带节点胶合木网壳试件安装步骤同胶合木网壳试件，如图 5-26 所示。首先安装 3 道在同一个垂直面内的径杆，形成骨架(图 5-26(a))，然后安装 1 环纬杆(图 5-26(b))和 2 环纬杆(图 5-26(c))，随后依次安装 1 环斜杆(图 5-26(d))和 2 环斜杆(图 5-26(e))。

(a) 安装径杆

(b) 安装1环纬杆

(c) 安装2环纬杆

(d) 安装1环斜杆

(e) 安装2环斜杆

图 5-26　预应力钢带节点胶合木网壳安装过程

5.4.2　支承系统、加载系统设计及测点布置

预应力钢带节点胶合木网壳结构试验支承系统、加载系统及测点布置与胶合木网壳结构完全相同，在此不再赘述。

预应力钢带节点胶合木网壳结构的加载方案也与胶合木网壳结构相同，考虑到结构上部共有 19 个节点，难以实现所有节点的破坏性加载，综合考虑结构受力特征，确定了结构上部网壳 1 环全部加载、2 环纬杆间隔式加载的 13 点加载方案，如图 5-27 所示。

(a) 加载系统

(b) 测量系统

图 5-27　预应力钢带节点胶合木网壳试验装置

5.4.3　试验结果

预应力钢带节点胶合木网壳破坏现象如图 5-28 所示。可以看出，不同于胶合木网壳试件，预应力钢带节点胶合木网壳试件的破坏并未发生在节点处，而是在主肋杆件中出现了杆件的失稳破坏，钢带对于节点处木材开裂起到了很好的约束作用。

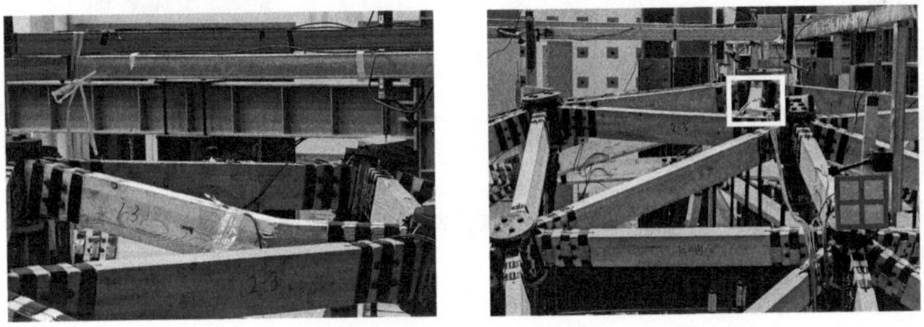

图 5-28　预应力钢带节点胶合木网壳破坏现象

为了进一步阐明网壳的破坏机理，将发生破坏的 1-13 杆件拆解，拆解后现象如图 5-29 所示。可以看出，在折断的主肋径向杆件 1-13 中，个别螺栓出现了不太明显的单塑性铰破坏，大部分螺栓并未发生明显的变形，节点处也没有明显的裂缝。

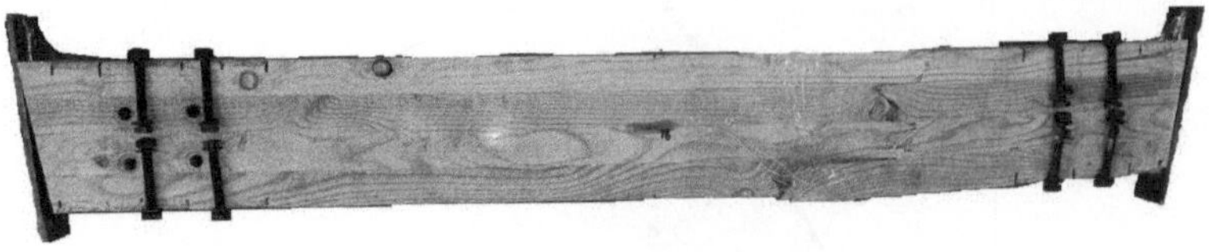

图 5-29　1-13 杆件拆解图

将受力最大的 1 环主肋杆件全部拆解，拆解后现象如图 5-30 所示。可以看出，所有杆件节点处均未出现裂缝，螺栓也基本没有发生塑性铰破坏，这主要是由于钢带的约束作用限制了裂缝的发展，也提高了钢填板和木材的协同工作性能。

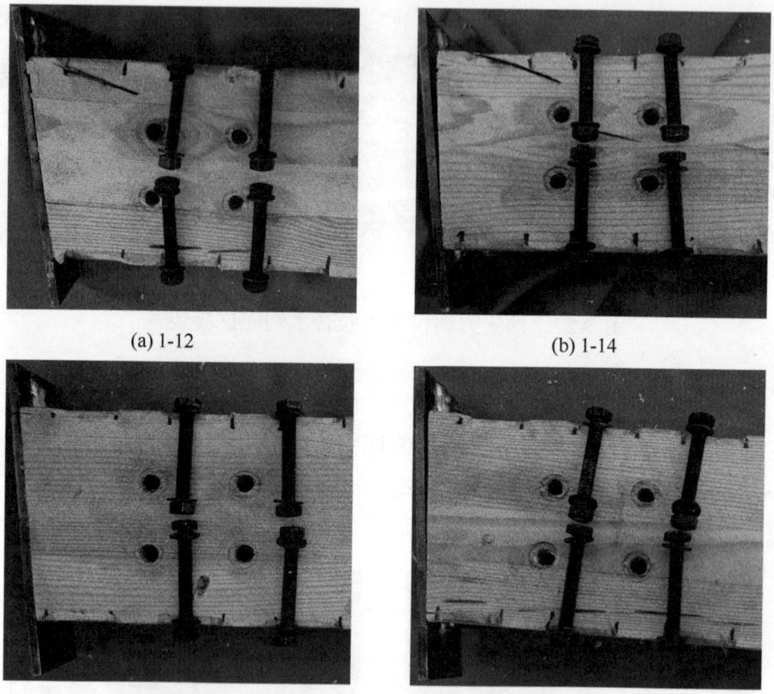

图 5-30　主肋 1 环其余径向杆件拆解图

顶部 D0 测点荷载-位移曲线如图 5-31 所示。荷载增至 36kN 时，网壳出现轻微开裂声，在 2 环纬杆(4-56、4-67)中发现沿上排螺栓的微裂缝，荷载增至 45kN

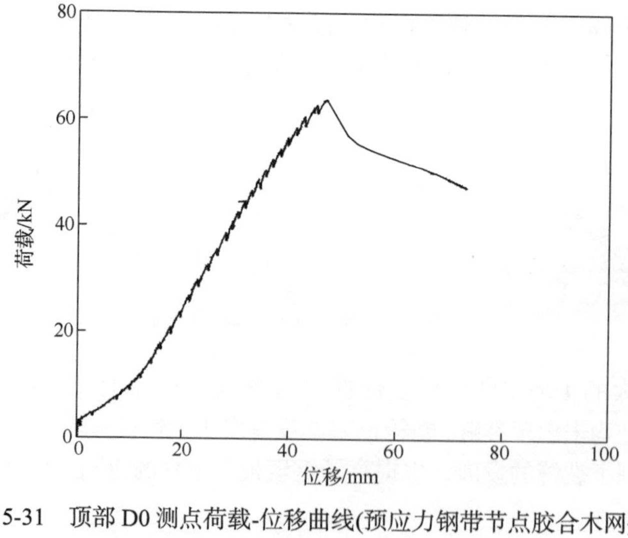

图 5-31　顶部 D0 测点荷载-位移曲线(预应力钢带节点胶合木网壳)

的过程中，微小的裂缝不断增加，但基本集中于 2 环纬杆处(4-23、4-910 等)，且由于钢带约束作用，难以观测到裂缝扩展，当荷载增至 59kN 时，主肋杆件 1-13 节点处出现裂缝，但是裂缝依然不明显，直到荷载达到 63.7kN 时，主肋杆件 1-13 直接在非节点区折断破坏，此时顶部 D0 测点的位移达到 46.8mm，根据试验情况，判定结构达到破坏。

1 环 D1-2、D1-3、D1-4 测点荷载-位移曲线如图 5-32 所示，D1-1 由于位移计损坏，因此未对其进行分析。可以看出，网壳变形整体呈现相对对称的特征，同一环节点竖向位移较为接近，破坏时 D1-2、D1-3、D1-4 测点的位移分别为 39.41mm、37.64mm、35.15mm。

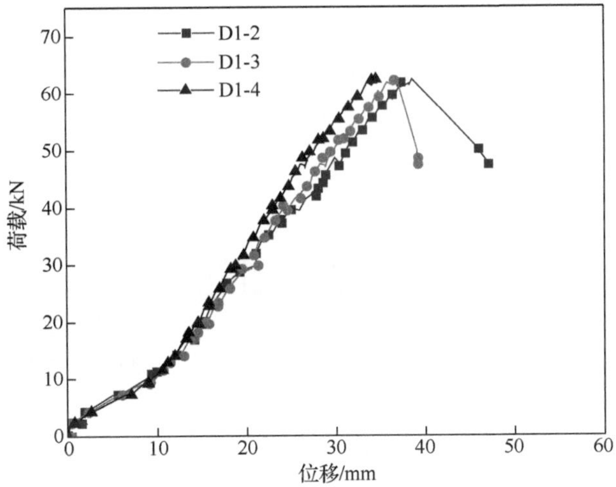

图 5-32　1 环 D1-2、D1-3、D1-4 测点荷载-位移曲线

主肋节点竖向变形如图 5-33 所示。从图中可以看出，壳体的整体变形是相对对称的。值得注意的是，最大竖向位移出现在跨中，其次是内环处的点，而外环

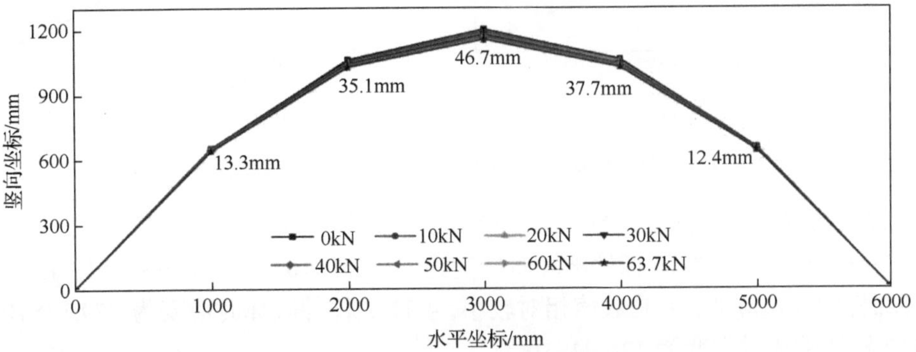

图 5-33　主肋节点竖向变形

处的点的竖向位移最小。预应力钢带节点胶合木网壳跨中节点及 1 环纬杆节点的竖向位移与胶合木网壳相差不大，但是 2 环纬杆节点竖向位移明显减小(胶合木网壳破坏时为 19mm 和 17mm，而预应力钢带节点胶合木网壳破坏时为 13.3mm 和 12.4mm)。

提取主肋径杆应变数据并绘制荷载-应变曲线，如图 5-34 所示。从图中可以看出，K6 单层网壳中的径杆主要受压，试件的 1 环径杆轴向应变较大，破坏时 1-16、1-13、1-11、1-14 杆件的轴向应变分别达到-1119.39×10^{-6}、-1610.53×10^{-6}、-1209.96×10^{-6}、1101.14×10^{-6}，对称位置的数值较为接近。

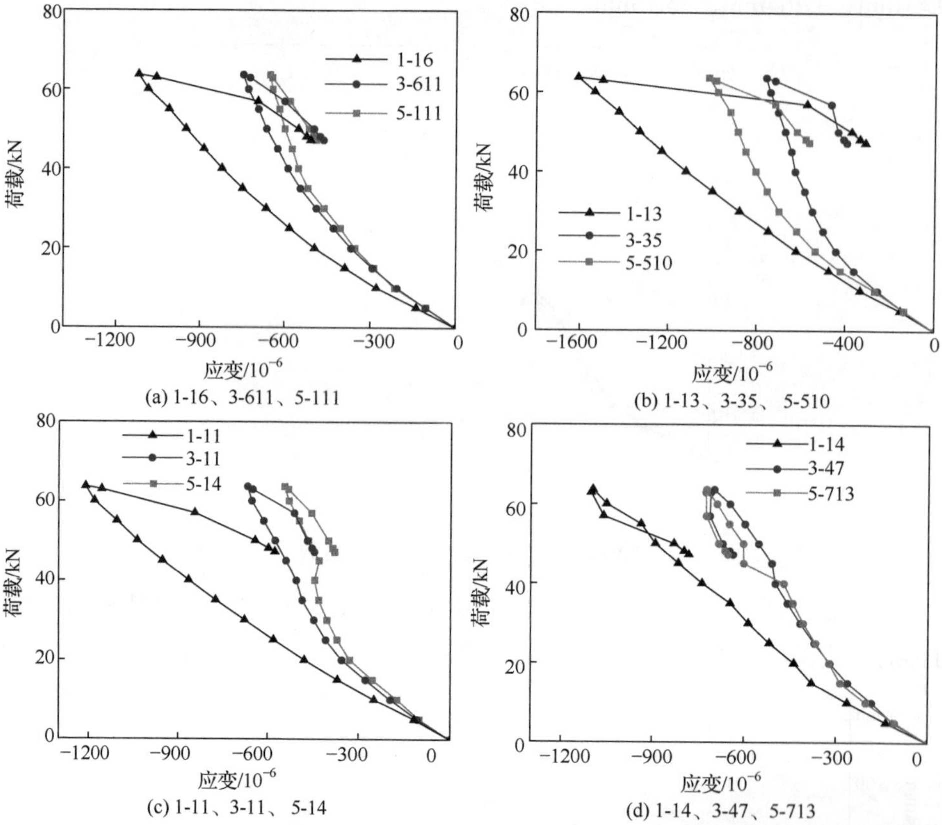

(a) 1-16、3-611、5-111　(b) 1-13、3-35、5-510

(c) 1-11、3-11、5-14　(d) 1-14、3-47、5-713

图 5-34　主肋径杆荷载-应变曲线(预应力钢带节点胶合木网壳)

提取纬杆应变数据并绘制荷载-应变曲线，如图 5-35 所示。从图中可以看出，1 环纬杆为压应变，2-16 杆件破坏时应变为-254.27×10^{-6}，小于主肋杆件压应变；2 环纬杆均为拉应变，但是数值相对较小，4-1112 杆件破坏时应变为 279.17×10^{-6}，4-112 杆件破坏时应变为 126.94×10^{-6}。

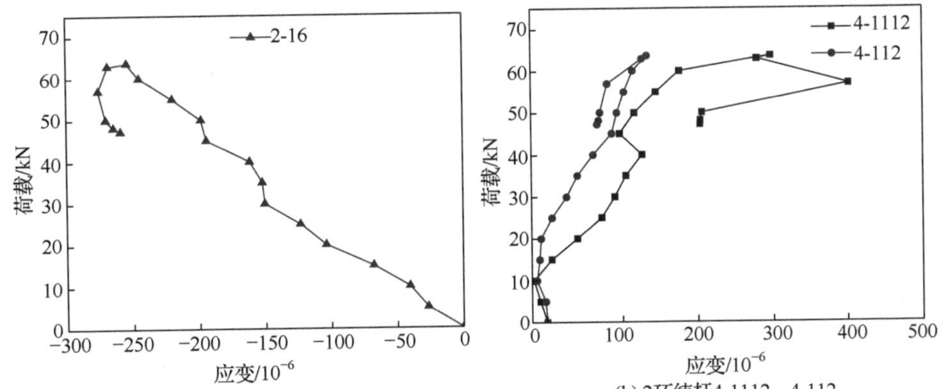

(a) 1环纬杆2-16　(b) 2环纬杆4-1112、4-112

图 5-35　纬杆荷载-应变曲线

壳体中的斜杆以受压为主，3-612 和 3-112 杆件的应变差异较小，该环中的斜杆承受基本相同的应变，试件破坏时应变最大值约为-1383.50×10^{-6}。然而，图 5-36(b) 显示，5-122 杆件的应变变化规律与 5-123 杆件相似，而 5-112 杆件的应变变化规律与 5-13 杆件相同。壳体中斜杆的最大应变出现在 5-122 杆件处，为-1202.59×10^{-6}。

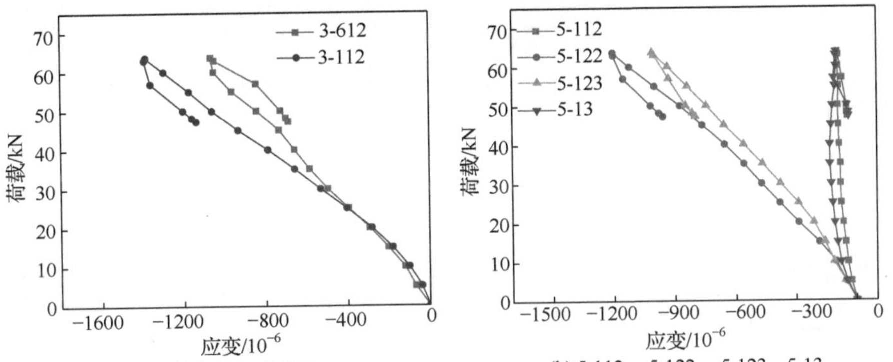

(a) 3-612、3-112　(b) 5-112、5-122、5-123、5-13

图 5-36　斜杆荷载-应变曲线

5.4.4　杆件失稳分析

加载过程中对杆件的轴力进行路径跟踪，主肋径杆荷载-轴力曲线如图 5-37 所示，其中负值代表杆件受压。对于杆件失稳的判断有两个条件：首先杆件轴力必须大于规范按两端铰接计算的单杆稳定承载力，且小于按两端固接计算的单杆稳定承载力，其次杆件的荷载-轴力曲线在达到最大值后必须出现下降段。给出上述判断条件的原因是在实际结构中，两端约束情况无法定量确定，介于铰接和固接之间，因此杆件轴力会出现大于按铰接计算的单杆稳定承载力的情况。

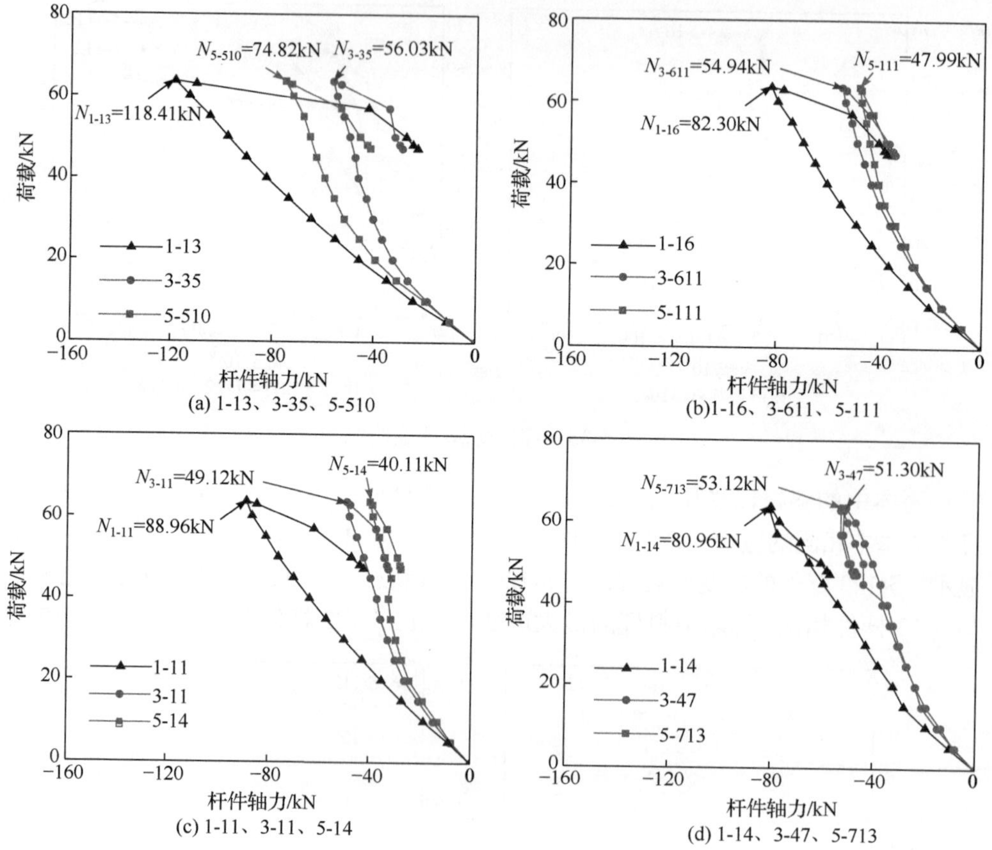

图 5-37　主肋径杆荷载-轴力曲线

根据《胶合木结构技术规范》(GB/T 50708—2012)[36]，轴心受压构件稳定系数按照如下公式计算：

$$\varphi = \frac{1+\left(f_{\mathrm{cE}}/f_{\mathrm{c}}\right)}{1.8} - \sqrt{\left[\frac{1+\left(f_{\mathrm{cE}}/f_{\mathrm{c}}\right)}{1.8}\right]^2 - \frac{f_{\mathrm{cE}}/f_{\mathrm{c}}}{0.9}} \tag{5-1}$$

$$f_{\mathrm{cE}} = \frac{0.47E}{\left(l_0/b\right)^2} \tag{5-2}$$

$$l_0 = k_l l \tag{5-3}$$

式中，f_{c}为胶合木顺纹抗压强度设计值，N/mm²；b为矩形截面边长；l_0为计算长度；k_l为计算长度系数，两端铰接的杆件取 1.0，两端刚接的杆件取 0.65。

按照规范的要求计算杆件轴力设计值时，取平面内计算长度系数为 0.9，平面外计算长度系数为 1.6，计算可得当两端铰接时，轴心受压构件的极限承载力为

90.05kN，当两端刚接时，轴心受压构件的极限承载力为 182.75kN。由图 5-37(a)可以看出，杆件 1-13 的轴力大于规范按两端铰接计算的单杆稳定承载力，且小于按两端固接计算的单杆稳定承载力，发生了失稳。

钢结构中部分杆件失稳后，通常会产生内力重分布，改变传力路径，仍能继续承载，结构不会立刻发生整体失稳，不同于钢网壳结构，胶合木网壳试件在杆件 1-13 发生失稳后即发生结构破坏，此时大多数杆件没有达到失稳破坏的轴力水平，仍然呈现完好状态，可以看出胶合木网壳结构失稳是由于个别杆件的失稳带动整体结构丧失了承载力。

5.5　单层胶合木网壳结构杆件稳定分析及设计方法

网壳结构的稳定问题按失稳范围可分为整体稳定、局部稳定和杆件稳定。我国《空间网格结构技术规程》(JGJ 7—2010)[59]所要求的网壳稳定分析中仅考虑节点位置偏差导致的节点缺陷，认为与杆件有关的缺陷对网壳整体稳定(包括壳面局部失稳)的影响有限，即不考虑杆件失稳的影响，因为整体稳定分析的前提是在强度设计阶段所有杆件均已经过设计计算保证了强度和稳定性。基于上述方法，只能保证杆件在设计荷载下不失稳，但结构的整体稳定承载力要大于设计荷载，因此在结构整体失稳之前存在杆件失稳的可能性。另外，胶合木网壳结构基本均采用矩形截面，这类杆件极易出现绕弱轴失稳的问题。

《空间网格结构技术规程》(JGJ 7—2010)[59]规定了单层钢网壳杆件的有效长度值；对于单层铝合金网壳，杆件面内有效长度因子建议取值为 0.9，面外有效长度因子建议取值为 1.6。而对于单层胶合木网壳的杆件稳定性，目前尚无明确的研究成果。

5.5.1　胶合木螺栓节点面内、面外刚度研究

1. 试件设计

为计算胶合木网壳中常用螺栓连接节点的面内、面外抗弯刚度，进行了足尺胶合木螺栓连接节点的试验研究。J6 和 J8 组试件截面宽度均为 250mm，高度分别为 600mm 和 800mm，具体螺栓布置形式及参数如图 5-38 所示。所采用胶合木强度等级为 TC_T24[36]，钢填板为 Q235B 低碳钢[35]，螺栓直径为 22mm，等级为 8.8 级[34]。

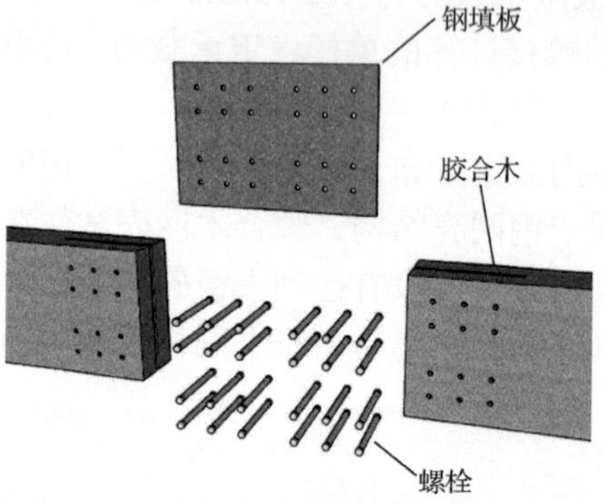

(a) 试件拆解图

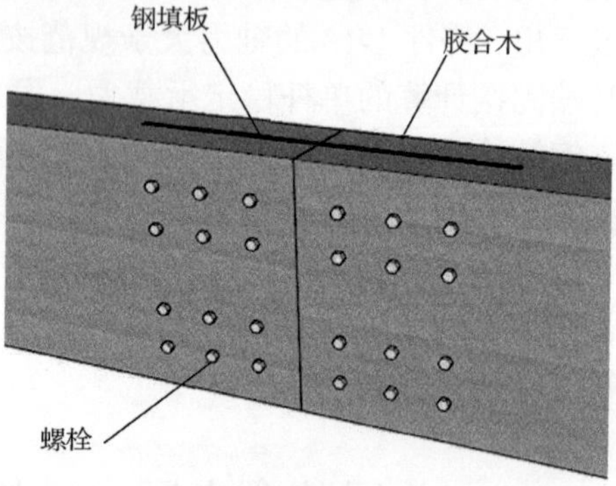

(b) 试件组装图

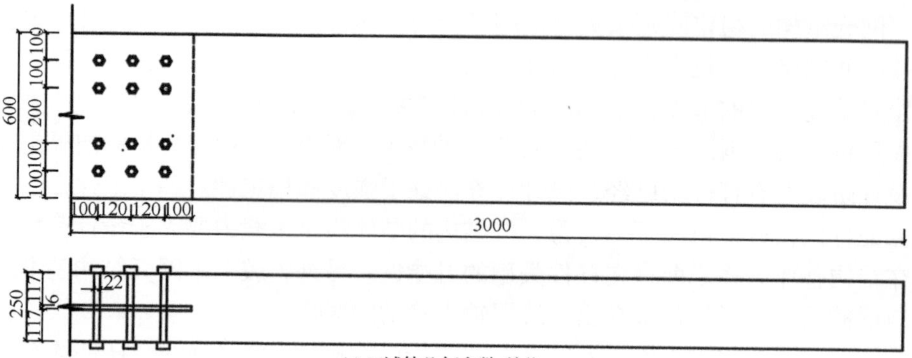

(c) J6试件几何参数(单位：mm)

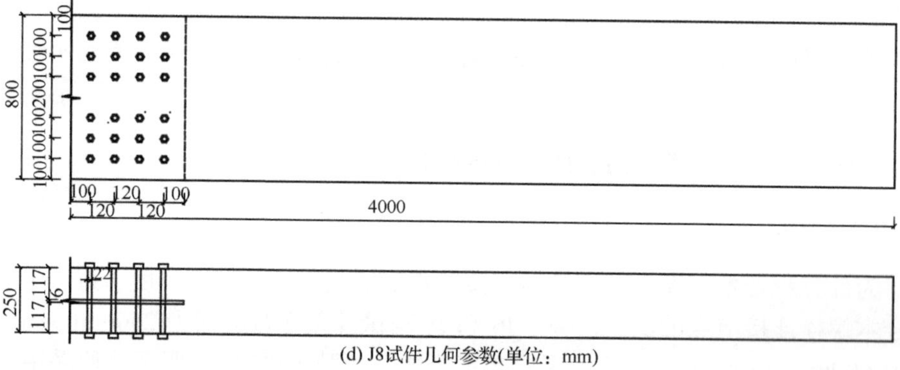

(d) J8试件几何参数(单位：mm)

图 5-38　试件参数

2. 试验方案

对节点试件进行平面内和平面外抗弯试验，试验装置如图 5-39 所示。通过安装在千斤顶和力传感器下方的分配梁，将竖向荷载均分为距离为 1500mm 的两个竖向力。在平面内抗弯试验中，为了避免节点发生平面外失稳，设置了两对平面外侧向支撑。

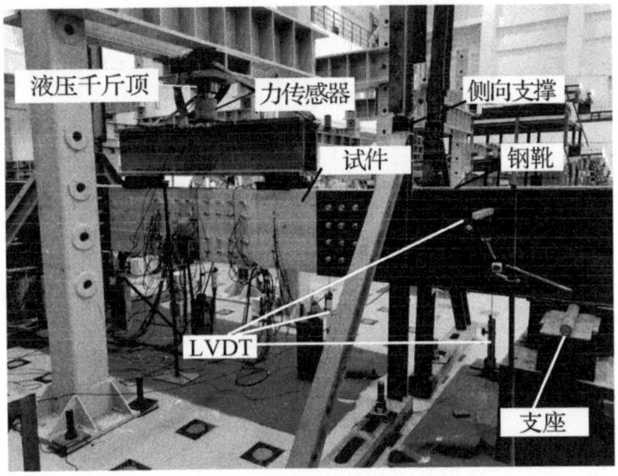

(a) 平面内试验

(b) 平面外试验

图 5-39　试验装置

3. 试验结果

图 5-40 为 J6 和 J8 组试件弯矩-转角曲线。根据《胶合木结构技术规范》(GB/T 50708—2012)[36]，受弯构件挠度限值为跨度的 1/120。由于液压千斤顶的限制，平面外抗弯试验中试件弯矩-转角曲线无法加载到峰值点，因此将极限点定义为对应挠度为跨度的 1/120 的点，抗弯刚度为极限转角的 40%与对应弯矩之比的倒数。表 5-3 汇总了试件的抗弯刚度计算结果。

表 5-3　试件抗弯刚度

试件编号	抗弯刚度/(kN·m/rad)	
	平面内	平面外
J6	9403	1371
J8	34750	2270

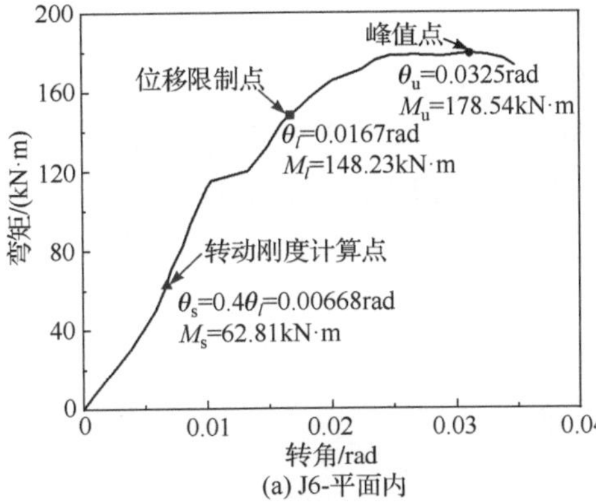

(a) J6-平面内

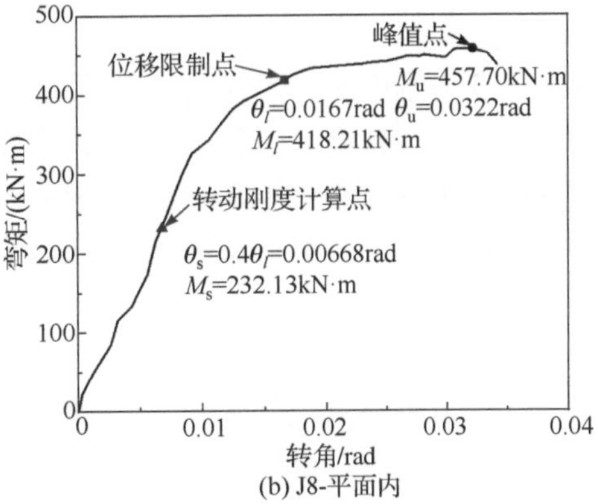

(b) J8-平面内

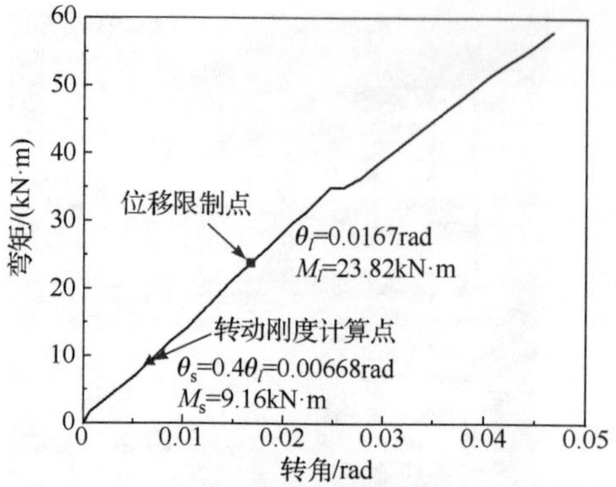

(c) J6-平面外

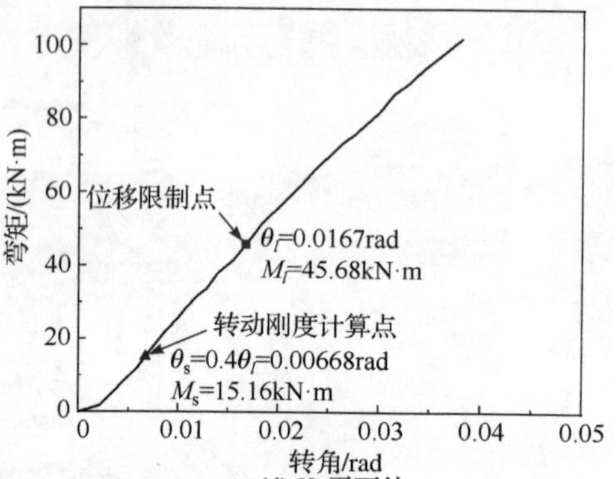

(d) J8-平面外

图 5-40　J6 和 J8 组试件弯矩-转角曲线

4. 节点抗弯刚度计算方法

胶合木螺栓连接节点的平面内抗弯刚度可按照如下公式计算[63]：

$$k_{ei}=\frac{k_{ser}}{1+k_{def}}\sum_{j=1}^{n}r_{ij}^{2} \tag{5-4}$$

$$k_{e\text{-}in}=\sum_{i=1}^{n}\gamma_i k_{ei} \tag{5-5}$$

式中，k_{def}为含水率调整系数；k_{ser}为滑移模量；r_{ij}为螺栓 j 到旋转中心 i 的距离；γ_i 为 k_{ei} 对应的组合系数。J6 组试件的 γ_1 和 γ_2 值分别为 0.25 和 0.75，J8 组试件的 γ_1 和 γ_2 值分别为 0.3 和 0.7。

胶合木螺栓连接节点的平面外刚度 $k_{e\text{-}out}$ 可按如下公式计算：

$$k_{e\text{-}out}=\frac{k_{e\text{-}in}}{\delta} \tag{5-6}$$

式中，δ 为刚度比，可通过参数化分析结果拟合而成。

在有限元模型中，除宽度外，其余几何尺寸与试件相同，建立了考虑不同宽厚比的 J6 和 J8 系列数值模型，模拟结果如图 5-41 所示，可以看出，δ 随宽厚比的增大而明显减小，但其影响逐渐减弱。考虑到工程应用方便，可采用回归分析计算 δ：

$$\delta=1.6\left(\frac{b}{h}\right)^{-1.7} \tag{5-7}$$

式中，b 为胶合木构件宽度；h 为胶合木构件高度。

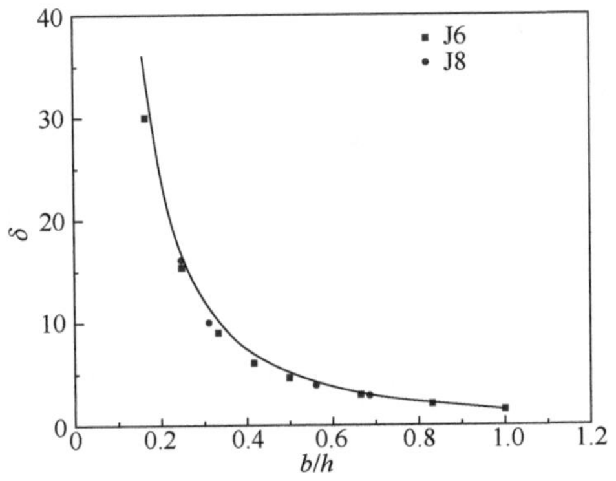

图 5-41　有限元模拟结果

根据上述公式计算得到的节点平面内和平面外抗弯刚度，并与试验值进行对比，如表 5-4 所示。可以看出，J6 组试件的最大相对误差为 3.57%，但是，由于旋转中心位置不准确，公式高估了 J8 组试件的平面外抗弯刚度，相对误差为 22.78%。

表 5-4　抗弯刚度试验值与计算值对比

试件编号	平面内抗弯刚度			平面外抗弯刚度		
	试验值 /(kN·m/rad)	计算值 /(kN·m/rad)	相对误差/%	试验值 /(kN·m/rad)	计算值 /(kN·m/rad)	相对误差/%
J6	9403	9370	−0.35	1371	1322	−3.57
J8	34750	32215	−7.29	2270	2787	22.78

5.5.2　单层胶合木网壳杆件计算长度系数研究

1. *研究方法*

利用有限元分析软件 ABAQUS，建立考虑节点半刚性的整体模型，研究单层胶合木网壳构件计算长度系数，如图 5-42 所示。

本章选择采用整体模型法+欧拉公式逆推的方法进行胶合木网壳杆件计算长度系数研究[64]，建立网壳整体模型，对单根杆件施加温度荷载以模拟轴向压力作用，通过全过程分析获得屈曲荷载，代入欧拉公式后反推出杆件壳体平面内、外计算长度系数(式(5-8))。这样既可以解决分离出的单根杆件无法准确模拟边界约束条件的问题，也解决了采用特征值屈曲分析过高估算杆件屈曲荷载的问题。

$$\mu = \sqrt{\frac{\pi^2 EI}{l^2 P_{cr}}} \tag{5-8}$$

式中，P_{cr} 为杆件屈曲荷载；E 为顺纹弹性模量；I 为截面转动惯性矩；l 为杆件长度；μ 为计算长度系数。

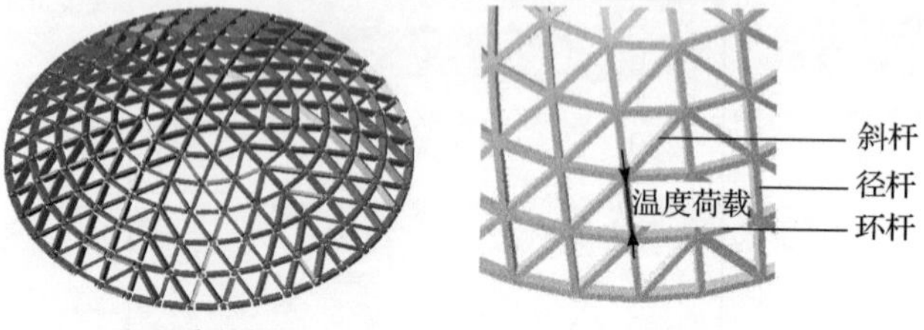

(a) 网壳结构　　　　　　(b) 温度荷载

图 5-42　单层胶合木网壳的建模细节

2. 研究模型建立

本节将以 K6 型胶合木单层球面网壳为对象展开研究。《空间网格结构技术规程》(JGJ 7—2010)[59]规定，对于球面网壳，结构矢跨比宜大于 1/7，结构跨度宜小于 80m。考虑到分析结果的普适性，也为了得出更符合实际工程需要的结论，本节主要考虑 3 种跨度(30m、60m、90m)、5 种矢跨比(1/3、1/4、1/5、1/6、1/7)、4 种截面尺寸(150mm×600mm、250mm×600mm、350mm×600mm、250mm×800mm)。

考虑到 K6 型胶合木单层球面网壳的对称性，选取 1/6 模型中不同跨度(30m、60m、90m)的典型构件进行相应编号，如图 5-43 所示。

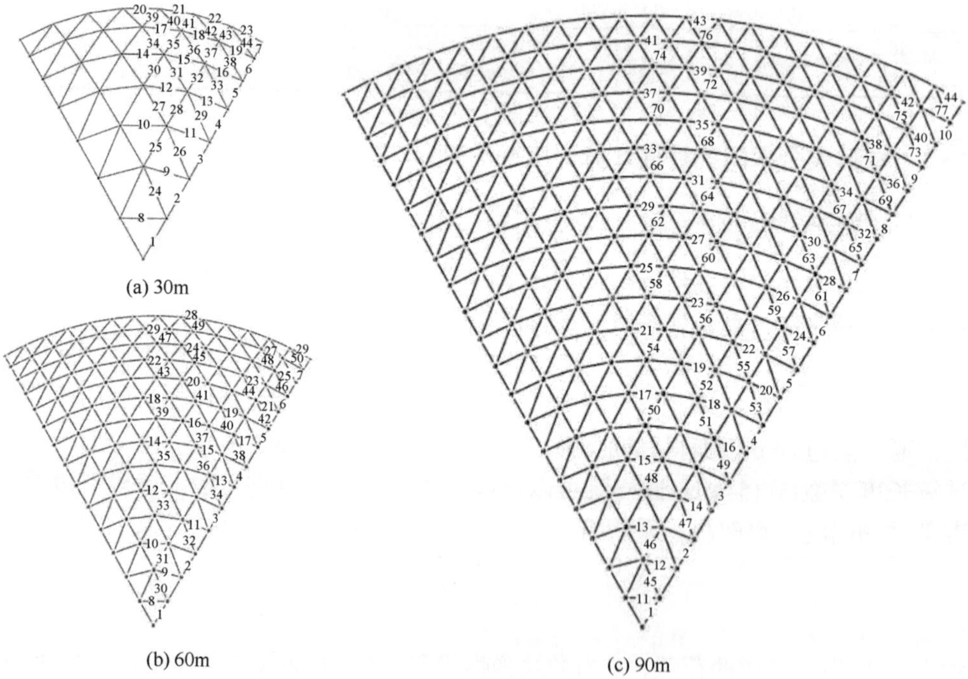

(a) 30m　(b) 60m　(c) 90m

图 5-43　典型构件编号

本节采用建立节点刚域并使用弹簧单元连接的方法来考虑节点的半刚性[65]。杆件使用空间梁单元模拟，节点域选用刚体单元，并使用 ABAQUS 中的 Connector 连接器来模拟转动弹簧。

考虑到螺栓节点绕强弱轴弯曲刚度的差异，本节选择 Connector 单元库中的 U-joint 类型来进行模拟，在建立该类单元时需要为单元指定局部坐标系来确定节点间相对位移的方向，指定杆件的 n_2 方向为 Z 轴，n_1 方向为 X 轴。在之前调整杆件截面方向时已将各杆件的 n_1、n_2 方向存储到指定列表中，此时可以编制 Python 代码调用此列表方便地为每个 Connector 单元生成相应的局部坐标系。

3. 平面外计算长度系数分析

1) 截面宽厚比的影响

图 5-44 为考虑宽厚比影响的杆件平面外计算长度系数。从图 5-44(a)可以看出，当截面宽厚比为 0.58 时，杆件平面外计算长度系数最大可达 1.804，当截面宽厚比为 0.25 时，杆件平面外计算长度系数最大仅为 1.376，这是因为随着截面高度的增加，节点平面内抗弯刚度和相邻杆件提供的约束作用都有了明显提高。以杆件截面宽厚比最大的网壳为例，从图 5-44(b)可以看出，有超过 50%的杆件平面外计算长度系数小于等于 1.6，27.27%的杆件平面外计算长度系数在 1.6～1.7，18.18%的杆件平面外计算长度系数在 1.7～1.8，2.28%的杆件平面外计算长度系数在 1.8～1.9。这说明《空间网格结构技术规程》(JGJ 7—2010)[59]规定的 1.6 的计算长度系数对于宽厚比较大的胶合木网壳而言并不安全。

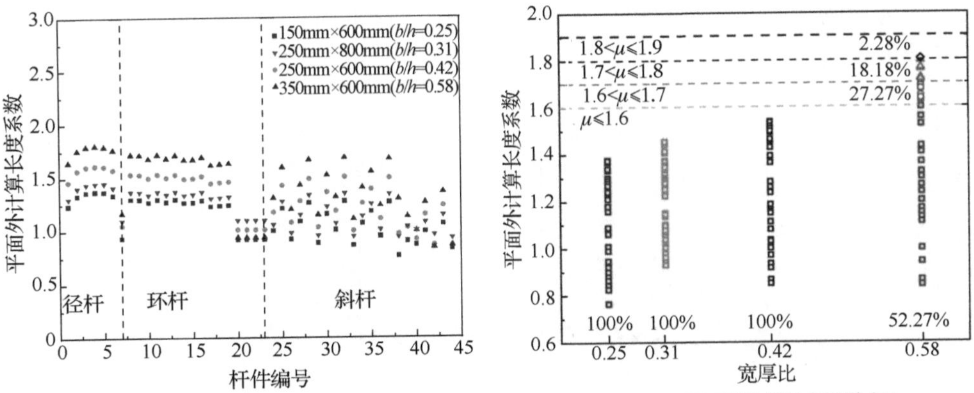

(a) 不同截面网壳的平面外计算长度系数　　(b) 平面外计算长度系数占比

图 5-44　考虑宽厚比影响的杆件平面外计算长度系数(30m，1/7)

2) 网壳矢跨比的影响

图 5-45 为考虑矢跨比影响的杆件平面外计算长度系数。从图中可以看出，较小矢跨比杆件的平面外计算长度系数要大于较大矢跨比杆件。当矢跨比为 1/7 时，

杆件平面外计算长度系数超过 1.6 的比例为 6.82%，而对于矢跨比大于 1/7 的网壳，杆件平面外计算长度系数均小于 1.6。这是因为随着矢跨比增大，网壳结构的整体刚度提高，从而提高了对于单个杆件的约束作用。

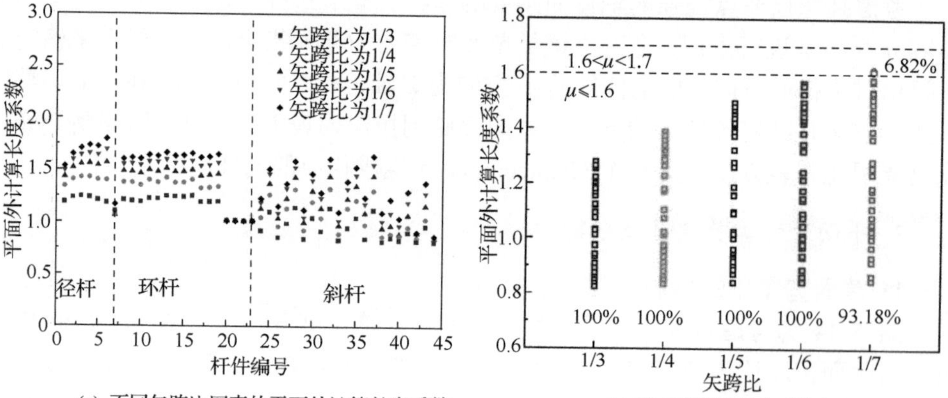

(a) 不同矢跨比网壳的平面外计算长度系数　　(b) 平面外计算长度系数占比

图 5-45　考虑矢跨比影响的杆件平面外计算长度系数(30m，250mm×600mm)

3) 网壳跨度的影响

图 5-46 为考虑跨度影响的杆件平面外计算长度系数。与大跨度网壳相比，小跨度网壳的计算长度系数普遍较低。平面外计算长度系数中小于 1.6 的值在 30m 网壳中所占比例最高(为 93.2%)，其次是 60m 网壳(40.9%)和 90m 网壳(47.3%)。平面外计算长度系数中介于 1.6 和 1.7 的值在 60m 网壳和 90m 网壳中所占比例相似，约为 40%，说明跨度对单层胶合木网壳中杆件平面外计算长度系数的影响小于其他因素。

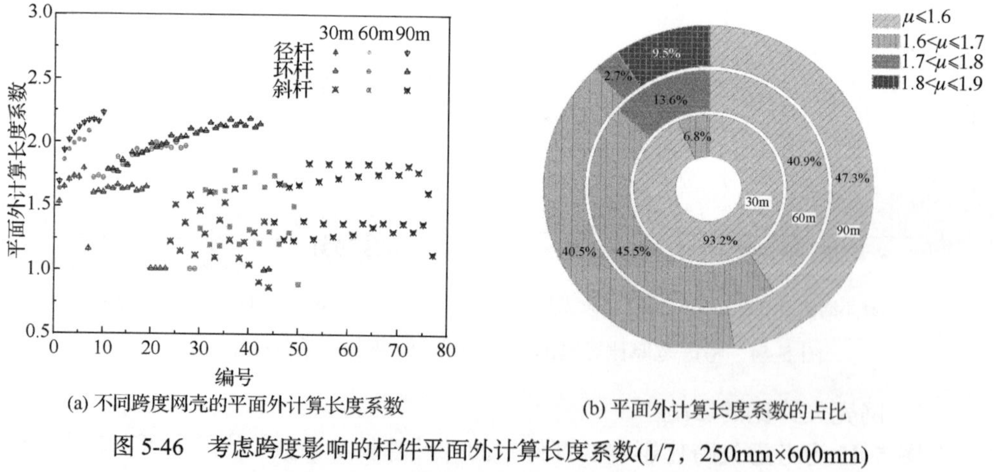

(a) 不同跨度网壳的平面外计算长度系数　　(b) 平面外计算长度系数的占比

图 5-46　考虑跨度影响的杆件平面外计算长度系数(1/7，250mm×600mm)

4. 平面内计算长度系数分析

杆件平面内计算长度系数如图 5-47 所示。可以看出，大部分杆件的平面内计算长度系数在 0.5～0.77，平均值约为 0.69，这说明《空间网格结构技术规程》[59]中采用的平面内计算长度系数(1.0)对于单层胶合木网壳来说有足够的安全裕度。

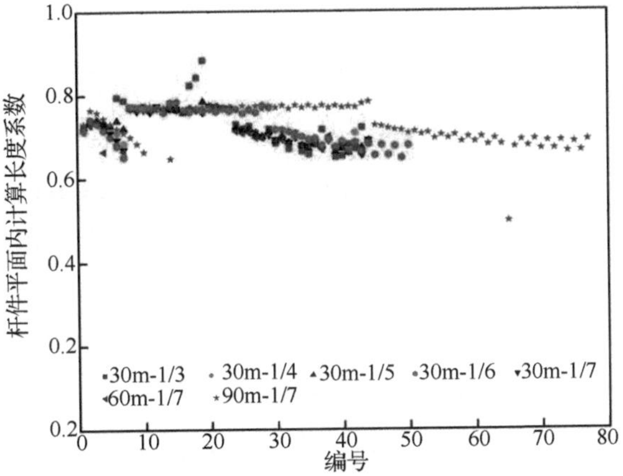

图 5-47　杆件平面内计算长度系数

5.5.3　单层胶合木网壳杆件平面外计算长度系数的理论分析

1. 坡度-挠度方程

对于一承担轴力和弯矩的杆件，其变形情况如图 5-48 所示。

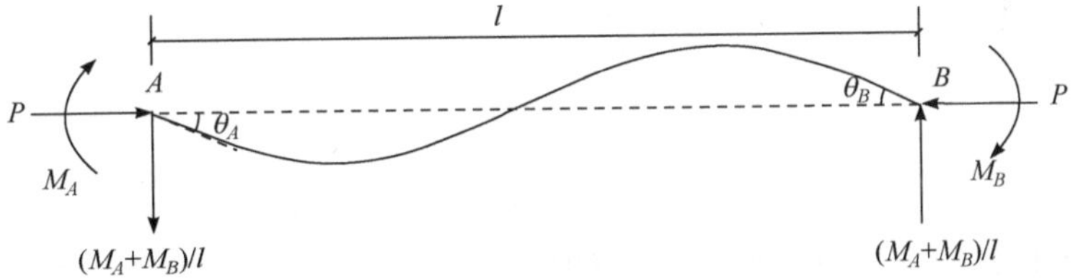

图 5-48　杆件变形和受力示意图

杆件在屈曲状态下的平衡微分方程表示为

$$y''+\alpha^2 y=\frac{M_A+M_B}{\alpha^2 EIl}x-\frac{M_A}{\alpha^2 EI} \tag{5-9}$$

式中，EI 为构件抗弯刚度；α 为参数，定义为$\alpha^2=P/EI$。

式(5-9)的通解为

$$y=A\sin(\alpha x)+B\cos(\alpha x)+\frac{M_A+M_B}{(\alpha l)^2 EIl}x-\frac{M_A}{(\alpha l)^2 EI} \tag{5-10}$$

根据 $y(0)=0$ 和 $y(l)=0$ 的边界条件，可以计算出

$$A=-\frac{M_A+\cos(\alpha l)+M_B}{(\alpha l)^2 EI\sin(\alpha l)} \tag{5-11}$$

$$B=\frac{M_B}{(\alpha l)^2 EI} \tag{5-12}$$

将式(5-11)和式(5-12)代入式(5-10)，可得

$$y=-\frac{M_A+\cos(\alpha l)+M_B}{(\alpha l)^2 I\sin(\alpha l)}\sin(\alpha x)+\frac{M_B}{(\alpha l)^2 EI}\cos(\alpha x)+\frac{M_A+M_B}{(\alpha l)^2 EIl}x-\frac{M_A}{(\alpha l)^2 EI} \tag{5-13}$$

两端转角可以按照如下公式计算：

$$\theta_A=y'(0)=\frac{l}{EI}\frac{\sin(\alpha l)-\alpha l\cos(\alpha l)}{(\alpha l)^2\sin(\alpha l)}M_A+\frac{l}{EI}\frac{\sin(\alpha l)-\alpha l}{(\alpha l)^2\sin(\alpha l)}M_B \tag{5-14}$$

$$\theta_B=y'(l)=\frac{l}{EI}\frac{\sin(\alpha l)-\alpha l}{(\alpha l)^2\sin(\alpha l)}M_A+\frac{l}{EI}\frac{\sin(\alpha l)-\alpha l\cos(\alpha l)}{(\alpha l)^2\sin(\alpha l)}M_B \tag{5-15}$$

两端弯矩 M_A 和 M_B 与两端转角 θ_A 和 θ_B 之间的关系可以表示为

$$M_A=i_{AB}\left(C\theta_A+S\theta_B\right) \tag{5-16}$$

$$M_B=i_{AB}\left(S\theta_A+C\theta_B\right) \tag{5-17}$$

式中，i_{AB} 为线刚度，$i_{AB}=EI/l$；C 和 S 为稳定函数，可以表示为

$$C=\frac{\phi(\sin\phi-\phi\cos\phi)}{2-2\cos\phi-\phi\sin\phi} \tag{5-18}$$

$$S=\frac{\phi(\phi-\sin\phi)}{2-2\cos\phi-\phi\sin\phi} \tag{5-19}$$

式中，参数 ϕ 定义为

$$\phi=\alpha l=l\sqrt{\frac{P}{EI}}=\pi\sqrt{\frac{P}{P_E}}$$

考虑到杆件两端在网壳面外方向的约束刚度比较小，参照无约束框架进行分析；考虑到节点半刚度和无约束方向存在的侧向位移，杆件的变形情况如图 5-49 所示。

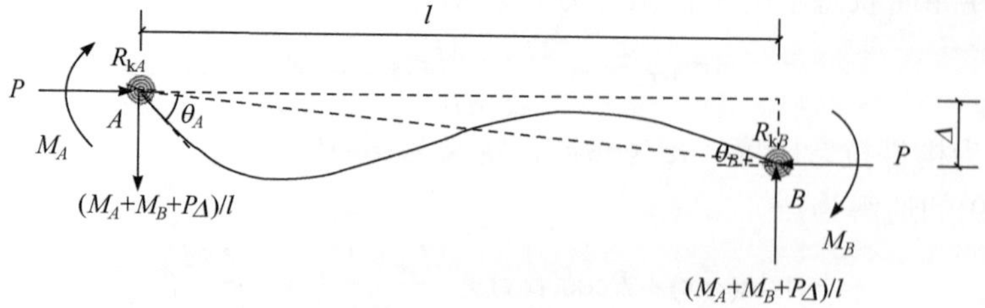

图 5-49　具有半刚性约束和侧向位移的杆件变形情况

杆件 AB 的弯矩-转角方程可以表示为

$$M_A = i_{AB}\left[C\left(\theta_A-\theta_{kA}-\frac{\Delta}{l}\right)+S\left(\theta_B-\theta_{kB}-\frac{\Delta}{l}\right)\right] \tag{5-20}$$

$$M_B = i_{AB}\left[S\left(\theta_A-\theta_{kA}-\frac{\Delta}{l}\right)+C\left(\theta_B-\theta_{kB}-\frac{\Delta}{l}\right)\right] \tag{5-21}$$

式中，Δ为杆件一端的位移，$\theta_{kA}=M_A/R_{kA}$，$\theta_{kB}=M_B/R_{kB}$，R_{kA}和 R_{kB}分别为 A 和 B 两端的弹性刚度常数。

由式(5-20)和式(5-21)可以得到两端弯矩为

$$M_A = \frac{i_{AB}\left\{\left[\left(C^2-S^2\right)\mu_B+C\right]\theta_A+S\theta_B-(C+S)\left(1+C\mu_B-S\mu_B\right)\Delta/l\right\}}{\left(C^2-S^2\right)\mu_A\mu_B+C\mu_A+C\mu_B+1} \tag{5-22}$$

$$M_B = \frac{i_{AB}\left\{S\theta_A+\left[\left(C^2-S^2\right)\mu_A+C\right]\theta_B-(C+S)\left(1+C\mu_A-S\mu_A\right)\Delta/l\right\}}{\left(C^2-S^2\right)\mu_A\mu_B+C\mu_A+C\mu_B+1} \tag{5-23}$$

式中，$\mu_A=i_{AB}/R_{kA}$，$\mu_B=i_{AB}/R_{kB}$。

进一步简化可得

$$M_A = i_{AB}\left[C_A^*\theta_A+S^*\theta_B-\frac{(C+S)\left(1+C\mu_B-S\mu_B\right)}{B}\frac{\Delta}{l}\right] \tag{5-24}$$

$$M_B = i_{AB}\left[S^*\theta_A+C_B^*\theta_B-\frac{(C+S)\left(1+C\mu_A-S\mu_A\right)}{B}\frac{\Delta}{l}\right] \tag{5-25}$$

式中

$$B=\left(C^2-S^2\right)\mu_A\mu_B+C\mu_A+C\mu_B+1$$

$$C_A^*=\left[\left(C^2-S^2\right)\mu_B+C\right]\Big/B$$

$$C_B^*=\left[\left(C^2-S^2\right)\mu_A+C\right]\Big/B\text{，}\quad S^*=S/B$$

2. 平面外计算长度系数计算方法

当杆件两端为刚性连接时，根据边界条件得到稳定性方程为

$$\left[36S_AS_B-\left(\frac{\pi}{\mu_{AB}}\right)^2\right]\sin\frac{\pi}{\mu_{AB}}+6\frac{\pi}{\mu_{AB}}\left(S_A+S_B\right)\cos\frac{\pi}{\mu_{AB}}=0 \tag{5-26}$$

$$S_A=\frac{\sum_{i=1}^{m}\frac{EI_i}{l_i}}{EI_{AB}/l_{AB}} \tag{5-27}$$

$$S_B=\frac{\sum_{j=1}^{n}\frac{EI_j}{l_j}}{EI_{AB}/l_{AB}} \tag{5-28}$$

式中，下标 i 和 j 分别为连接到 A 节点和 B 节点的杆件编号。

杆件计算长度系数可按照如下公式求得：

$$\mu_{AB}=\sqrt{\frac{7.5S_AS_B+4\left(S_A+S_B\right)+1.52}{7.5S_AS_B+S_A+S_B}} \tag{5-29}$$

在公式中引入修正因子来考虑半刚性节点的影响：

$$S_A^*=\frac{\sum_{i=1}^{m}\gamma_i\frac{EI_i}{l_i}}{EI_{AB}/l_{AB}} \tag{5-30}$$

$$S_B^*=\frac{\sum_{j=1}^{n}\gamma_j\frac{EI_j}{l_j}}{EI_{AB}/l_{AB}} \tag{5-31}$$

式中，S_A^* 和 S_B^* 为修正后刚度比；γ 可以由式(5-32)计算：

$$\gamma=\frac{1+2\mu_B}{\left(1+4\mu_A\right)\left(1+4\mu_B\right)-4\mu_A\mu_B} \tag{5-32}$$

式(5-24)和式(5-25)可以基于以下假设进行简化：①屈曲时杆件两端转角相同、方向相同；②忽略杆件的轴力。

$$M_A=i_{AB}\left[\frac{4\left(1+3\mu_B\right)}{B}\theta_A+\frac{2}{B}\theta_A\right]=6i_{AB}\frac{1+2\mu_B}{B}\theta_A \tag{5-33}$$

$$M_B=i_{AB}\left[\frac{2}{B}\theta_A+\frac{4\left(1+3\mu_A\right)}{B}\theta_A\right]=6i_{AB}\frac{1+2\mu_A}{B}\theta_A \tag{5-34}$$

如果 $\mu_A = \mu_B$， γ 可以按照如下公式计算：

$$\gamma = \frac{1}{1+6\mu} \tag{5-35}$$

图 5-50 为不同矢跨比的单层胶合木网壳杆件平面外计算长度系数计算结果与模拟结果对比，两者具有相似的变化趋势。当矢跨比为 1/7 时，网壳内典型杆件平面外计算长度系数的相对误差分别为 7.05%、4.50%、4.19%和 10.89%，说明该理论公式可以准确、安全地估计小矢跨比单层胶合木网壳的平面外计算长度系数。然而，对于矢跨比较大的网壳，计算结果与模拟结果之间存在较大的偏差，这可能是由于在计算中忽略了杆件轴力的影响。

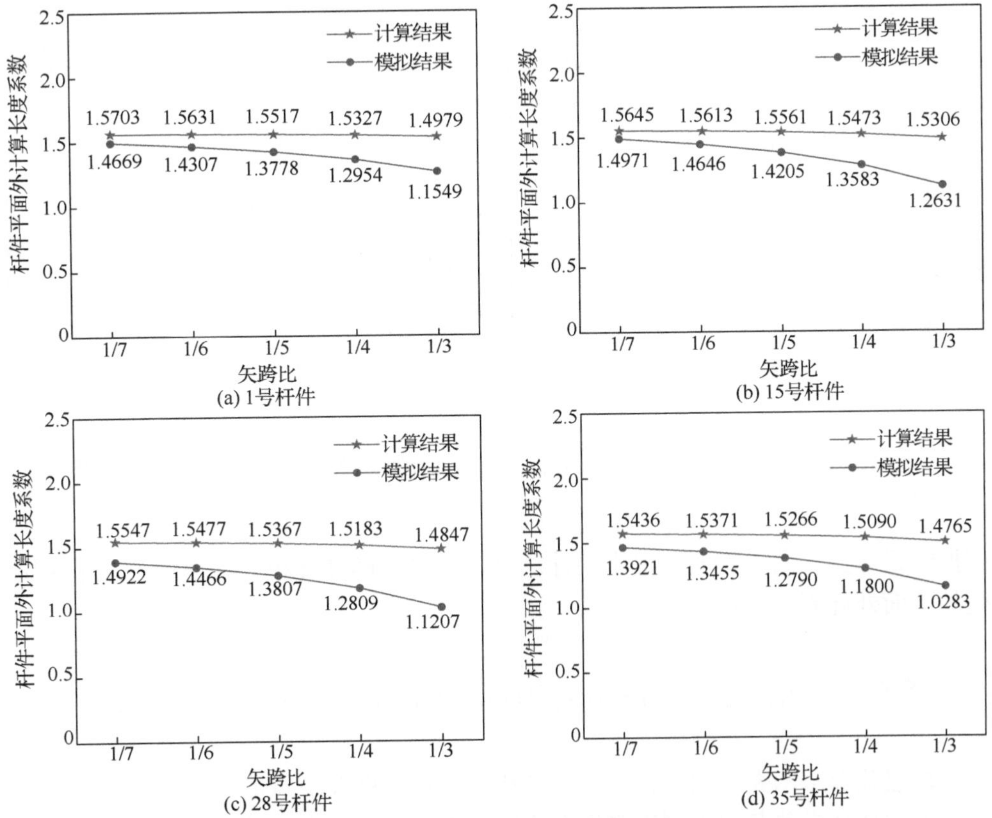

图 5-50　不同矢跨比的单层胶合木网壳杆件平面外计算长度系数计算结果与模拟结果对比
(30m，250mm×600mm)

图 5-51 为 1/7 矢跨比的单层胶合木网壳杆件平面外计算长度系数计算结果与

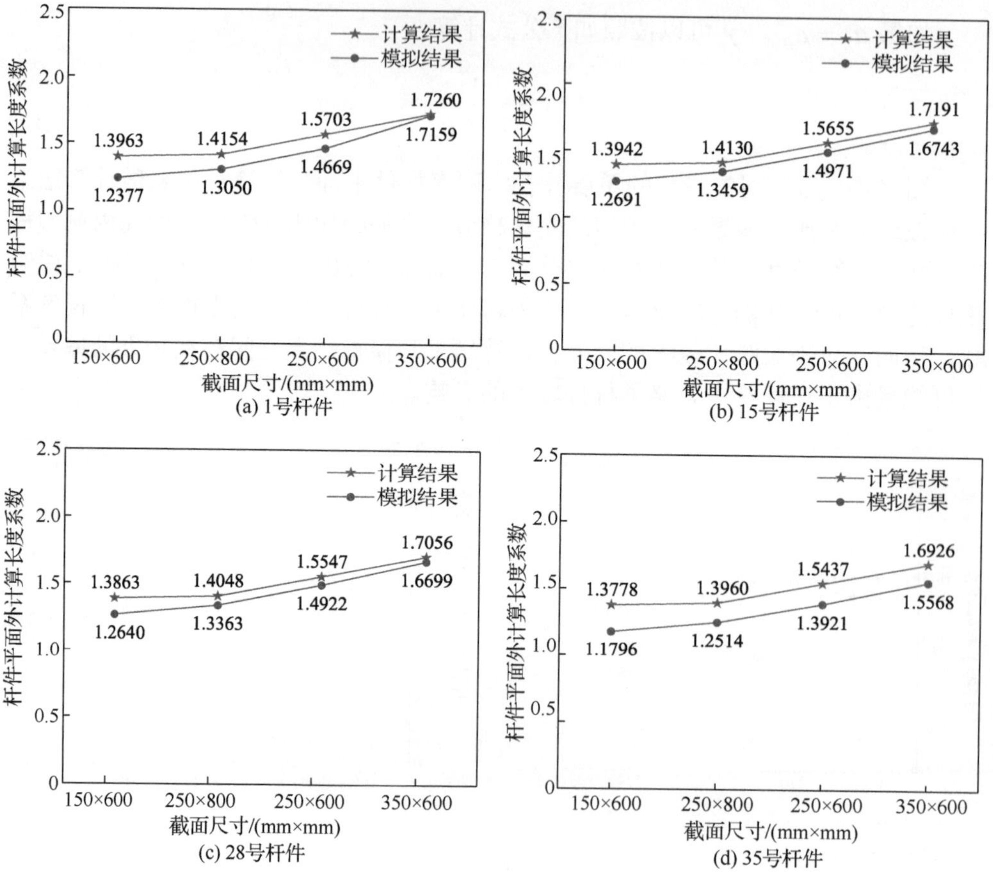

图 5-51　不同截面尺寸的单层胶合木网壳杆件平面外计算长度系数计算结果与模拟结果对比 (30m，1/7)

模拟结果对比。结果表明，提出的计算公式可以准确计算小矢跨比胶合木单层网壳的平面外计算长度系数。

5.6　单层胶合木网壳结构整体稳定分析及设计方法

单层胶合木网壳结构在杆件的长细比、材料性能及节点形式上均存在较大差异，上述特征导致其与钢网壳和铝合金网壳结构稳定性有显著差异，因此现有钢网壳和铝合金网壳结构的设计方法不适用于单层胶合木网壳结构，有必要对单层胶合木网壳结构的稳定性进行分析。

采用 ABAQUS 软件对单层胶合木球面网壳整体稳定性能进行研究以获得胶合木网壳弹塑性安全系数，并通过大量模拟获得塑性折减系数，进而为弹性安全系数提供依据，并提出单层胶合木网壳不同跨度下的稳定承载力建议公式，为设计提供理论依据。

5.6.1　建立研究对象

分析对象为 K6 型单层胶合木球面网壳，考虑跨度、矢跨比、初始几何缺陷、节点刚度以及材料等级等参数的影响，具体参数取值如表 5-5 所示。在弹塑性稳定性分析中考虑截面尺寸的影响，每个模型根据工程实际设计确定截面大小，同时考虑 4 种宽厚比的影响，所选取的截面规格如表 5-6 所示。由于节点刚度影响因素较多，为了获得接近实际的结论，计算时采用适用于结构设计的 2 号截面。

表 5-5　计算模型参数取值

参数	取值
跨度/m	30、60、90、120
矢跨比	0.2、0.3、0.4
木材等级	TC_T18、TC_T24、TC_T30
材料非线性	弹性、塑性
截面宽厚比	0.25、0.5、0.75、1
初始几何缺陷	$L/300$
恒荷载/(kN/m²)	1.0
活荷载/(kN/m²)	0.5
节点刚度	刚接、半刚接
边界	铰接

表 5-6　梁截面尺寸

跨度/m	截面规格/(mm×mm)			
	1	2	3	4
30	75×300	106×212	130×173	150×150
60	150×600	212×424	260×346	300×300
90	225×900	318×636	390×520	450×450
120	300×1200	424×849	520×693	600×600

采用 Python 编写的参数化设计语言，在 ABAQUS 中建立单层网壳整体模型。选用铁摩辛柯梁单元 B31 模拟网壳中的杆件，采用建立节点刚域并使用弹簧单元连接的方法对半刚性螺栓连接节点进行数值模拟。本研究只考虑面内和面外刚度，忽略扭转刚度对壳体稳定性的影响，同时对最外层节点的平动自由度进行约束。

5.6.2　单层胶合木半刚性节点单层球面网壳弹塑性分析

1. 半刚性节点参数

螺栓连接是现代胶合木空间结构中应用最广泛的销式连接之一，节点通过钢核心筒使多根空间结构杆件交汇，并用螺栓将钢核心筒与胶合木杆件固定。本节胶合木网壳采用钢填板螺栓节点。

目前已有的节点半刚性分类方法为：采用线性 $M\text{-}\theta$ 曲线的节点分类方法、欧洲规范 EN 1995-1-1[42]以及采用非线性 $M\text{-}\theta$ 曲线的节点分类方法。线性分类方法及欧洲规范主要应用于框架结构，从刚度和强度角度对节点进行分类，这里不再具体阐述。非线性分类方法不依赖于梁刚度，采用三参数的数学模型，但是该方法需要通过试验来确定公式的参数。

根据分类标准，节点半刚性的判断需要知道连接杆件的实际长度，而且随着杆件长度的增加，梁的截面通常也会增大。然而，空间结构中的杆件主要抵抗压力，截面增加较少，当杆件的长度非常大时，可以将连接视为铰接，但计算结果对应于刚性连接。因此，与梁长度相关的参数不适合于空间结构。

胶合木节点一般由紧固件连接，由于安装误差或加工精度，节点在承受外力时，连接节点的构件会发生相对转动或滑移，具有明显的半刚性特点。节点设计时，螺栓直径受截面宽度限制，螺栓布置间距受构件截面高度限制，这里提出一种新的参数，此参数不受杆件长度影响，计算方法为

$$K_u = \frac{k_e}{EI}$$

式中，k_e 为节点抗弯刚度；EI 为梁截面刚度。K_u 越大，节点越接近刚接，节点承受能力好；K_u 越小，节点越接近铰接，节点承受能力差。

统计文献钢填板螺栓节点试验结果[65-69]，并计算胶合木杆件截面刚度及参数 K_u，如表 5-7 所示，不同截面杆件的参数 K_u 范围为 0.11～0.35，螺栓滑移、螺栓孔对构件破坏等因素使节点受力性能比杆件有明显减弱。K_u 值主要与螺栓布置有关，增加螺栓行、列数会导致节点抗弯刚度增大，节点承载力增加、K_u 增大。偏于安全考虑，取 K_u 为 0.1、0.2、0.3、0.4，分析节点刚度的影响。

表 5-7　钢填板节点 K_u 数据汇总

试件编号	杆件尺寸 /(mm×mm)	弹性模量 /MPa	节点抗弯刚度 /(N·m/rad)	截面刚度 /(N·m²)	K_u
JD4	50×100	11000	21.10	46	0.29
J4	150×200	14269	496	1426.9	0.35
S1	180×280	14269	502.3	4695.50	0.11

续表

试件编号	杆件尺寸 /(mm×mm)	弹性模量 /MPa	节点抗弯刚度 /(N·m/rad)	截面刚度 /(N·m²)	K_u
S2	180×320	14269	811.2	7009.08	0.12
S1-130-305	130×305	12260	802.14	3768.36	0.21
J6-4S1-6R1	250×600	12434	10018	55953	0.18
J6-4S2-6R1	250×600	12434	8020	55953	0.14
J6-4S1-6R2	250×600	12434	12972	55953	0.23
J6-4S1-8R1	250×600	12434	18007	55953	0.32
J8-6S1-8R1	250×800	12434	31959	132629	0.24
J10-8S1-8R1	250×1000	12434	75198	259041	0.29

2. 初始几何缺陷的影响

各种球面网壳均表现出对初始几何缺陷的高度敏感性，为了考虑初始几何缺陷的影响，采用一致缺陷模态法引入初始几何缺陷。以跨度 30m 壳体为例进行屈曲分析，考虑 $L/200$、$L/300$、$L/500$、$L/1000$ 和无缺陷 5 种初始几何缺陷类型，分析 72 个结构模型。由于分析结果相似，仅以矢跨比 0.2、2 号截面、节点刚度 0.4EI 以及材料等级 TC_T30 的模型为例，给出稳定极限承载力随初始几何缺陷的变化及不同初始缺陷下代表性节点的荷载-位移曲线，如图 5-52 所示，取网壳达到极限状态时变形最大的节点为代表性节点。

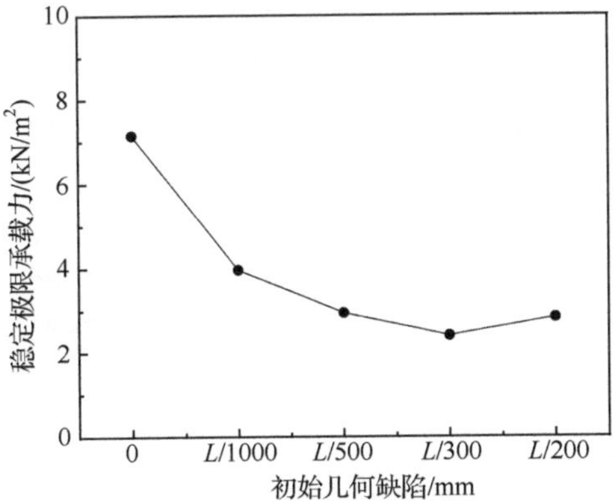

(a) 稳定极限承载力随初始几何缺陷的变化曲线

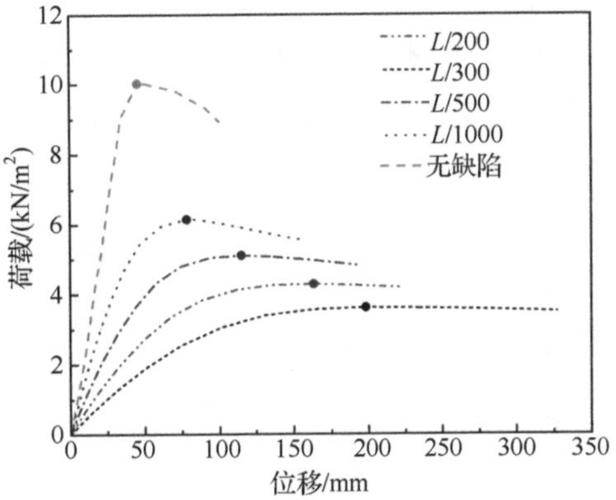

(b) 不同初始几何缺陷下代表性节点荷载-位移曲线

图 5-52　初始几何缺陷的影响

从图 5-52(a)可以看出，网壳稳定极限承载力随初始几何缺陷的增大迅速下降。初始几何缺陷为 $L/300$ 时，稳定极限承载力最低，为 2.40kN/m²，为无缺陷

(7.16kN/m^2)时的 33.5%。当初始几何缺陷为 L/200 时，稳定极限承载力增加到 2.55kN/m^2。这是因为网壳变形过大，结构变形偏离球面形状，成为一种“畸形结构”。这种具有过大初始几何缺陷的网壳刚度很小，位移发展很快，尽管荷载可能仍保持上升趋势，但不适于承载。因此，后续网壳稳定极限承载力研究以 L/300 作为网壳极限缺陷值。

引入影响系数 $C_{L/300}$，考虑初始几何缺陷为 L/300 对网壳稳定极限承载力的影响，其中 $C_{L/300}$ 为初始几何缺陷为 L/300 的网壳稳定极限承载力与无初始几何缺陷的网壳稳定极限承载力之比。不同材料等级的 $C_{L/300}$ 计算结果如表 5-8 所示，三种等级胶合木计算出的初始几何缺陷影响系数几乎相同，这说明初始几何缺陷相对材料属性而言变异性较低。因此，将不同等级胶合木计算出的初始几何缺陷影响系数取平均值，作为不同矢跨比和截面下初始几何缺陷影响系数的代表值，如图 5-53 所示。

表 5-8　不同材料等级的 $C_{L/300}$ 计算结果

矢跨比	30m			60m		
	TC_T18	TC_T24	TC_T30	TC_T18	TC_T24	TC_T30
0.2	0.601	0.608	0.600	0.501	0.505	0.508
0.3	0.698	0.698	0.698	0.549	0.551	0.556
0.4	0.737	0.741	0.746	0.842	0.843	0.843
矢跨比	90m			120m		
	TC_T18	TC_T24	TC_T30	TC_T18	TC_T24	TC_T30
0.2	0.485	0.484	0.485	0.434	0.434	0.436
0.3	0.430	0.431	0.435	0.344	0.347	0.350
0.4	0.768	0.768	0.768	0.488	0.490	0.491

胶合木网壳初始几何缺陷影响系数 $C_{L/300}$ 值介于 0.342～0.642，平均值为 0.538，标准差为 0.0035，其与矢跨比、跨度和截面大小的关系均不明显，考虑 95%的保证率，$C_{L/300}$ 取 0.532。

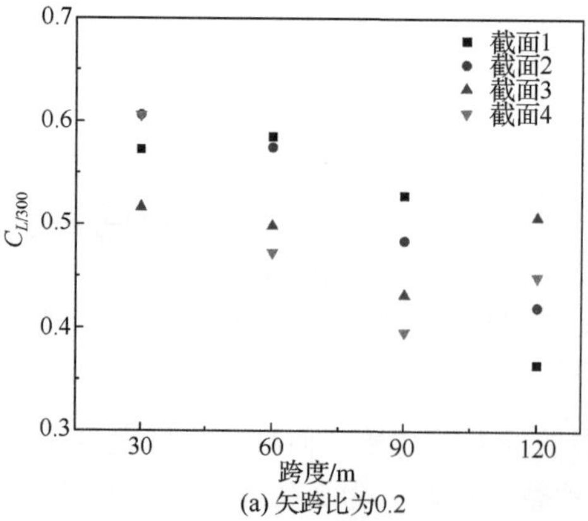

(a) 矢跨比为0.2

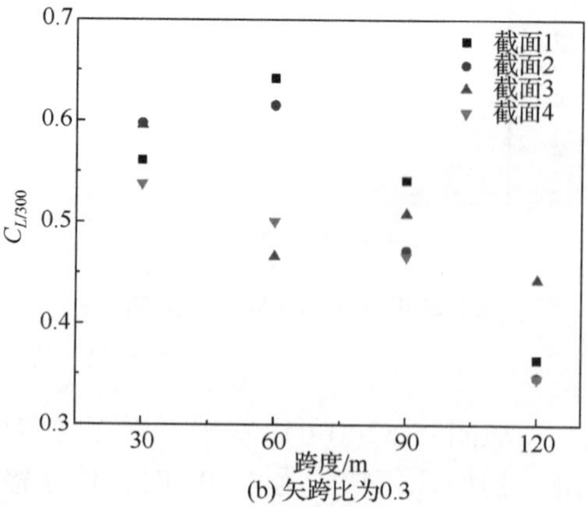

(b) 矢跨比为0.3

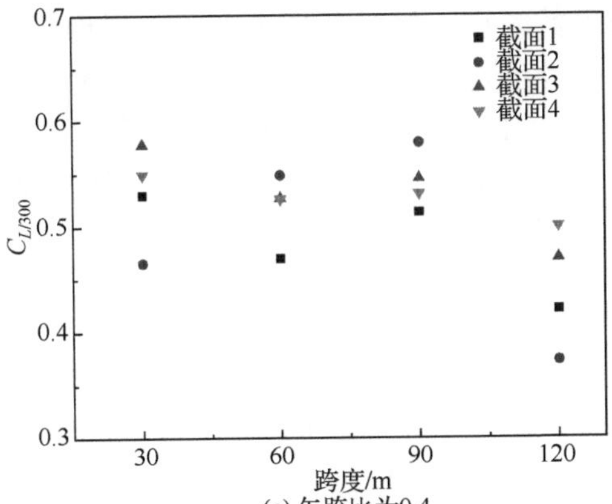

(c) 矢跨比为0.4

图 5-53　$C_{L/300}$分析结果

3. 参数化分析

网壳在达到极限承载力时，材料已进入塑性阶段，因此有必要对材料非线性进行研究。为节省篇幅，这里仅给出跨度 60m、矢跨比 0.2 的网壳荷载-位移曲线，如图 5-54 所示，由于材料非线性的影响，极限承载力降低。

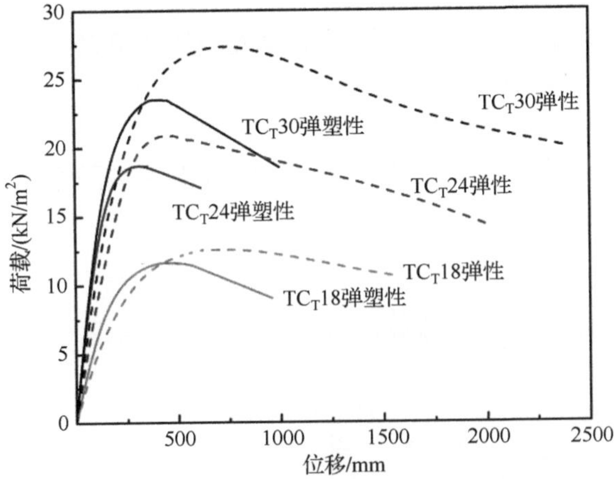

图 5-54　考虑材料非线性的荷载-位移曲线

引入塑性折减系数 C_p 表示材料非线性对网壳极限承载力的影响，C_p 为考虑材料非线性的网壳极限承载力与不考虑材料非线性的网壳极限承载力的比值。考虑不同参数的影响，进行参数化分析，对塑性稳定极限承载力、弹性稳定极限承载力、塑性折减系数 C_p 进行总结，稳定承载力分析时均采用规范中规定的 $L/300$ 的初始几何缺陷。

1) 材料等级的影响

材料等级的影响如图 5-55 所示。可以看出，随着材料等级增加，稳定极限承载力增大，塑性折减系数减小。材料等级从 TC_T18 增加至 TC_T24、TC_T30 时，胶合木网壳的弹性、弹塑性稳定极限承载力分别平均增大 43.5%及 87.0%，而塑性折减系数最大可降低 21.4%。这是由于材料等级提高，节点刚度增大。同时由于没有材料塑性限制，材料等级增大对弹性稳定极限承载力增大的影响更明显。

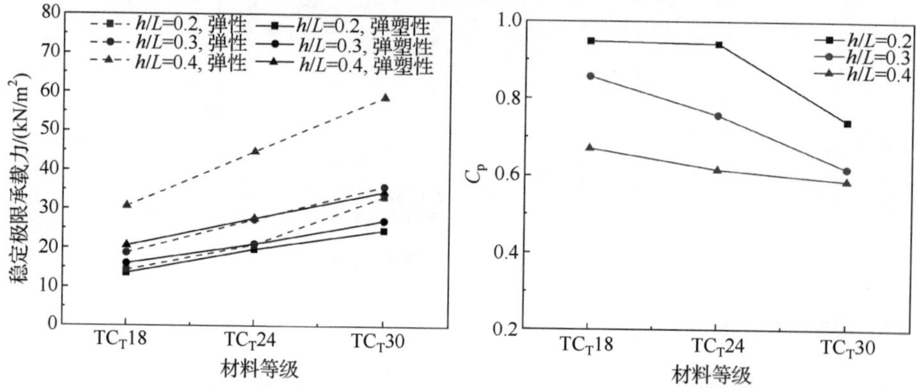

(a) 稳定极限承载力　　　　(b) C_p变化

图 5-55　材料等级的影响(60m，0.25)

2) 截面宽厚比的影响

截面宽厚比的影响如图 5-56 所示。截面宽厚比从 0.25 增大至 0.5、0.75、1.0 时，网壳稳定极限承载力分别降低 10.8%、27.9%、41.5%；且当宽厚比接近 1.0 时，C_p 接近 1.0。这主要是因为宽厚比增大，节点刚度减小，网壳整体刚度降低，材料弹塑性对网壳承载力的削弱作用变小，导致塑性折减系数随截面宽厚比增大呈现增长趋势，且逐渐趋近于 1。

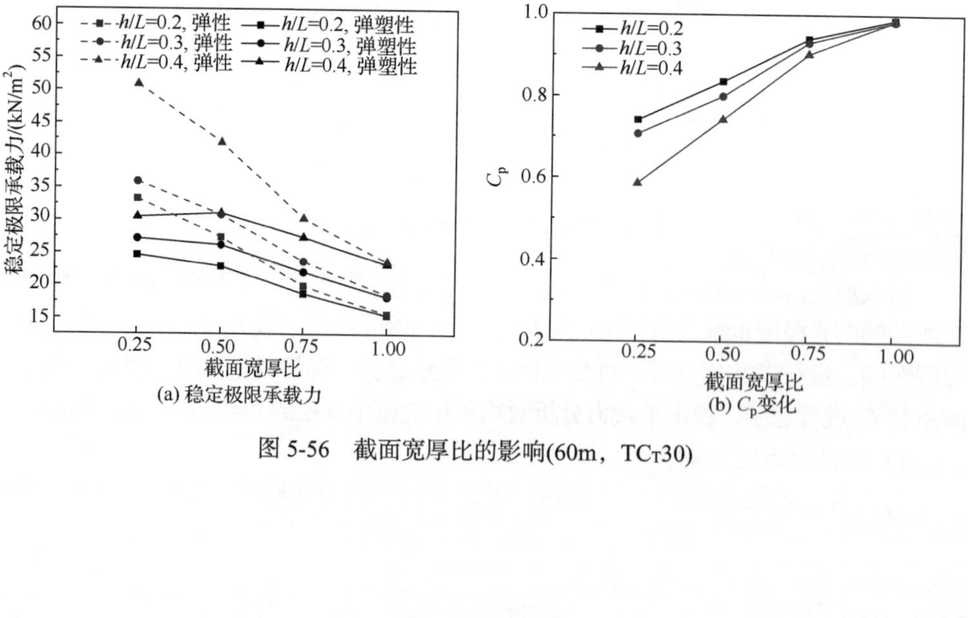

(a) 稳定极限承载力　　　　(b) C_p变化

图 5-56　截面宽厚比的影响(60m，TC_T30)

3) 节点刚度的影响

根据钢填板节点刚度与截面刚度的关系，设置节点刚度折减系数为 0.1、0.2、0.3、0.4，胶合木网壳稳定极限承载力及塑性折减系数变化如图 5-57 所示。当节点刚度从 0.1EI 增大到 0.2EI、0.3EI、0.4EI 时，网壳弹性、弹塑性稳定极限承载力分别提升 50.2%、75.4%、94.0%，塑性折减系数减小。当节点刚度较小为 0.1EI，网壳稳定极限承载力较小，考虑是胶合木网壳节点刚度很小导致材料未进入塑性阶段或进入塑性阶段较小，材料没有发挥塑性能力，弹性和弹塑性承载力接近，塑性折减系数均大于 0.9。

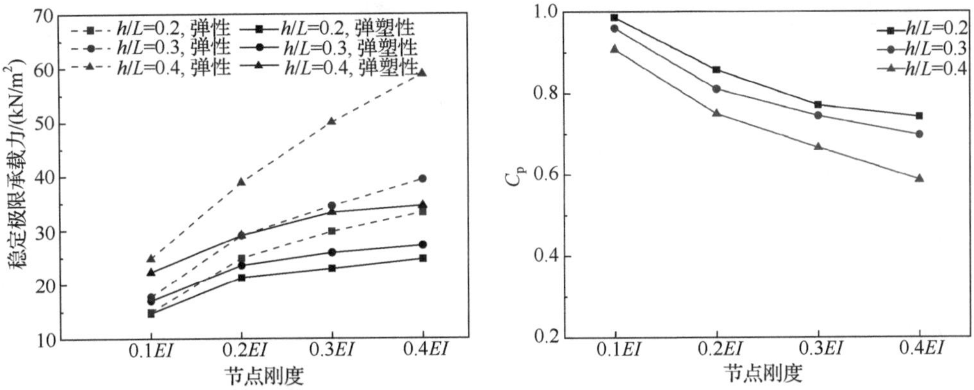

(a) 稳定极限承载力　　(b) C_p变化

图 5-57　节点刚度的影响(60m，TC_T30，0.25)

4. 材料非线性的影响

塑性折减系数意味着考虑材料非线性带来的不利影响可以实现定量化。不同几何参数、构造参数下的塑性折减系数统计值偏差较大，为了给出具有统计意义的塑性折减系数取值，本节按照表 5-5 中各项参数组合进行批量计算，共计 1152 个算例。

综合分析各项参数变化对材料非线性的影响，不同材料等级下跨度、矢跨比、截面宽厚比的变化规律类似，为节省篇幅，此处仅列出 TC_T30 木材不同宽厚比截面随跨度和矢跨比变化的 C_p 分析结果，如图 5-58 所示。分析得到，C_p 在 0.372～0.998，平均值为 0.871，标准差为 0.024，95%保证率的 C_p 为 0.831。胶合木半刚性球面网壳弹塑性稳定设计中的承载力与弹性网壳相比平均降低幅度约为 16.9%，表明静力稳定设计中考虑材料非线性的影响非常有必要。

从图 5-58 可以看出，随跨度的增大，胶合木网壳的 C_p 值减小，即网壳弹塑性稳定极限承载力与弹性稳定极限承载力相比大幅度降低。网壳失稳破坏时网壳结构进入塑性的杆件数量增多是造成这一差异的直接原因。

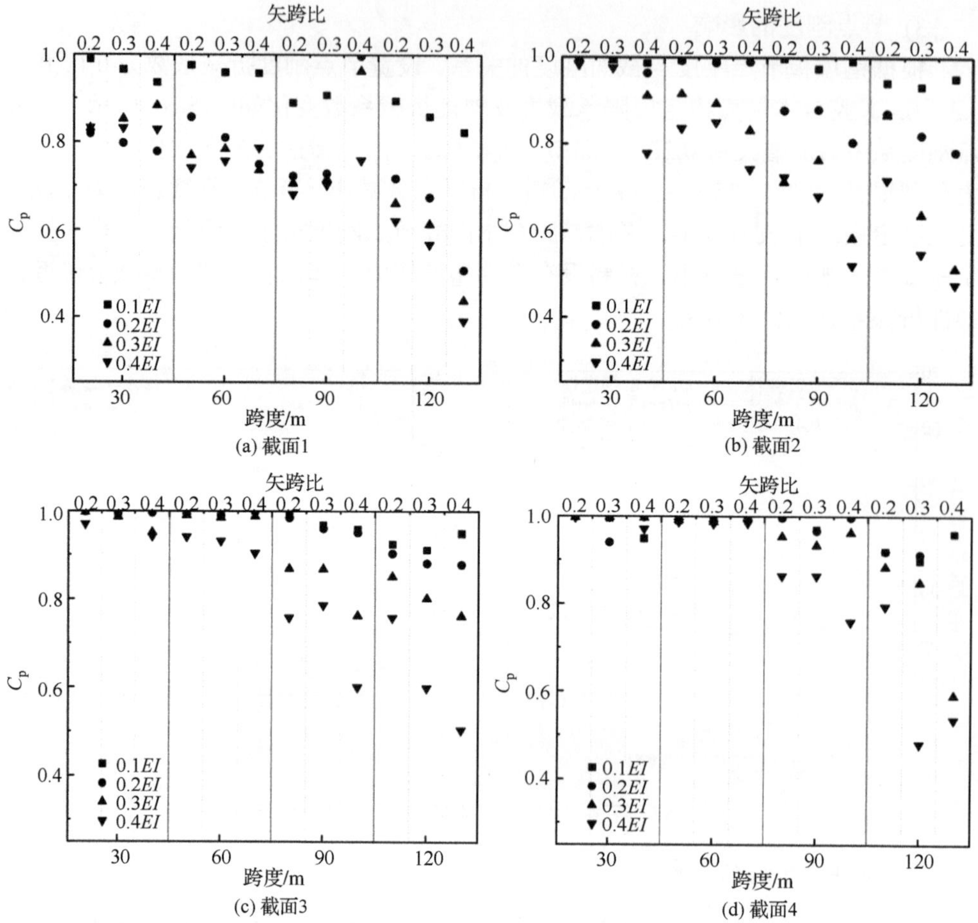

图 5-58　C_p分析结果(TC$_T$30)

5.6.3　稳定安全系数的推导及稳定承载力的近似计算公式

1. 稳定安全系数的推导

《空间网格结构技术规程》(JGJ 7—2010)[59]中定义网壳结构稳定安全系数为网壳稳定极限承载力与网壳荷载设计值的比值。钢空间网格结构弹、塑性稳定安全系数分别为 4.2、2.0，铝合金空间网格结构弹、塑性稳定安全系数分别为 3.0、2.4。单层网壳结构稳定性数值分析结果必须大于安全系数以保证结构安全性。

塑性稳定安全系数定义为

$$K_{\mathrm{p}} = \gamma_q \gamma_R \gamma_0 \tag{5-36}$$

式中，γ_q 为荷载等外部作用抗力分项系数，考虑恒活荷载可取 1.35；γ_R 为木构件抗力分项系数；γ_0 为其他不确定性的影响，可取 1.2。

木构件的抗力分项系数受构件几何参数不定性、构件材料特性不定性和计算模式不定性的影响。祝恩淳等[70]针对不同荷载组合胶合木抗力分项系数进行调整：

$$K_D = 0.83 + 0.17\rho \tag{5-37}$$

$$\gamma_R = \frac{\gamma_{R1}}{K_D} \tag{5-38}$$

式中，ρ 为恒活荷载比例系数；γ_{R1} 为由基准曲线确定的抗力分项系数，可取 1.2。

本节恒载为 1.0kN/m^2，活载为 0.5kN/m^2，$\rho = 0.5$，计算得到调整后的抗力分项系数 $\gamma_R = 1.311$，代入式(5-36)可得单层球面网壳塑性稳定安全系数为

$$K_\mathrm{p} = \gamma_q \gamma_R \gamma_0 = 1.35 \times 1.311 \times 1.2 = 2.12$$

弹性稳定安全系数为

$$K_\mathrm{e} = K_\mathrm{p} / C_\mathrm{p} = 2.12 / 0.831 = 2.55$$

2. 稳定极限承载力的近似计算公式

为了方便估测网壳结构稳定极限承载力，需要提出相应的简化计算方法。借鉴沈士钊基于拟壳法原理推导的近似公式[71]，假设理想胶合木单层球面网壳的弹性稳定极限承载力为

$$Q_\mathrm{cr} = n\frac{\sqrt{BD}}{R^2} \tag{5-39}$$

式中，B 为结构等效薄膜刚度；D 为等效抗弯刚度；R 为网壳球面半径；n 由数值模拟归纳得出。

将相同跨度、矢跨比下不同几何参数所得理想网壳的全过程模拟结果及计算结果分别取平均值，并对式(5-39)进行回归分析，可求得系数 n=1.512，如图 5-59 所示。由此得理想胶合木单层球面网壳的弹性稳定极限承载力拟合公式为

$$Q_\mathrm{cr} = 1.512\frac{\sqrt{BD}}{R^2} \tag{5-40}$$

实际工程中，尚应考虑考虑初始几何缺陷、材料非线性的影响，将计算值 $C_{L/300}$=0.532、C_p=0.831 和公式相乘，得到实际胶合木单层球面网壳的弹性稳定极限承载力拟合公式为

$$Q_\mathrm{cr} = 0.668\frac{\sqrt{BD}}{R^2} \tag{5-41}$$

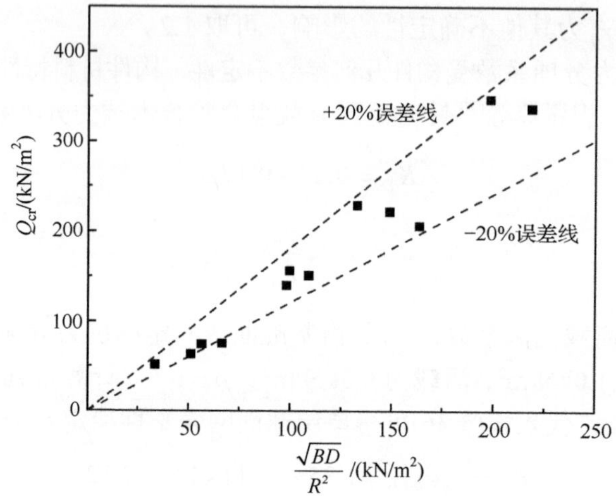

图 5-59　稳定极限承载力公式的线性回归结果

上述公式不是连续化理论公式，而是在较精确的有限元全过程分析方法基础上对大规模参数分析结果进行回归得到的拟合公式，因此所提出的拟合公式在本节所探讨的范围内才是适用的，在其他场合只能说具有参考意义。

第 6 章　弦支胶合木穹顶力学性能与设计方法

6.1　弦支胶合木穹顶力学性能试验

6.1.1　模型参数

弦支胶合木穹顶结构在胶合木网壳结构基础上增加下部张拉体系，通过布置撑杆、径向拉杆、环向拉索，以达到优化结构受力的目的。

《空间网格结构技术规程》(JGJ 7—2010)[59]规定，球面网壳的矢跨比不宜小于1/7。结合实验室场地尺寸，试验选取模型跨度为 6m，高度为 1.2m，矢跨比 $f/L=1/5$，撑杆高度为 0.6m，胶合木杆件与钢填板采用 8.8 级 M8 螺栓连接。根据加工厂提供的检测报告，环索的标称破断荷载为 230kN。

弦支胶合木穹顶结构如图 6-1 所示，结构各杆件选取情况如表 6-1 所示。

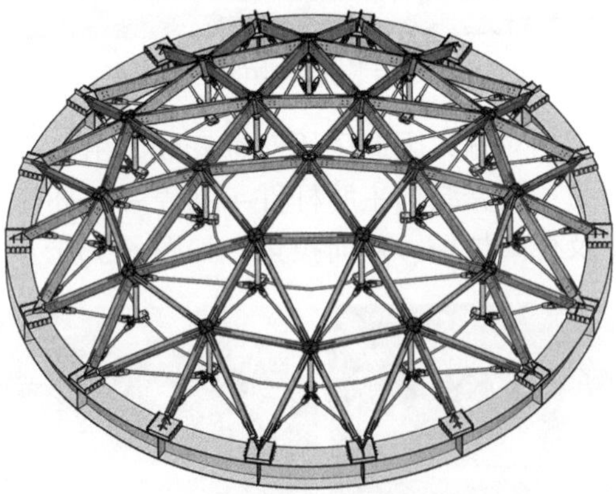

图 6-1　弦支胶合木穹顶结构

表 6-1　杆件选取情况

杆件类型	材料	尺寸/mm
网壳杆件	胶合木	50 × 120
撑杆	钢管	ϕ50 × 4
环索	钢绞线	ϕ15
斜杆	钢拉杆	ϕ20

6.1.2 结构组装

弦支胶合木穹顶结构为预应力空间结构，结构未张拉成形前，整体稳定性较弱，因此为保证结构安装的顺利进行，需在支座处增加临时约束。在本试验中，约束通过在支座外侧焊接限位钢筋(图 6-2)的方式实现。在施加预应力之前，限位钢筋可提供径向反力，结构成形之后，拆除限位钢筋，释放结构的径向约束。

图 6-2　组装过程中的支座约束

弦支胶合木穹顶结构对称，因此采用对称安装、由主到次、由上到下的方式组装结构，具体步骤为：网壳结构主肋杆件→网壳一圈环杆→一圈斜杆及二圈环杆→二圈斜杆→撑杆及径向拉杆→环向拉索，如图 6-3 所示。

(a) 组装主肋杆件

(b) 组装一圈环杆

(e) 组装撑杆及径向拉杆

(f) 组装环向拉索

图 6-3　结构组装过程

结构在地面组装完成后，需将其整体吊装至立柱上，通过螺栓将环梁与立柱紧固(图 6-4(a))。结构吊装结束后，连接加载装置(图 6-4(b))，完成结构正式加载前的所有准备工作。

(a)

(b)

图 6-4　加载装置的安装

6.1.3　测点布置

考虑到 K6 型单层球面木网壳属于对称结构，为便于测量和保证测量精度，布置 11 个竖向位移计，主要包括两条主肋及其围合成的扇形区域；布置 6 个水平位移计，主要布置在从某一主肋支座开始，顺时针方向相邻的 6 个支座上，如图 6-5 所示。

应变片布置如图 6-6 所示，选取网壳相邻两根主肋及其围合区为主测区，共 15 根杆件；选取主测区对侧的两根主肋作为副测区，共 6 根杆件，每根杆件跨中处设置上下两个应变片，用于测量杆件的应变。下部张拉体系的应变片仅在主测区布置，其中包括 5 根撑杆、10 根斜拉杆，每根杆件布置两个应变片，提高测量数据的准确度。

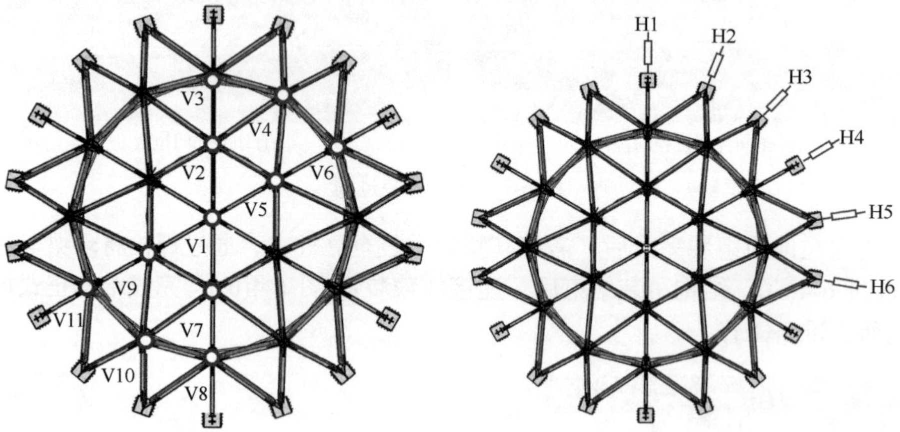

(a) 竖向位移计布置　　(b) 水平位移计布置

图 6-5　位移计布置

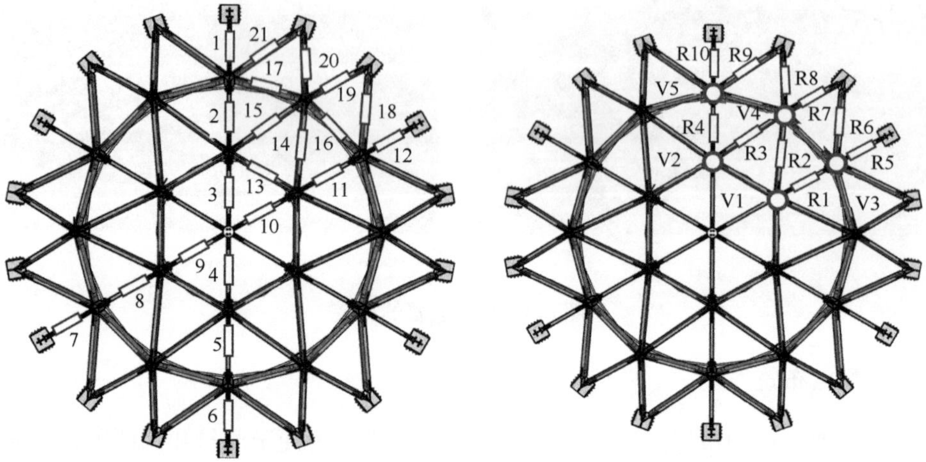

(a) 上部网壳应变片布置　　(b)下部张拉体系应变片布置

图 6-6　应变片布置

环索的索力通过连接在锚头的拉力传感器测量，每根环索设置一个拉力传感器，如图 6-7 所示。同时，采用频率法对环索的索力进行测量，结果根据传感器实测数据进行修正。千斤顶的拉力同样通过拉力传感器进行测量，根据实际情况，共布置 6 个拉力传感器。

图 6-7　环索索力测量示意图

6.1.4　张拉方案

弦支胶合木穹顶结构采用环索张拉、从外到内的方式进行预应力施加。本次试验设置 3 种预应力情况，内外圈环索索力比值为 1∶2，外圈索力分别为 1.5kN、3kN、4.5kN。

环索采用热铸锚具密封索，将拉力传感器与调节螺杆串联，通过拧紧调节螺杆进行张拉(图 6-8)。具体的张拉步骤为：首先进行外圈环索的拧紧，以 5 圈/min 的速度进行操作，待外圈环索预应力达到指定值时，有节奏地敲击外圈环索，待传感器示数稳定后，对索力进行修正；之后进行内圈环索的拧紧，以相同的方式进行，待内圈环索预应力达到指定值时，停止操作，完成结构的预应力张拉工作。

图 6-8　张拉示意图

6.1.5　加载工况

用多个液压千斤顶实现对弦支胶合木穹顶结构的多点同步加载，加载装置如图 6-9 所示。在节点顶部设置加载板，加载板焊接在网壳节点上部。钢绞线上部绕过加载板的耳板，下部绕过定做的合相头连接件。合相头连接件与拉力传感器和液压千斤顶连接。

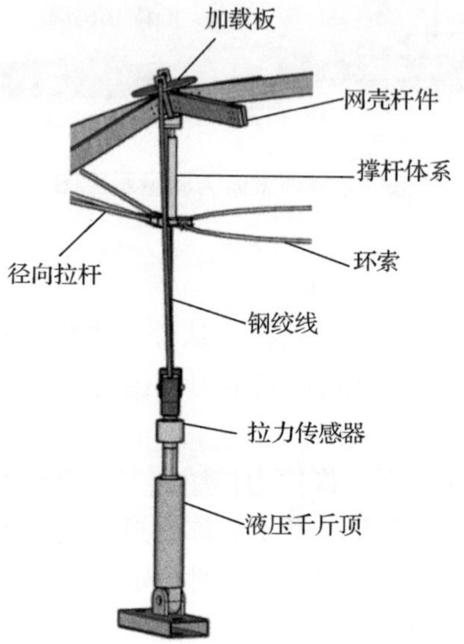

图 6-9　加载装置

根据预应力的不同，本次试验共设置 10 种加载工况，如表 6-2 所示。

表 6-2　试验加载工况

试验工况	环索预应力/kN	加载方式	千斤顶数量	加载级数
1	1.5(外圈) 0.75(内圈)	张拉过程		2.5kN 之前每级 0.5kN，2.5kN 之后每级 2.5kN
2		全跨静载	13	
3		半跨静载	8	
4	3(外圈) 1.5(内圈)	张拉过程		2.5kN 之前每级 0.5kN，2.5kN 之后每级 2.5kN
5		全跨静载	13	
6		半跨静载	8	
7	4.5(外圈) 2.25(内圈)	张拉过程		30kN 之前每级 5kN，30kN 之后每级 3kN
8		全跨静载	13	
9		半跨静载	8	
10		破坏	13	

6.1.6　杆件命名规则

对结构各节点、杆件编号以便于后续数据分析，具体命名规则如图 6-10 所示。图 6-10(a)中，圈内数字为节点编号，杆件上的数字为上层网壳杆件编号；图 6-10(b)

中，圈内的数字为撑杆编号，杆件上的数字为下部斜杆及环索编号。

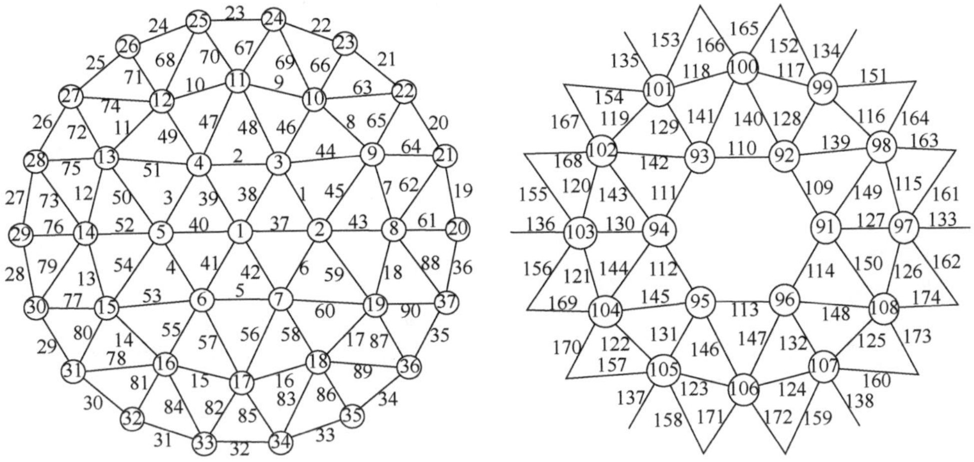

(a) 节点和上部网壳杆件　　(b) 张拉体系

图 6-10　节点及杆件编号

6.1.7　试验结果

1. 一级预应力工况

1) 张拉试验

结构张拉采用先外后内的顺序，首先进行外圈环索的张拉，待索力达到 1.5kN 之后，进行内圈环索的张拉。张拉试验结果如图 6-11 所示。

(1) 环索索力。

由图 6-11(a)可知，当内圈环索索力达到目标值时，外圈环索索力有所下降，为 1.46kN，误差为 2.6%。内外圈环索张拉后的索力均在误差范围内。

(2) 节点位移。

由图 6-11(b)可知，张拉过程中，由于下部张拉体系收紧，各节点均会产生向上的位移。第 1 轮张拉完成后，各节点位移均在 1mm 左右，数值较小。

(3) 支座位移。

由图 6-11(c)可知，张拉过程中，由于节点产生向上的位移，支座节点会产生沿径向向内的位移。第 1 轮张拉完成后，各支座节点位移均不超过 1mm，数值较小。

(4) 杆件应变。

由图 6-11(d)～(f)可知，由于第 1 轮张拉的预应力较小，各杆件的应变较小。网壳杆件以受拉为主，第二环的主肋杆件受压。撑杆和斜杆由于下部环索的张紧，均呈现受拉趋势。

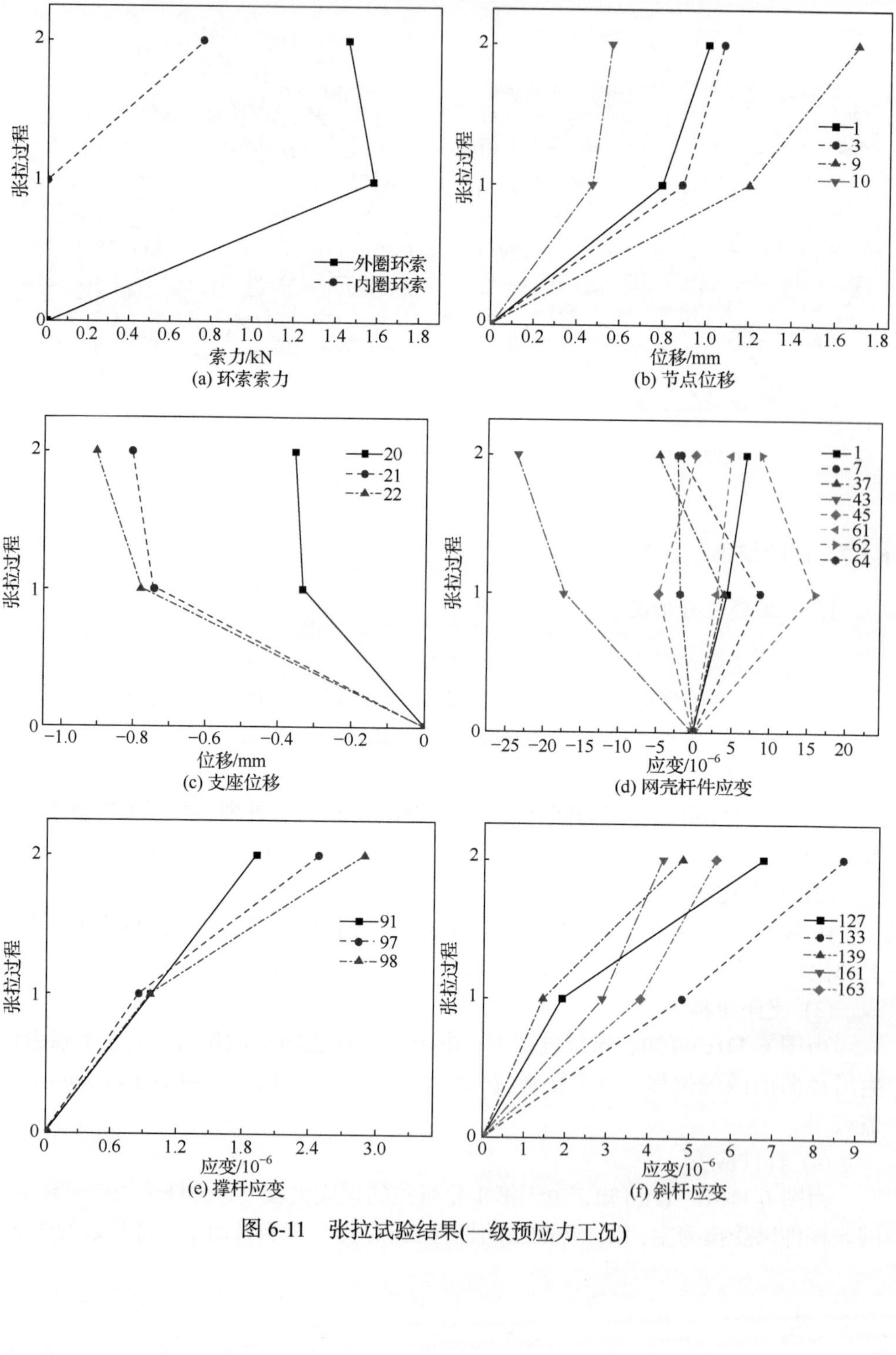

图 6-11　张拉试验结果(一级预应力工况)

2) 全跨加载试验

采用 13 个液压千斤顶对结构进行全跨加载，加载示意图如图 6-12 所示，加载点如图 6-13 所示。

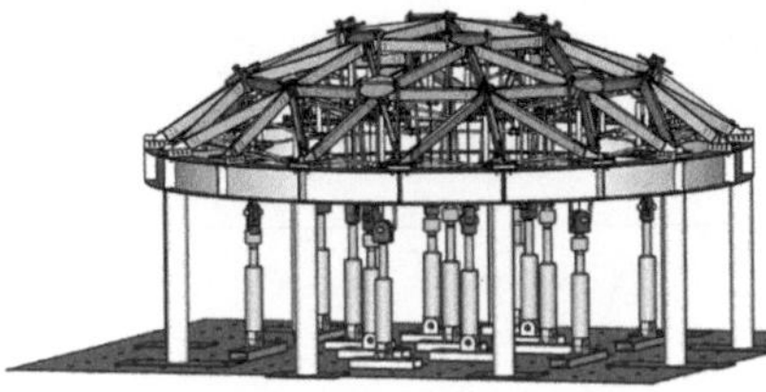

图 6-12　全跨加载示意图

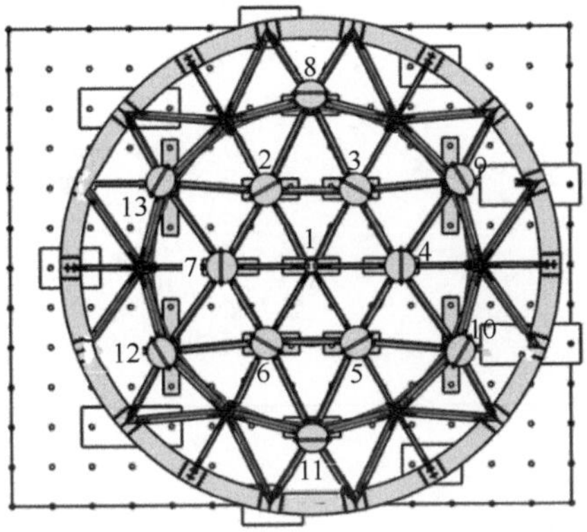

图 6-13　全跨加载点布置示意图

全跨加载试验结果如图 6-14 所示。

(1) 环索索力。

从图 6-14(a)可以看出，全跨加载过程中，内外两圈环索的索力均不断增加，且外圈环索的索力增幅快于内圈环索。加载结束时，外圈环索索力达到 13.37kN，内圈环索索力达到 2.91kN。

(2) 节点位移。

从图 6-14(b)可以看出，全跨加载作用下，节点均会产生向下的位移。其中，跨中 1 号节点位移最大，为 11.57mm，第一圈环杆的位移其次，第二圈环杆的位移最小。加载结束时，结构所有节点的位移均较小，这表明结构具有较强的刚度。

(3) 支座位移。

从图 6-14(c)可以看出，全跨加载过程中，结构会产生沿径向向外的水平位移。其中，22 号支座节点的位移最大，为 1.02mm。加载完成后，各支座节点的位移均较小。

(4) 杆件应变。

从图 6-14(d)～(f)可以看出，在全跨加载过程中，上部网壳的杆件主要呈现受压趋势，仅有第一圈主肋的 37 号杆受拉，这主要是由于跨中节点位移较大及结构的反力作用。各撑杆均受压，且杆件应变较小。除 139 号斜杆外，其余斜杆均受拉。下部张拉体系的各杆件应变变化规律符合弦支胶合木穹顶的传力机理。

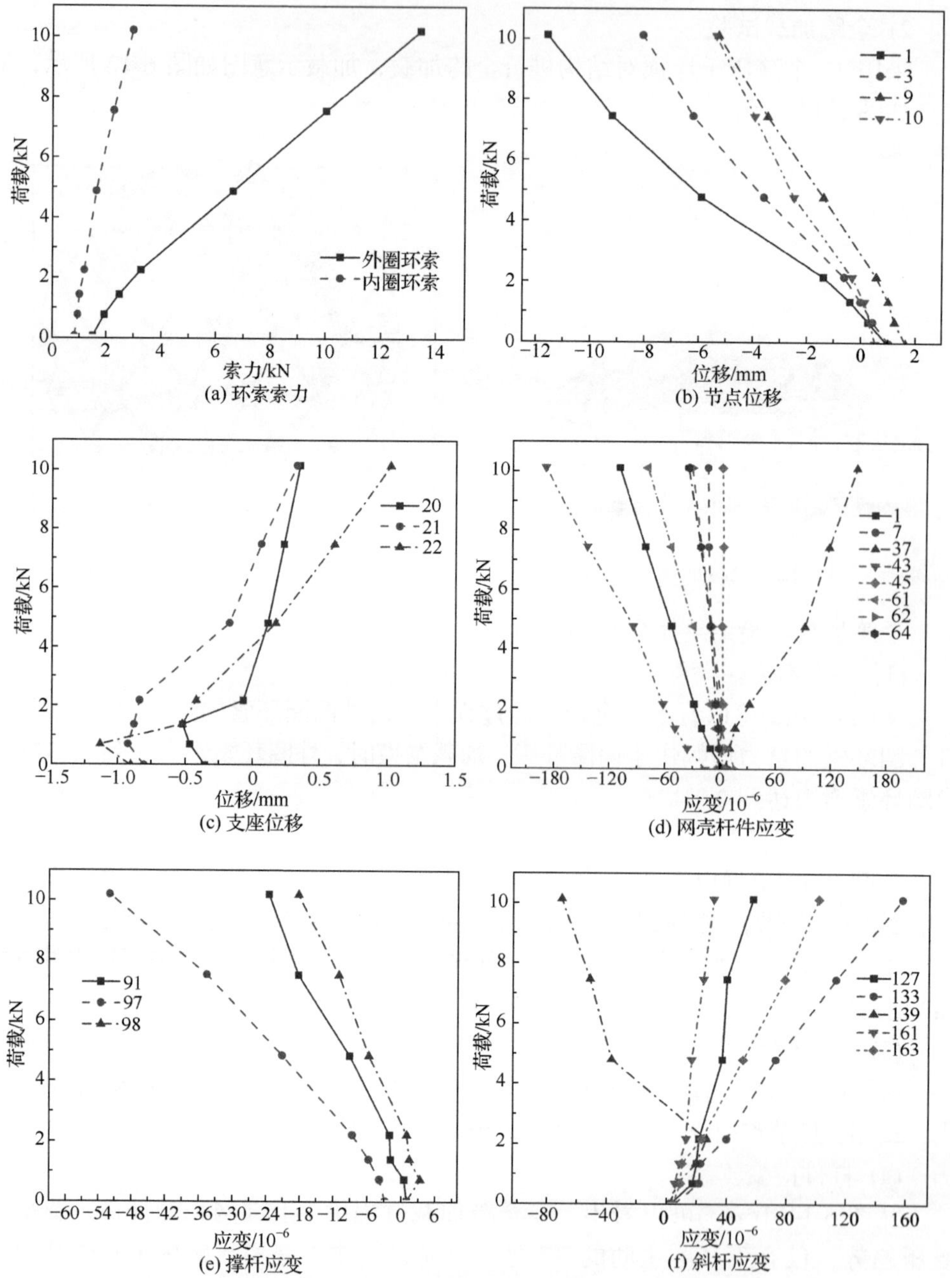

(a) 环索索力　(b) 节点位移　(c) 支座位移　(d) 网壳杆件应变　(e) 撑杆应变　(f) 斜杆应变

图 6-14　全跨加载试验结果(一级预应力工况)

3) 半跨加载试验

采用 7 个液压千斤顶对结构进行半跨加载，加载示意图如图 6-15 所示，加载点如图 6-16 所示。

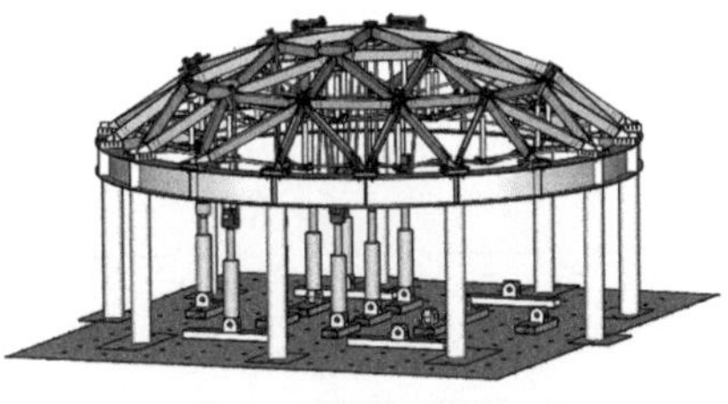

图 6-15　半跨加载示意图

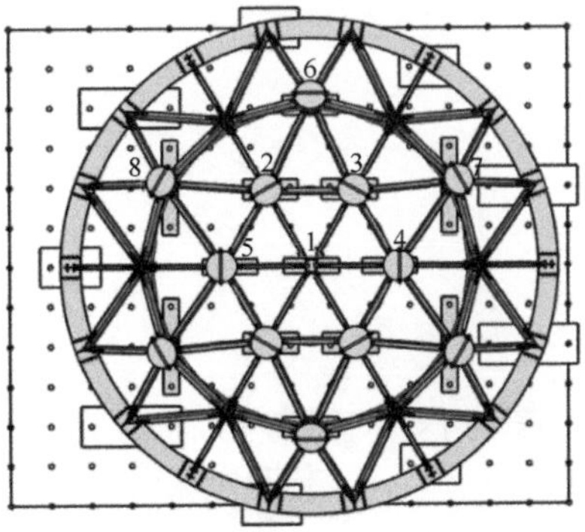

图 6-16　半跨加载点布置示意图

半跨加载试验结果如图 6-17 所示。

(1) 环索索力。

由图 6-17(a)可知，在加载过程中，内外两圈环索的索力均不断增加，且外圈环索的索力增幅快于内圈环索。加载结束时，外圈环索索力达到 6.08kN，内圈环索索力达到 1.71kN。相比同级预应力下的全跨加载，外圈环索索力下降 54.5%，内圈环索索力下降 41.2%。索力下降幅度符合结构总荷载的变化趋势。

(2) 节点位移。

由图 6-17(b)可知，半跨加载作用下，加载区的节点出现竖直向下的位移，非加载区的节点出现竖直向上的位移。加载区中，第一圈环杆上的 3 号节点位移最大，为 10.22mm；非加载区中，第一圈环杆上的 7 号节点位移最大，为 8.47mm。相比同级预应力下的全跨加载，加载区节点的位移有所下降。但节点位移的变化规律同样呈线性趋势，这表明结构具有较强的刚度。

(3) 支座位移。

由图 6-17(c)可知，半跨加载作用下，所有支座节点均有沿径向向外的位移趋势。但加载区的支座位移更大，在 0.3mm 附近；非加载区的支座位移较小，为 –0.33mm。支座的位移趋势符合加载时结构的变化趋势。

相比同级预应力下的全跨加载，加载区支座位移均有所减小。

(4) 杆件应变。

由图 6-17(d)～(f)可知，在加载过程中，上部网壳的杆件主要呈现受压趋势，仅有非加载区第一圈主肋的 42 号杆受拉。这主要是非加载区结构受到反力作用，导致 42 号杆件受拉。各撑杆均受压，且杆件应变较小。除 139 号斜杆外，其余斜杆均受拉。下部张拉体系的各杆件应变变化规律符合弦支胶合木穹顶的传力机理。相比同级预应力下的全跨加载，各杆件的应变均有所下降，变化趋势符合加载工况。

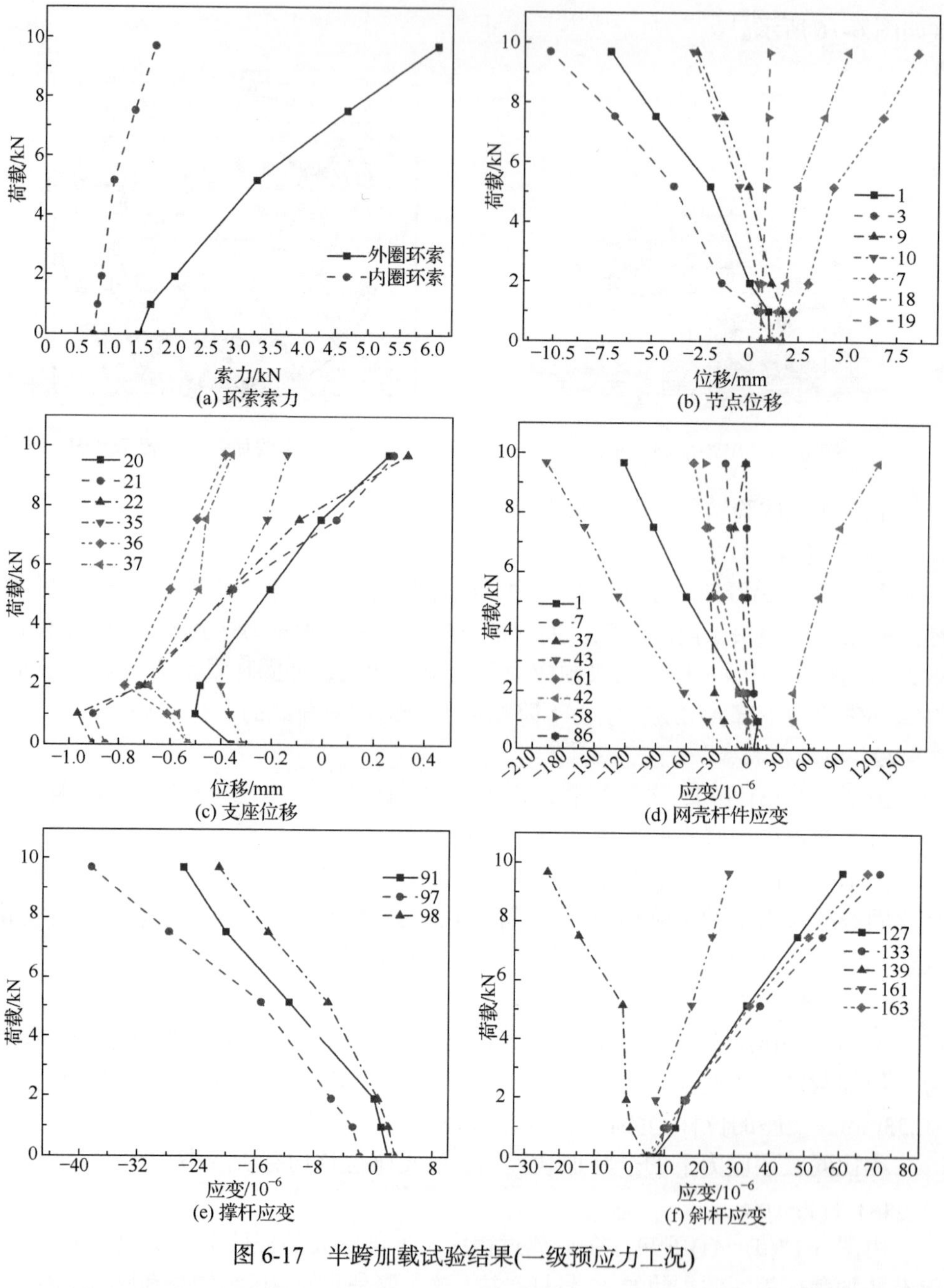

图 6-17　半跨加载试验结果(一级预应力工况)

2. 二级预应力工况

1) 张拉试验

结构张拉采用先外后内的顺序，首先进行外圈环索的张拉，待索力变化量达到 1.5kN 之后，进行内圈环索的张拉。张拉试验结果如图 6-18 所示。

(1) 环索索力。

由图 6-18(a)可知，当内圈环索索力达到目标值时，外圈环索索力有所下降，为 2.98kN，误差为 0.6%。内外圈环索张拉后的索力均在误差范围内。

(2) 节点位移。

由图 6-18(b)可知，张拉过程中，由于下部张拉体系收紧，各节点均会产生向上的位移。第 2 轮张拉完成后，各节点位移均在 3.6mm 左右，数值较小。

(3) 支座位移。

由图 6-18(c)可知，张拉过程中，由于节点产生向上的位移，支座节点会产生沿径向向内的位移。第 2 轮张拉完成后，各支座节点位移在 2.5mm 附近，数值较小。

(4) 杆件应变。

由图 6-18(d)～(f)可知，各杆件的应变较小。网壳杆件以受拉为主，第二圈 7 号杆件受压。撑杆和斜杆由于下部环索的张紧，均呈现受拉趋势。

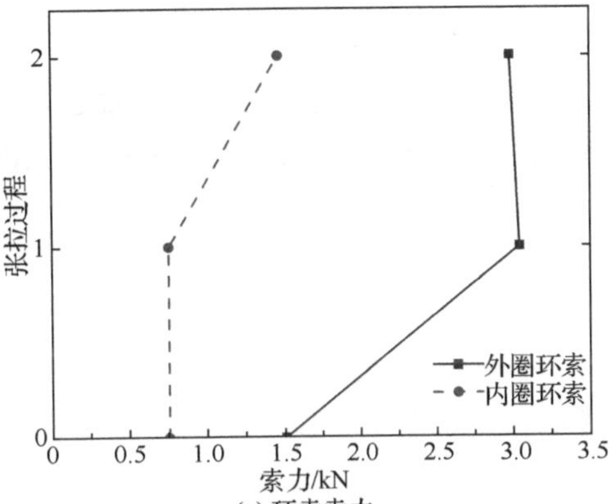

(a) 环索索力

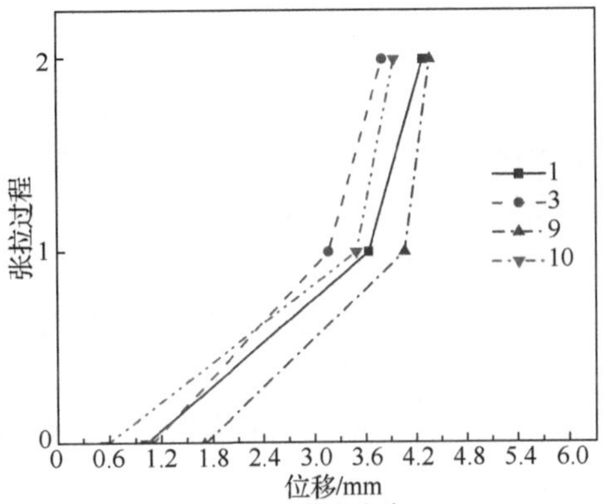

(b) 节点位移

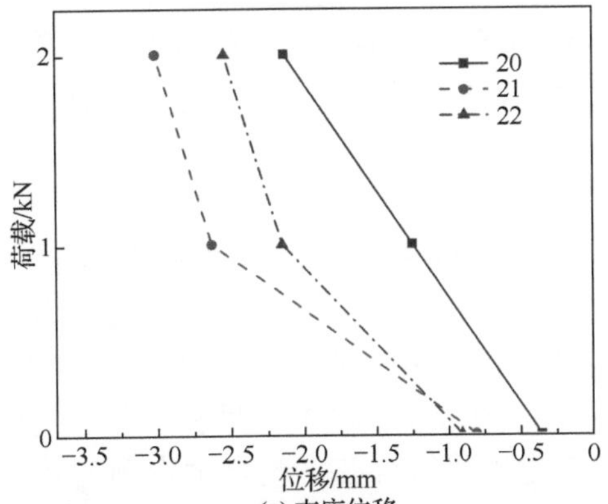

(c) 支座位移

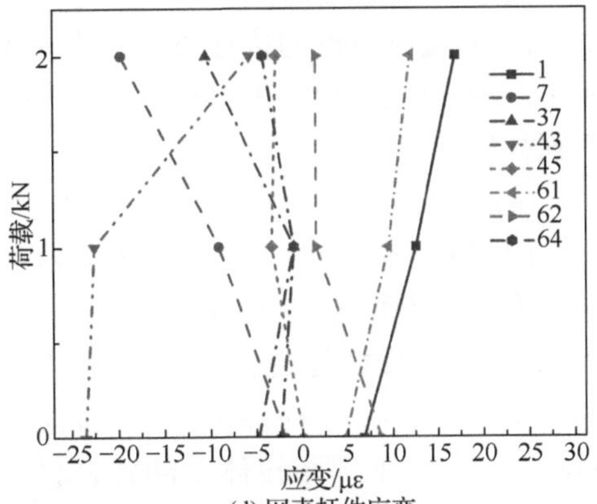

(d) 网壳杆件应变

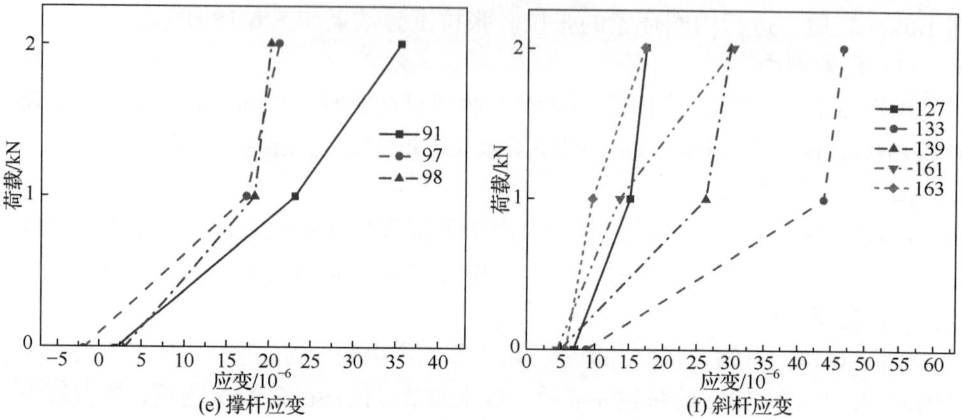

图 6-18　张拉试验结果(二级预应力工况)

2) 全跨加载试验

全跨加载试验结果如图 6-19 所示。

(1) 环索索力。

由图 6-19(a)可知，全跨加载过程中，内外两圈环索的索力均不断增加，且外圈环索的索力涨幅快于内圈环索。加载结束时，外圈环索索力达到 13.38kN，内圈环索索力达到 3.17kN。

(2) 节点位移。

由图 6-19(b)可知，全跨加载作用下，节点均会产生向下的位移。其中，跨中 1 号节点位移最大，为 3.65mm。第一圈环杆的位移其次，第二圈环杆的位移最小。加载结束时，结构所有节点的位移均较小，这表明结构具有较强的刚度。

(3) 支座位移。

由图 6-19(c)可知，全跨加载过程中，结构会产生沿径向向外的水平位移。其中，21 号支座节点的位移最大，为 3.01mm。加载完成后，各支座节点的位移均较小。由于张拉产生的径向向内位移较大，加载结束时，各支座节点的位移均未回到初始状态。

(4) 杆件应变。

由图 6-19(d)～(f)可知，在加载过程中，上部网壳的杆件主要呈现受压趋势，仅有第一圈主肋的 37 号杆件受拉。这主要是跨中节点位移较大及结构的反力作用，导致 37 号杆件受拉。各撑杆均呈现受压趋势，由于张拉产生的拉力较大，加载结束时，91 号杆件仍处于受拉状态，但拉力较小。除 139 号斜杆外，其余斜杆均受拉。下部张拉体系的各杆件应变变化规律符合弦支胶合木穹顶的传力机理。

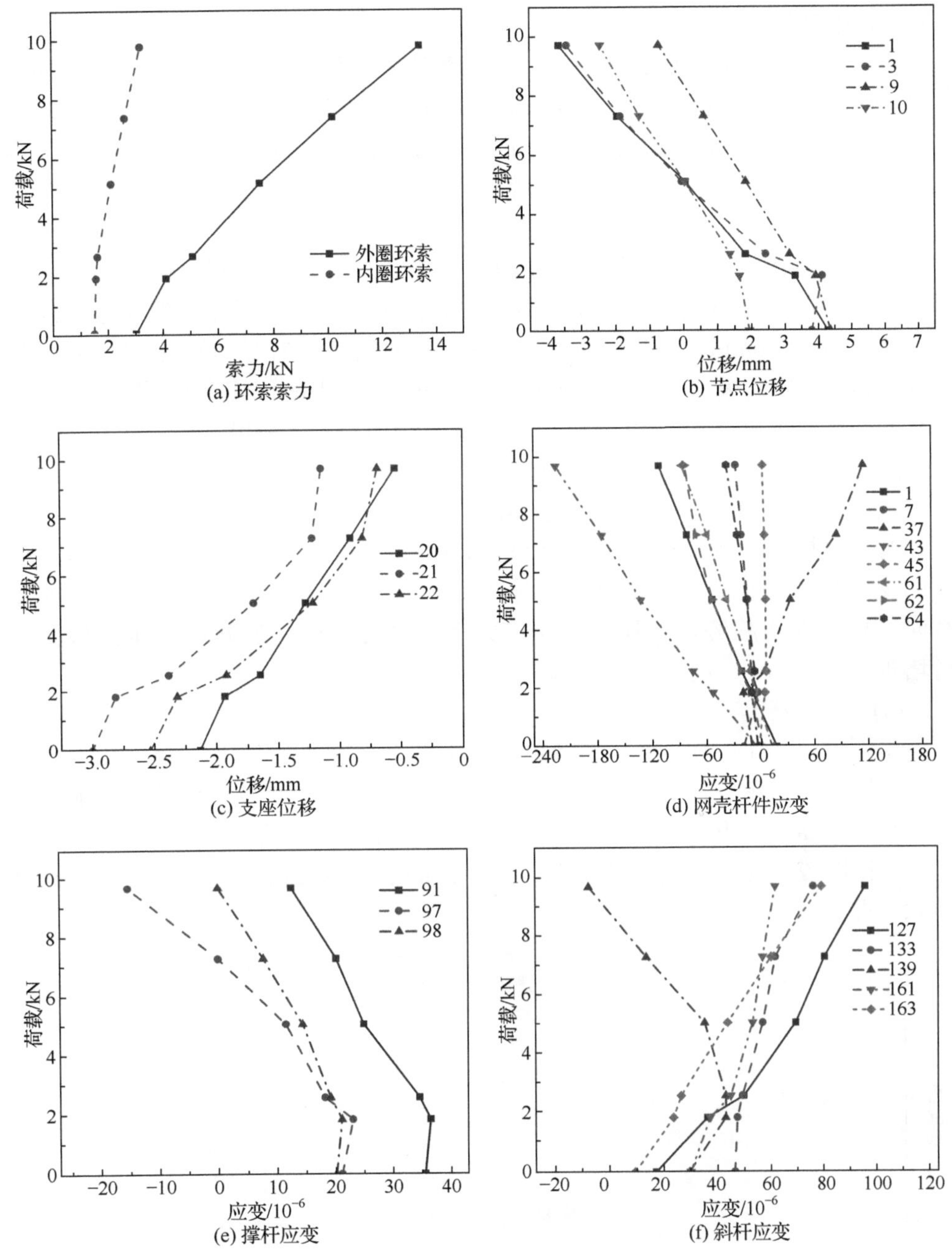

图 6-19 全跨加载试验结果(二级预应力工况)

3) 半跨加载试验

半跨加载试验结果如图 6-20 所示。

(1) 环索索力。

由图 6-20(a)可知，加载过程中，内外两圈环索的索力均不断增加，且外圈环索的索力增幅快于内圈环索。加载结束时，外圈环索索力达到 8.08kN，内圈环索索力达到 2.60kN。相比同级预应力下的全跨加载，外圈环索索力下降 16.9%，内圈环索索力下降 18%。索力下降幅度符合结构总荷载的变化趋势。

(2) 节点位移。

由图 6-20(b)可知，半跨加载作用下，加载区的节点出现竖直向下的位移，非加载区的节点出现竖直向上的位移。加载区中，第一圈环杆上的 3 号节点位移最大，为 8.06mm；非加载区中，第一圈环杆上的 7 号节点位移最大，为 12.37mm。相比同级预应力下的全跨加载，加载区节点的位移有所下降，但节点位移的变化规律同样呈线性趋势，这表明结构具有较强的刚度。

(3) 支座位移。

由图 6-20(c)可知，半跨加载作用下，所有支座节点均有沿径向向外的位移趋势。但加载区的支座位移变化更大，加载结束时在−0.8mm 附近；非加载区的支座位移变化较小，加载结束时在−3.0mm 附近。支座的位移趋势符合加载时结构的变化趋势。相比同级预应力下的全跨加载，加载区支座位移变化量增加。

(4) 杆件应变。

由图 6-20(d)～(f)可知，在加载过程中，上部网壳的杆件主要呈现受压趋势，各撑杆均呈现受压趋势，其各杆件应变较小。除 139 号斜杆外，其余斜杆均受拉。下部张拉体系的各杆件应变变化规律符合弦支胶合木穹顶的传力机理。相比同级预应力下的全跨加载，各杆件的应变均有所下降，变化趋势符合加载工况。

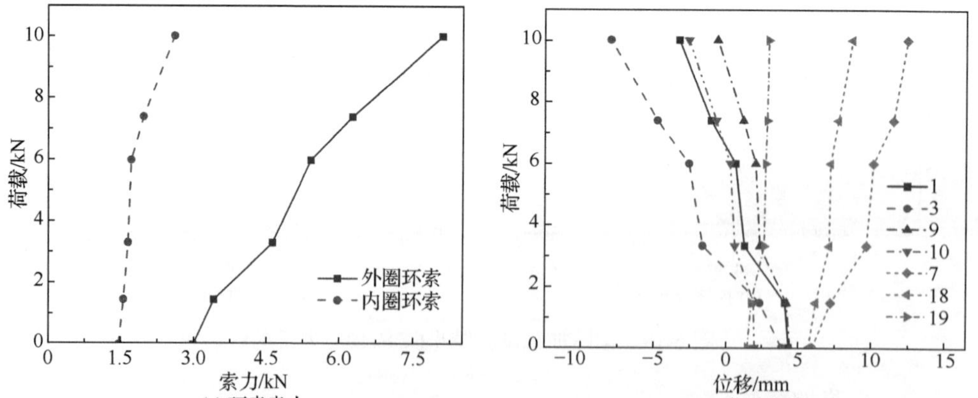

(a) 环索索力　　(b) 节点位移

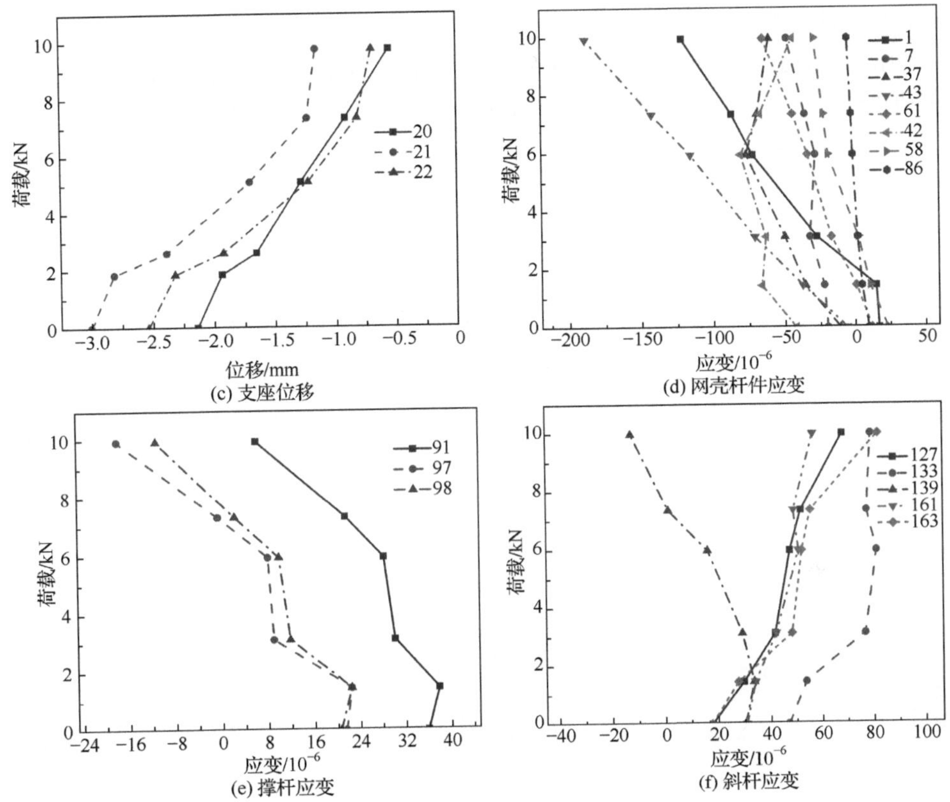

图 6-20　半跨加载试验结果(二级预应力工况)

3. 三级预应力工况

1) 张拉试验

结构张拉采用先外后内的顺序，首先进行外圈环索的张拉，待索力变化量达到 1.5kN 之后，进行内圈环索的张拉。张拉试验结果如图 6-21 所示。

(1) 环索索力。

由图 6-21(a)可知，当内圈环索索力达到目标值时，外圈环索索力有所增加，为 4.56kN，误差为 1.3%。内外圈环索张拉后的索力均在误差范围内。

(2) 节点位移。

由图 6-21(b)可知，张拉过程中，由于下部张拉体系收紧，各节点均会产生向上的位移。第 3 轮张拉完成后，1 号跨中节点位移最大，为 6.80mm，其余节点位移在 5.85mm 附近。

(3) 支座位移。

由图 6-21(c)可知，张拉过程中，由于节点产生向上的位移，支座节点会产生沿径向向内的位移。第 3 轮张拉完成后，各支座节点位移在 3.25mm 附近，数值较小。

(4) 杆件应变。

由图 6-21(d)～(f)可知，各杆件的应变较小。网壳杆件以受拉为主，第二圈 7 号杆件受压。撑杆和斜杠由于下部环索的张紧，均呈现受拉趋势。

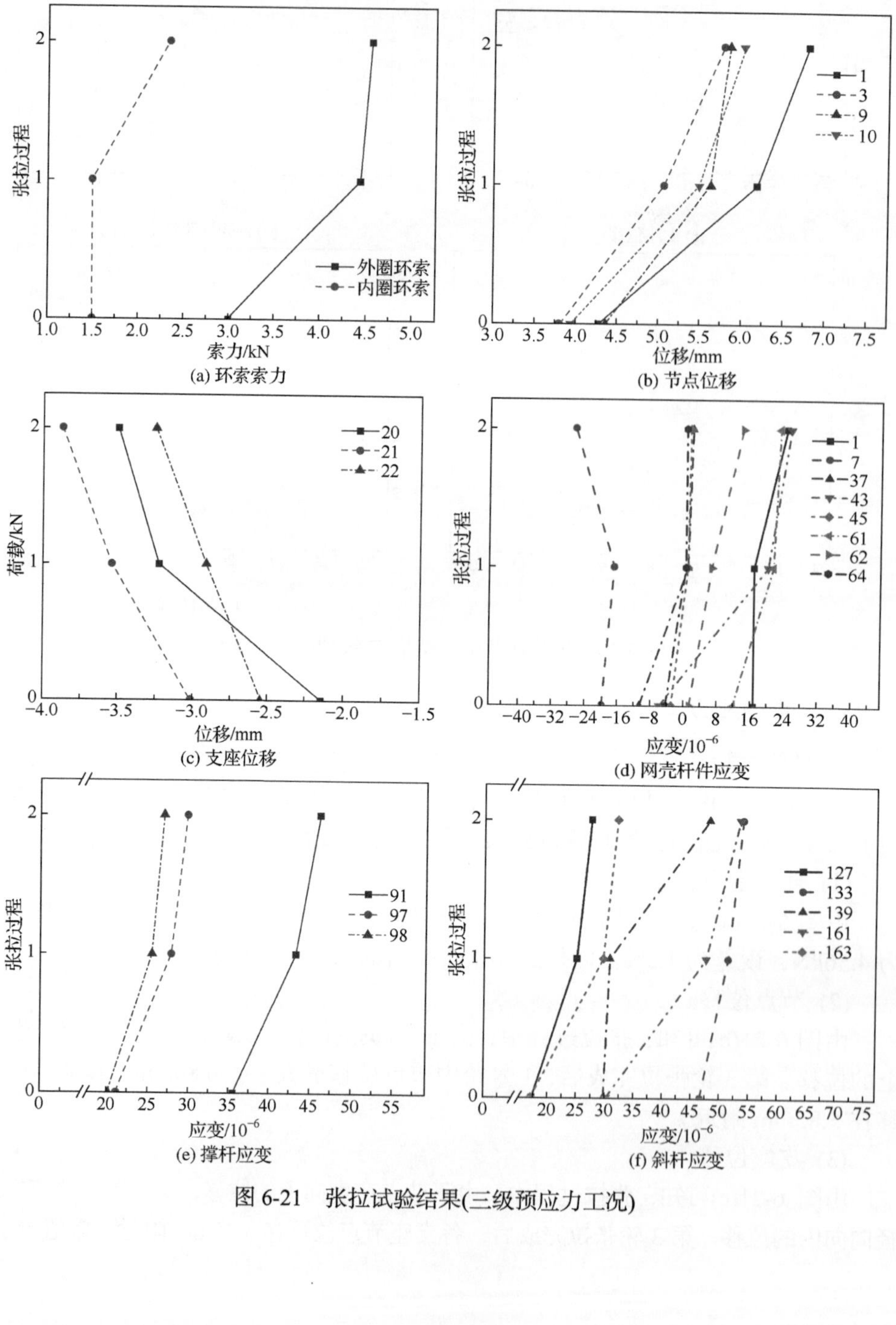

(a) 环索索力　(b) 节点位移　(c) 支座位移　(d) 网壳杆件应变　(e) 撑杆应变　(f) 斜杆应变

图 6-21　张拉试验结果(三级预应力工况)

2) 全跨加载试验

全跨加载试验结果如图 6-22 所示。

(1) 环索索力。

由图 6-22(a)可知，加载过程中，内外两圈环索的索力均不断增加，且外圈环索索力增幅快于内圈环索。加载结束时，外圈环索索力达到 15.62kN，内圈环索索力达到 4.31kN。

(2) 节点位移。

由图 6-22(b)可知，全跨加载作用下，节点均会产生向下的竖直位移。其中，跨中 1 号节点位移最大，第一圈环杆 3 号节点的位移与 1 号节点相近，第二圈环杆的 9、10 号节点位移相近。各位移变化趋势及幅度符合结构的张拉预期效果。加载结束时，结构所有节点的位移均较小，这表明结构具有较强的刚度。

(3) 支座位移。

由图 6-22(c)可知，加载过程中，结构会产生沿径向向外的水平位移。其中，20 号支座节点的位移变化量最大。加载结束后，各支座节点的位移均较小。由于张拉产生的径向向内位移较大，本轮加载结束时，各支座节点的位移均未回到初始状态。

(4) 杆件应变。

由图 6-22(d)～(f)可知，在加载过程中，上部网壳的杆件主要呈现受压趋势，仅有第一圈主肋的 37 号杆件受拉。这主要是跨中节点位移较大及结构的反力作用，导致 37 号杆件受拉。各撑杆均呈现受压趋势，由于张拉产生的拉力较大，加载结束时，所有杆件仍处于受拉状态，但拉力较小。除 139 号斜杆呈现受压趋势外，其余杆件均呈现受拉趋势。下部张拉体系的各杆件应变变化规律符合弦支胶合木穹顶的传力机理。

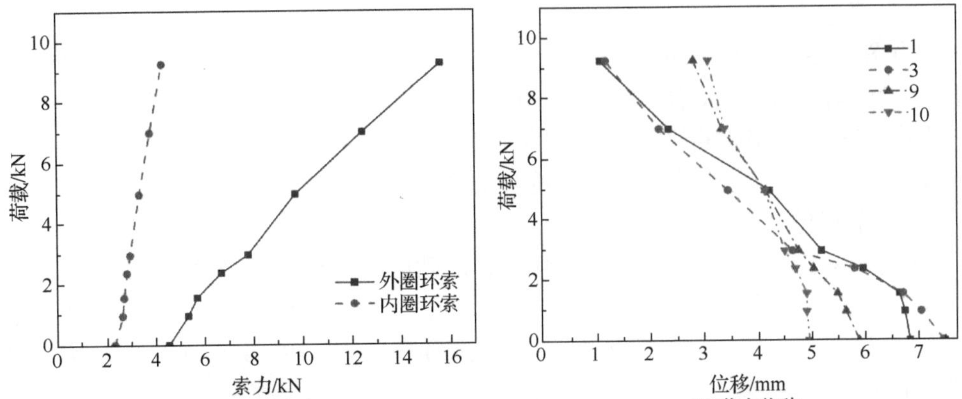

(a) 环索索力　(b) 节点位移

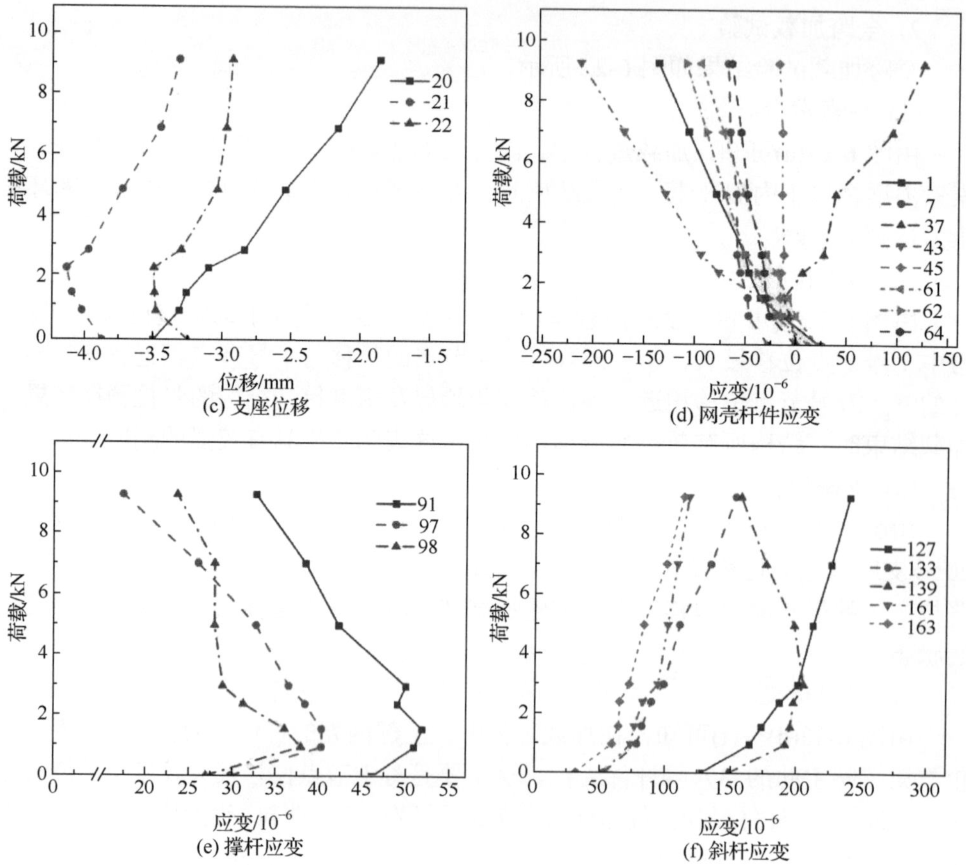

(c) 支座位移 (d) 网壳杆件应变

(e) 撑杆应变 (f) 斜杆应变

图 6-22 全跨加载试验结果(三级预应力工况)

3) 半跨加载试验

(1) 环索索力。

由图 6-23(a)可知，加载过程中，内外两圈环索的索力均不断增加，且外圈环索索力增幅快于内圈环索。加载结束时，外圈环索索力达到 9.60kN，内圈环索索力达到 3.36kN。相比同级预应力下的全跨加载，外圈环索索力下降 38.5%，内圈环索索力下降 22%。索力下降幅度符合结构总荷载的变化趋势。

(2) 节点位移。

由图 6-23(b)可知，半跨加载作用下，加载区的节点出现竖直向下的位移，非加载区的节点出现竖直向上的位移。加载区中，第一圈环杆上的 3 号节点位移最大，为 5.58mm；非加载区中，第一圈环杆上的 18 号节点位移最大，为 10.78mm。

相比同级预应力下的全跨加载，加载区节点的位移有所下降，但节点位移的变化规律同样呈线性趋势，这表明结构具有较强的刚度。

(3) 支座位移。

由图 6-23(c)可知，半跨加载作用下，21、22 号支座节点具有径向向外位移的趋势，其余支座节点位移变化较小。这主要由于结构预应力过大，导致结构刚性较大，静载荷载过小，非加载区的支座位移较小。

(4) 杆件应变。

由图 6-23(d)～(f)可知，在加载过程中，上部网壳的杆件主要呈现受压趋势，各撑杆均呈现受压趋势，其应变较小。除 139 号斜杆外，其余斜杆均受拉。下部张拉体系的各杆件应变变化规律符合弦支胶合木穹顶的传力机理。相比同级预应力下的全跨加载，各杆件的应变均有所下降，变化趋势符合加载工况。

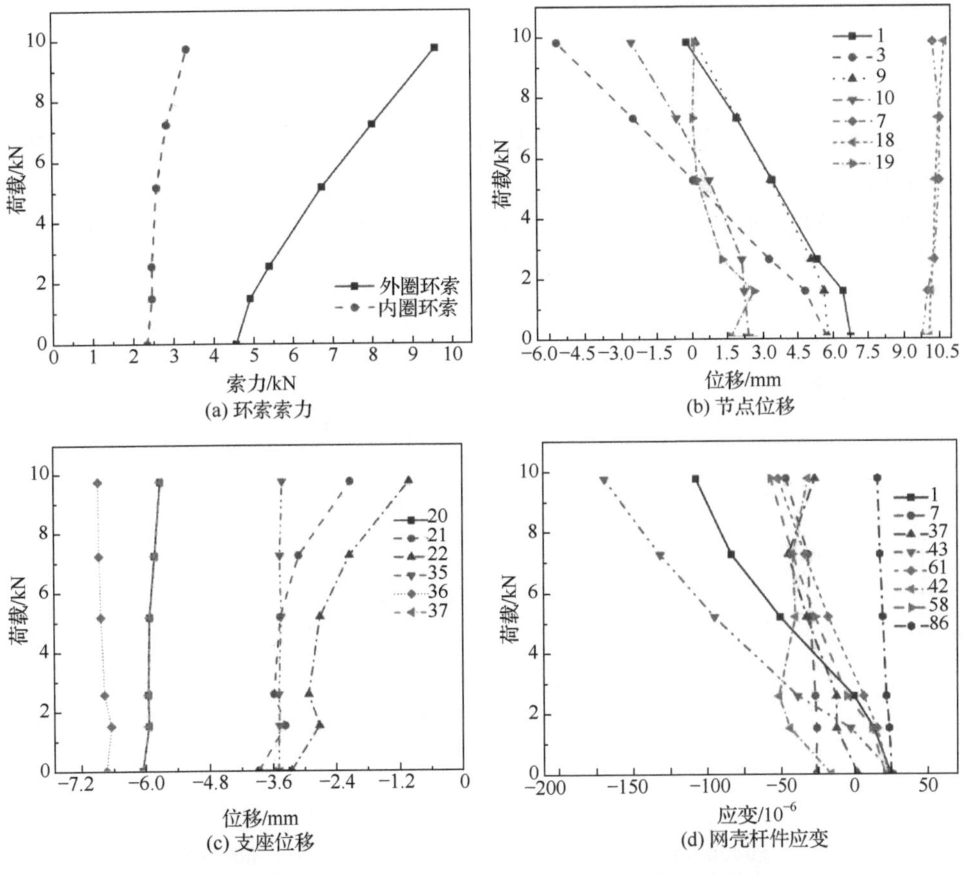

(a) 环索索力

(b) 节点位移

(c) 支座位移

(d) 网壳杆件应变

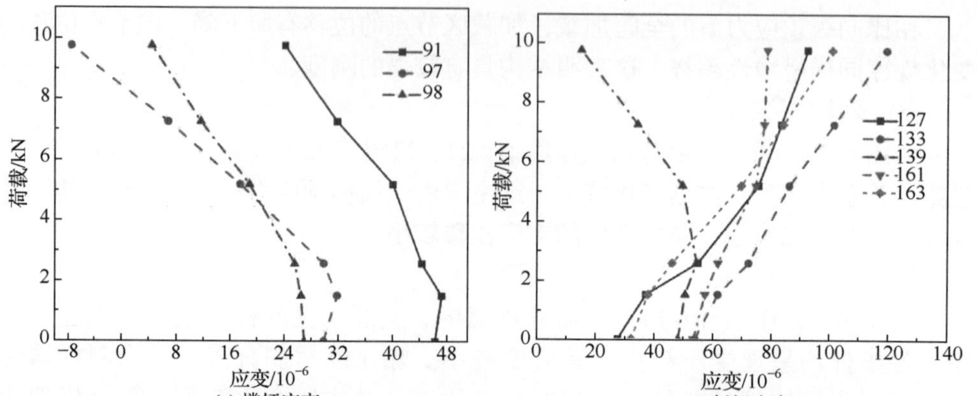

(e) 撑杆应变　　(f) 斜杆应变

图 6-23　半跨加载试验结果(三级预应力工况)

4. 不同预应力工况比较

1) 张拉工况对比

为探究不同预应力对弦支胶合木穹顶力学性能的影响，本试验设计了 3 种张拉工况。根据 3 次张拉试验结果，取具有代表性的节点和杆件，分析具体的变化规律和机理。

如图 6-24(a)所示，对跨中 1 号节点的竖向位移进行分析。第 1 次张拉结束后，节点上升 1.01mm；第 3 次张拉结束后，节点累计上升 6.8mm，增加了 573.3%。如图 6-24(b)所示，21 号支座节点在第 1 次张拉结束后，沿径向向内位移为 0.81mm；第 3 次张拉结束后，沿径向向内累计位移为 3.87mm，增加了 377.8%。由位移数据可知，在张拉过程中，节点位移与支座位移均随预应力的增加而增加，二者大致呈线性变化趋势，表明结构在张拉工况下具有较大的刚度。

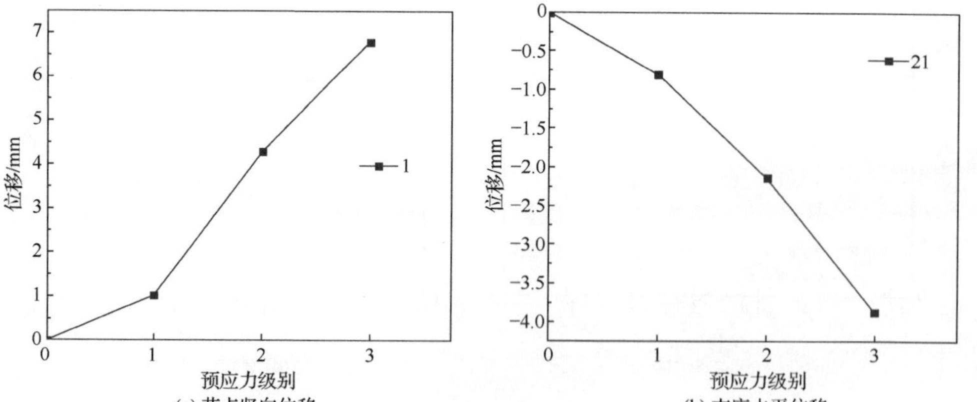

(a) 节点竖向位移　　(b) 支座水平位移

图 6-24　张拉工况下位移对比

如图 6-25 所示，结构在张拉过程中，各杆件的应变与预应力大致呈线性正增长关系。所有杆件均受拉，表明结构在预应力的作用下产生了与正常荷载作用下相反的变化趋势。

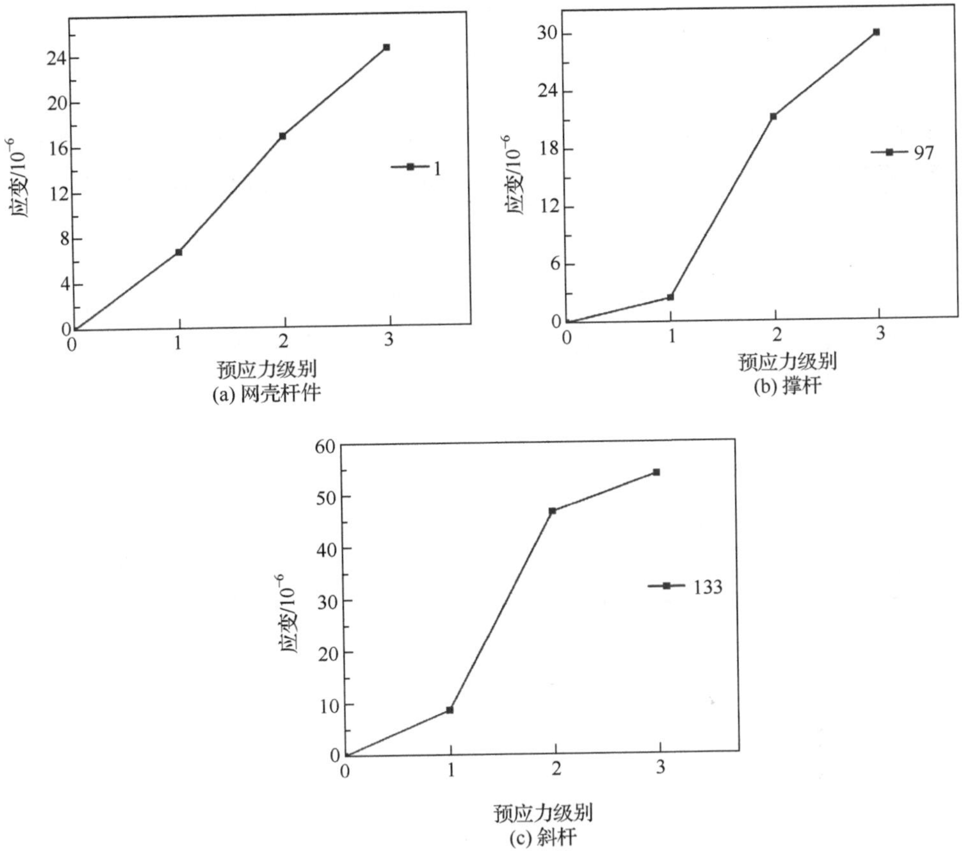

图 6-25　张拉工况下应变对比

2) 全跨工况对比

为探究不同预应力对弦支胶合木穹顶力学性能的影响，本试验设计了 3 种不同预应力下的全跨加载工况。根据 3 次全跨加载试验结果，取具有代表性的节点和杆件，分析具体的变化规律和机理。

如图 6-26(a)所示，在相同的荷载作用下，随着预应力的增加，加载完成时环索索力也会不断增加。第 1 级张拉工况下，外圈环索最大索力为 13.370kN，内圈环索最大索力为 2.913kN。第 3 级张拉工况下，外圈环索最大索力为 15.619kN，增加了 16.8%，内圈环索最大索力为 4.306kN，增加了 47.8%。

如图 6-26(b)所示，随着预应力的增加，跨中 1 号节点竖直向下的位移逐渐减小。第 3 次加载完成时，节点位移尚未降至结构初始的“零状态”。这表明预应力的增加对节点位移变化具有很强的延缓作用。如图 6-26(c)所示，随着预应力的增加，21 号支座节点位移逐渐从沿径向向外变成沿径向向内。预应力的增加使得支座节点沿径向向内的位移逐步增加，会削弱相同荷载作用下产生的位移变化效果。

如图 6-26(d)～(f)所示，结构在全跨加载过程中，各杆件的应变与预应力大致呈线性关系。上部网壳杆件以受压为主，下部撑杆从受压变为受拉，这主要是由于反力的作用。下部斜杆的拉力随预应力的增加而增大，这表明下部张拉体系的设置可以减小上部结构承受的荷载，并将荷载有效传递至下部结构。

3) 半跨工况对比

为探究不同预应力对弦支胶合木穹顶力学性能的影响，本试验设计了 3 种不同预应力下的半跨加载工况。根据 3 次半跨加载试验结果，取具有代表性的节点和杆件，分析具体的变化规律和机理。

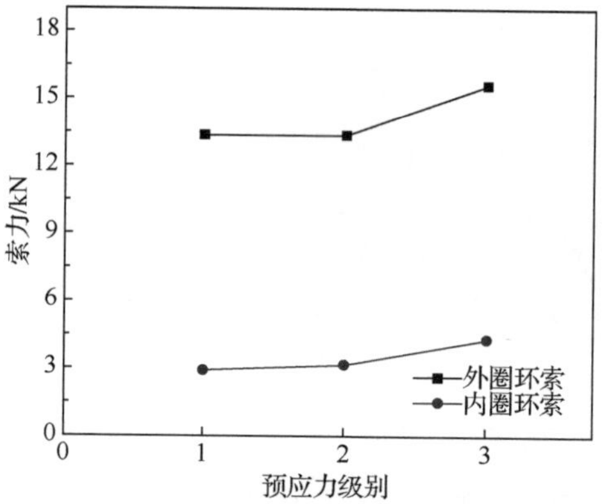

(a) 环索索力

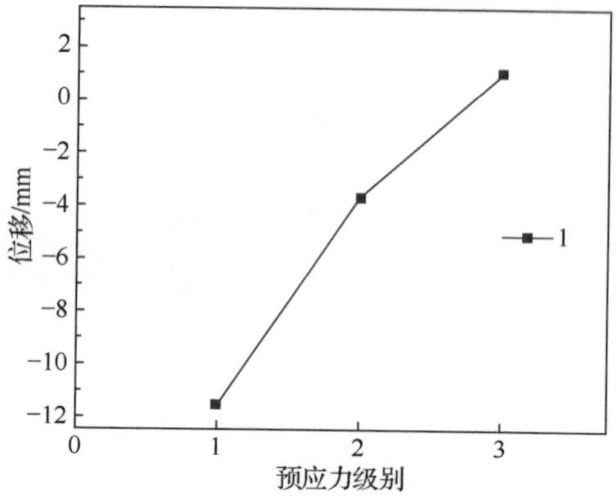

(b) 节点竖向位移

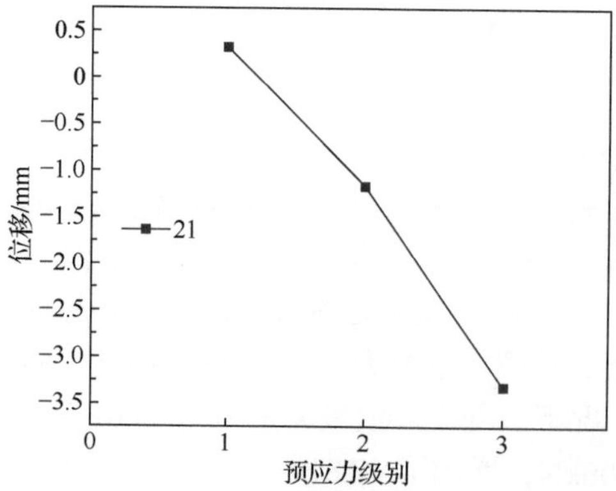

(c) 支座水平位移

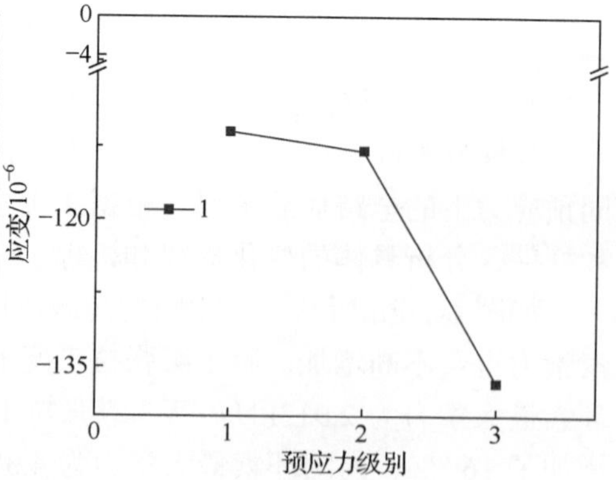

(d) 网壳杆件应变

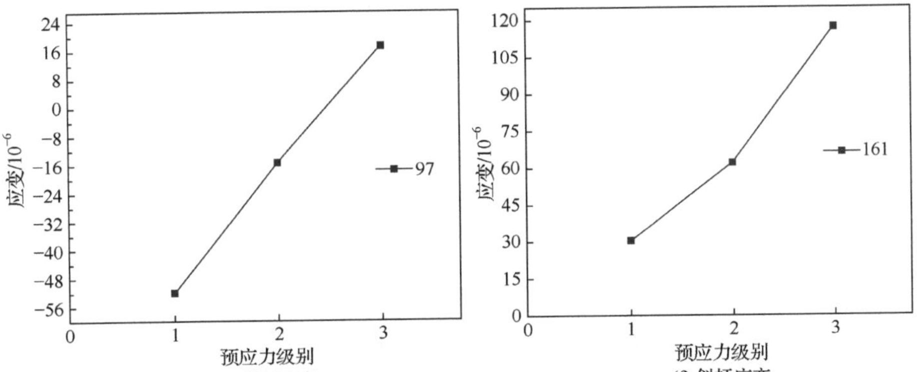

(e) 撑杆应变　　(f) 斜杆应变

图 6-26　全跨工况下索力、位移与应变对比

如图 6-27(a)所示，在相同的荷载作用下，随着预应力的增加，加载完成时环索索力也会不断增加。第 1 级张拉工况下，外圈环索最大索力为 6.077kN，内圈环索最大索力为 1.709kN。第 3 级张拉工况下，外圈环索最大索力为 9.602kN，增加了 58%，内圈环索最大索力为 3.356kN，增加了 96.4%。

如图 6-27(b)所示，随着预应力的提高，加载区跨中 1 号节点竖直向下的位移逐渐减小，非加载区 18 号节点竖直向上的位移逐渐增加，这主要是由于半跨不对称荷载导致的反力作用。第 3 次加载完成时，加载区节点位移尚未降至结构初始的“零状态”。这表明预应力的增加对节点位移变化具有很强的延缓作用。如图 6-27(c)所示，随着预应力的增加，加载区与非加载区支座节点位移逐渐从沿径向向外变成沿径向向内。预应力的增加使得支座节点沿径向向内的位移逐步增加，会削弱相同荷载作用下产生的位移变化效果。

如图 6-27(d)～(f)所示，结构在半跨加载过程中，各杆件的应变与预应力大致呈线性关系。上部网壳杆件以受压为主，非加载区杆件的压力小于加载区杆件。

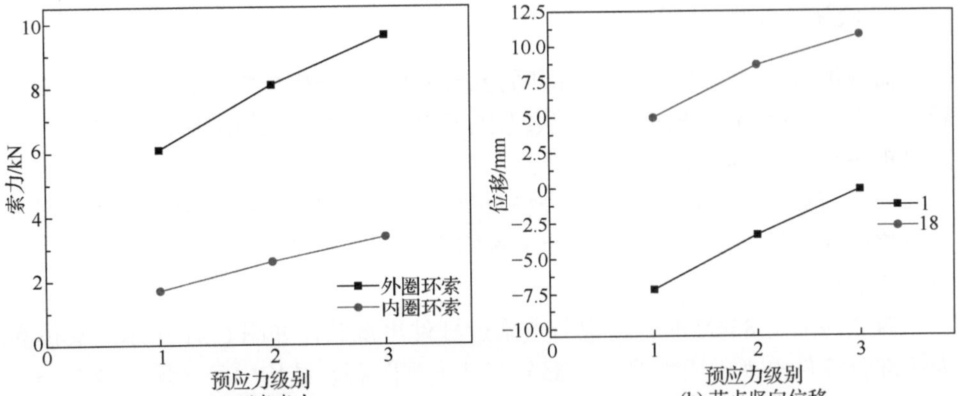

(a) 环索索力　　(b) 节点竖向位移

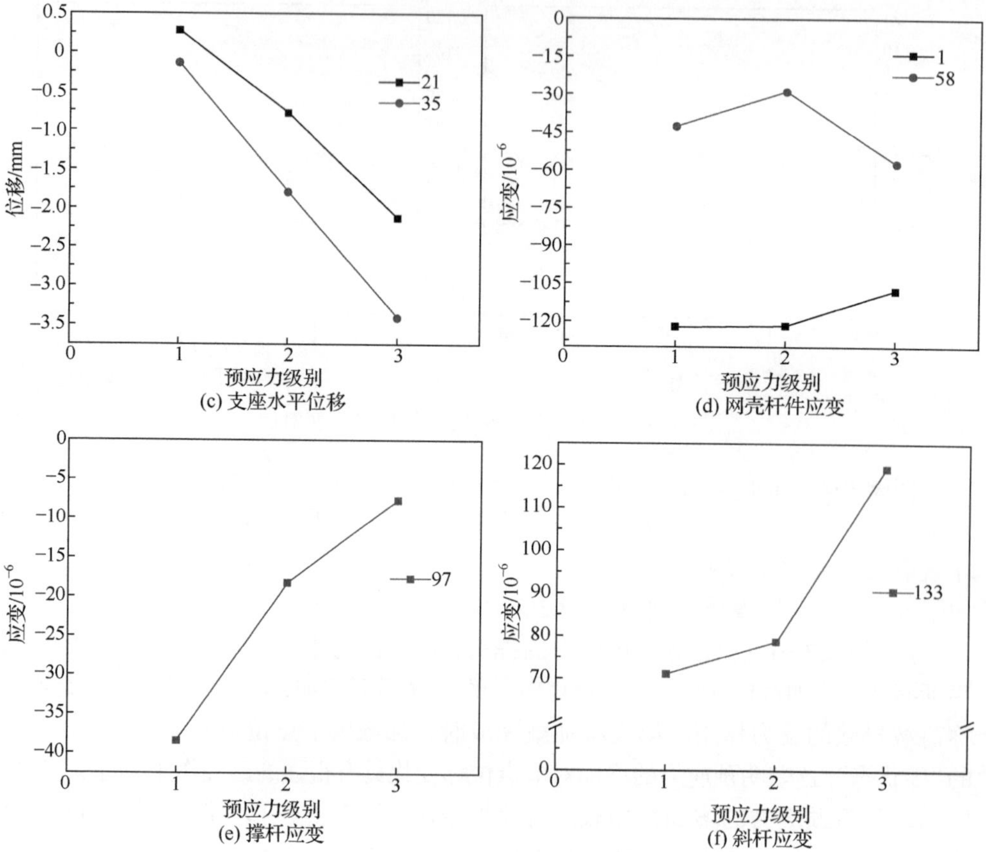

(c) 支座水平位移

(d) 网壳杆件应变

(e) 撑杆应变

(f) 斜杆应变

图 6-27　半跨工况下位移、索力与应变对比

下部撑杆以受压为主，下部斜杆的拉力随预应力的增加而增大，这表明下部张拉体系的设置可以减小上部结构承受的荷载，并将荷载有效传递至下部结构。

5. 破坏性试验

荷载加载至 35kN 之前，上部网壳结构杆件未产生微裂缝，加载至 35kN 之后，82 号杆件下部受压区出现微裂缝(图 6-28)。随着荷载的增加，66 号杆件受压区出现微裂缝(图 6-29)。

随着荷载继续增加，多根网壳杆件开始出现微裂缝(图 6-30)。裂缝开展区域主要集中在杆件的受压区，这表明上部网壳杆件以受压为主，符合弦支胶合木穹顶结构的传力机理。

荷载增加至 85kN 时，跨中节点附近杆件出现破坏如图 6-31 所示。具体表现为一部分杆件出现贯通裂缝，一部分杆件出现断裂。结构中间区域出现凹陷，各节点荷载下降至 50kN 左右，试验结束。

图 6-28　82 号杆件破坏现象

图 6-29　66 号杆件破坏现象

(a) 13号杆件

(b) 55号杆件

(c) 58号杆件

(d) 51号杆件

(e) 4号杆件

图 6-30　各杆件破坏现象

图 6-31　跨中节点杆件破坏现象

破坏性试验结果如图 6-32 所示。

(1) 环索索力。

如图 6-32(a)所示，加载过程中，环索索力随着荷载变化不断增加。外圈环索索力的增长速度远大于内圈环索。临近结构破坏时，外圈环索索力达到 97.12kN，内圈环索索力为 24.69kN。这表明结构在加载过程中，外圈环索承担上部结构传递的荷载更大，主要是由于上部结构中外圈的节点更多。

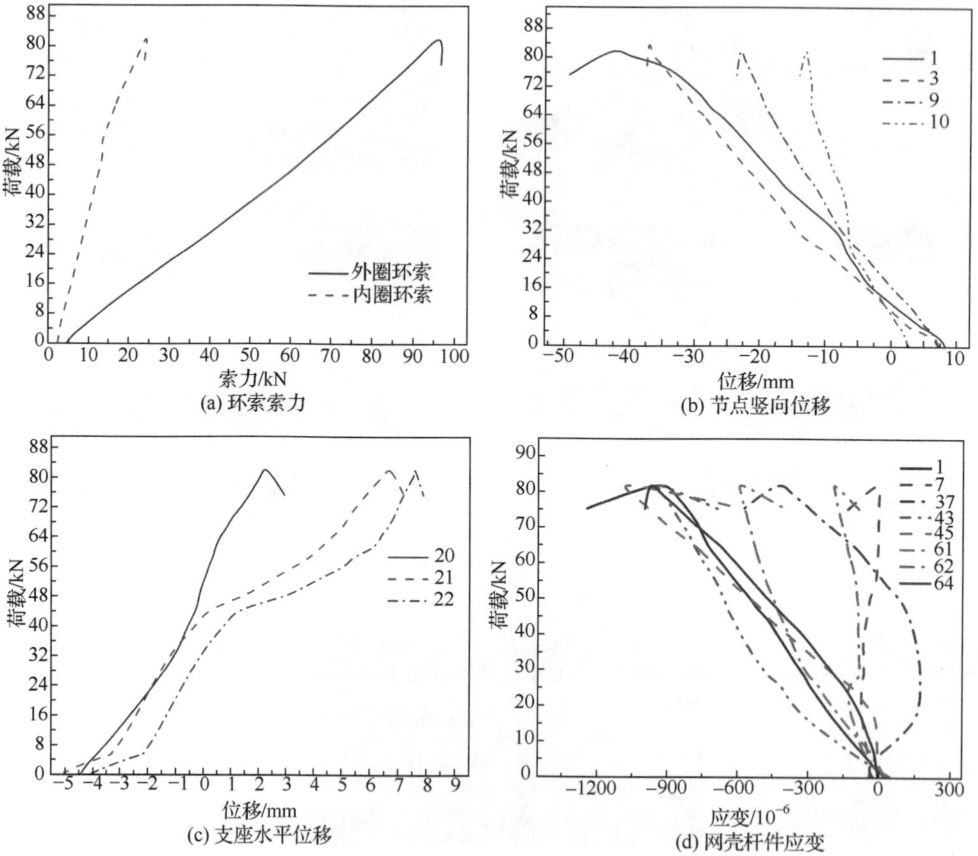

(a) 环索索力　(b) 节点竖向位移

(c) 支座水平位移　(d) 网壳杆件应变

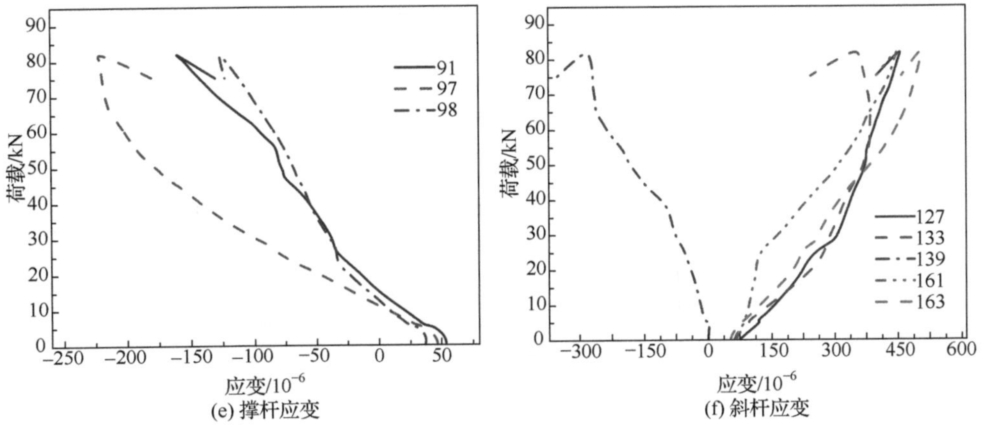

图 6-32　破坏性试验结果

(2) 节点位移。

如图 6-32(b)所示，加载过程中，第一圈环杆上的 3 号节点位移最大，1 号节点位移其次，最外圈环杆上的节点位移相近且较小。由于 10 号节点是非加载点，其位移小于同圈的 9 号节点。加载至破坏荷载附近时，1 号节点位移大于 3 号节点。破坏时，跨中节点位移最大，为 42.06mm。

(3) 支座位移。

如图 6-32(c)所示，加载过程中，21 号与 22 号支座位移较为接近，均大于 20 号支座位移，这是因为 21 号和 22 号支座更靠近最外圈的加载点。破坏时，支座最大位移达到 7.885mm。支座位移在加载阶段整体呈线性增长，且变化趋势相近，这表明结构在加载阶段受力均匀。

(4) 杆件应变。

如图 6-32(d)～(f)所示，网壳杆件、撑杆以受压为主，斜杆以受拉为主。139 号斜杆在加载过程中受到压力，主要是由于结构产生的反力作用。各杆件的受力情况符合弦支胶合木穹顶的设计原理，并能验证预应力对结构的受力具有优化作用。

6. 与木网壳力学性能对比

取跨中 1 号节点的荷载-位移曲线，与采用同种上部结构的单层胶合木网壳结构进行对比，如图 6-33 所示。由图可知，在相同荷载作用下，弦支胶合木穹顶结构的节点位移小于单层胶合木网壳结构。弦支胶合木穹顶结构的极限荷载为 84kN，比单层胶合木网壳结构提升了 52.7%。

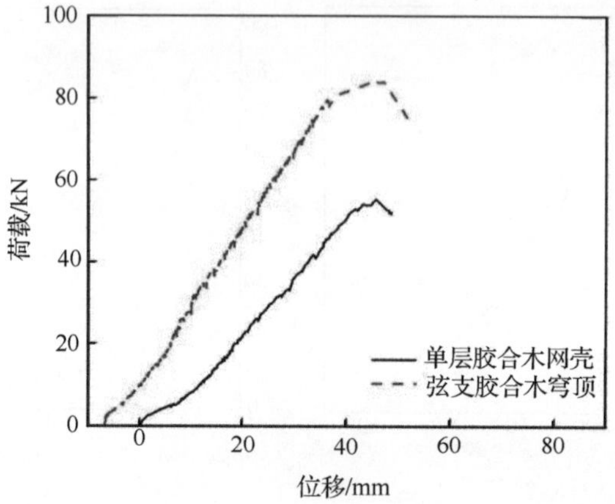

图 6-33　荷载-位移曲线对比

试验结果表明，引入下部张拉体系，对单层胶合木网壳具有显著的改善效果。既能减小节点的位移，也可以大幅度提高网壳结构的极限承载力，提高结构的刚度及整体稳定性。

6.2　弦支胶合木穹顶力学性能数值模拟

6.2.1　有限元模型基本信息

为进一步探究弦支胶合木穹顶结构的力学性能，通过 ANSYS 软件建立弦支胶合木穹顶结构的有限元模型。上部单层胶合木网壳结构采用 Beam4 单元，撑杆、径杆采用 Link180 单元，环索采用 Link10 单元。

有限元模型的预应力通过 Link10 单元的初应变命令施加，约束设置为最外圈节点的环向和竖向约束。采用特征屈曲与非特征屈曲结合的方式，对结构的极限承载力及其变形进行分析。

6.2.2　模拟结果

为验证有限元模型的准确性，对弦支胶合木穹顶的破坏性试验工况进行拟合分析并与试验结果进行对比，如图 6-34 所示。可以看出，数值模拟的跨中节点荷载-位移曲线与试验曲线几乎一致，极限荷载误差为 2.3%。这表明使用此有限元模型进行结构的整体稳定性分析时具有较高的准确性及可靠性。

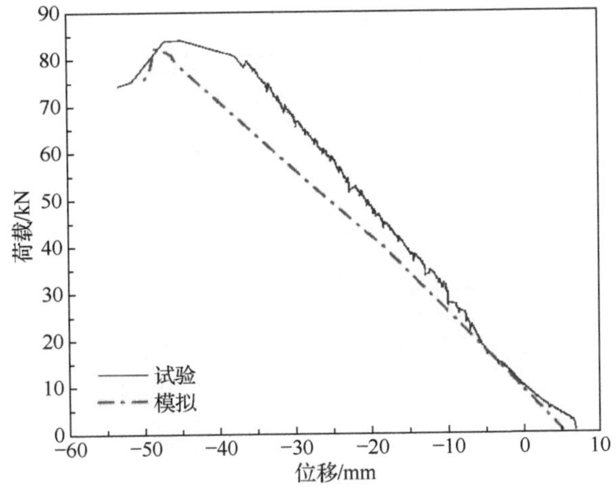

图 6-34　模拟结果与试验结果对比

6.2.3　参数化分析

基于前面提出的有限元模型设计方法，通过 ANSYS 软件，探究弦支胶合木穹顶结构的力学稳定性能，同时开展参数化分析，探究跨度、矢跨比、初始几何缺陷、环索预应力、撑杆高度等因素对结构稳定承载力的影响规律。

1. 有限元模型

考虑到结构的合理性和分析结果的准确性，在弦支胶合木穹顶结构稳定性分析时，共考虑 30m、60m、90m、120m 四种跨度及 1/5、1/10、1/15 三种矢跨比，同时参照相关设计规范，将各部分杆件长度控制在合理范围内，不同跨度设置不同网格环数。在下部张拉体系中，环向拉索采用高强半平行钢丝束，截面规格为 ϕ7mm×73mm；径向钢拉杆采用钢杆，截面规格为 ϕ80mm；竖向撑杆采用圆钢管，截面规格为 ϕ219mm×7mm。结构具体参数如表 6-3 所示。

表 6-3　结构参数

跨度/m	杆件截面/(mm×mm)	矢跨比	环数	撑杆高度/m
30	180×540	1/5、1/10、1/15	5	2.5
60	240×720	1/5、1/10、1/15	7	3.0
90	300×900	1/5、1/10、1/15	9	3.5
120	360×1080	1/5、1/10、1/15	11	4.0

弦支胶合木穹顶上部结构采用 K6 型网壳，各环均建立一道拉索。结构支座的约束条件为环向、竖向约束，径向释放。恒荷载取 $1kN/m^2$，活荷载取 $0.5kN/m^2$，均为全跨均布面荷载。结构各材料的力学性能参数与试验模型一致。以 60m 跨度、1/10 矢跨比的弦支胶合木穹顶结构为例，有限元模型如图 6-35 所示。

图 6-35　弦支胶合木穹顶有限元模型

弦支胶合木穹顶结构下部张拉体系的预应力通过环索引入，各圈环索的预应力取值主要包括预应力比值和预应力幅值，预应力比值等于各圈环索对应的节点数量之比，预应力幅值参考支座径向位移相等准则确定。30m、60m 跨度的弦支胶合木穹顶最外圈环索的预应力幅值为 90kN，90m、120m 跨度的弦支胶合木穹顶最外圈环索的预应力幅值为 180kN。

2. 环索预应力的影响

为探究环索预应力幅值对弦支胶合木穹顶结构稳定承载力的影响，本节在原结构预应力基础上，通过调整最外圈环索预应力值来探究相关规律，具体分析方案如表 6-4 所示。

表 6-4　参数化分析方案(环索预应力幅值不同)

参数名称	参数值
跨度/m	60
矢跨比	1/5
撑杆高度/m	3.0
最外圈环索预应力幅值	0.8*A*、*A*、1.2*A*、1.4*A*
初始几何缺陷	*L*/300

注：*A* 为参考支座径向位移相等准则确定的对应跨度的最外圈环索预应力幅值。

图 6-36 为不同预应力幅值下结构荷载-位移曲线，图 6-37 为结构稳定承载力随预应力幅值的变化。由图可知，不同的预应力幅值对弦支胶合木穹顶结构的刚度及极限荷载影响较小。这主要是由于上部单层网壳结构的胶合木材料强度较低，过高的承载力并不能大幅提高结构的极限承载力。最外圈环索的索力为 90kN(A)时，结构稳定极限承载力最大，为 42.18kN/m^2。最外圈环索的索力增加至 1.4A 时，结构稳定极限承载力最小，为 42.12kN/m^2，降低约 0.1%，其影响可以忽略不计。结构预应力的参数化分析表明，可适当降低弦支胶合木穹顶结构的预拉力设计值，以防止结构正常使用时，环索索力过大导致其安全裕度降低。

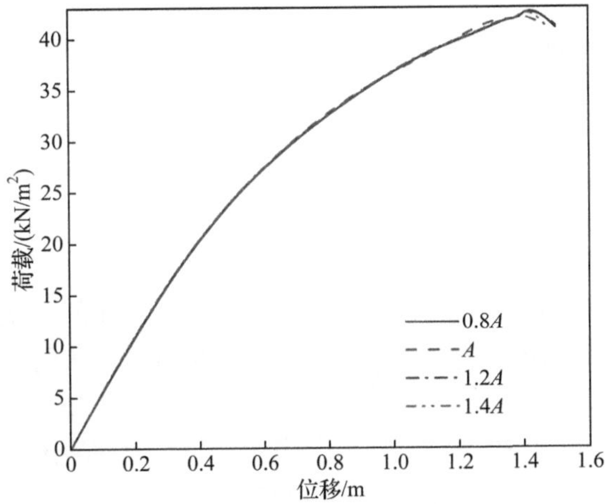

图 6-36　不同预应力幅值下结构荷载-位移曲线

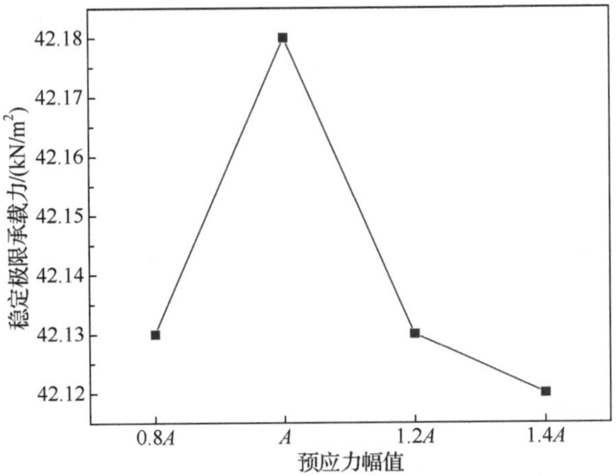

图 6-37　结构稳定极限承载力随预应力幅值的变化

3. 跨度及矢跨比的影响

为探究结构跨度及矢跨比对弦支胶合木穹顶结构稳定承载力的影响，本节设计不同尺寸的弦支胶合木穹顶结构来探究相关规律，具体分析方案如表 6-5 所示。

表 6-5　参数化分析方案(跨度和矢跨比不同)

参数名称	参数值
跨度/m	30、60、90、120
矢跨比	1/5、1/10、1/15
撑杆高度/m	2.5、3.0、3.5、4.0
最外圈环索预应力幅值	*A*
初始几何缺陷	*L*/300

这里以 60m 跨度为例进行分析。图 6-38 为 60m 跨度下不同矢跨比的结构荷载-位移曲线，图 6-39 为结构稳定极限承载力随跨度及矢跨比的变化。由图 6-38 可知，当矢跨比为 1/5 时，结构稳定极限承载力为 42.18kN/m^2；当矢跨比为 1/10 时，结构稳定极限承载力为 31.77kN/m^2，下降了 24.7%；当矢跨比为 1/15 时，结构稳定极限承载力为 29.39kN/m^2，下降了 30.3%。同时由图 6-38 可知，随着结构矢跨比的减小，弦支胶合木穹顶结构的刚度也减小。由图 6-39 可知，在不同的结构跨度条件下，矢跨比减小时，结构稳定极限承载力均随之减小。值得注意的是，结构跨度为 30m 时，结构稳定极限承载力明显更大，这主要是由于 30m 跨度的胶合木网壳杆件截面尺寸偏大。

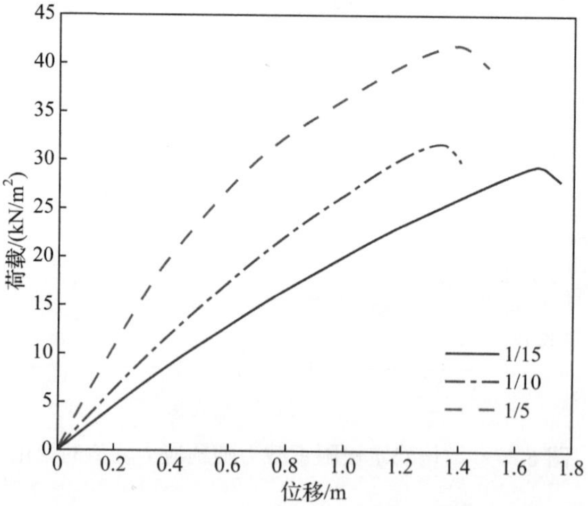

图 6-38　60m 跨度下不同矢跨比的结构荷载-位移曲线

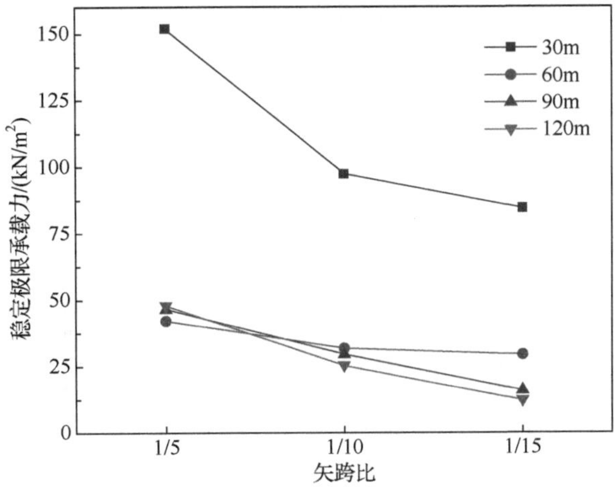

图 6-39　结构稳定极限承载力随跨度及矢跨比的变化

4. 撑杆高度的影响

为探究撑杆高度对弦支胶合木穹顶结构稳定极限承载力的影响，本节通过设计不同高度的撑杆来探究相关规律，具体分析方案如表 6-6 所示。

表 6-6　参数化分析方案(撑杆高度不同)

参数名称	参数值
跨度/m	60
矢跨比	1/5
撑杆高度/m	2.7、3.0、3.3、3.6、3.9
最外圈环索预应力幅值	*A*
初始几何缺陷	*L*/300

图 6-40 为不同撑杆高度下结构荷载-位移曲线，图 6-41 为结构稳定极限承载力随撑杆高度的变化。由图 6-40 可知，随着撑杆高度的增加，弦支胶合木穹顶结构的刚度逐渐提高。撑杆高度的增加，提高了撑杆的弹性支承作用，进而提高下部张拉体系的支承作用，从而提高弦支胶合木穹顶结构的刚度。由图 6-41 可知，随着撑杆高度的增加，结构稳定极限承载力先增大后减小。撑杆高度为 2.7m 时，结构稳定极限承载力最低，为 38.51kN/m^2；撑杆高度为 3.6m 时，结构稳定极限承载力最高，为 46.04kN/m^2，提高了 19.6%。弦支胶合木穹顶结构在进行撑杆设计时，既应考虑撑杆的美观性，也要对撑杆高度进行优化，以实现更高的结构稳定极限承载力。

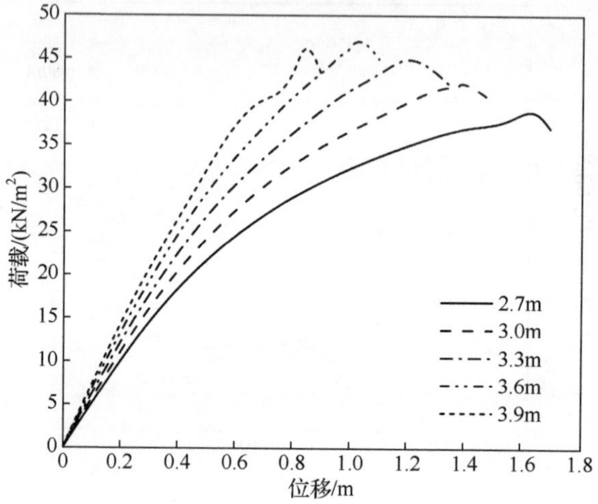

图 6-40　不同撑杆高度下结构荷载-位移曲线

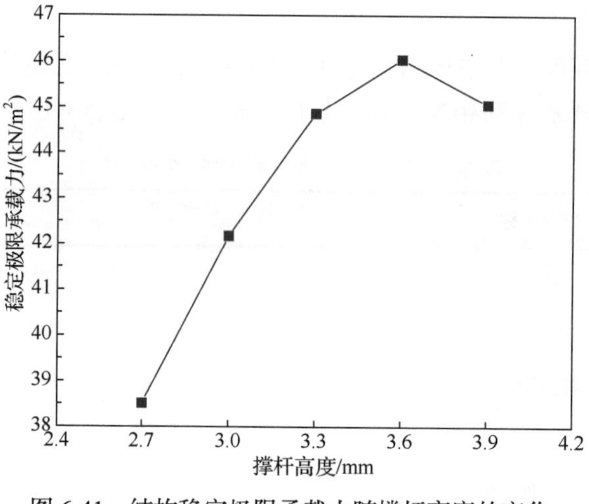

图 6-41　结构稳定极限承载力随撑杆高度的变化

5. 初始几何缺陷的影响

为探究初始几何缺陷对弦支胶合木穹顶结构稳定极限承载力的影响，本节通过设置不同的结构初始几何缺陷来探究相关规律，具体分析方案如表 6-7 所示。

表 6-7　参数化分析方案(初始几何缺陷不同)

参数名称	参数值
跨度/m	60
矢跨比	1/5
撑杆高度/m	3.0

续表

参数名称	参数值
最外圈环索预应力幅值	*A*
初始几何缺陷	无缺陷、*L*/1200、*L*/900、*L*/600、*L*/300、*L*/150

图 6-42 为不同初始几何缺陷下结构荷载-位移曲线，图 6-43 为结构稳定极限承载力随初始几何缺陷的变化。针对弦支胶合木穹顶结构，不同的初始几何缺陷对结构的刚度和稳定极限承载力影响较小。结构无缺陷时，稳定极限承载力为 41.84kN/m^2；结构初始几何缺陷取 *L*/150 时，稳定极限承载力为 42.69kN/m^2，提高了 2.0%。这表明弦支胶合木穹顶结构对结构初始几何缺陷不敏感，对结构安装过程中产生的安装误差要求较低。

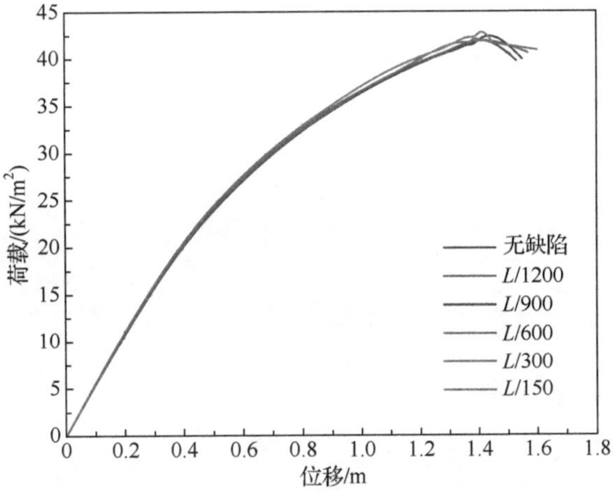

图 6-42　不同初始几何缺陷下结构荷载-位移曲线

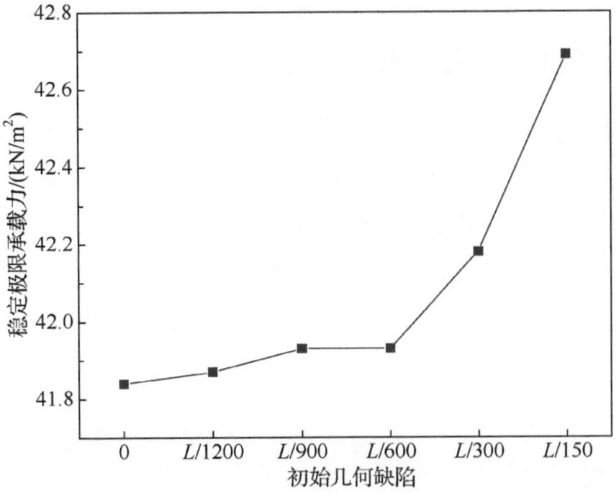

图 6-43　结构稳定极限承载力随初始几何缺陷的变化

第 7 章　胶合木空间网格结构工程案例

7.1　国内典型胶合木空间网格结构工程实例

1. 第九届江苏省园艺博览会现代木结构企业馆

第九届江苏省园艺博览会现代木结构企业馆项目(图 7-1)由 11 个单体组成，占地面积 4330.10m^2，总建筑面积 3236.94m^2，其中，主展馆总建筑面积 1987.19m^2，一层为大空间的钢结构，层高 4.95m，二层为异型木结构网壳，最大层高 9.55m，建筑最大高度 14.95m，最长边长 45m。该项目获得 2018 年加拿大国际最佳木结构设计奖、2017 年江苏省建筑产业现代化示范工程项目。

(a) 项目鸟瞰图　　(b) 项目内部图

图 7-1　现代木结构企业馆主展馆

2. 九寨沟景区沟口立体式游客服务设施

九寨沟景区沟口立体式游客服务设施(图 7-2)位于四川省阿坝藏族羌族自治州九寨沟县内，用地面积 82371m^2，总建筑面积 30649.84m^2。涉及木结构的为集散中心、智慧中心、展示中心、国际交流中心，屋面为钢木混合的网壳结构，其中集散中心屋盖东西方向最大跨度约 38m，南北方向跨度约 40m，最高处标高约为 12m。该项目先后获得四川省文明工地、四川省绿色施工示范工程、四川省优质结构工程评价称号。

(a) 项目鸟瞰图

(b) 大罩棚大跨度屋面实景图

(c) 游客中心入口

(d) 大罩棚实景图

图 7-2　九寨沟景区沟口立体式游客服务设施

3. 上海崇明体育训练基地一期 4#楼游泳馆

上海崇明体育训练基地一期 4#楼为游泳馆(图 7-3)，采用钢木混合筒壳结构，筒壳的矢高为 6m，跨度为 45m，矢跨比为 1/7.5。结构的中间 27m 采用胶合木结构，两边跨各 9m 范围采用钢结构。游泳馆纵向长 64m，屋盖筒壳两端处标高为 7.5m，钢木转换节点处标高为 11.5m，屋盖最高处标高为 13.5m。由于木网壳结构连接节点无法完全实现刚接，为保证木网壳结构的稳定性，在中间木结构下部布置拉索。拉索通过撑杆与上部木构件连接，撑杆上端采用铰接，下端采用梭子端

(a) 上海崇明体育训练基地一期实景图

(b) 游泳馆室内实景图

图 7-3　上海崇明体育训练基地一期 4#楼游泳馆

头，并伸出 4 个耳板与索头节点相连。撑杆的上端节点板与木结构节点做成一体化，既保证传力的直接性，又使节点板隐藏在木构件中。整个节点不但受力合理，而且轻巧美观。

4. 奉贤区青少年活动中心

奉贤区青少年活动中心(图 7-4)为钢木混合结构，木结构部分为三组拱壳结构，一组位于 4 号楼中央活动区和 7 号楼共享演艺中心四层楼板交接部位，为胶合木结构体系，几何尺寸为 34.6m×18.2m×7.15m(长×宽×高)，建筑面积 629.72m^2；另外两组位于 8 号楼文化馆屋面上盖，其中位于南侧四层花园屋面上的一组几何尺寸为 17.6m×18.9m×9.15m，建筑面积 332.64m^2，位于北侧顶层屋面上的一组几何尺寸为 24.4m×14.6m×4m，建筑面积 356.24m^2。

(a) 木拱壳鸟瞰图

(b) 木拱壳内实景图

图 7-4　奉贤区青少年活动中心

5. 安徽大学 2021 年龙河校区学生活动中心改造

安徽大学学生活动中心(图 7-5)始建于 20 世纪 50 年代，于 1988 年左右进行过改造加固，因为建造年代久远，内部设施陈旧，结构存在安全隐患，已不能满足学校师生开展活动的要求。原建筑面积 2143m^2，改造后建筑面积 1976.3m^2，屋面为木拱壳结构体系，跨度 32m。

(a) 木拱壳屋顶

(b) 内部实景图

图 7-5　安徽大学学生活动中心

6. 西塘东区·九八间二期

西塘东区·九八间二期项目(图 7-6)建筑层数为两层，首层的钢结构采用自由分布的树杈型组合梁柱，而二层采用胶合木结构，交叉木杆支撑起菱形交叉互承的曲梁屋盖，完成了 29m×21m 的大跨无柱空间。

(a) 屋盖

(b) 实景图

图 7-6　西塘东区·九八间二期项目

7. 长治文化创意产业园——“钻石”报告厅

长治文化创意产业园——“钻石”报告厅(图 7-7)于 2013 年建成，建筑跨度 19.5m，是山西省首座低能耗、微排放绿色建筑。

该建筑大跨度胶合木气势恢宏，玻璃通透、轻盈，兼顾多种建筑材料质感与美感，是国内少有的木结构大跨度穹顶建筑。建筑胶合木用量 263m^3，胶合木截面尺寸为 300mm×600mm，高度 9.8m。穹顶屋面的主要受力构件为 120 根截面尺寸为 300mm×600mm 的胶合木梁，每根胶合木梁均做成三角形框架，采用金属连接件连接，形成 8 边的钻石型双层网壳结构。

(a) 项目实景图

(b) 结构示意图　　(c) 报告厅屋顶

图 7-7　长治文化创意产业园——“钻石”报告厅

8. 毕节穹顶

贵州省百里杜鹃国际会展中心的毕节穹顶(图 7-8)跨度 53m，中间没有柱子支撑，6 个叶片跨度 18m。穹顶采用 Kiewitt 型单层球面木结构网壳形式，节点采用胶合木杆件-钢夹板螺栓连接形式。

(a) 外部实景图　　(b) 内部实景图

图 7-8　毕节穹顶

9. 天津华侨城欢乐谷演艺厅

天津华侨城欢乐谷演艺厅(图 7-9)于 2012 年竣工，采用木结构单层球面网壳，节点处为木杆件-钢夹板螺栓连接。胶合木结构穹顶按球面曲线设计，球体半径 57m，弦高 19m，木穹顶底边圆直径 85m，采用 6m 高混凝土柱支撑。

图 7-9　天津华侨城欢乐谷演艺厅

10. 太原植物园展览温室

太原植物园(图 7-10)位于太原市晋源区太山脚下，包含 3 个温室建筑，其造型为“贝壳”形状，均采用胶合木作为主体结构，其中 1#温室建筑面积最大，投影面积为 5800m^2，南北向跨度为 89.5m，东西向跨度为 83.4m，最大高度为 29.5m；2#温室投影面积为 2100m^2，南北向跨度为 55.9m，东西向跨度为 50.2m，最大高度为 20.7m；3#温室投影面积为 1500m^2，南北向跨度为 44.2m，东西向跨度为 43.8m，最大高度为 11.8m。

(a) 概念设计图

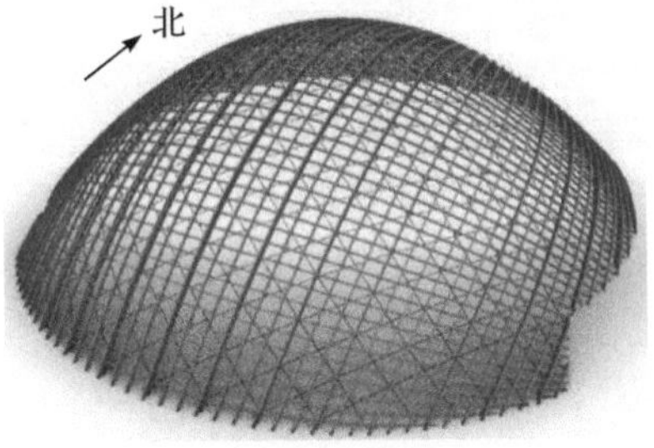

(b) 结构示意图

(c) 内部实景图

图 7-10　太原植物园展览温室

每座穹顶下都设有双曲胶合木梁，采用三层双向交叉叠放胶合木网壳+不锈钢拉索的新型结构体系。以 1#温室为例，采用双向交叉上、下叠放木梁形成网壳，在纵向(南北向)间隔三根木梁对应位置下部增设加强木梁，形成纵向间隔双层木梁夹住横向木梁，其中纵向木梁截面尺寸均为 200mm×400mm，横向木梁截面尺寸均为 200mm×300mm，横向木梁上表面与上层纵向木梁下表面平齐，横向木梁下表面与纵向加强木梁上表面平齐。胶合木梁截面宽度均为 200mm，为了满足三层木梁叠放后紧密贴合，木梁截面实际为平行四边形。同时为了满足结构受力要求，保证纵向木梁截面高度为 400mm，横向木梁截面高度为 300mm，部分木拱梁实际为双曲构件。为了增强结构的整体性和刚度，在 1#温室网壳下部增设双向交叉索网，索网布置方向与木梁斜交，发散状网格划分最小间距约 0.8m，最大间距约 2.5m。在网壳的顶部，索网间距约 4.3m，索网和木结构网壳之间通过拉杆连接。

11. 天府农博园

天府农博园(图 7-11)位于四川省成都市，项目于 2022 年完成。主展馆由五个巨大的拱形建筑组成，总建筑面积约 13.2 万 m^2。主展馆采用钢木组合拱桁架结构体系，拱桁架之间用木次梁连接，以形成共同受力的整体。五个展馆共有 77 个巨型木拱，跨度和高度均不相同，结构单榀拱桁架最大跨度为 118m，最大高度为 44m，拱线采用悬链线曲线，利用几何构型来最大限度减小弯矩作用，充分发挥木结构材料的受力性能，提高截面承载效率。每个单体的相邻各榀桁架间跨度、高度均不相同，相比筒壳有更好的整体稳定性。

(a) 项目鸟瞰图

(b) 外部实景图

(c) 内部实景图

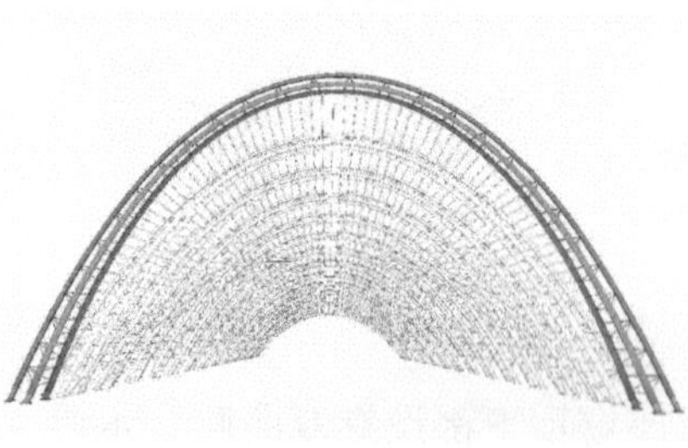
(d) 结构示意图

图 7-11　天府农博园

7.2 国外典型胶合木空间网格结构工程实例

1. 美国塔科马穹顶

塔科马穹顶(图 7-12)建成于 1980 年，直径 162m，穹顶顶部高度达 45.7m。受力构件为 414 根截面尺寸为 200mm×762mm 的胶合木梁，每根胶合木梁均根据穹顶表面的曲线被弯成曲线形，并通过金属连接件连接，形成球形的单层网壳结构。屋面檩条与曲线型胶合木肋梁搭接，屋面板采用 2mm×6mm 凹槽拼合的冷杉板覆面。

屋面的做法是在 38mm 厚的橡胶泡沫保温板上覆盖一层喷涂液形成的弹性膜。曲线型胶合木肋梁通过 Varax 节点连接，Varax 连接件能将构件的轴力、剪力和弯矩从肋梁的端部传递到与之相连的其他肋梁，从而形成了穹顶结构明确的传力路线，能够承受足够的荷载。

图 7-12 塔科马穹顶[11]

2. 丹麦 Gammel Hellerup 体育馆

丹麦 Gammel Hellerup 体育馆(图 7-13)融合建筑美学和功能性，建筑半地下的设计让网壳结构的屋面犹如一个埋在地面的蛋壳，而且这个异面造型的网壳结构完全是由曲线型胶合木构件构成的。

(a) 网壳层面

(b) 内部实景图

图 7-13　Gammel Hellerup 体育馆

3. 法国梅茨蓬皮杜中心

法国梅茨蓬皮杜中心(图 7-14)用了草帽的理念，采用不同大小的六角形组成。基于屋顶弯曲形式的考虑，材料选择合成板材，与普通夹板不同，它是一种横向和纵向合成的木材，这样的板材构成的结构更加稳固，而且可以容许更大的跨度和弯曲度。

为加固木材的结合，四周采用 1m 厚的木梁作为结构外框，将大约 200mm 厚的木梁以三个方向纵横交错起来，从而制造出弯弯曲曲的形状。

图 7-14　法国梅茨蓬皮杜中心

每个方向的木梁都由两层木板组成，所以在每个交接点是由 6 层木板互相紧扣，使整个屋顶变得稳固。

由于整体排列有序，建筑外观呈现出简洁明亮的特点，而且只需 4 根支柱便足够支撑起整体 5000m^2 的空间。

4. 加拿大列治文奥林匹克椭圆速滑馆

列治文奥林匹克椭圆速滑馆(图 7-15)位于加拿大列治文市，跨度 100m，拥有全球最大跨度的钢木结构屋顶，并获得了世界最佳运动场所设计奖。该速滑馆由 2400m^3 的 SPF 规格材(用于波浪木屋面板)、19000 张 1.2m×2.4m 的花旗松胶合板(主要用于屋面)和 2400m^3 的花旗松胶合梁(用于屋面拱)、70m^3 的黄柏胶合木柱(用于室外支撑柱)构成。屋盖由 100m 跨度的钢木复合拱支撑在巨大的斜向混凝土支墩上，钢木复合拱的截面为空心 V 形，空心结构为管线的铺设提供了空间。

图 7-15　列治文奥林匹克椭圆速滑馆

5. 日本大馆树海巨蛋体育馆

大馆树海巨蛋体育馆(图 7-16)是日本最大型的木制拱形结构，椭圆形屋顶的长轴 175m、短轴 157m，最高处 52m，可以容纳 5040 人同时观看比赛。

结构屋顶的框架是由纵向长 3～5m 的拱构架每隔 6m 安置并且相互连接，形成格子状的设计。垂直于体育馆长轴方向的木拱断面较大，起主要结构作用；平行于体育馆长轴方向的木拱较为纤细，并分成上下两部分穿过垂直方向的木拱，起固定并支撑屋面结构的作用。整个拱架是一个钢木复合的结构体系：六角形的钢管捆束，钢杆用于斜撑，钢索用于拉紧各个杆件。整个结构充分利用了材料的特性。

(a) 外部实景图　(b) 结构示意图

(c) 内部实景图　　(d) 杆件及连接

图 7-16　日本大馆树海巨蛋体育馆

6. 日本出云穹顶

位于日本中部的出云穹顶(图 7-17)是典型的索支撑式拱结构体系，该建筑的表现形式是钢木格构式立体拱穹顶。索支撑式拱结构体系拱架的直径为 140m，高度为 49m，由 36 榀放射状的木质拱和张拉钢弦组合形成伞状结构，两者的组合增

(a) 外部实景图　　(b) 结构示意图

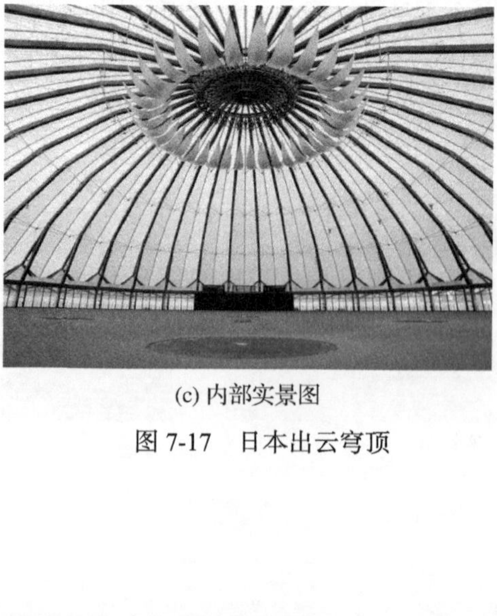

(c) 内部实景图

图 7-17　日本出云穹顶

加了整个体系的刚度和强度，同时伞状结构显示出舒展的轻柔与紧张感，传递着由复合构件组成的粗壮温暖的感觉。

7. 日本小国民町体育馆

日本小国民町体育馆(图 7-18)于 1988 年建成，采用四角锥空间网格结构，最大跨度 56m。由于屋架采用小断面间伐材，为了保证材料节点处的稳定性和增强抗压能力，除采用钢结构的球形节点外，在受压应力较大部位还开小孔注入环氧树脂。

图 7-18　日本小国民町体育馆

8. 德国曼海姆多功能厅

曼海姆多功能厅(图 7-19)是后成形空间网格结构的代表作，利用平面网格通过推拉或提升等手段形成空间围合，其跨度超过 60m，构件主要表现为受压，从而能有效地承载垂直荷载。

图 7-19　曼海姆多功能厅

9. 英国 KREOD 馆

KREOD 馆(图 7-20)是一种互承式结构，其特点是每根构件都被相邻的构件支承，同时又支承着相邻的构件，因此互承结构在几何上和结构上均无主次层次可言，从而形成了一种独特的建筑美感。杆件相互搭接，避免了多个杆件交汇于一点，简化了节点的构造，通过杆件之间的相互支撑解决了弯矩传递的问题，可利用小尺寸构件实现大跨度结构。

图 7-20　英国 KREOD 馆

参考文献

[1] 董石麟. 空间结构的发展历史、创新、形式分类与实践应用[J]. 空间结构, 2009, 15(3): 22-43.

[2] 刘红波，陈志华. 铝合金空间网格结构[M]. 北京: 中国建筑工业出版社, 2021.

[3] 陈志华. 意大利古建筑散记[M]. 北京: 商务印书馆, 2021.

[4] 克里斯托夫·索恩. 伟大的博物馆: 圣彼得大教堂[M]. 李向, 译. 上海: 上海三联书店, 2021.

[5] 崔金婵. 根生于“依赖心理”的日本民族性在日本建筑中的表达[D]. 大庆: 东北石油大学, 2023.

[6] 安伟强. 数学对建筑形态演化的影响性研究[D]. 天津: 天津大学, 2021.

[7] 李晓松. 建筑创作中的结构构思策略研究[D]. 重庆: 重庆大学, 2017.

[8] 倪建公, 蔡博芳, 周国鸣. 沈阳博览中心室内足球场钢结构屋盖设计[J]. 建筑钢结构进展, 2003, 5(3): 1-5.

[9] 黄宝全. 大跨度单层三向球面网壳结构稳定性及抗倒塌分析[D]. 广州: 广州大学, 2021.

[10] 沈世钊, 徐崇宝, 陈晰. 哈尔滨速滑馆巨型网壳结构[J]. 建筑结构学报, 1995, 16(6): 16-20.

[11] 冯远, 龙卫国, 欧加加, 等. 大跨度胶合木结构设计探索[J]. 建筑结构, 2021, 51(17): 43-49.

[12] 李亚明, 贾水钟, 李瑞雄. 大跨铝合金结构设计技术研究与工程实践[J]. 建筑结构, 2023, 53(1): 1-8, 42.

[13] 董石麟, 赵阳. 三十年来中国现代大跨空间结构的体系发展与创新[C]//第十四届空间结构学术会议, 福州, 2012: 9-25.

[14] 刘宁, 乔文涛, 侯会杰, 等. 迁安文化会展中心工程平面张弦梁结构的整体吊装分析[C]//庆祝刘锡良教授八十华诞暨第八届全国现代结构工程学术研讨会, 天津, 2008: 935-946.

[15] 张胜, 甘明, 范波. 安福大厦双向张弦梁设计研究[J]. 建筑结构, 2006, 36(6): 73-75.

[16] 王兵. 国家体育馆工程设计[J]. 世界建筑, 2008, (6): 42-49.

[17] 陈志华, 刘红波,牛犇.弦支穹顶结构的工程应用[J]. 工业建筑, 2010, 40(8): 42-48.

[18] 周学军. 济南奥体中心场馆钢结构设计特色与健康监测[J]. 工程力学, 2010, 27(S2): 105-113.

[19] 刘锡良, 陈志华. 一种新型空间结构体系: 张拉整体体系[J]. 土木工程学报, 1995, 28(4): 52-57.

[20] 闫翔宇, 马青, 陈志华, 等. 天津理工大学体育馆复合式索穹顶结构分析与设计[J]. 建筑钢结构进展, 2019, 21(1): 23-29, 44.

[21] 邱灿. 新型自攻螺钉连接的胶合木拼接节点力学性能与设计方法研究[D]. 邯郸: 河北工程大学, 2023.

[22] 潘春华. 屹立千年的木构奇观: 应县木塔[J]. 建筑, 2021, (15): 70-71.

[23] 喻汝青. 浅谈日本大跨木穹顶设计[J]. 建筑技艺, 2014, (4): 118-121.

[24] 何敏娟, 董翰林, 李征. 木空间结构研究现状及关键问题[J]. 建筑结构, 2016, 46(12): 103-109, 96.

[25] 刘益东. 当代木构在大跨度建筑中的应用及表现研究[D]. 西安: 长安大学, 2022.

[26] 陆伟东, 陆斌辉, 屈丽荣, 等. 大跨木结构研究现状及关键技术[J]. 四川建筑科学研究, 2021, 47(4): 1-26.

[27] 中华人民共和国国家质量监督检验检疫总局, 中国国家标准化管理委员会. 木材顺纹抗压弹性模量测定方法(GB/T 15777—2017)[S]. 北京: 中国标准出版社, 2017.
[28] 中华人民共和国国家质量监督检验检疫总局, 中国国家标准化管理委员会. 木材横纹抗压弹性模量测定方法(GB/T 1943—2009)[S]. 北京: 中国标准出版社, 2009.
[29] 中华人民共和国国家质量监督检验检疫总局, 中国国家标准化管理委员会. 木材顺纹抗压强度试验方法(GB/T 1935—2009)[S]. 北京: 中国标准出版社, 2009.
[30] 中华人民共和国国家质量监督检验检疫总局, 中国国家标准化管理委员会. 木材顺纹抗剪强度试验方法(GB/T 1937—2009)[S]. 北京: 中国标准出版社, 2009.
[31] 中华人民共和国国家质量监督检验检疫总局, 中国国家标准化管理委员会. 木材横纹抗压试验方法(GB/T 1939—2009)[S]. 北京: 中国标准出版社, 2009.
[32] 中华人民共和国国家质量监督检验检疫总局, 中国国家标准化管理委员会. 木材密度测定方法(GB/T 1933—2009)[S]. 北京: 中国标准出版社, 2009.
[33] 中华人民共和国国家质量监督检验检疫总局, 中国国家标准化管理委员会. 木材含水率测定方法(GB/T 1931—2009)[S]. 北京: 中国标准出版社, 2009.
[34] 中华人民共和国国家质量监督检验检疫总局, 中国国家标准化管理委员会. 紧固件机械性能 螺栓、螺钉和螺柱(GB/T 3098.1—2010)[S]. 北京: 中国标准出版社, 2011.
[35] 中华人民共和国住房和城乡建设部. 钢结构设计标准(GB 50017—2017)[S]. 北京: 中国建筑工业出版社, 2017.
[36] 中华人民共和国住房和城乡建设部. 胶合木结构技术规范(GB/T 50708—2012)[S]. 北京: 中国建筑工业出版社, 2012.
[37] 中华人民共和国住房和城乡建设部. 木结构试验方法标准(GB/T 50329—2012)[S]. 北京: 中国建筑工业出版社, 2012.
[38] Yasumura M, Kawai N. Estimating seismic performance of wood-framed structures[C]// Proceedings of 5th World Conference on Timber Engineering, Montreaux, 1998: 564-571.
[39] Timber Evaluation of Mechanical Joint Systems[S]. Melbourne: The Commonwealth Scientific and Industrial Research Organisation, 1996.
[40] Hill R A. A theory of the yielding and plastic flow of anisotropic metals[J]. Proceedings of the Royal Society of London Series A, 1948, 193(1033): 281-297.
[41] Lankford J, Hudak S J. Relevance of the small crack problem to lifetime prediction in gas turbines[J]. International Journal of Fatigue, 1987, 9(2): 87-93.
[42] EN 1995-1-1. Eurocode 5: Design of Timber Structures—Part 1-1: General—Common Rules and Rules for buildings[S]. Berlin: Deutsches Institut für Bautechnik, 2006.
[43] 中华人民共和国住房和城乡建设部. 木结构设计标准(GB 50005—2017)[S]. 北京: 中国建筑工业出版社, 2017.
[44] ASTM D143-2014. Standard Test Methods for Small Clear Specimens of Timber[S]. West Conshohocken: American Society for Testing and Materials, 2014.
[45] ASTM D5764-97a. Standard Test Method for Evaluating Dowel-bearing Strength of Wood and Wood-based Products[S]. West Conshohocken: American Society for Testing and Materials, 2018.
[46] 国家市场监督管理总局, 国家标准化管理委员会. 金属材料 拉伸试验 第 1 部分: 室温试验方法(GB/T 228.1—2021)[S]. 北京: 中国标准出版社, 2021.

[47] ASTM D1761-2012. Standard Test Methods for Mechanical Fasteners in Wood[S]. West Conshohocken: American Society for Testing and Materials, 2012.
[48] Jensen J L. Splitting strength of beams loaded perpendicular to grain by dowel joints[J]. Journal of Wood Science, 2005, 51: 480-485.
[49] Jensen J L, Quenneville P, Girhammar U A, et al. Splitting of timber beams loaded perpendicular to grain by connections: Combined effect of edge and end distance[J]. Construction and Building Materials, 2012, 35: 289-293.
[50] Jensen J L, Quenneville P, Girhammar U A, et al. Brittle failures in timber beams loaded perpendicular to grain by connections[J]. Journal of Materials in Civil Engineering, 2015, 27(11): 1-10.
[51] Hoffman O. The brittle strength of orthotropic materials[J]. Journal of Composite Materials, 1967, 1(2): 200-206.
[52] Forest Products Laboratory. Wood Handbook: Wood as an Engineering Material[M]. Madison: Department of Agriculture, 2010.
[53] Hong J P, Barrett D. Three-dimensional finite-element modeling of nailed connections in wood[J]. Journal of Structural Engineering, 2010, 136(6): 715-722.
[54] DIBT. Allgemeine bauaufsichtliche Zulassung Z-9.1-472, SFS Befestiger WT-S-6,5; WT-T-6,5; WTT-8,2; WR-T-9.0 und WR-T-13 als Holzverbindu ngsmittel[S]. Berlin: Deutsches Institut für Bautechnik, 2011.
[55] Macpherson E, Papastavrou P, Wallwork T, et al. The rotational stiffness of cross-laminated timber half-lap joints[C]//2018 World Conference on Timber Engineering, Seoul, 2018.
[56] 陈科材. 薄壁 H 型钢-木组合梁连接界面受力性能研究[D]. 绵阳: 西南科技大学, 2019.
[57] 龙卫国. 木结构设计手册[M]. 3 版. 北京: 中国建筑工业出版社, 2005.
[58] 中华人民共和国住房和城乡建设部. 拱形钢结构技术规程(JGJ/T 249—2011)[S]. 北京: 中国建筑工业出版社, 2012.
[59] 中华人民共和国住房和城乡建设部. 空间网格结构技术规程(JGJ 7—2010)[S]. 北京: 中国标准出版社, 2011.
[60] Pan D H, Girhammar U A. Influence of geometrical parameters on behaviour of reticulated timber domes[J]. International Journal of Space Structures, 2003, 18(2): 105-121.
[61] 中华人民共和国住房和城乡建设部. 建筑结构荷载规范(GB 50009—2012)[S]. 北京: 中国建筑工业出版社, 2012.
[62] 住房和城乡建设部. 建筑结构可靠性设计统一标准(GB 50068—2018)[S]. 北京: 中国建筑工业出版社, 2018.
[63] Zhao J X, Liu H B, Chen Z H, et al. Analysis of the effective length factors of members in single-layer glulam reticulated shells[J]. Structures, 2023, 56: 104973.
[64] 臧倩. 铝合金单层球面网壳结构稳定性能与提稳技术研究[D]. 天津: 天津大学, 2022.
[65] 周烨楠, 陆伟东, 孙小鸾. 木网壳节点半刚性研究[J]. 结构工程师, 2018, 34(2): 100-108.
[66] Shu Z, Li Z, He M J, et al. Bolted joints for small and medium reticulated timber domes: experimental study, numerical simulation, and design strength estimation[J]. Archives of Civil and Mechanical Engineering, 2020, 20: 73.

[67] Shu Z, Li Z, Yu X S, et al. Rotational performance of glulam bolted joints: Experimental investigation and analytical approach[J]. Construction and Building Materials, 2019, 213: 675-695.

[68] Wang M Q, Song X B, Gu X L, et al. Bolted glulam beam-column connections under different combinations of shear and bending[J]. Engineering Structures, 2019, 181: 281-292.

[69] Chen Z H, Zhao J X, Zhao S X, et al. Experimental study and theoretical analysis on the rotational performance of large-size glulam bolted joints with slotted-in steel plates[J]. Construction and Building Materials, 2022, 341: 127785.

[70] 祝恩淳, 牛爽, 乔梁, 等. 木结构可靠度分析及木材强度设计值的确定方法[J]. 建筑结构学报, 2017, 38(2): 28-36.

[71] 沈世钊. 网壳结构的稳定性[J]. 土木工程学报, 1999, 32(6): 11-19, 25.